全国勘察设计注册公用设备工程师暖通空调专业考试考点精讲

林星春　房天宇◎编著

中国建筑工业出版社

图书在版编目（CIP）数据

全国勘察设计注册公用设备工程师暖通空调专业考试考点精讲 / 林星春，房天宇编著. — 北京：中国建筑工业出版社，2022.4
ISBN 978-7-112-27255-6

Ⅰ.①全… Ⅱ.①林… ②房… Ⅲ.①建筑工程—供热系统—资格考试—自学参考资料②建筑工程—通风系统—资格考试—自学参考资料③建筑工程—空气调节系统—资格考试—自学参考资料 Ⅳ.①TU83

中国版本图书馆 CIP 数据核字(2022)第 054865 号

责任编辑：张文胜
责任校对：赵　菲

全国勘察设计注册公用设备工程师
暖通空调专业考试考点精讲
林星春　房天宇　编著
*
中国建筑工业出版社出版、发行（北京海淀三里河路 9 号）
各地新华书店、建筑书店经销
北京红光制版公司制版
廊坊市海涛印刷有限公司印刷
*
开本：787 毫米×1092 毫米　1/16　印张：26¾　字数：648 千字
2022 年 6 月第一版　　2022 年 6 月第一次印刷
定价：**89.00** 元
ISBN 978-7-112-27255-6
（39087）

本书编委会

主　　编： 林星春　上海水石建筑规划设计股份有限公司

房天宇　中国建筑东北设计研究院有限公司

参　　编：（排名不分先后）

封彦琪　中科盛华工程集团有限公司

马　辉　新城控股集团股份有限公司

李春萍　吉林省建苑设计集团有限公司

杨　光　吉林省建筑科学研究设计院

刘嫣然　沈阳东建施工图审查咨询有限公司

前　言

2003年3月，人事部、建设部颁发了《关于印发〈注册公用设备工程师执业资格制度暂行规定〉、〈注册公用设备工程师执业资格考试实施办法〉和〈注册公用设备工程师执业资格考核认定办法〉的通知》，考试工作由人力资源和社会保障部、住房和城乡建设部共同负责，日常工作由全国勘察设计注册工程师管理委员会和全国勘察设计工程师公用设备专业管理委员会承担，具体考务工作委托人力资源和社会保障部人事考试中心及各省（区、市）考试中心组织实施。2005年，正式进行注册公用设备工程师暖通空调专业考试，除2015年外，每年举行。2010年1月，住房和城乡建设部办公厅发布《关于开展注册公用设备工程师、注册电气工程师、注册化工工程师注册工作的通知》，于2010年4月1日起开展注册公用设备工程师、注册电气工程师、注册化工工程师等专业的注册工作。

考试安排在每年10月份左右的周末，按闭卷考试，大概8月份安排考务报名工作，每年12月底左右发布成绩，按照第一天120分、第二天60分的合格线为通过考试，暖通空调专业考试估算每年通过率在3%～30%之间波动。注册考试难度之大是有目共睹，且随着考试制度的多年实行，考题出题也向综合型和应用型发展，简单地看书做题已经难以通过，更多的需要考生在掌握一定的复习技巧、多做总结的基础上更有效地复习。本书基于此，从数据分析、重点汇总、知识点总结、技巧攻略等战略层次出发，回答了诸如：教材哪些小节重要，哪些公式考得多，哪些规范是重点，如何安排复习计划，多选题如何提高正确率，如何做到又快又好等问题。

本书特点概括如下：注重复习备考实战经验和数据分析，指导考生高效智慧的复习；历年考点分布权重统计数据，高频考点一目了然；整合教材和规范相关公式，并统计各公式考察频率，突显重要公式；所有规范重要条文列举并统计考题权重，从茫茫规范中突击重点；汇总相关资料的原创扩展总结，按章节排版，触类旁通高屋建瓴；各种复习备考攻略及考试技巧考前预测面面俱到，全方位护航。

在此，本书编委会祝所有考生旗开得胜、考试顺利。

林星春

2022年2月于上海

本书阅读说明

本书第1篇的章节顺序，对应《全国勘察设计注册公用设备工程师暖通空调专业考试复习教材（2022年版）》（简称《复习教材》）中的章节顺序；本书中的公式编号，对应《复习教材》的公式编号。

书中的标注“【A-B-C】”表示对应的真题，其意义为：A表示年份；B表示4个科目试卷，“1”代表专业知识（上），“2”代表专业知识（下），“3”代表专业案例（上），“4”代表专业案例（下）；C为两位数字的题目序号，专业知识卷01～40为单项选择题，41～70为多项选择题，专业案例为01～25。例如【2014-2-43】代表2014年专业知识（下）第43题多项选择题。本书第1篇和第3篇中统计了近10年考试所有考题的知识点和规范条文分布，其中各小节表格中的“分值/比例”分别代表相关考题的总计分值以及在相关年份中的分值占比。

为了避免行文繁琐，书中对部分标准、规范以及参考书等，均用了通俗的称呼，详细如下：

（1）全国勘察设计注册公用设备专业管理委员会秘书处．全国勘察设计注册公用设备工程师暖通空调专业考试复习教材(2022年版)．北京：中国建筑工业出版社，2022. **本书中简称《复习教材》**。

（2）全国勘察设计注册公用设备专业管理委员会秘书处．全国勘察设计注册公用设备工程师暖通空调专业必备规范精要选编(2022年版)．北京：中国建筑工业出版社，2022. **本书中简称《规范精要选编》**。

（3）林星春，房天宇主编．全国勘察设计注册公用设备工程师暖通空调专业考试备考应试指南（2021年版）．北京：中国建筑工业出版社，2021. **本书中简称《备考应试指南》**。

（4）房天宇主编．全国勘察设计注册公用设备工程师暖通空调专业考试全程实训手册（2021年版）．北京：中国建筑工业出版社，2021. **本书中简称《全程实训手册》**。

（5）公安部四川消防研究所．建筑防烟排烟系统技术标准．GB 51251—2017. 北京：中国计划出版社，2017. **本书中简称《防排烟规》**。

（6）公安部天津消防研究所．建筑设计防火规范．GB 50016—2014（2018年版）．北京：中国计划出版社，2018. **本书中简称《建规2014》**。

（7）中国有色金属工业协会主编．工业建筑供暖通风与空气调节设计规范．GB 50019—2015. 北京：中国计划出版社，2015. **本书中简称《工规》**。

（8）中国建筑科学研究院等主编．民用建筑供暖通风与空气调节设计规范．GB 50736—2012. 北京：中国建筑工业出版社，2012. **本书中简称《民规》**。

（9）中国建筑设计研究院等主编．公共建筑节能设计标准．GB 50189—2015. 北京：中国建筑工业出版社，2015. **本书中简称《公建节能》**。

（10）陆耀庆主编．实用供热空调设计手册（第二版）．北京：中国建筑工业出版社，2008. **本书中简称《红宝书》**。

（11）全国民用建筑工程设计技术措施　暖通空调·动力 2009. 北京：中国计划出版社，2009. **本书中简称《09 技术措施》**。

（12）全国民用建筑工程设计技术措施节能专篇　暖通空调·动力 2007. 北京：中国计划出版社，2007. **本书中简称《07 节能专篇》**。

（13）林星春主编．设备能效限定值及能效等级．**本书中简称《暖通鉴》002**。

目　录

第1篇　高频考点与公式解析

第 2 篇　知识点总结与扩展

第 3 篇 技巧攻略与统计预测

第 1 篇　高频考点与公式解析

第 1 章　供暖考点解析

1.1　建筑热工与节能

1.1.1　建筑热工设计及气候分区要求

<table>
<tr><th>高频考点、公式及例题</th><th>考题统计</th></tr>
<tr><td>

涉及知识点： 各气候分区名称、分区主要指标（最冷月平均温度、最热月平均温度）、辅助指标（日平均温度天数）、保温防热设计要求、区划指标（HDD18、CDD26）

<table>
<tr><th>分区名称</th><th>二级区划</th></tr>
<tr><td>严寒地区</td><td>严寒 A 区（1A）、严寒 B 区（1B）、严寒 A 区（1C）</td></tr>
<tr><td>寒冷地区</td><td>寒冷 A 区（2A）、寒冷 B 区（2B）</td></tr>
<tr><td>夏热冬冷地区</td><td>夏热冬冷 A 区（3A）、夏热冬冷 B 区（3B）</td></tr>
<tr><td>夏热冬暖地区</td><td>夏热冬暖 A 区（4A）、夏热冬暖 B 区（4B）</td></tr>
<tr><td>温和地区</td><td>温和 A 区（5A）、温和 B 区（5B）</td></tr>
</table>

【2021-1-1】 某地区供暖度日数（HDD18）为 3743，空调度日数（CDD26）为 92，该地区属于何气候子区？

A. 严寒 A 区　　B. 严寒 B 区
C. 寒冷 A 区　　D. 寒冷 B 区

参考答案： D

分析： 根据《复习教材》表 1.1-2 或《民用建筑热工设计规范》GB 50176—2016 表 4.1.2 可知，满足题目条件的气候子区为寒冷 B 区。

</td><td>2021-1-1、
2019-1-4、
2018-1-54、
2018-1-55

分值 6/
比例 0.20%</td></tr>
</table>

1.1.2　围护结构传热阻

<table>
<tr><th>高频考点、公式及例题</th><th>考题统计</th></tr>
<tr><td>

式（1.1-3)【围护结构传热系数】

$$K=\frac{1}{R_0}=\frac{1}{\frac{1}{\alpha_n}+\Sigma\frac{\delta}{\alpha_\lambda\cdot\lambda}+R_k+\frac{1}{\alpha_w}}$$

《公建节能》第 A. 0. 2 条【平均传热系数】$K_p=\varphi K$

1. 其中，K 为外墙主体部位传热系数，W/（$m^2\cdot K$）；φ 为外墙主体部位传热系数修正系数，由相应规范查得；

</td><td>2021-2-1、
2021-3-5
（式 1. 1-3）、
2021-3-14
（式 1. 13）、
2021-4-1
（式 1. 1-3）、</td></tr>
</table>

<table>
<tr><th>高频考点、公式及例题</th><th>考题统计</th></tr>
<tr><td>
2. 题目未说明海拔高度时，内外表面换热系数采用常规的 8.7W/(m^2·K)和 23W/(m^2·K)；对于海拔 3000m 以上地区，应根据海拔高度查取《民用建筑热工设计规范》GB 50176—2016 表 B.4.2；
3. 围护结构系数的倒数是围护结构传热阻，因此围护结构传热阻包含内外表面传热阻，对于不包含表面传热阻的部分称为“围护结构平壁的热阻”。
式(1.1-4)【有顶棚坡屋面的综合传热系数】
$$K=\frac{K_1\times K_2}{K_1\times\cos\alpha+K_2}$$
K_2,屋面　α　K_1,顶棚
</td><td>2019-4-1
(式 1.1-3)、
2018-4-2
(式 1.1-3)、
2017-3-2
(式 1.1-3)、
2016-3-1
(式 1.1-3)、
2014-3-1
(式 1.1-3)</td></tr>
<tr><td>
【2021-3-05】哈尔滨某多层办公楼，建筑面积 35000m^2，体形系数为 0.28，外墙外保温做法：200mm 厚钢筋混凝土＋挤塑聚苯板保温材料。已知：挤塑聚苯板导热系数（包括修正系数）$\lambda=0.033$W/(m·K)，钢筋混凝土导热系数$\lambda=1.74$ W/(m·K)。为满足节能设计的直接判定要求，挤塑聚苯板的最小厚度（mm），应为下列哪项？
A. 90　　B. 100　　C. 110　　D. 120
参考答案：C
主要解题过程：
由题目条件可知，满足节能设计的直接判定要求，即满足《公建节能》表 3.3.1-1 的热工参数。哈尔滨属于严寒 A 区，根据《公建节能》表 3.3.1-1，外墙平均传热系数限值为 0.38W/(m^2·K)，由《公建节能》附录 A.0.3 可知传热系数的修正系数为 1.3。
$$K_p=\phi\cdot K=\frac{\phi}{\frac{1}{\alpha_n}+\Sigma\frac{\delta}{\alpha_\lambda\cdot\lambda}+\frac{1}{\alpha_w}}=\frac{1.3}{\frac{1}{8.7}+\frac{0.2}{1.74}+\frac{\delta}{0.033}+\frac{1}{23}}\leqslant 0.38$$
$$\delta\geqslant 104\text{mm}$$
</td><td>分值 13/
比例 0.43%</td></tr>
</table>

1.1.3　围护结构的最小传热阻

<table>
<tr><th>高频考点、公式及例题</th><th>考题统计</th></tr>
<tr><td>
式（1.1-5）、式（1.1-6）【民用建筑最小传热阻】
$$R_{O,\min}=\frac{(t_n-t_w)}{\Delta t_y}R_n-(R_n+R_w)$$
$$R_O=\varepsilon_1\varepsilon_2R_{O,\min}$$
</td><td>2020-3-4
(式 1.1-5、
式 1.1-6)</td></tr>
</table>

高频考点、公式及例题	考题统计
室内计算温度，供暖房间取18℃，非供暖房间取12℃，与室内设计温度无关。室外计算温度按《复习教材》表1.1-12确定。 **式（1.1-7）、式（1.1-8）【工业建筑最小传热阻】** $$R_{\mathrm{O,min}}=k\frac{a(t_{\mathrm{n}}-t_{\mathrm{w}})}{\Delta t_{\mathrm{y}}\alpha_{\mathrm{n}}}=k\frac{a(t_{\mathrm{n}}-t_{\mathrm{w}})}{\Delta t_{\mathrm{y}}}R_{\mathrm{n}}$$ 配合《复习教材》表1.1-9～表1.1-12确定计算参数。	2019-4-6（式1.1-5、表1.1-12）、2017-1-44、2011-3-1
【2017-1-44】关于工业厂房围护结构的最小传热阻的规定不适用下列哪几项？ A. 墙体　　B. 屋面 C. 外窗　　D. 阳台门 **参考答案：**CD **分析：**根据《复习教材》第1.1.3节第2条及《工规》第5.1.6条可知，外窗、阳台门不宜使用于工业厂房最小传热阻，选项CD不适用。	分值7/比例0.23%

1.1.4　围护结构防潮设计

高频考点、公式及例题	考题统计
式（1.1-9）【防潮验算】 $$H_{0,\mathrm{n}}=\frac{P_{\mathrm{n}}-P_{\mathrm{b,f}}}{\frac{10\rho\delta_{\mathrm{n}}[\Delta\omega]}{24Z}+\frac{P_{\mathrm{b,f}}-P_{\mathrm{w}}}{H_{0,\mathrm{w}}}}$$ $[\Delta\omega]$按百分数取值，即限值5%时带入5。	2021-2-1、2016-2-36、2011-2-49
式（1.1-10）【冷凝计算界面处的温度】 $$\theta_{\mathrm{j}}=t_{\mathrm{n}}-\frac{R_{\mathrm{n}}+R_{0,\mathrm{n}}}{R_0}(t_{\mathrm{n}}-\bar{t}_{\mathrm{w}})$$ 冷凝计算界面为保温层与外侧密实材料层的交界处。 **式（1.1-11）【坡屋面顶棚的蒸汽渗透阻】** $$H_{0,\mathrm{n}}>1.2(P_{\mathrm{n}}-P_{\mathrm{w}})$$ **式（1.1-10）【围护结构任一层水蒸气分压】** $$P_{\mathrm{m}}=\frac{\sum_{j=1}^{m-1}H_j}{H_0}(P_{\mathrm{n}}-P_{\mathrm{w}})$$ **【2021-2-1】**对供暖建筑物外墙热工要求，以下哪一项是错误的？ A. 外墙内表面温度应高于室内空气露点温度 B. 外墙热阻应符合节能设计标准的规定 C. 冬季室外计算温度低于0.9℃时，应进行内表面结露验算 D. 当保温层外侧有密实保护层时，可不进行防潮内部冷凝验算	分值5/比例0.17%

高频考点、公式及例题	考题统计
参考答案：D **分析**：根据《民用建筑热工设计规范》GB 50176—2016 第 7.2.1 条及第 7.2.3 条可知，选项 A 正确；根据《复习教材》第 1.1.2 节“建筑围护结构传热组要满足冬季供暖节能要求”，选项 B 正确；由《民用建筑热工设计规范》GB 50176—2016 第 7.2.1 条可知，选项 C 正确；由第 7.1.1 条可知，“当保温外侧有密实保护层的外墙，当内侧结构层的蒸汽渗透系数较大时，应进行外墙的内部冷凝验算”，故选项 D 错误。	

1.1.5 建筑热工节能设计

高频考点、公式及例题	考题统计
涉及相关规范： 1. 居住建筑热工节能设计 《严寒和寒冷地区居住建筑节能设计标准》JGJ 26—2018、《夏热冬冷地区居住建筑节能设计标准》JGJ 134—2010、《夏热冬暖地区居住建筑节能设计标准》JGJ 75—2012 2. 公共建筑热工节能设计 《公共建筑节能设计标准》GB 50189—2015 3. 工业建筑热工节能设计 《工业建筑节能设计统一标准》GB 51245—2017 4.《民用建筑热工设计规范》GB 50176—2016 **【2020-2-9】** 严寒 B 区地上 4 层、地下 2 层的商业建筑，其中地下二层为设备用房和停车场，一～四层的面积均为 1.2 万 m^2（120m×100m），层高 5m。下列围护结构做法或热工性能，哪一项是错误的？ A. 屋面传热系数为 0.4W/(m^2·K) B. 建筑物入口大堂采用中空全玻璃幕墙 C. 外墙传热系数为 0.42W/(m^2·K) D. 屋顶设置三个尺寸为 45m×18m 的天窗 **参考答案**：A **分析**：根据《公建节能》表 3.3.1-1 及表 3.4.1-1，选项 A 错误，不满足权衡判断的基本要求，应重新调整做法；由第 3.3.7 条可知，选项 B 正确；由表 3.3.1-1 及表 3.4.1-2 可知，选项 C 正确；根据第 3.2.7 条可知，屋顶透光部分面积大于屋顶总面积的 20%时，可进行权衡判断，选项 D 正确。	2021-1-42、2021-2-41、2020-1-4、2020-2-9、2020-2-58、2019-1-43、2018-1-2、2018-1-69、2018-2-43、2018-4-1、2017-1-02、2017-1-37、2013-1-5、2013-1-22、2013-1-43、2013-1-56、2013-2-3、2013-4-1、2012-1-26、2012-2-24、2012-2-44、2012-3-1、2011-1-21、2011-1-43、2011-2-3、2011-2-21、2011-4-1
	分值 42/ 比例 1.4%

1.2 建筑供暖热负荷计算

1.2.1 围护结构耗热量计算

高频考点、公式及例题	考题统计
涉及知识点： 1. 围护结构的基本耗热量； 2. 围护结构的附加耗热量。 **式（1.2-1）【围护结构耗热量】** 围护结构基本耗热量 $Q=\alpha FK(t_n-t_{wn})$ $Q_i=Q(1+\beta_{朝向}+\beta_{风力}+(\beta_{两面墙}+\beta_{窗墙比\cdot窗}))\times(1+\beta_{层高})\times(1+\beta_{间歇})+Q_{外门,j}\times\beta_{外门}$ 外门附加耗热量属于冷风侵入耗热量。 **【不同供暖方式的屋顶下温度和室内平均温度】** $t_d=t_g+\Delta t_H(H-2)$ $t_{np}=\frac{t_d+t_g}{2}$ 其中，t_g——工作地点温度，℃；Δt_H——屋顶下温度温度梯度；辐射供暖，0.23℃/m；横向热风幕，0.28℃/m；热风供暖＋散热器值班，0.3℃/m；散热器，0.61℃/m **【2018-1-4】**某办公楼采用集中式供暖系统，非工作时间供暖系统停止运行。该供暖系统施工图设计中，热负荷计算错误的是下列何项？ A. 间歇附加率取20％ B. 对每个供暖房间进行热负荷计算 C. 间歇附加负荷等于围护结构基本耗热量乘以间歇附加率 D. 计算房间热负荷时不考虑打印机、投影仪等设备的散热量 **参考答案：**C **分析：**根据《民规》第5.2.1条可知，选项B正确；由第5.2.2条及其条文说明可知，打印机、投影仪等设备的散热量属于不经常的散热量，可不计算，选项D正确；由第5.2.8条可知，选项A正确，选项C错误，间歇供暖热负荷应对围护结构耗热量进行间歇附加，而不是围护结构基本耗热量。 **【2016-1-2】**仅在日间连续运行的散热器供暖某办公建筑房间，高3.90m，其围护结构基本耗热量为5kW，朝向、风力、外门三顶修正与附加共计0.75kW，除围护结构耗热量外其他各项耗热量总和为1.5kW，该房间冬季供暖通风系统的热负荷值（kW）应最接近下列何项？ A. 8.25　　B. 8.40　　C. 8.70　　D. 7.25	2021-1-3、2021-1-43、2021-1-44、2021-2-2、2020-2-41、2020-4-2（式1.2-1）、2019-1-1、2019-3-2（屋顶下温度和平均温度）、2019-4-2、2018-1-4、2018-2-4、2017-1-3、2016-1-2（式1.2-1）、2016-1-44、2016-2-43、2014-2-4、2014-4-14（式1.2-1）、2012-1-3 分值27/比例0.90％

高频考点、公式及例题	考题统计
参考答案：B **分析**：对流供暖热负荷计算公式： $Q=Q_1+Q_2=Q_j(1+\beta_{朝向}+\beta_{风力}+\beta_{两面外墙}+\beta_{窗墙比}+\beta_{外门})\cdot(1+\beta_{层高})\cdot(1+\beta_{间歇})+Q_2$ 根据《民规》第5.2.8条或《复习教材》第1.2.1节第2条“围护结构的附加耗热量”，白天使用间歇附加20%，带入上式得 $Q=Q_1+Q_2=(5+0.75)\times(1+0.2)+1.5=8.4\text{kW}$	

1.2.2　冷风渗入的耗热量计算

<table>
<tr><th>高频考点、公式及例题</th><th>考题统计</th></tr>
<tr><td>式（1.2-2）～式（1.2-7）【冷风渗透耗热量】
$$Q=0.28c_p\rho_{wn}L(t_n-t_{wn})$$
$$L=L_0l_1m^b$$
$$L=a_1\left(\frac{\rho_{wn}}{2}v_0^2\right)^b$$
$$m=C_r\cdot\Delta C_f\cdot(n^{1/b}+C)C_h$$
$$C_h=0.3h^{0.4}$$
$$C=70\cdot\frac{h_z-h}{\Delta C_f v_0^2h^{0.4}}\cdot\frac{t'_n-t_{wn}}{273+t'_n}$$</td><td>2021-1-3、2021-2-42、2012-1-4、2012-1-43、2011-1-43</td></tr>
<tr><td>1. 单层热压作用下，建筑物中和面标高可取建筑物总高度的1/2；
2. 当冷风渗透压差综合修正系数$m>0$时，冷空气深入，此时存在冷风渗入耗热量；当$m\leqslant0$时，冷风渗入耗热量为0。
3. 冷风渗透量计入原则，所述几面围护结构为具有外门外窗的外围护结构。例，围护结构有两面相邻外墙，仅有一面具有外窗，按照“房间仅有一面外围护结构”考虑计入原则；围护结构由三面外围护结构，其中只有一面由外窗，按照“房间仅有一面外围护结构”考虑计入原则。
【2012-1-43】在计算由门窗缝隙渗入室内的冷空气的耗热量时，下列哪几项表述是错误的？
A. 在多层民用建筑的冷风渗透量确定，可忽略室外风速沿高度递增的因素，只计算热压及风压联合作用时的渗透冷风量
B. 高层民用建筑的冷风渗透量确定，应考虑热压及风压联合作用，以及室外风速及高度递增的因素
C. 建筑由门窗缝隙渗入室内的冷空气的耗热量，可根据建筑高度，玻璃窗和围护结构总耗热量进行估算</td><td>分值7/比例0.27%</td></tr>
</table>

高频考点、公式及例题	考题统计
D. 对住宅建筑阳台门而言，除计算由缝隙渗入室内的冷空气的耗热量外，还应计算由外门附加耗热量时将其计入外门总数量内 **参考答案：** ACD **分析：** 根据《09 技术措施》第 2.2.13 条可知，多层民用建筑在计算冷风渗透量时可忽略热压机室外风速沿高度递增的因素，选项 A 错误；由第 2.2.14 条可知，选项 B 正确；根据《复习教材》第 1.2.2 节冷风渗入的耗热量计算“4. 工业建筑的渗透冷空气耗热量”可知，选项 C 错误，民用建筑不能采用估算法；根据《复习教材》第 1.2.1 节围护结构的耗热量计算“2. 围护结构的附加耗热量”可知，阳台门不考虑外门附加，选项 D 错误。	

1.3　热水、蒸汽供暖系统分类及计算

1.3.1　热媒的选择

高频考点、公式及例题	考题统计
热媒种类： 低压蒸汽、高压蒸汽、不超过 130℃的热水、不超过 110℃的热水、不超过 95℃的热水。 **【2020-1-44】** 严寒地区某城市居民住宅区均设置地面辐射集中供暖系统，由城市热网提供热源，下列一次网热煤参数，哪几项可以满足该供暖系统的要求？ A. 130℃/70℃热水　　B. 110℃/70℃热水 C. 95℃/70℃热水　　D. 85℃/60℃热水 **参考答案：** AB **分析：** 根据《城镇供热管网设计规范》CJJ 34—2010 第 4.2.2 条可知，一次网设计供水温度可取 110～150℃，回水温度不应高于 70℃，故选项 AB 正确。	2021-1-8、2021-2-7、2021-2-46、2021-2-56、2020-1-44、2020-2-1、2017-1-4、2017-2-3、2016-1-4、2014-1-8、2014-2-45 分值 15/比例 0.50%

1.3.2　供暖系统的分类

高频考点、公式及例题	考题统计
1. 热水供暖系统 （1）重力（自然）循环系统、机械循环系统； （2）单管系统、双管系统； （3）垂直式系统、水平式系统； （4）低温水供暖系统、高温水供暖系统。	2016-2-3、2013-1-6、2013-4-2、2012-1-1

高频考点、公式及例题	考题统计
2. 蒸汽供暖系统 （1）高压蒸汽供暖系统、低压蒸汽供暖系统、真空蒸汽供暖系统； （2）上供式系统、中供式系统、下供式系统； （3）单管式系统、双管式系统； （4）重力回水系统、机械回水系统。 **【2016-2-3】**某5层学生宿舍，设计集中热水供暖系统，考虑系统节能，有关做法符合规定的应为下列何项？ A. 设计上供下回单管同程式系统，未设恒温控制阀 B. 设计上供下回双管同程式系统，未设恒温控制阀 C. 设计上供下回双管同程式系统，散热器设低阻力两通恒温控制阀 D. 设计上供下回单管跨越系统，散热器设低阻力两通恒温控制阀 **参考答案：**D **分析：**根据《民规》第5.10.4条，新建和改扩建散热器室内供暖系统，应设置散热器恒温控制阀或其他自动温度控制间进行室温调控，选项AB错误；根据第5.10.4-1条，当室内供暖系统为垂直或水平双管系统时，应在每组散热器的供水支管上安装高阻恒温控制阀，选项C错误；根据第5.10.4-2条，单管跨越式系统应采用低阻力两通恒温控制阀或三通恒温控制阀，选项D正确。	分值5/ 比例0.17%

1.3.3　重力循环热水供暖系统

高频考点、公式及例题	考题统计
系统形式： 1. 单管上供下回式系统； 2. 双管上供下回式系统； 3. 单户式系统。 **式（1.3-3）【重力循环系统作用压力】** $$\Delta p = p_1 - p_2 = gh(\rho_h - \rho_g)$$ **式（1.3-6）【单管系统自然作用压头计算】** $$\Delta p = \sum_{i=1}^{n} g h_i (\rho_i - \rho_g) = \sum_{i=1}^{n} g H_i (\rho_i - \rho_{i-1})$$ **【2020-2-7】**重力循环热水供暖系统的循环作用压力大小，与下列何项参数无关？ A. 热水循环流量 B. 加热中心与冷却中心的垂直高差	2020-2-7、2017-1-45、2016-1-42、2016-2-42、2014-1-2、2013-2-2、2013-2-41、2013-3-1（式1.3-3）、2012-2-1、2011-1-1、2011-1-41
	分值16/ 比例0.53%

高频考点、公式及例题	考题统计
C. 热水供/回水的密度 D. 重力加速度 **参考答案**：A **分析**：根据《复习教材》式（1.3-3）可知，重力循环作用压力与加热中心至冷却中心的垂直距离、供回水密度差、重力加速度有关，与系统热水循环流量无关。	

1.3.4　机械循环热水供暖系统

高频考点、公式及例题	考题统计
系统形式： 1. 双管上供下回式系统； 2. 双管下供下回式系统； 3. 双管中供式系统； 4. 单管上供下回式系统； 5. 单管水平式系统； 6. 双管下供上回式系统； 7. 混合式系统。 **【2017-1-45】**下列热水供暖系统管道的坡度设计时，哪些选项是正确的？ A. 采用机械循环双管上供下回系统时，顶部供水水平干管的坡向应与其管内的水流方向相同 B. 采用机械循环双管上供下回系统时，底部回水水平干管的坡向应与其管内的水流方向相同 C. 采用重力循环时，顶部供水水平干管的坡向应与其管内的水流方向相同 D. 采用重力循环时，底部回水水平干管的坡向应与其管内的水流方向相反 **参考答案**：BC **分析**：根据《复习教材》图1.3-6可知，顶部供水水平干管的坡向应与其管内的水流方向相反，选项A错误，选项B正确；根据《复习教材》图1.3-2可知，选项C正确，底部回水水平干管的坡向应与其管内的水流方向相同，选项D错误。	2021-1-4、2017-1-45、2013-2-5、2013-2-45 分值6/比例0.20%

1.3.5　高层建筑热水供暖系统

本节近十年无相关考题。

1.3.6 低压蒸汽供暖系统

高频考点、公式及例题	考题统计
涉及知识点：重力回水系统和机械回水系统。 **【2011-1-02】**北方某厂的厂区采用低压蒸汽供暖，设有凝结水回收管网。一新建 1000m^2 车间设计为暖风机热风供暖，系统调试时，发现暖风机供暖能力严重不足。但设计的暖风机选型均满足负荷计算和相关规范规定。下列分析的原因中，哪条不会导致该问题发生？ A. 蒸汽干管或凝结水干管严重堵塞 B. 热力入口低压蒸汽的供气量严重不足 C. 每个暖风机环路的疏水回路总管上设置了疏水器，未在每一台暖风机的凝结水支管上设置疏水器 D. 车间的凝结水总管的凝结水压力低于连接厂区凝结水管网处的凝结水压力 **参考答案：**C **分析：**根据选项分析，选项 ABD 明显会导致暖风机供暖能力不足；根据《工规》第 5.6.5-3 条文说明，建议在每台暖风机后安装疏水阀，但是不安装疏水阀未必会导致暖风机供热能力不足，选项 C 相比其他选项产生供热量严重不足的可能性较小。	2019-2-3、 2016-1-3、 2011-1-2、 2011-2-1 分值 4/ 比例 0.13%

1.3.7 高压蒸汽供暖系统

高频考点、公式及例题	考题统计
闭式凝结水回水系统：余压回式系统、闭式满管回水系统、加压回水系统。 **【2014-1-41】**某工厂的办公楼采用散热器高压蒸汽（设计工作压力 0.4MPa）供暖系统，系统为同程式、上供下回双管；每组散热器的回水支管上均设置疏水阀，经调试正常运行，两个供暖期后（采用间歇运行）部分房间出现室内温度明显偏低的现象，对问题的原因分析后，下列哪几项是有道理的？ A. 上供下回式系统本身导致问题发生 B. 采用间歇运行，停止供汽时，导致大量空气进入系统 C. 部分房间的疏水阀堵塞 D. 部分房间的疏水阀排空气装置堵塞 **参考答案：**CD **分析：**上供下回式是较为常见的一种高压蒸汽供暖系统，由题意知，两个供暖期后（采用间歇运行）部分房间出现室内温度明显偏低的现象，可知系统调试时是正常运行的，证明系统形式无问题，选项 A 排除；间歇运行导致的空气进入系统，会导致所有房间不热，不是部分房间不热，选项 B 排除；本题为多选题，利用排除法，选 CD。同时，选项 CD 也是导致间歇运行时部分房间出现室内温度明显偏低的主要原因。	2019-2-3、 2017-1-46、 2016-1-43、 2014-1-41、 2013-1-45、 2013-2-8、 2012-1-45、 2011-2-1、 2011-2-5 分值 14/ 比例 0.47%

1.4　辐射供暖（供冷）

1.4.1　热水辐射供暖

高频考点、公式及例题	考题统计
式（1.4-1）～式（1.4-6）【辐射供冷辐射面传热量计算】 $$q=q_f+q_d$$ $$q_f=5\times10^{-8}[(t_{pj}+273)^4+(t_{fj}+273)^4]$$ 全部顶棚供冷：$q_d=0.134\,(t_{pj}-t_n)^{1.25}$ 地面供暖、顶棚供冷时：$q_d=2.13\,\lvert t_{pj}-t_n\rvert^{0.31}(t_{pj}-t_n)$ 墙面供暖或供冷时：$q_d=1.78\,\lvert t_{pj}-t_n\rvert^{0.32}(t_{pj}-t_n)$ 地面供冷时：$q_d=0.87\,(t_{pj}-t_n)^{1.25}$ **式（1.4-9）【辐射供暖地表面平均温度校核计算】** $$t_{pj}=t_n+9.82\times\left(\frac{q_1}{100}\right)^{0.969}$$ **《辐射供暖供冷技术规程》JGJ 142—2012 第3.3.7条【间歇供暖房间热负荷计算】** $$Q=\alpha Q_j+q_h\cdot M$$ 其中，α为考虑间歇供暖的修正系数，按规范取值；q_h为房间单位面积平均户间传热量，可取$7W/m^2$；M为房间使用面积，m^2。 **《辐射供暖供冷技术规程》JGJ 142—2012 第3.4.7条【辐射供冷表面温度】** 顶棚辐射供冷：$t_{pj}=t_n-0.175\,q^{0.976}$ 地面辐射供冷：$t_{pj}=t_n-0.171\,q^{0.989}$ **【2019-1-2】**建筑辐射供暖系统辐射面传热量计算时，以下哪一项是错误的？ A. 辐射面传热量应为辐射面辐射传热量与辐射面对流传热量之和 B. 辐射面辐射传热量，与辐射面表面平均温度和室内空气温度的差值呈线性相关 C. 当辐射面的面积相等时，墙面供暖的辐射面对流传热量小于地面供暖的辐射面对流传热量 D. 当辐射面温度恒定时，室温越高，同一辐射面传热量越小 **参考答案：**B **分析：**根据《复习教材》第1.4.1节第3条“辐射面传热量计算”可知，选项A正确；根据式（1.4-2）可知，选项B错误；对比式（1.4-4）及式（1.4-5）可知，选项CD均正确。	2021-2-44、 2020-4-1 （式1.4-9）、 2019-1-2、 2019-1-5、 2019-2-1、 2019-2-4、 2019-2-5、 2019-2-6、 2019-2-7、 2019-4-5、 2019-4-16 （3.4.7）、 2018-1-1、 2018-1-23、 2018-2-3、 2017-1-43、 2017-4-3 （式1.4-9）、 2016-1-5、 2016-1-45、 2016-2-4、 2016-4-4、 2014-1-3、 2014-2-7、 2014-2-41、 2014-2-44、 2014-3-2 （式3.3.7）、 2014-4-1 （式1.4-9）、

<table>
<tr><th>高频考点、公式及例题</th><th>考题统计</th></tr>
<tr><td rowspan="2">【2019-4-16】某工厂采用毛细管顶棚辐射供冷，室外大气压力101325Pa。室内设计工况为干球温度25℃，相对湿度60℃，单位面积毛细管顶棚的设计供冷能力为21W/m²，辐射体自身热阻为0.07K·m²/W。设计管内最低供水温度（℃）最接近下列何项？
A. 15.2　B. 18.3　C. 20.2　D. 21.4
参考答案：C
主要解题过程：
(1) 查 h-d 图，室内露点温度为16.7℃，根据《辐射供暖供冷技术规程》JGJ 142—2012 第3.1.4条，需要控制辐射供冷表面温度。按表面温度高于室内空气露点温度计算供水温度为：
$$t_g \geqslant t_b + 2 - qR = 16.7 + 2 - 21 \times 0.07 = 17.23℃$$
(2) 根据JGJ 142—2012 第3.4.7-1条，得辐射供冷表面平均温度为：
$$t_{pj} = t_n - 0.175\, q^{0.976} = 25 - 0.175 \times 21^{0.976} = 21.5℃$$
$t_{pj} = 21.5℃$ 满足JGJ 142—2012 第3.1.4条规定的平均温度下限值。则，$t_g \geqslant t_{pj} - qR = 21.5 - 21 \times 0.07 = 20.03℃$
(3) 两种控制方法皆需满足，故取 $t_g \geqslant 20.03℃$ 。</td><td>2013-1-4、2013-2-43、2013-4-4（式1.4-9）、2012-2-5、2012-4-2</td></tr>
<tr><td>分值46/比例1.53%</td></tr>
</table>

1.4.2 毛细管型辐射供暖与供冷

<table>
<tr><th>高频考点、公式及例题</th><th>考题统计</th></tr>
<tr><td rowspan="2">【2021-1-47】毛细管网同时用于民用建筑冬季供暖和夏季供冷时，下列说法中，哪几项是合理的？
A. 系统工作压力应大于0.6 MPa
B. 热水设计供回水温差应大于10℃
C. 毛细管网热水供水温度与安装位置无关
D. 毛细管网应优先选择顶棚敷设方式
参考答案：CD
分析：根据《民规》第5.4.5条，毛细管网辐射系统的工作压力不应大于0.6MPa，选项A不合理；第5.4.1条，毛细管网辐射系统供回水温差宜采用3～6℃，选项B不合理；第5.4.4条，毛细管网同时用于冬季供暖和夏季供冷时，宜首先考虑顶棚安装方式，顶棚面积不足时再考虑墙面或地面埋置方式，可知选项D合理；根据表5.4.1-1可知，设置在顶棚、墙面的毛细管网辐射供暖系统供水温度，宜采用25～35℃，设置在地面时，宜采用的温度为30～40℃，并不完全相同，选项C不合理。但本题为多选题，选项C与选项AB相比较，选项AB更不合理，故认为选项C相对合理。</td><td>2021-1-47、2020-1-59</td></tr>
<tr><td>分值4/比例0.13%</td></tr>
</table>

1.4.3　燃气红外线辐射供暖

高频考点、公式及例题	考题统计
式（1.4-18）～式（1.4-20）【燃气辐射供暖总散热量计算】 $Q_f = \dfrac{Q}{1+R}$ $R = \dfrac{Q}{\dfrac{11A}{\eta}(t_{sh} - t_w)}$ $\eta = \varepsilon \eta_1 \eta_2$ **式（1.4-19）【辐射供发生器台数确定】** $n = \dfrac{Q_f}{q}$ 沿四周外墙、外门处辐射器的散热量不宜少于总散热量的 60%。 **式（1.4-25）【辐射供暖发生器空气需求量】** $L = \dfrac{Q}{293} \cdot K$ K：天然气取 6.4m^3/h，液化石油气取 7.7m^3/h。这部分空气小于房间换气次数 0.5h^{-1}时，可采用室内供给；反之，应置室外空气供应系统。	2021-2-4、 2020-3-2 （式 1.4-18～式 1.4-20）、 2018-1-41、 2018-2-5、 2017-2-8、 2017-2-46、 2016-3-4 （式 1.4-25）、 2012-1-44、 2011-1-4
式（1.4-32）【局部辐射供暖所需辐射器散热量】 $Q = \dfrac{700EA}{\eta}$ 辐射强度 E 按《复习教材》表 1.4-19 选用，无风时直接选用表列值，有风时按表列值的 0.75 倍选用。 **【2018-1-41】**根据目前的设备应用情况，在设计燃气辐射供暖时，可采用下列哪几种燃料？ A. 天然气　　B. 沼气　　C. 人工煤气　　D. 液化石油气 **参考答案：**ACD **分析：**根据《民规》第 5.6.2 条可知，燃气红外线辐射供暖可采用天然气、人工煤气、液化石油气等。 **【2020-3-2】**某工业厂房建筑面积 3300m^2，采用燃气红外线辐射供暖系统供暖。已知辐射管安装高度距离人体头部为 10m，假定室内舒适温度为 16℃、室外供暖计算温度为 t_w＝－9℃、围护结构热负荷 750kW，其中辐射供暖系统效率 η_1＝0.9、空气效率 η_2＝0.84、辐射系数 ε＝0.44、常数 c＝11W/（m^2·K）。问：辐射供暖系统的热负荷（kW）应最接近以下何项？ A. 750　　B. 675　　C. 630　　D. 590 **参考答案：**D **主要解题过程：** 根据《复习教材》第 1.4.3 节：	分值 14/ 比例 0.47%

高频考点、公式及例题	考题统计
（1）燃气红外线辐射供暖系统总效率为： $\eta = \varepsilon \eta_1 \eta_2 = 0.44 \times 0.84 \times 0.9 = 0.3326$ （2）燃气红外线辐射供暖系统特征值为： $R = \dfrac{Q}{\dfrac{CA}{\eta}(t_{sh} - t_w)} = \dfrac{750 \times 10^3}{\dfrac{11 \times 3300}{0.33264}(16+9)} = 0.275$ （3）燃气红外线辐射供暖系统热负荷为： $Q_f = \dfrac{Q}{1+R} = \dfrac{750}{1+0.275} = 588\text{kW}$	

1.5 热 风 供 暖

1.5.1 集中送风

高频考点、公式及例题	考题统计
式（1.5-1）～式（1.5-2）【平行送风有效作用长度】 当送风口高度 $h \geqslant 0.7H$ 时，$l_x = \dfrac{X}{a}\sqrt{A_h}$ 当送风口高度 $h = 0.5H$ 时，$l_x = \dfrac{0.7X}{a}\sqrt{A_h}$ **式（1.5-3）～式（1.5-8）【平行送风射流计算】** 换气次数 $n = \dfrac{380 v_1^2}{l_x}$ 或 $n = \dfrac{5950 v_1^2}{v_0 l_x}$ 每股射流的空气量 $L = \dfrac{nV}{3600 \cdot m_p m_c}$	2020-1-42、2017-2-44、2013-3-3（式1.5-2）、2012-1-44、2011-1-3
送风温度 $t_0 = t_n + \dfrac{Q}{c_p \rho_p L m}$ 送风口直径 $d_0 = \dfrac{0.88L}{v_1\sqrt{A_h}}$ 送风口出风速度 $v_0 = 1.27\dfrac{L}{d_0^2}$ 其中，n——换气次数；L——每股射流空气量，m^3/s；t_0——送风温度，℃；d_0——送风口直径，m；v_0——送风口出风速度，m/s。 **式（1.5-9）～式（1.5-15）【扇形送风射流计算】** 射流有效作用半径 $R_x = \left(\dfrac{X_1}{\alpha}\right)^2 H$ 换气次数 $n = \dfrac{18.8 v_1^2}{X_1^2 R_x}$ 或 $n = \dfrac{294 v_1^2}{X_1^2 v_0 R_x}$	分值9/比例0.30%

高频考点、公式及例题	考题统计
每股射流的空气量 $L=\frac{nV}{3600\cdot m}$ 送风温度 $t_0=t_n+\frac{Q}{c_p\rho_p Lm}$ 送风口直径 $d_0=6.25\frac{aL}{v_1 H}$ 送风口出风速度 $v_0=1.27\frac{L}{d_0^2}$ **【2013-3-03】**某车间采用单侧单股平行射流集中送风方式供暖，每股射流作用的宽度范围为24m。已知，车间的高度为6m，送风口采用收缩的圆喷嘴，送风口高度为3m，工作地带的最大平均回流速度 v_1 为0.3m/s，射流末端最小平均回流速度为 v_2 为0.15m/s，试问该方案的送风射流的有效作用长度能够完全覆盖的车间是哪一项？ A. 长度为60m的车间　　B. 长度为54m的车间 C. 长度为48m的车间　　D. 长度为36m的车间 **参考答案**：D **主要解题过程**： 根据《复习教材》式（1.5-2），当送风口高度 $h=3m=0.5H$（车间高度），根据表1.5-2，无因次数取0.33，根据表1.5-4，送风口紊流系数取0.07，则有： $l_x=\frac{0.7X}{\alpha}\sqrt{A_h}=\frac{0.7\times0.33}{0.07}\sqrt{24\times6}=39.6m$	

1.5.2 空气加热器的选择

高频考点、公式及例题	考题统计
式（1.5-16）～式（1.5-17）【空气加热器供热量计算】 加热空气所需热量 $Q=Gc_p(t_2-t_1)$ 加热器供给的热量 $Q'=KF\Delta t_p$ $\Delta t_p=\begin{cases}\frac{t_{w1}+t_{w2}}{2}-\frac{t_1+t_2}{2} & 热水\\ t_g-\frac{t_1+t_2}{2} & 蒸汽\end{cases}$	2020-1-42、2020-2-4（式1.5-16）
【2020-1-42】某高度为15m的单层厂房，设计采用集中热风供暖系统，下列哪几项设计做法是正确的？ A. 采用3套热风加热装置（含风机） B. 热风气流组织形式为上送下回 C. 工作区计算平均风速为0.10m/s D. 选择空气加热器时，加热能力为热负荷的120%	分值3/比例0.10%

高频考点、公式及例题	考题统计
参考答案：ABD **分析**：由《工规》第5.6.3条可知，选项AB正确；由第5.6.6-1条可知，选项C错误，最小平均风速不宜小于0.15m/s；由第5.6.4条可知，选项D正确。	

1.5.3 暖风机的选择

高频考点、公式及例题	考题统计
式（1.5-18）～式（1.5-19）【暖风机台数计算】 $$n=\frac{Q}{Q_d\cdot\eta}$$ $$\frac{Q_d}{Q_0}=\frac{t_{pj}-t_n}{t_{pj}-15}$$ 其中，t_{pj}——热媒平均温度；t_n——进风温度；η——有效散热洗漱，热水热媒取0.8，蒸汽热媒取0.7～0.8。 **式（1.5-20）【暖风机射程】** $$X=11.3v_0D$$ 其中，v_0——出风口风速，m/s；D——当量直径，m。	2018-3-3（式1.5-19）、2017-3-4（式1.5-18～式1.5-19）、2016-1-4、2016-2-5、2016-2-44、2012-2-45
【2018-3-3】某工业厂房室内设计温度为20℃，采用暖风机供暖。已知该暖风机在标准工况（进风温度15℃，热水供/回水温度为80℃/60℃）时的散热量为55kW。问：如果热水温度不变，向该暖风机提供的热水流量（kg/h），应最接近以下哪个选项？（热媒平均温度按照算术平均温度计算） A. 2600　B. 2365　C. 2150　D. 1770 **参考答案**：C **主要解题过程**： 根据《复习教材》式（1.5-19）得： $$\frac{Q_d}{Q_0}=\frac{t_{pj}-t_n}{t_{pj}-15}$$ $$\frac{Q_d}{55}=\frac{\frac{80+60}{2}-20}{\frac{80+60}{2}-15}$$ $$Q_d=50\text{kW}$$ 根据流量公式，有： $$G=\frac{Q_d}{c_p\Delta t}=\frac{50}{4.187\times(80-60)}=0.597\text{kg/s}=2149.51\text{kg/h}$$	分值10/比例0.33%

1.5.4　热空气幕

高频考点、公式及例题	考题统计
【2017-1-05】严寒地区冬季有室内温度要求的某工业建筑，其经常开启的某个无门斗外门，宽度和高度均为 2.7m，开启方向为内向开启。问：以下关于该门设置空气幕的说法，哪个选项是正确的？ A. 应设置上送式空气幕　B. 应设置单侧侧送式空气幕 C. 应设置双侧侧送式空气幕　D. 不应设置空气幕 **参考答案：**A **分析：**根据《工规》表 5.6.7 可知，该工业建筑宜设置热空气幕，故选项 D 错误；根据《工规》第 5.6.8 条可知，宜采用单侧送风，根据《复习教材》表 1.5-6 可知，侧送式空气幕的大门严禁向内开启，综上可知，选项 BC 错误。	2017-1-5、2017-2-6、2016-1-6 分值 3/比例 0.10%

1.6　供暖系统的水力计算

1.6.1　水力计算方法和要求

高频考点、公式及例题	考题统计
式（1.6-1）【水管路阻力计算】 $$\Delta p=\Delta p_{\mathrm{m}}+\Delta p_i=\frac{\lambda}{d}l\frac{\rho v^2}{2}+\xi\frac{\rho v^2}{2}$$ **【2014-1-06】**某商场建筑拟采用热水供暖系统。室内供暖系统的热水供水管的末端管径按规范规定的最小值设计，此时，该段管内水的允许流速最大值为下列何项？ A. 0.65m/s　B. 1.0m/s C. 1.5m/s　D. 2.0m/s **参考答案：**B **分析：**根据《复习教材》第 1.6.1 节“3. 计算要求”可知，末端管径大于等于 20mm，取最小值为 20mm，根据表 1.6-5，管径 20mm 时一般室内管网为 1.0m/s，选项 B 正确。商场无特殊要求，特殊要求指需要安静的场合。 **【2012-4-18】**某空调水系统的某段管道如下图所示。管道内径为 200mm，A、B 点之间的管长为 10m，管道的摩擦系数为 0.02。管道上阀门的局部阻力系数（以流速计算）为 2，水管弯头的局部阻力系数（以流速计算）为 0.7。当输送水量为 180m^3/h 时，问：A、B 点之间的水流阻力最接近下列何项？（水的密度取 1000kg/m^3）	2021-1-44、2021-2-3、2019-1-42、2019-4-3、2018-2-40、2016-1-1、2016-1-43、2016-2-1、2014-1-6、2014-2-5、2013-4-2、2012-4-18（式 1.6-1）、2011-1-60（式 1.6-1）、2011-2-9 分值 19/比例 0.63%

高频考点、公式及例题	考题统计
A. 2.53kPa　　B. 3.41kPa C. 3.79kPa　　D. 4.67kPa (图：管路A—阀门—B) **参考答案**：D **主要解题过程**： 管内水流速为： $$v=\frac{180}{3600\times\frac{1}{4}\pi(0.2)^2}=1.59\text{m/s}$$ 根据《复习教材》式（1.6-1）可知： $$\Delta p=\Delta p_m+\Delta p_i=\frac{\lambda}{d}l\frac{\rho v^2}{2}+\xi\frac{\rho v^2}{2}$$ $$=\left[\frac{0.02}{0.2}\times10+(2+0.7)\right]\times\frac{1000\times1.59^2}{2}$$ $$=4677\text{Pa}=4.68\text{Pa}$$	

1.6.2 热水供暖系统的水力计算

高频考点、公式及例题	考题统计
涉及知识点：等温降法、变温降法、等压降法。 **表1.6-7【供（冷）热量与（冷）热水流量的换算】** $$G=\frac{0.86Q}{\Delta t}$$ 其中，Q——负荷或换热量，W；G——流量，kg/h。此公式来自于扩展公式 $Q=c\cdot G\cdot\Delta t$，c 为水的比热容，取4.18kJ/(kg·K)。 **【等温降法修正系数】** 温降调整系数　$a=\frac{\Sigma G_j}{\Sigma G_t}$ 流量调整系数　$b=\frac{1}{a}$ 压降调整系数　$c=b^2$ **【2014-1-46】** 城市热网项目的初步设计阶段，下列关于热水管网阻力计算的说法，哪几项是错误的？ A. 热力网管道局部阻力与沿程阻力的比值可取为0.5	2021-3-20（表1.6-7）、 2021-3-23（扩展公式）、 2021-4-2（表1.6-7）、 2021-4-18（表1.6-7）、 2021-4-23（表1.6-7）、 2020-3-15（表1.6-7）、 2019-4-15（表1.6-7）、 2018-1-6、 2018-3-2（表1.6-7）、 2018-3-3（表1.6-7）、 2018-4-12（表1.6-7）、 2018-4-15（表1.6-7）、 2018-4-19（表1.6-7）、 2017-3-16（表1.6-7）、 2017-4-1（表1.6-7）、

高频考点、公式及例题	考题统计
B. 热力网管道局部阻力与沿程阻力的比值，与管线类型无关 C. 热力网管道局部阻力与沿程阻力的比值，仅与补偿器类型有关 D. 热力网管道局部阻力与沿程阻力的比值，管线采用方形补偿器，其取值范围为0.6～1.0 **参考答案：**ABCD **分析：**根据《城镇供热管网设计规范》CJJ 34—2010第7.3.8条，热水输送干线热力网管道局部阻力与沿程阻力的比值可取为0.5，但热水输配管线不可以，选项A错误；热力网管道局部阻力与沿程阻力的比值，与管线类型有关，选项B错误；热力网管道局部阻力与沿程阻力的比值，不仅与补偿器类型有关且与管线类型有关，选项C错误；当管线类型为输配管线时，热力网管道局部阻力与沿程阻力的比值，管线采用方形补偿器，其取值范围为0.6～1.0，选项D错误，未交代管道类型。	2017-4-5（表1.6-7）、 2016-2-8、 2016-4-2、 2016-4-5（表1.6-7）、 2014-1-46、 2014-3-3、 2014-3-4（表1.6-7）、 2014-4-18（表1.6-7）、 2014-4-23（表1.6-7）、 2013-2-5、 2013-3-2（表1.6-7）、 2013-3-17（表1.6-7）、 2013-4-25（表1.6-7）、 2012-3-17（表1.6-7）、 2011-1-5、 2011-2-9、 2011-3-18（表1.6-7）
	分值59/ 比例0.97%

1.6.3 蒸汽供暖系统的水力计算

高频考点、公式及例题	考题统计
式（1.6-4）【低压蒸汽管路比摩阻计算】 $$\Delta p_m = \frac{(p-2000)\cdot a}{l}$$ **式（1.6-5）【高压蒸汽管路比摩阻计算】** $$\Delta p_m = \frac{0.25\cdot a\cdot p}{l}$$ 注：a为摩擦压力损失占压力损失的百分数，低压蒸汽一般取0.6，高压蒸汽需要具体给出。 **【2017-4-06】**某车间拟用蒸汽铸铁散热器供暖系统，余压回水，系统最不利环路的供气管长400m，起始蒸汽压力200kPa，如果摩擦阻力占总压力损失的比例为0.8，则该管段选择管径根据的平均长度摩擦阻力（Pa/m）应最接近下列何项？ A. 60　　B. 80 C. 100　　D. 120 **参考答案：**C	2017-4-6 （式1.6-5）、 2013-2-5、 2013-4-2 （式1.6-4）、 2012-4-4 （式1.6-4） 分值7/ 比例0.23%

高频考点、公式及例题	考题统计
主要解题过程： 根据《复习教材》表1.3-1注1可知，系统起始压力200kPa＞70kPa，为高压蒸汽。 根据式（1.6-5）平均单位长度摩擦损失为： $$\Delta P_{m}=\frac{0.25\alpha p}{l}=\frac{0.25\times 0.8\times 200\times 10^{3}}{400}=100\text{Pa/m}$$	

1.7 供暖系统设计

1.7.1 供暖入口装置

高频考点、公式及例题	考题统计
【2020-2-45】某厂区采用高压蒸汽供暖，其系统热力入口的设计，下列哪些是正确的？ A. 热力入口应设关断阀、过滤器、减压阀、温度计、压力表 B. 疏水器前的凝结水管不应向上抬升 C. 疏水器出口凝结水干管向上抬升时应设止回阀 D. 蒸汽凝结水回收装置应设在供暖系统的最低点 **参考答案：**BC **分析：**根据《工规》第5.8.4-1条可知，选项A错误，缺失安全阀、旁通等。根据第5.8.4-2条可知，疏水阀后应根据需要设置止回阀，如果出水管有向上的立管时，应设止回阀，若有的疏水阀有止回功能，其后可不设止回阀，选项C正确；由第5.8.12条可知，选项B正确；蒸汽凝结水回收装置可装设在干管末端，可设置与立管末端，也可设置于每组散热器末端，不一定设置在系统的最低点，选项D错误。	2021-2-43、2020-2-45、2014-1-43、2014-1-44、2014-1-45 分值10/比例0.33%

1.7.2 管道系统

高频考点、公式及例题	考题统计
涉及知识点：管道系统划分、管道安装坡度、管道热补偿、管道支架间距、供暖地沟、管道保温、管道刷漆、管道连接、系统空气排除、系统试压。 **【2019-1-3】**当设计无规定时，以下关于管道材料及连接方式的说法，哪一项是错误的？ A. 当住宅小区室外供热管道的管径大于*DN*200时，如果设计无规定，应使用无缝钢管	2021-1-4、2021-2-43、2021-4-14、2020-2-6、2019-1-3、2019-1-20

高频考点、公式及例题	考题统计
B. 空调冷水管采用热镀锌钢管时，当管径小于或等于 DN100 时采用螺纹连接；当管径大于 DN100 时可采用卡箍或法兰连接 C. 供暖管道采用焊接钢管时，当管径小于或等于 32mm 时应采用螺纹连接；当管径大于 32mm 时采用焊接连接 D. 室内低压燃气管道应选用热镀锌钢管，管径不大于 100mm 时，可采用螺纹连接 **参考答案：**A **分析：**根据《建筑给水排水及采暖工程施工质量验收规范》GB 50242—2002 第 11.1.2 条可知，选项 A 错误；根据《通风与空调工程验收规范》GB/T 50243—2016 第 9.1.1 条可知，选项 B 正确；根据《建筑给水排水及采暖工程施工质量验收规范》GB 50242—2002 第 8.1.2 条可知，选项 C 正确；根据《城镇燃气设计规范》50028—2006（2020 版）第 10.2.4 可知，选项 D 正确。 **【2019-4-3】**某严寒地区 8 层办公建筑，设置了散热器供暖系统，系统管道的最高标高为 30m，热源由城市热网换热后的二次热水管网供给，并设置高位开式膨胀水箱定压，膨胀水箱的设计水位标高为 35m，换热设备及二次热水循环泵均设置于标高为−5.0m 的地下室设备间的地面上；膨胀管连接在二次管网热水循环泵的吸入口处，热水循环泵的扬程为 $10mH_2O$。问：该供暖系统底部的试验压力（MPa），以下哪个选项是合理的（注：水压力换算时，按照 $1mH_2O=10kPa$ 计算）？	2019-2-3、 2019-4-3、 2018-1-5、 2017-1-42、 2017-2-5、 2017-2-45、 2016-1-3、 2014-1-3、 2014-1-5、 2014-2-1、 2012-2-42、 2011-1-41、 2011-1-44、 2011-2-5
A. 0.40　　B. 0.50　　C. 0.60　　D. 0.65 **参考答案：**D **主要解题过程：** 循环水泵扬程为 $10mH_2O$，则在系统顶点处考虑经过了一半流程，动压损失一般，则系统定点工作压力为： $P_1 = P_j + P_d = (35-30) + \frac{10}{2} = 10mH_2O = 0.1MPa$ 根据《建筑给水排水及采暖工程施工质量验收规范》GB 5242—2002 第 8.6.1.1 条，该系统的顶点试验压力为： $P_{1,s} = P_1 + 0.1 = 0.2MPa < 0.3MPa$ 顶点试验压力为 0.3MPa，以该系统底部进行试验时，试验压力为： $P_{2,s} = P_{1,s} + (30+5) \times 10 \times 10^{-3} = 0.65MPa$	分值 29/ 比例 0.93%

1.8 供暖设备与附件

1.8.1 散热器

<table>
<tr><th>高频考点、公式及例题</th><th>考题统计</th></tr>
<tr><td>

式（1.8-1）～式（1.8-4）【散热器片数计算】

散热器散热面积 $F=\dfrac{Q}{K(t_{pj}-t_n)}\beta_1\beta_2\beta_3\beta_4$

散热器进出口水温算数平均值 $t_{pj}=\dfrac{t_{sg}+t_{sh}}{2}$

散热器传热系数 $K=a(\Delta t)^b=a(t_{pj}-t_n)^b$

散热器片数 $n=\dfrac{Q}{Q_s}\beta_1\beta_2\beta_3\beta_4$

扩展公式1：热负荷发生变化的隐含条件（注意下列 $t_{n,2}$ 为系统可达到的室内温度）

$$\frac{Q_1}{Q_2}=\frac{K_1F_1\Delta t_1}{K_2F_2\Delta t_2}=\frac{F\alpha\ (t_{pj,1}-t_{n,1})^{1+b}}{F\alpha\ (t_{pj,2}-t_{n,2})^{1+b}}=\left(\frac{t_{pj,1}-t_{n,1}}{t_{pj,2}-t_{n,2}}\right)^{1+b}$$

扩展公式2：对供水量的影响的隐含条件

$$\frac{Q_1}{Q_2}=\frac{G_1c_p\Delta t_1}{G_2c_p\Delta t_2}=\frac{G_1}{G_2}\times\frac{\Delta t_1}{\Delta t_2}$$

【2021-1-5】当散热器类型一定时，下列哪一项措施有利于提高散热器的传热系数？

A. 提高散热器的供水温度　　B. 减小散热器内的水流速度

C. 增大散热器的组装片数　　D. 降低散热器的传热温差

参考答案：A

分析：根据《复习教材》第1.8.1节散热器式（1.8-2）及式（1.8-3）可知，选项A可提高散热器的传热系数，选项D会降低散热器的传热系数；根据表1.8-2及表1.8-5可知，选项BC均会降低散热器的传热系数。

【2018-4-3】某住宅小区，既有住宅楼均为6层，设计为分户热计量散热器供暖系统，室内设计温度为20℃，户内为单管跨越式、户外是异程双管下供下回式。原设计供暖热煤为95～70（℃），设计采用内腔无沙铸铁四柱660型散热器。后来由于对小区住宅楼进行了围护结构节能改造，该住宅小区的供暖热负荷降至原来的40%。已知散热器传热系数计算公式 $K=2.81\Delta t^{0.276}$，如果系统原设计流量不变，要保持室内温度为20℃，合理的供暖热媒供/回温度（℃），最接近下列哪个选项？（传热平均温差按照算术平均温差计算）

</td><td>

2021-1-5、2021-3-1（式1.8-1）、2020-1-2、2020-2-43、2020-4-3（式1.8-1）、2020-4-4（式1.8-1）、2019-1-6、2019-1-41、2019-2-1、2019-2-3、2019-3-3（扩展公式2）、2018-2-1、2018-3-1（式1.8-3）、2018-4-3（扩展公式1、扩展公式2）、2017-3-3（扩展公式1）、2017-3-15（扩展公式1）、2017-4-2（式1.8-1）、2016-1-44、2016-2-6、2016-4-1（式1.8-1、扩展公式1）、2016-4-8（扩展公式1）、

</td></tr>
</table>

<table>
<tr><th>高频考点、公式及例题</th><th>考题统计</th></tr>
<tr><td>
A. 55.5/45.5　　B. 58.0/43.0
C. 60.5/40.5　　D. 63.0/38.0
参考答案：A
主要解题过程：
改造前的热负荷
$$Q_1 = FK_1\Delta t = F\times 2.81\times\left(\frac{95+70}{2}-20\right)^{1.276}$$
$$Q_1 = G_1C\times(95-70)$$
改造后的热负荷
$$Q_2 = FK_2\Delta t = F\times 2.81\times\left(\frac{t_g+t_h}{2}-20\right)^{1.276}$$
$$Q_2 = G_2C\times(t_g-t_h)$$
改造后热负荷降至改造前热负荷的 40%，则有：
$$\frac{Q_2}{Q_1}=\frac{F\times 2.81\times\left(\frac{t_g+t_h}{2}-20\right)^{1.276}}{F\times 2.81\times\left(\frac{95+70}{2}-20\right)^{1.276}}=0.4$$
$$t_g+t_h=101℃$$
改造前后系统设计流量不变，$G_1=G_2$，则有：
$$\frac{Q_2}{Q_1}=\frac{G_2C\times(t_g-t_h)}{G_1C\times(95-70)}=0.4$$
$$t_g-t_h=10℃$$
解得：t_g=55.5℃，t_h=45.5℃。
</td><td>2014-3-4、2014-4-2（扩展公式 1）、2014-4-3（式 1.8-1、3）、2013-1-1、2013-2-6、2013-3-2（式 1.8-1）、2013-4-3（扩展公式 1）、2012-2-2、2012-3-2、2012-4-3（扩展公式 1）、2012-4-5（扩展公式 1）、2011-2-4、2011-3-2（式 1.8-1）、2011-4-2

分值 58/
比例 1.93%</td></tr>
</table>

1.8.2　减压阀、安全阀

<table>
<tr><th>高频考点、公式及例题</th><th>考题统计</th></tr>
<tr><td>
式（1.8-5）~式（1.8-8）【减压阀流量计算】
1. 饱和蒸汽
$$q=\begin{cases}462\sqrt{\frac{10p_1}{V_1}\left[\left(\frac{p_2}{p_1}\right)^{1.76}-\left(\frac{p_2}{p_1}\right)^{1.88}\right]} & ,\frac{p_2}{p_1}>\beta_L\\ 71\sqrt{\frac{10p_1}{V_1}} & ,\frac{p_2}{p_1}\leqslant\beta_L\end{cases}$$
2. 过热蒸汽
$$q=\begin{cases}332\sqrt{\frac{10p_1}{V_1}\left[\left(\frac{p_2}{p_1}\right)^{1.54}-\left(\frac{p_2}{p_1}\right)^{1.77}\right]} & ,\frac{p_2}{p_1}>\beta_L\\ 75\sqrt{\frac{10p_1}{V_1}} & ,\frac{p_2}{p_1}\leqslant\beta_L\end{cases}$$
</td><td>2018-4-4（式 1.8-9）、2012-1-9、2011-2-4

分值 4/
比例 0.13%</td></tr>
</table>

高频考点、公式及例题	考题统计
临界压力比 β_L：饱和蒸汽为 0.577，过热蒸汽为 0.546。 **式（1.8-9）【减压阀阀孔面积计算】** $$A=\frac{q_m}{\mu q}$$ 其中，A——流通面积，cm^2；q_m——蒸汽流量，kg/h；u——流量系数，0.45～0.6。 **式（1.8-10）～式（1.8-12）【安全阀阀孔面积计算】** 介质为饱和蒸汽时： $$A=\frac{q_m}{490.3P_1}$$ 介质为过热蒸汽时： $$A=\frac{q_m}{490.3\phi P_1}$$ 介质为水时： $$A=\frac{q_m}{102.1\sqrt{p_1}}$$ 其中，P_1——排放压力，MPa；ϕ——过热蒸汽校正系数，0.8～0.88。 **【2012-1-09】** 在供暖管网中安全阀的安装做法，哪项是不必要的？ A. 蒸汽管道和设备上的安全阀应有通向室外的排汽管 B. 热水管道和设备上的安全阀应有通到安全地点的排水管 C. 安全阀后的排水管应有足够的截面积 D. 安全阀后的排汽管上应设检修阀 **参考答案：** D **分析：** 根据《复习教材》第 1.8.2 节安全阀设计选用要点可知，选项 ABC 为必要的。安全阀应设通向室外安全地点的排汽管，排汽管直径不应小于安全阀内径，且不得小于 4cm，排气管不得装设阀门，故选项 D 错误。	

1.8.3　疏水阀

高频考点、公式及例题	考题统计
式（1.8-14）【锅炉分汽缸疏水阀】 $$G_{sh}=G\cdot C\cdot 10\%$$ **式（1.8-15）【蒸汽主管、末端、阀门前、弯管前疏水阀】** $$G_{sh}=F\cdot K(t_1-t_2)C\cdot E/H$$ **式（1.8-16）【蒸汽伴热管线疏水阀】** $$G_{sh}=\frac{L\cdot K\cdot \Delta t\cdot E\cdot C}{P\cdot H}$$	2020-2-45、2019-3-4（式 1.8-15）、2018-1-44、2018-3-4（式 1.8-14）、

<table>
<tr><th>高频考点、公式及例题</th><th>考题统计</th></tr>
<tr><td>

式（1.8-17）【壳管式热交换器疏水阀】

$$G_{sh}=\frac{L\cdot\Delta t\cdot C_g\cdot\rho_g\cdot\alpha}{r}$$

其中，G_{sh}——排除凝结水流量，kg/h；$E=0.25=1-$保温效率；F——蒸汽管外表面面积，m^2；K——管道传热系数，kJ/(m^2·℃·h)；H——蒸汽潜热，kJ/kg；t_1——蒸汽温度,℃；t_2——空气温度,℃；Δt——温差,℃；L——伴热管上疏水阀间管线长度，m；P——管道单位外表面积的线性长度，m/m^2；C_g——液体比热，kJ/(kg·℃)；ρ_g——液体密度，kg/m^3。

（式1.8-18）【疏水阀后凝结水提升高度】

$$h_z=\frac{p_2-p_3-p_z}{0.001\rho g}$$

其中，p_2——疏水阀后压力，kPa；p_3——回水箱内压力，kPa；p_z——疏水阀后系统总阻力，kPa；ρ——凝结水密度，kg/m^3；g——重力加速度，m^2/s。

</td><td>2017-4-4（式1.8-18～19）、2016-1-43、2016-3-3（式1.8-18）、2014-2-8、2012-1-5、2012-1-45、2011-2-44</td></tr>
<tr><td>

式（1.8-19）、式（1.8-20）【水封代替疏水阀的水封高度计算】

$$H=\frac{(p_1-p_2)\beta}{\rho\cdot g}$$

$$h=1.5\frac{H}{n}$$

其中，β——安全系数，一般为1.1。

【2014-2-08】某大型工厂厂区，设置蒸汽供热热网，按照规定在一定长度的直管段上应设置经常疏水装置，下列有关疏水装置的设置说法正确的为何项？

A. 经常疏水装置与直管段直接连接

B. 经常疏水装置与直管连接应设聚集凝结水的短管

C. 疏水装置连接的公称直径可比直管段小一号

D. 经常疏水管与短管的底面连接

参考答案：B

分析：根据《城镇供热管网设计规范》CJJ 34—2010第8.5.7条可知，经常疏水装置与管道连接处应设聚集凝结水的短管，短管直径应为管道直径的1/2～1/3，经常疏水管应连接在短管侧面。选项B正确。

【2019-3-4】某厂区架空敷设的供热蒸汽管线主管末端设置疏水阀。已知：疏水阀前蒸汽主管长度为120m，蒸汽管保温层外径为250mm，管道传热系数为20W/(m^2·℃)，蒸汽温度和环境空气温度分别为150℃和−12℃，蒸汽管的保温效率为75%，蒸汽潜热为2118kJ/kg，问该疏水阀的设计排出凝结水流量（kg/h）应最接近下列选项的哪一个？

</td><td>分值20/比例0.670%</td></tr>
</table>

高频考点、公式及例题	考题统计
A. 97.3　　B. 162.7　　C. 259.4　　D. 389.1 **参考答案**：D **主要解题过程**： 根据《复习教材》式（1.8-15），疏水阀设在末端安全系数取3，该疏水阀的设计排出凝结流量为： $G_{sh}=\frac{FK(t_1-t_2)CE}{H}$ $=\frac{(0.25\times3.14\times120)\times(20\times10^{-3}\times3600)\times(150-(-12))\times3\times(1-75\%)}{2118}$ $=389.1kg/h$	

1.8.4 膨胀水箱

高频考点、公式及例题	考题统计
膨胀水箱分为开式高位膨胀水箱和闭式低位膨胀水箱气压罐。 **【膨胀水箱水容积计算】** $V=\begin{cases}0.03066V_c,95\sim70℃\text{供暖}\\0.02422V_c,85\sim60℃\text{供暖}\\0.038V_c,110\sim70℃\text{供暖}\\0.043V_c,130\sim70℃\text{供暖}\\0.0053V_c,\text{空调冷水}\end{cases}$ **【气压罐定压】** 上限压力 p_2； 下限压力 $p_1=p_2-(0.03\sim0.05)$MPa； 泄水阀电磁阀开启压力 p_4； 泄水下限压力 $p_3=p_4-(0.02\sim0.04)$MPa； 安全阀设定压力 $p_5=p_4+(0.01\sim0.02)$MPa。	2019-1-44、 2018-3-15 (6.9.8)、 2017-4-16 (6.9.8)、 2016-4-3、 2012-1-41、 2011-2-4
《09技术措施》第6.9.8条【气压罐最小总容积和最小气体容积】 最小总容积： $V_{Zmin}=V_{Xmin}\frac{P_{2max}+100}{P_{2max}-P_0}$ 最小气体容积： $V=V_{Zmin}-V_{Xmin}$ **【2019-1-44】**关于供暖空调系统中膨胀水箱的配置，下列哪几项是正确的? A. 膨胀管上不得设置阀门	分值9/ 比例0.30%

高频考点、公式及例题	考题统计
B. 为便于观察，信号管上不应设置阀门 C. 水箱没有冻结危险时，可不设置循环管 D. 为便于控制和维修，循环管上应设置阀门 **参考答案：** AC **分析：** 根据《复习教材》第1.8.4节第1条第（3）款"膨胀水箱设计要点"可知，选项AC正确，选项BD错误。 **【2018-3-15】** 某建筑设置间歇运行集中冷热源空调系统，空调冷热水系统最大膨胀量为 $1m^3$，采用闭式气压罐定压，定压点工作压力等于补水泵启泵压力0.5MPa，停泵压力0.6MPa，泄压阀动作压力0.65MPa。要求在系统不泄漏的情况下补水泵不得运行。问：在定压点工作压力下闭式气压罐最小气体容积（m^3），最接近以下哪一项？（定压罐内空气温度不变） A. 5.0　　B. 6.0　　C. 7.0　　D. 8.0 **参考答案：** B **主要解题过程：** 根据《09技术措施》第6.9.8条可知气压罐最小总容积为： $$V_{Zmin}=V_{Xmin}\frac{P_{2max}+100}{P_{2max}-P_0}=1\times\frac{0.6\times1000+100}{0.6\times1000-0.5\times1000}=7m^3$$ 则最小气体容积为： $$V=V_{Zmin}-V_{Xmin}=7-1=6m^3$$	

1.8.5　过滤器

高频考点、公式及例题	考题统计
【2014-2-06】 下列关于热水供暖系统的要求，哪一项是正确的？ A. 变角过滤器的过滤网应为40～60目 B. 除污器横断面中水流速宜取0.5m/s C. 散热器组对后的试验压力应为工作压力的1.25倍 D. 集气罐的有效容积应膨胀水箱容积的1% **参考答案：** D	2017-2-42、2014-2-6
分析： 根据《复习教材》第1.8.5节"2. 除污器（或过滤器）的特性与安装"可知，变角形过滤器用于热水供暖系统时，过滤网为20目；用于集中空调系统为40～60目，选项A错误，除污器横断面中水流速宜取0.05m/s，选项B错误；根据《建筑给水排水及采暖施工质量验收规范》GB 50242—2002第8.3.1条，散热器组对后的试验压力应为工作压力的1.5倍，但不小于0.6MPa，选项C错误；根据《复习教材》第1.8.7节"1. 集气罐的选用"可知，选项D正确。	分值36/比例0.10%

1.8.6　水处理装置

高频考点、公式及例题	考题统计
涉及知识点：电子除垢仪、全程综合水处理器 **【2013-1-44】** 下列水处理措施中，哪几项是居住建筑热水供暖系统的水质保证措施？ A. 热源处设置水处理装置 B. 在供暖系统中添加染色剂 C. 在热力入口设置过滤器 D. 在热水地面辐射供暖系统中采用有阻气层的塑料管 **参考答案**：ACD **分析**：根据《住宅设计规范》GB 50096—2011 第8.3.3条及其条文说明，水质要求措施为：热源系统处的水质处理；建筑物供暖入口和分户系统入口设置过滤设备；采用塑料管材时对管材的阻气要求等，选项ACD正确。	2013-1-44 分值2/ 比例0.07%

1.8.7　集气罐和自动排气阀

高频考点、公式及例题	考题统计
【2014-2-06】 下列关于热水供暖系统的要求，哪一项是正确的？ A. 变角过滤器的过滤网应为40～60目 B. 除污器横断面中水流速宜取0.5m/s C. 散热器组对后的试验压力应为工作压力的1.25倍 D. 集气罐的有效容积应膨胀水箱容积的1% **参考答案**：D **分析**：根据《复习教材》第1.8.5节"2. 除污器（或过滤器）的特性与安装"，变角形过滤器用于热水供暖系统时，过滤网为20目；用于集中空调系统为40～60目，选项A错误，除污器横断面中水流速宜取0.05m/s，选项B错误；根据《建筑给水排水及采暖施工质量验收规范》GB 50242—2002 第8.3.1条，散热器组对后的试验压力应为工作压力的1.5倍，但不小于0.6MPa，选项C错误；根据《复习教材》第1.8.7节"1. 集气罐的选用"可知，选项D正确。	2014-2-6 分值1/ 比例0.03%

1.8.8　补偿器

高频考点、公式及例题	考题统计
式（1.8-21）【管道热膨胀量计算】 $$\Delta X = 0.012(t_1 - t_2)L$$ 其中，ΔX——管线热伸长量，mm；t_1——热媒温度，℃；t_2——管道安装温度，一般取0～5℃，架空室外时取供暖室外计算温度；L——计算管道长度，m。	2019-3-5（式1.8-21）、2018-1-44、

高频考点、公式及例题	考题统计
式（1.8-22）【压力管道柔性判断条件】 $\frac{D_0 Y}{(L-U)^2} \leqslant 208.3$ $Y=\sqrt{\Delta X^2+\Delta Y^2+\Delta Z^2}$ 其中，D——管道外径，mm；Y——管段总变形，mm；U——管道固定点间的直线距离，m；L——管段在两固定点间的展开长度，m。 注：该公式仅适用于0.1MPa以上蒸汽及100℃以上高温热水管道。	2017-1-6、 2012-4-25 （式1.8-21）
【2017-1-06 选】下列管道热补偿方式中，固定支架轴向推力最大的是哪一项？ A. L形直角弯自然补偿　　B. 方形补偿器 C. 套筒补偿器　　D. 波纹管补偿器 **参考答案：**D **分析：**根据《民规》第5.9.5条条文说明第6条可知，套筒补偿器或波纹管补偿器应进行固定支架推力计算，根据《红宝书》P654可知，方形补偿器具有加工方便，轴向推力小，不需要经常维修等优点，故推论对选项AB可不必进行推力计算，即选项AB的推力明显小于选项CD。根据《复习教材》第1.8.8节可知，套筒补偿器推力较小，而波纹管补偿器存在较大的轴向推力，故选项D正确。 **【2019-3-5】**某居住小区供暖系统的热媒供/回水温度为85℃/60℃，安装于地下车库的供水总管有一段长度为160m的直管段需要设置方形补偿器，要求补偿器安装时的预拉量为补偿量的1/3，问：该方形补偿器的最小预拉伸量（mm），应最接近以下哪个选项？［注：管材的线膨胀系数α_t为0.0118mm/(m·℃)］ A. 16　　B. 36　　C. 41　　D. 52 **参考答案：**D **主要解题过程：** 根据《复习教材》式（1.8-21），管道的受热膨胀量为： $\Delta x=0.0118\times(t_1-t_2)\times L$ $=0.0118\times(85-5)\times160$ $=151.04\text{mm}$ 由题意，最小预拉伸量为： $\Delta x'=\frac{\Delta x}{3}=50.3\text{mm}$	分值7/ 比例0.23%

1.8.9　平衡阀

高频考点、公式及例题	考题统计
式（1.8-23）【平衡阀阀门系数】 $K_V=\alpha\frac{q}{\sqrt{\Delta p}}$	2019-1-8、 2011-2-41

高频考点、公式及例题	考题统计
其中，q——通过流量（平衡阀设计流量），m^3/h；Δp——阀门前后压力差，kPa；α——系数。 **【2019-1-8】** 流量平衡阀具体选型时，下列哪一项做法是正确的？ A. 按照与其接管管径相等的原则选择 B. 根据热用户水力失调度选择 C. 根据设计流量和平衡阀前后的设计压差选择 D. 根据热用户水力稳定性系数选择 **参考答案：** C **分析：** 根据《复习教材》第1.8.9节可知，已知设计流量和平衡阀前后压差，可计算出其 K_V 值，根据阀门的 K_V 值，查找厂家提供的平衡阀的阀门系数值，选择符合要求规格的平衡阀，应当指出的是，按照管径选择同等公称管径规格的平衡阀是错误的做法，故选项ABD错误，选项C正确。	分值3/ 比例0.10%

1.8.10　恒温控制阀

高频考点、公式及例题	考题统计
式（1.8-24）【恒温控制阀阀门系数】 $$K_V=\frac{G}{\sqrt{\Delta p}}$$	2017-2-7
其中，G——通过流量（平衡阀设计流量），m^3/h；Δp——阀门前后压力差，kPa。 **【2017-2-07】** 某住宅采用分户热计量集中热水供暖系统，每个散热器均设置有自力式恒温阀。问：各分户供回水总管上的阀门设置，以下哪个选项是正确的？ A. 必须设置自力式供回水恒温差控制阀 B. 可设置自力式定流量控制阀 C. 必须设置自力式供回水恒压差控制阀 D. 可设置静态手动流量平衡阀 **参考答案：** D **分析：** 根据《供热计量技术规程》JGJ 173—2009第5.2.3条及其条文说明或《民规》第5.10.6条及其条文说明可知，不应设自力式定流量控制阀，是否设置自力式压差控制阀应通过热力入口的压差变化幅度确定，故选项BC错误，选项D正确；自力式恒温控制阀则不是必须设置的，跟分户计量（变流量系统末端）没有必然的关系，故选项A错误。	分值1/ 比例0.03%

1.8.11 分水器、集水器、分气缸

高频考点、公式及例题	考题统计
【2018-1-44】 下列关于供暖系统的设计方法，哪几项是正确的？ A. 分汽缸筒身直径按蒸汽流速 10m/s 确定 B. 分、集水器的筒身直径按断面流速 0.1m/s 确定 C. 供暖管道自然补偿段臂长可控制在 35m D. 疏水阀安装在双效蒸汽溴化锂吸收式制冷系统的蒸汽分汽缸时，应采用恒温式疏水阀	2018-1-44
参考答案： AB **分析：** 根据《复习教材》第 1.8.11 节，筒体直径按筒体内流速确定时，蒸汽流速按 10m/s 计；水流速按 0.1m/s 确定，故选项 AB 正确；根据第 1.8.8 节，自然补偿每段臂长一般不宜大于 20～30m，故选项 C 错误；根据表 4.5-6，蒸汽双效溴化锂吸收式机组的蒸汽均为高压蒸汽，根据 P93，恒温式疏水阀仅用于低压蒸汽系统上，故选项 D 错误。	分值 2/ 比例 0.07%

1.8.12 换热器

高频考点、公式及例题	考题统计
式 (1.8-26)、式 (1.8-27)【换热器换热面积计算】 $$F=\frac{Q}{K\cdot B\cdot \Delta t_{pj}}$$ $$\Delta t_{pj}=\frac{\Delta t_a-\Delta t_b}{\ln\frac{\Delta t_a}{\Delta t_b}}$$ **扩展公式：** $$\frac{KF\Delta t_{pj}}{B}=G_{高温}c_p(t'_1-t''_1)=G_{低温}c_p(t'_2-t''_2)$$ **【2020-1-45】** 关于供暖系统换热器设计原则，下列哪几项说法是正确的？ A. 换热面积可根据流量及一、二次热媒参数等进行计算 B. 水垢系数与总热量附加系数不应叠加修正 C. 换热器总装机换热量不应大于设计供暖负荷 D. 通常换热器总台数不应多于 4 台 **参考答案：** AD	2021-1-7、2021-4-5（式 1.8-26～27）、2021-4-6（式 1.8-26～27）、2021-4-25（式 1.8-26～27）、2020-1-45、2020-3-1、2020-4-5（式 1.8-26～27）、2019-2-42、2018-1-8、2018-1-9、2017-3-1（式 1.8-27、扩展公式）、2017-3-21（式 1.8-28）、

高频考点、公式及例题	考题统计
分析：根据《复习教材》式（1.8-27）可知，换热器面积与一、二次热媒参数、换热量有关，换热量可以根据流量及一、二次热媒参数确定，故选项A正确，装机容量由于考虑了水垢系数和热负荷附加系数，因此，总装机容量大于设计热负荷，故选项C错误；总热量附加系数是考虑供暖系统的热损失而附加的系数，水垢系数是由于管道内壁水垢等因素影响传热系数 K 值而附加的系数，二者考虑的角度不同，故选项B错误；由《复习教材》第1.8.12节第2条设计选型要点可知，换热器的总台数不应多余4台，故选项D正确。	2016-1-8、2012-2-4、2011-3-20（式1.8-27）、2011-4-4 分值27/比例0.90%

1.9 供暖系统热计量

1.9.1 热负荷计算

高频考点、公式及例题	考题统计
【2020-1-43】一栋6层住宅楼各层户型完全相同，采用分户热计量供暖系统，在计算二层某一住户卧室的散热器供暖负荷时，下列哪些选项是错误的？ A. 不计算卧室与隔壁住户隔墙的传热耗热量 B. 不计算卧室与其客厅隔墙的传热耗热量 C. 不计算卧室地板的传热耗热量 D. 邻室传热附加热负荷应计入供暖系统总负荷 **参考答案**：ABCD **分析**：根据《复习教材》第1.9.1节“2. 户间传热计算”可知，实行计量和温控后，应适当考虑分户计量出现的分室温控情况。否则，会造成用户室内达不到所设定的温度。实行计量和温控后，就会造成各户之间、各室之间的温差加大，不考虑此情况，会使系统运行时达不到用户所要求的温度。目前的处理办法是：在确定分户热计量供暖系统的户内供暖设备容量和户内管道时，应考虑户间传热对供暖热负荷的附加，但附加量不应超过50%，且不应计入供暖系统的总热负荷内。故选项ABCD均错误。	2021-1-46、2021-2-5、2021-2-45、2020-1-43、2019-4-4、2018-2-2、2018-2-44、2016-2-7、2014-1-44、2014-1-45、2013-1-7、2013-1-46、2012-1-7、2012-2-46、2011-1-6 分值23/比例0.77%

1.9.2　散热器的布置与安装

<table>
<tr><th>高频考点、公式及例题</th><th>考题统计</th></tr>
<tr><td rowspan="2">【2020-1-01】在设计散热器供暖系统时，下列哪一种说法是错误的？
A. 水平双管系统时，在每组散热器的供水支管上安装高阻恒温控制阀
B. 当室内供暖系统为垂直双管系统且超过5层时，宜在每组散热器的供水支管上安装有预设阻力调节功能的恒温控制阀
C. 当室内供暖系统为单管跨越式系统时，应采用高阻恒温控制阀
D. 当散热器有罩时，应采用温包外置式恒温控制阀
参考答案：C
分析：根据《民规》第5.10.4条可知，选项AB正确；选项C错误，应采用低阻力两通或三通恒温控制阀；选项D正确。</td><td>2020-1-1、2014-1-1</td></tr>
<tr><td>分值2/比例0.07%</td></tr>
</table>

1.9.3　室内供暖系统

<table>
<tr><th>高频考点、公式及例题</th><th>考题统计</th></tr>
<tr><td rowspan="2">适合热计量的供暖系统制式：户用热计量表法、散热器热分配计法、流量温度法、通断时间面积法。
【2019-1-7】既有建筑居住小区的集中供暖系统为共用立管分户水平双管散热器供暖系统，拟进行热计量改造，热量结算点设在各单元的热力入口处。下列哪项热计量改造设计是正确的？
A. 在各散热器供水管上保留手动调节阀，采用户用热量表法计量
B. 在各散热器供水管上保留手动调节阀，采用通断时间面积法计量
C. 在各散热器供水管上设恒温控制阀，采用户用热量表法计量
D. 在各散热器供水管上设恒温控制阀，采用通断时间面积法计量
参考答案：C
分析：根据《既有建筑节能改造技术规程》JGJ 129—2012第6.4.3条可知，每组散热器的供水支管宜设散热器恒温控制阀，选项AB错误；根据第6.4.4条及其条文说明可知，选项C正确，选项D错误。</td><td>2021-1-2、2021-1-46、2020-2-3、2019-1-7、2019-2-44、2017-1-8、2014-1-7、2013-2-1、2013-2-7、2012-2-6、2011-2-6</td></tr>
<tr><td>分值13/比例0.43%</td></tr>
</table>

1.9.4　水力计算

<table>
<tr><th>高频考点、公式及例题</th><th>考题统计</th></tr>
<tr><td>【2020-2-02】某既有3层办公建筑供暖系统（各散热器均未配置恒温阀），其供暖循环水泵为定速度运行，建筑内采用下供下回双管系统。问：当二层的某个散热器的阀门关闭后，以下说法中，错误的是哪一项？</td><td>2020-2-2</td></tr>
</table>

高频考点、公式及例题	考题统计
A. 其余各散热器的流量均增加 B. 已关闭散热器所在立管的总流量减少 C. 已关闭散热器所在立管的1层散热器流量增加 D. 已关闭散热器所在立管的3层散热器流量减少 **参考答案**：D **分析**：根据《复习教材》第1.9.4节“3. 双立管的户内独立环路系统的水力工况”可知，把户内独立系统等效为一组散热器就是本题的解释，当关闭任一散热器的后，其余散热器的流量均增大，选项AC正确、选项D错误；在等流量情况下，某立管有散热器关闭时，该立管总流量减少，选项B正确。	分值1/ 比例0.03%

1.9.5 对土建的要求

本小节近十年没有相关考题。

1.9.6 对热网的要求

高频考点、公式及例题	考题统计
【2011-2-07】 既有居住建筑供热系统节能改造的技术措施中，下列何项技术措施是实行其他技术的前提？ A. 在热力站安装气候补偿器 B. 在热网实现水力平衡 C. 在室内安装温控装置 D. 对用户安装分户热计量装置	2016-1-7、 2011-2-7
参考答案：B **分析**：根据《供热计量技术规程》JGJ 173—2009第3.0.5条及其条文说明可知，热网的水力平衡是其他技术措施的前提，选项B正确。	分值2/ 比例0.07%

1.9.7 计量系统与计费

高频考点、公式及例题	考题统计
热量计量仪表种类： 热量表：机械式（涡轮式、孔板式、涡街式）、电磁式、超声波式； 热分配计：蒸发式、电子式。 **【2021-1-6】** 以下关于热量表的说法中，哪一项是错误的？ A. 热量表一般由流量计、温度传感器及二次仪表几部分组成	2021-1-6、 2020-1-3、 2020-2-5、 2014-1-43、 2012-2-41、 2011-1-44
B. 热量表的流量计主要包括机械式、电磁式和超声波式三种类型 C. 智能化热量表可直接显示累计用热量和热水供回水温度	分值9/ 比例0.30%

高频考点、公式及例题	考题统计
D. 当供暖系统水质条件较差时，宜首选超声波式热量表 **参考答案**：D **分析**：根据《复习教材》第1.9.7节“2. 热量计量仪表（1）热量表”可知，选项ABC均正确，选项D错误，当供水水质条件较差时，宜首选电磁式热量表。	

1.9.8　热计量装置的选择

高频考点、公式及例题	考题统计
【2018-1-45】供热系统进行热计量时，规范规定流量传感器宜安装在回水管上，其原因是下列哪几项？ A. 改善仪表使用工况　　B. 测试数据更准确 C. 延长仪表的电池寿命　　D. 降低仪表所处环境温度 **参考答案**：ACD **分析**：根据《供热计量技术规程》JGJ 173—2009第3.0.6条及其条文说明可知，选项ACD正确。	2021-2-45、2020-2-5、2018-1-45、2016-1-7、2014-1-1、2014-1-44、2014-1-45、2012-1-6、2012-1-7 分值13/ 比例0.43%

1.9.9　工业建筑的分项、分考核单位热计量

本小节近十年没有相关考题。

1.10　区　域　供　热

1.10.1　集中供热系统的热负荷概算

高频考点、公式及例题	考题统计
式（1.10-1）～式（1.10-7）【热负荷概算】 供暖热负荷体积热指标法 $Q'_n = q_v V_w (t_n - t_{wn}) \times 10^{-3}$ 供暖热负荷面积指标法 $Q'_n = q_f \cdot F \times 10^{-3}$ 通风热负荷体积指标法 $Q'_t = q_t \cdot V_w (t_n - t'_{wt}) \times 10^{-3}$ 通风热负荷百分数法 $Q'_t = K_t \cdot Q'_n$ 冬季空调热负荷 $Q_a = q_a \cdot A_k \cdot 10^{-3}$ 夏季空调热负荷 $Q_c = \dfrac{q_c \cdot A_k \cdot 10^{-3}}{COP}$ 生活热水热负荷 $Q_{wa} = q_w \cdot A \cdot 10^{-3}$ **式（1.10-8）～式（1.10-11）【民用建筑全年耗热量】** 供暖全年耗热量 $Q_h^a = 0.0864 N Q_h \dfrac{t_i - t_a}{t_i - t_{o,h}}$ 供暖期通风耗热量 $Q_v^a = 0.0036 T_v N Q_v \dfrac{t_i - t_a}{t_i - t_{o,v}}$	2021-2-6、2021-3-2（式1.10-8）、2021-4-4（式1.10-4）、2020-1-6、2020-2-44、2018-2-8、2018-3-5、2018-4-5（式1.10-2）、

高频考点、公式及例题	考题统计
空调供暖耗热量 $Q_a^a = 0.0036 T_a N Q_a \dfrac{t_i - t_a}{t_i - t_{o,a}}$ 供冷期制冷耗热量 $Q_c^a = 0.0036 Q_c T_{c,max}$ 生活热水全年耗热量 $Q_w^a = 30.24 Q_{w,a}$ **【2020-2-44】**初步设计时，建筑物的热负荷可采用概算指标法确定。下列做法哪几项是正确的？ A. 工业建筑供暖热负荷可采用体积热指标法 B. 民用建筑供暖热负荷可采用面积热指标法 C. 工业建筑通风热负荷可采用通风体积热指标法 D. 民用建筑通风热负荷可采用供暖设计热负荷的百分数法 **参考答案：**ABCD **分析：**根据《复习教材》第1.10.1节可知，供暖设计热负荷的概算，可采用体积热指标或面积热指标法，选项AB正确；建筑物的通风设计热负荷，可采用通风体积热指标或百分数法进行概算，选项CD正确。 **【2021-3-02】**某住宅小区采用分户热计量热水集中供暖系统，室内设计温度18℃，设计热负荷3000kW，供暖期天数100天，供暖期室外平均温度2℃，供暖室外计算温度－5℃。问：该小区全年供暖耗热量（GJ）最接近下列何项？ A. 25920　B. 20740　C. 18030　D. 12960 **参考答案：**C **主要解题过程：** 根据《复习教材》式（1.10-8）可知 $Q_h^a = 0.0864 N Q_h \dfrac{t_i - t_a}{t_a - t_{0.h}} = 0.0864 \times 100 \times 3000 \times \dfrac{18-2}{18+5}$ $= 18031.3\text{GJ}$	2018-4-6（式1.10-8、10）、2016-2-45、2016-3-5（式1.10-8～10）、2014-1-4、2014-2-43、2014-4-4、2013-3-4（式1.10-8～10）、2013-4-5（式1.10-2）、2012-2-3、2012-3-3、2012-4-6（式1.10-2）、2011-1-43 分值33/比例1.10%

1.10.2　集中供热系统的热源形式与热媒

高频考点、公式及例题	考题统计
【2020-1-05】以水作为热煤的集中供热系统与蒸汽系统相比，下列哪一项说法不正确？ A. 热能利用率高，一般可节约热能20%～40% B. 可以改变供水温度进行质调节 C. 蓄热能力高，舒适感好 D. 输送距离和半径受限并增加管理难度 **参考答案：**D **分析：**根据《复习教材》第1.10.2节第2条可知，选项ABC正确，选项D错误，应为"输送距离长，供热半径大，有利于集中管理"。	2020-1-5、2018-1-7、2018-2-7、2017-1-41、2017-2-41、2016-1-46、2016-2-2、2012-1-8、2011-1-45、2011-2-8、2011-2-45 分值16/比例0.53%

1.10.3 集中供热系统管网设计

高频考点、公式及例题	考题统计
式（1.10-17）【热网分支比摩阻计算】 $$R_{max}=\frac{\Delta p_z-\Delta p_y}{2l(1+a)}$$ **【2013-2-09】**关于热水供热管网的设计，下列哪项是错误的？ A. 供热管网沿程阻力损失与流量、管径、比摩阻有关 B. 供热管网沿程阻力损失与当量绝对粗糙度无关 C. 供热管网局部阻力损失可采用当量长度法进行计算 D. 确定主干线管径，宜采用经济比摩阻 **参考答案：**B **分析：**根据《复习教材》式（1.10-17）可知，比摩阻与流量、管径及当量绝对粗糙度有关，选项A正确，选项B错误；在水力计算中，热水供热管网的局部阻力通常采用当量长度法进行计算，选项C正确；主干线各管段比摩阻是根据经济比摩阻范围来确定，而分支管路的比摩阻则是根据各分支管段起点和终点的压力降来确定的，选项D正确。	2017-1-1、 2013-2-9 分值2/ 比例0.07%

1.10.4 供热管网与热用户连接设计

高频考点、公式及例题	考题统计
热水供热管网与热用户的连接方式： 无混合装置的直接连接； 装喷射泵的直接连接； 装混合水泵的直接连接； 加压水泵连接； 间接连接。 **【2013-2-42】**严寒地区多层住宅，设分户热计量，采用地面辐射热水供暖系统，共用立管，为下供下回双管异程式，与外网直接连接。运行后，仅顶层住户的室温不能达到设计工况。问题发生的原因可能是下列哪几项？ A. 该住宅外网供水流量和温度都明显低于设计参数 B. 顶层住户的户内系统堵塞，水流量不足 C. 外网供水静压不够 D. 顶层住户的户内系统的自动排气阀损坏，不能正常排气 **参考答案：**BCD **分析：**根据题干条件，选项A会导致系统内各用户达不到设计工况；选项B可能会导致顶层用户的室温达不到设计工况；选项C，当供水静压不够时，有可能导致供水末端管道出现负压，导致进入空气或热水发生汽化，顶层用户如果排气不畅会导致顶层用户的室温达不到设计工况；选项D，有可能导致顶层住户的室温达不到设计工况。故选BCD。	2020-1-8、 2019-1-46、 2016-2-46、 2013-2-42、 2012-1-41、 2011-1-46 分值11/ 比例0.37%

1.10.5 热力站设计

高频考点、公式及例题	考题统计
式（1.10-18）、式（1.10-19）【混水泵流量与混水比计算】 $$G'_h = \mu G_h$$ $$\mu = \frac{t_1 - \theta_1}{\theta_1 - t_2}$$	2017-4-1 （式1.10-18～19）、 2016-1-47、 2014-2-46、 2012-2-9
【2017-4-01】 某严寒地区一个6层综合楼，除一层门厅采用地面辐射供暖系统外，其他区域均采用散热器热水供暖系统，计算热负荷分别为散热器系统200kW、地面辐射系统20kW。散热器供暖系统热媒为75℃/50℃，地面辐射供暖系统采用混水泵方式，其一次热媒由散热器供暖系统提供，辐射地板供暖热媒为60℃/50℃。问：该建筑物供暖系统水流量（t/h）和混水泵的流量（t/h）最接近系列哪一个选项？ A. 6.88 和 1.72　　B. 6.88 和 0.688 C. 7.568 和 1.032　　D. 7.912 和 1.032 **参考答案：** C **主要解题过程：** 建筑物供暖系统水流量为： $$G = 0.86 \times \frac{Q}{\Delta t} = 0.86 \times \frac{200 + 20}{75 - 50} = 7.568\text{m}^3/\text{h}$$ 辐射供暖系统所需高温侧热力网设计流量为： $$G_h = 0.86 \times \frac{Q'}{\Delta t} = 0.86 \times \frac{20}{75 - 50} = 0.688\text{m}^3/\text{h}$$ 根据《复习教材》式（1.10-19），混水泵混合比为： $$\theta = \frac{t_1 - \theta_1}{\theta_1 - t_2} = \frac{75 - 60}{60 - 50} = 1.5$$ 根据式（1.10-18），混水泵设计流量为： $$G'_h = \mu G_h = 1.5 \times 0.688 = 1.032\text{m}^3/\text{h}$$	分值 7/ 比例 0.23%

1.10.6 热水供热管网压力工况分析

<table>
<tr><th>高频考点、公式及例题</th><th>考题统计</th></tr>
<tr><td rowspan="2">【2011-1-27】空调水系统为闭式系统时，调试时常发生因水系统中的空气不能完全排除，而造成无法正常运行的情况，试问引起该问题的原因是下列何项？
A. 水泵的设计扬程太小
B. 水泵的设计流量不足
C. 膨胀水箱的底部与系统最高点的高差过大
D. 膨胀水箱的底部与系统最高点的高差不够
参考答案：D
分析：根据《复习教材》第 1.10.6 节可知，膨胀水箱的底部与系统最高点的高差不够，用户的充水高度不足，系统会倒空吸入空气，故选项 D 错误。</td><td>2014-4-6、
2013-2-46、
2013-3-5、
2011-1-27、
2011-2-46</td></tr>
<tr><td>分值 8/
比例 0.27%</td></tr>
</table>

1.10.7 热水供热管网水力工况与热力工况

<table>
<tr><th>高频考点、公式及例题</th><th>考题统计</th></tr>
<tr><td>式（1.10-20）～式（1.10-22）【水力失调度、水力稳定性系数计算】
$$x=\frac{V_s}{V_g}$$
$$y=\frac{1}{x_{max}}=\sqrt{\frac{\Delta p_y}{\Delta p_w+\Delta p_y}}$$
式（1.10-23）【流量压损关系式】
$$\Delta P=R(1+l_d)=SV^2$$
式（1.10-25）～式（1.10-27）【管网阻力数计算】
$$S=S_1+S_2+S_3$$
$$\frac{1}{\sqrt{S}}=\frac{1}{\sqrt{S_1}}+\frac{1}{\sqrt{S_2}}+\frac{1}{\sqrt{S_3}}$$
$$V:V_1:V_2:V_3=\frac{1}{\sqrt{S}}:\frac{1}{\sqrt{S_1}}:\frac{1}{\sqrt{S_2}}:\frac{1}{\sqrt{S_3}}$$
【2019-2-8】某异程式供热管网，直接连接了 10 个热用户。为提高用户间的水力稳定性，下列哪一项措施是最合理的？
A. 减小热用户内部系统的阻力
B. 加大散热器面积
C. 加大热网系统的水泵扬程
D. 减小热网供回水干管的阻力
参考答案：D</td><td>2021-3-3、
2021-3-16
（式 1.10-23）、
2021-4-3
（式 1.10-25）、
2021-4-18
（式 1.10-23）、
2021-4-19
（式 1.10-23）、
2020-2-43、
2020-3-5
（式 1.10-23）、
2019-1-9、
2019-2-8、
2019-2-45、
2018-2-42、
2018-3-16
（式 1.10-23、
式 1.10-25～26）、
2017-2-1、</td></tr>
</table>

<table>
<tr><th>高频考点、公式及例题</th><th>考题统计</th></tr>
<tr><td rowspan="2">

分析：根据《复习教材》式（1.10-23）可知，提高热水网路水力稳定性的主要方法是相对减小网路干管的压降，或相对增大用户系统的压降。选项A会导致水力稳定性变差，选项BC无利于提高水力稳定性，选项D是最合理的提高用户水力稳定性的措施。

【2020-3-5】某热水集中供暖系统按设计工况供/回水温度为75℃/50℃，运行时测得的系统用户侧压力损失 $\Delta P_1=42.5\text{kPa}$、供暖负荷 $Q_1=350\text{kW}$，但用户室温偏高，调整系统热源供回水温度和流量（各用户侧阀门开启度均未改变）使室温负荷要求后测得：系统供/回水温度为72.5℃/47.5℃，系统用户侧压力损失 $\Delta P_1=40.0\text{kPa}$。问：此时系统的供暖负荷 Q_2（kW）最接近下列何项？

A. 340　　B. 336　　C. 330　　D. 320

参考答案：A

主要解题过程：

根据《复习教材》式（1.10-23），根据题意可知，用户侧管网阻力数不变，则有：

$$\frac{\Delta p_1}{\Delta p_2}=\frac{S_1G_1^2}{S_2G_2^2}=\frac{G_1^2}{G_2^2}=\frac{\left(\frac{Q_1}{\Delta t_1}\right)^2}{\left(\frac{Q_2}{\Delta t_2}\right)^2}=\left(\frac{Q_1}{Q_2}\right)^2\times\left(\frac{\Delta t_2}{\Delta t_1}\right)^2$$

$$\Rightarrow Q_2=\sqrt{\frac{\Delta p_1}{\Delta p_2}}\times\frac{Q_1\times\Delta t_2}{\Delta t_1}=\sqrt{\frac{40}{42.5}}\times\frac{350\times(72.5-47.5)}{75-50}=339.5\text{kW}$$

</td><td>2017-4-5（式1.10-23）、2016-4-5（式1.10-23）、2014-3-4（式1.10-23）、2014-4-5（式1.10-23、式1.10-25）、2013-1-3、2013-3-22（式1.10-23）、2011-2-2、2011-3-3（式1.10-23）、2011-3-4（式1.10-23、式1.10-20）、2011-4-3（式1.10-23）</td></tr>
<tr><td>分值39/比例1.30%</td></tr>
</table>

1.10.8 热力管道设计

<table>
<tr><th>高频考点、公式及例题</th><th>考题统计</th></tr>
<tr><td rowspan="2">

涉及知识点：

管道敷设方式：地上敷设、地下敷设；

管道热补偿。

【2020-2-08】下列关于热水供暖管道的热补偿设计，何项是正确的？

A. 直埋敷设的热水管道宜采用无补偿敷设方式

B. 各类补偿器的安装与室外环境温度无关

C. 非直埋管宜优先采用波纹管补偿器

D. 各类补偿器采用时均应安装导向支座

参考答案：A

</td><td>2020-2-8、2013-1-8、2012-2-8、2011-1-47</td></tr>
<tr><td>分值5/比例0.17%</td></tr>
</table>

高频考点、公式及例题	考题统计
分析：根据《城镇供热管网设计规范》CJJ 34—2010 第 8.4.8 条可知，选项 A 正确；根据第 8.4.4 条，套筒补偿器应计算各种安装温度下的补偿器安装长度，选项 B 错误；根据第 8.4.1 条，供热管道的温度变形应充分利用管道的自然补偿，选项 C 错误；根据第 8.4.5 条，采用波纹管轴向补偿器时应安装导向制作，选项 D 错误。	

1.10.9　热网监测、控制与经济运行

高频考点、公式及例题	考题统计
【2018-1-42】在散热器供暖系统的整个供暖期运行中，下列哪几项是能够实现运行节能的措施？ A. 外网进行量调节 B. 外网进行质调节 C. 供水温度恒定，提高回水温度 D. 设置散热器恒温阀 **参考答案**：BD **分析**：外网的供热调节方式采用质调节或质-量调节，如果使用量调节，随着室外气温的变化，流量会降低很多，容易造成供暖用户的严重竖向失调。用户采用双管系统的可调节流量和外网量调节是两回事，故选项 A 错误，选项 B 正确。选项 C 不能实现运行节能，实际上是增大了循环水量；选项 D 自动恒温阀调节户内系统的循环流量，从而使供热系统的循环流量改变，实现运行节能。	2018-1-42、2013-1-2、2013-1-41、2012-1-47、2011-1-42 分值 9/比例 0.30%

1.11　区域锅炉房

1.11.1　概述

高频考点、公式及例题	考题统计
【2020-1-46】哈尔滨市某新建住宅小区设置一个燃气热水锅炉房进行集中供暖，锅炉房的设计热负荷为 16800kW，该锅炉房的锅炉设置错误的是下列哪几项？ A. 设置 2 台额定供热量为 8400kW 的锅炉 B. 设置 3 台额定供热量为 5600kW 的锅炉 C. 设置 4 台额定供热量为 4200kW 的锅炉 D. 设置 6 台额定供热量为 2800kW 的锅炉 **参考答案**：ABD	2020-1-46、2020-2-46、2019-2-41、2018-1-46、2018-2-45、2016-1-8、2016-2-9、2013-1-9、2012-1-46、

高频考点、公式及例题	考题统计
分析：根据《复习教材》第1.11.1节"2. 锅炉容量和台数确定"可知，新建锅炉房锅炉合理台数为2～5台，选项D错误；根据《民规》第8.11.8-5条，哈尔滨为严寒地区，满足70%比例，即为：16800×70%＝11760kW。当一台额定蒸发量或热功率最大的锅炉检修时，剩余锅炉的设计供热量，选项A为8400kW，不满足要求；选项B为5600×2＝11200，不满足要求；选项C为4200×3＝12600，满足要求。	2012-2-7、2011-1-7、2011-2-47 分值20/比例0.67%

1.11.2　锅炉的基本特征

本小节近十年无相关考题。

1.11.3　锅炉房设备布置

高频考点、公式及例题	考题统计
涉及知识点：燃煤锅炉房、燃气热水锅炉房、燃油热水锅炉房、蓄热式电锅炉房。 **【2011-3-05】** 某小区锅炉房为燃煤粉锅炉，煤粉仓几何容积为60m^3，煤粉仓设置的防爆门面积应是下列何项？ A. 0.1～0.19m^2　　B. 0.2～0.29m^2 C. 0.3～0.39m^2　　D. 0.4～0.59m^2 **参考答案**：D **主要解题过程**： 根据《锅炉房设计规范》GB 50041—2008第5.1.8节第4条：60×0.0025＝0.15且≮0.5 m^2。 扩展：条文中要求"不应少于两个"应理解为不能只设一个，但两个或两个以上都是可以的，本题没有告知要设置几个防爆门。条文的最后一句规定得很清楚，只要个数及总面积符合要求就可。故本题不存在"是否除以2"的问题。	2021-2-55、2011-3-5 分值3/比例0.10%

1.11.4　燃气热水锅炉房设备组成与布置

高频考点、公式及例题	考题统计
【2011-1-09】 设计居民小区的锅炉房时，下列何项是错误的？ A. 单台2.8MW的燃气锅炉炉前净距为2.5m B. 锅筒上方不需操作和通行时，净空高度为0.7m C. 操作平台的宽度为0.85m D. 集水器前通道宽度为1.0m **参考答案**：D **分析**：根据《锅炉房设计标准》GB 50041—2020第4.4.5条、第15.1.8条及第4.4.6条可知，选项ABC正确。	2011-1-9 分值1/比例0.03%

1.11.5 锅炉房设备、系统选择

高频考点、公式及例题	考题统计
式（1.11-3）【锅炉房容量计算】 $$Q=K_0(K_1Q_1+K_2Q_2+K_3Q_3+K_4Q_4)$$ **【2019-1-45】**某酒店厨房和洗衣房要一定量的蒸汽，下列哪些选项允许采用蒸汽锅炉作为供暖系统的热源？ A. 建筑总热负荷1.0MW，其中蒸汽热负荷0.75MW B. 建筑总热负荷1.4MW，其中蒸汽热负荷1.00MW C. 建筑总热负荷1.4MW，其中蒸汽热负荷0.75MW D. 建筑总热负荷2.0MW，其中蒸汽热负荷1.00MW **参考答案**：AB **分析**：根据《民规》第8.11.9条，当蒸汽热负荷在总热负荷中的比例大于70%且总热负荷≤1.4MW时，可采用蒸汽锅炉，选项AB符合要求，选项CD不符合要求。	2021-1-8、2021-1-41、2021-3-4（式1.11-3）、2020-3-3、2019-1-45、2019-2-46、2017-1-9、2014-1-9、2014-2-9、2014-3-5、2013-1-47、2013-4-6、2012-3-4、2011-1-8
	分值23/比例0.77%

1.11.6 燃气锅炉房节能与减排措施

高频考点、公式及例题	考题统计
涉及知识点： （1）降低排烟热损失； （2）烟气热回收装置； （3）提高运行控制水平； （4）降低锅炉排污热损失； （5）降低锅炉氮氧化物的排放（烟气再循环技术、分级燃烧技术、高温空气燃烧技术、全预混金属纤维燃烧技术、催化燃烧技术、纯氧燃烧技术、水冷预混超低氮燃烧技术）。 **【2020-1-47】**为降低锅炉氮氧化物排放，在燃气锅炉低氮燃烧技术的应用中，下列哪几项是正确的？ A. 降低混合物的含氧量　　B. 加大再燃区空气供应量 C. 降低过剩空气系数供应空气　　D. 高温空气燃烧技术 **参考答案**：ACD **分析**：根据《复习教材》第1.11.6节“5. 降低锅炉氮氧化物NO_x的排风内容”可知，选项ACD均为正确应用；选项B，对于再燃区，需要不供应空气。	2021-2-8、2020-1-10、2020-1-47、2013-1-47、2012-1-42 分值8/比例0.27%

1.12　分散供暖

1.12.1　电热供暖

本小节近十年无相关考题。

1.12.2　户式燃气炉供暖

本小节近十年无相关考题。

第 2 章　通风考点解析

2.1　环境标准、卫生标准与排放标准

2.1.1　环境标准

高频考点、公式及例题	考题统计
涉及相关标准： 《环境空气质量标准》GB 3095—2012； 《声环境质量标准》GB 3096—2008； 《工业企业噪声控制设计规范》GB/T 50087—2013； 《工业企业厂界环境噪声排放标准》GB 12348—2008。 **【2019-1-69】**对以下区域的环境空气质量要求中，哪几项是正确的？ A. 城市居住区的颗粒物 PM10 的年平均浓度限值为 80μg/m^3 B. 自然保护区的颗粒物 PM10 的年平均浓度限值为 40μg/m^3 C. 城市居住区的 NO_x 的年平均浓度限值为 50μg/m^3 D. 自然保护区的 NO_x 的年平均浓度限值为 50μg/m^3 **参考答案：**BCD **分析：**由《环境空气质量标准》GB 3095—2012 第 4.1 条和第 4.2 条可知，选项 A 错误，应为 70μg/m^3，选项 BCD 正确。	2019-1-69 分值 2/ 比例 0.07%

2.1.2　室内环境空气质量

高频考点、公式及例题	考题统计
涉及相关标准：《室内空气质量标准》GB/T 18883—2002。 **【2017-1-69】**下列哪几项指标是符合人类居住环境健康要求的？ A. 氡 222Rn 年平均值为 385Bq/m^3 B. 总挥发性有机物 TVOC 的 8h 均值为 0.7g/m^3 C. 二氧化碳日平均值为 0.1% D. 室内空气流速为 0.32m/s **参考答案：**AC **分析：**根据《复习教材》表 2.1-7 可知，选项 AC 正确，选项 B 应为≤0.6g/m^3，选项 D 应为：夏季空调≤0.30m/s，冬季供暖≤0.20m/s。	2017-1-69、 2014-2-10、 2012-1-11、 2012-2-49、 2011-2-61 分值 7/ 比例 0.23%

2.1.3 卫生标准

高频考点、公式及例题	考题统计

涉及相关标准：

《工作场所有害因素职业接触限值 第1部分：化学有害因素》GBZ 2.1—2019；

《工作场所有害因素职业接触限值 第2部分：物理因素》GBZ 2.2—2007；

《工业企业设计卫生标准》GBZ 1—2010。

考题统计
2011-3-6
分值 2/比例 0.07%

【2011-3-06】 某工厂焊接车间散发的有害物质主要为电焊烟尘，劳动者接触状况见下表，试问，此状况下该物质的时间加权平均允许浓度值和是否符合国家相关标准规定的判断，是下列何项？

接触时间（h）	接触焊尘对应的浓度（mg/m^3）
1.5	3.4
2.5	4
2.5	5
1.5	0（等同不接触）

A. 3.2mg/m^3、未超标　　B. 3.45mg/m^3、未超标

C. 4.24mg/m^3、超标　　D. 4.42mg/m^3、超标

参考答案： B

主要解题过程：

根据《工作场所有害因素职业接触限值 第1部分：化学有害因素》GBZ 2.1—2019 表2查得电焊烟尘总尘PC-TWA限值为4mg/m^3。

由题意，可计算焊尘时间加权平均浓度为：

$$C-TWA=\frac{1.5\times3.4+2.5\times4+2.5\times5}{8}=3.45\ mg/m^3$$

因此，工厂电焊烟尘满足国标要求，选B。

2.1.4 排放标准

高频考点、公式及例题	考题统计

涉及相关标准：

《大气污染物综合排放标准》GB 16297—1996；

《锅炉大气污染物排放标准》GB 13271—2014。

考题统计
2014-2-12、2011-4-7
分值 3/比例 0.10%

【2014-2-12】 关于公共厨房通风排风口位置及排油烟处理的说法，下列何项是错误的？

A. 油烟排放标准不得超过 2.0mg/m^3

B. 大型油烟净化设备的最低去除效率不宜低于 85%

C. 排油烟风道的排风口宜放置在建筑物顶端并设置伞形风帽

高频考点、公式及例题	考题统计
D. 排油烟风道不得与防火排烟风道合用 **参考答案：** C **分析：** 根据《民规》第 6.3.5 节第 4 条，选项 D 正确。由条文说明，选项 AB 选项正确，选项 C 错误，一般为锥形风帽。 **【2012-4-7】** 在一般工业区内（非特定工业区）新建某除尘系统，排气筒的高度为 20m，距其 190m 处有一高度为 18m 的建筑物。排放污染物为石英粉尘，排放浓度为 $y=50\text{mg/m}^3$，标准工况下，排气量 $V=60000\text{m}^3/\text{h}$。试问，以下依次列出排气筒的排放速率值以及排放是否达标的结论，正确者应为何项？ A. 3.5kg/h、排放不达标　B. 3.1kg/h、排放达标 C. 3.0kg/h、排放达标　D. 3.0kg/h、排放不达标 **参考答案：** D **主要解题过程：** 根据《环境空气质量标准》GB 3095—2012 第 4.1 条可知，一般工业区属于二级污染物控制标准，由《大气污染物综合排放标准》GB 16297—1996 表 2 查得 20m 石英粉尘（3）排气筒排放浓度限值为 3.1kg/h。根据《大气污染物综合排放标准》GB 16297—1996 第 7.1 条，该排气筒没有排放点周围 200m 最高点建筑 5m 以上，限值需要严格 50%，即不应超过 1.55kg/h 排放浓度，可计算排气筒排放速率为： $$m=\frac{50\times 60000}{1000000}=3\text{kg/h}<1.55\text{kg/h}$$ 排放不达标，选 D。	

2.2　全　面　通　风

2.2.1　全面通风设计的一般原则

高频考点、公式及例题	考题统计
【2020-1-48】 某车间拟将除尘系统净化后的空气送入室内循环使用。问：净化后允许循环使用的空气的含尘浓度为以下哪几项？ A. 工作区容许浓度的 36%　B. 工作区容许浓度的 31% C. 工作区容许浓度的 26%　D. 工作区容许浓度的 21% **参考答案：** CD **分析：** 根据《工规》第 6.3.2-3 条可知，净化后允许循环使用的空气含尘浓度应低于 30%，因此仅选项 CD 满足要求。	2021-1-16、2021-2-11、2021-2-49、2020-1-17、2020-1-48、2020-3-6、2019-1-10、2019-1-16、2019-1-18、2019-3-11、2019-4-8、2018-1-17、2018-1-48、2017-1-12、

<table>
<tr><th>高频考点、公式及例题</th><th>考题统计</th></tr>
<tr><td rowspan="2">【2019-3-11】某铝制品表面处理设备，铝粉产尘量 7400g/h，铝粉尘爆炸下限浓度为 37g/m³，排风系统设备为防爆型。假定排风的捕集效率为 100%，补风中铝粉尘含尘量为零。该排风系统的最小排风量（m³/h），最接近下列哪一项？
A. 2000　B. 800　C. 400　D. 200
参考答案：C
主要解题过程：
根据《工规》第 6.9.5 条，风管内有爆炸危险粉尘浓度不大于爆炸下限的 50%，设排风量为 L，则
$$\frac{7400}{L} \leqslant 50\% \times 37$$
即最小排风量为：
$$L \geqslant \frac{7400}{50\% \times 37} = 400\text{m}^3/\text{h}$$</td><td>2017-2-2、2017-2-12、2017-2-13、2017-2-49、2017-2-50、2016-1-13、2014-1-13、2013-1-15、2013-1-51、2013-2-4、2013-2-13、2013-2-44、2013-2-49、2012-1-53、2012-2-53、2011-2-15</td></tr>
<tr><td>分值 37/比例 1.23%</td></tr>
</table>

2.2.2　全面通风的气流组织

<table>
<tr><th>高频考点、公式及例题</th><th>考题统计</th></tr>
<tr><td rowspan="2">涉及知识点：气流组织就是合理布置送、排风口和分配风量，选用合适的风口形式，以便用最小的通风量获得最佳的通风效果，并尽量避免通风气流可能发生的气流短路现象。
【2013-1-17】某车间上部用于排除余热、余湿的全面排风系统风管的侧面吸风口，其上缘至屋顶的最大距离，应为下列何项？
A. 200mm　B. 300mm　C. 400mm　D. 500mm
参考答案：C
分析：根据《复习教材》第 2.2.2 节，位于房间上部区域的吸风口，用于排除余热、余湿和有害气体时（含氢气时除外），吸风口上缘至顶棚平面或屋顶距离不大于 0.4m，故选 C。</td><td>2021-1-11、2020-2-48、2014-2-47、2013-1-17、2012-2-13、2011-2-53</td></tr>
<tr><td>分值 9/比例 0.30%</td></tr>
</table>

2.2.3　全面通风量计算

<table>
<tr><th>高频考点、公式及例题</th><th>考题统计</th></tr>
<tr><td>式（2.2-1）【消除有害物全面通风量计算】
不稳定状态下的全面通风量计算：
$$L = \frac{x}{y_2 - y_0} - \frac{V_f}{\tau} \cdot \frac{y_2 - y_1}{y_2 - y_0}$$
稳定状态下的全面通风量计算：
$$L = \frac{Kx}{y_2 - y_0}$$
其中，L——全面通风量，m³/s；y_0——送风有害物浓度，g/m³；y_1——初始时刻有害物浓度，g/m³；y_2——经过 t 时间后有害物浓度，g/m³；V_f——房间体积，m³；τ——通风时间，s；K——安全系数，根据题目选用，若未给出则取 1。</td><td>2021-3-7（式 2.2-2）、2021-4-8（式 2.2-2）、</td></tr>
</table>

高频考点、公式及例题	考题统计
式（2.2-2）～式（2.2-3）【消除余热或余湿全面通风量计算】 消除余热： $$G_{余热}=\frac{Q}{c(t_p-t_0)}(\text{kg/s})$$ 消除余湿： $$G_{余湿}=\frac{W}{d_p-d_0}(\text{kg/s})$$ 其中，Q——余热，kW；W——余湿，g/s；c 取 1.01kJ/(kg·℃)。 **【2020-1-50】**当有数种溶剂的蒸汽，或数种刺激性气体同时放散到空气中时，对于全面通风换气量的确定原则，下列哪几项是错误的？ A. 将各种气体分别稀释到允许浓度所需空气量的总和 B. 将毒性最大的有害物稀释到允许浓度所需要的空气量 C. 按照规定的房间换气次数计算 D. 将各种气体分别稀释到允许浓度，并选择其中最大的通风量 **参考答案：**BCD **分析：**根据《复习教材》第2.2.3节或《工业企业设计卫生标准》BZ 1—2010第6.1.5.1-a条或《工规》第6.1.4条可知，仅选项A正确。 **【2020-4-9】**上海市某化工车间内产生余热量$Q=150$kW，余湿量$W=100$kg/h，同时散发出硫酸气体10mg/s。要求夏季室内工作地点温度不大于33℃，相对湿度不大于70%。已知：夏季通风室外计算温度30℃，夏季通风室外计算相对湿度62%。30℃时空气密度为1.165kg/m^3。工作场所空气中硫酸的时间加权平均允许浓度1mg/m^3，消除有害通风量安全系数取$K=3$。问：该车间全面通风量（m^3/s）最接近下列何项？ A. 4.1　B. 30.0　C. 42.5　D. 76.6 **参考答案：**C **主要解题过程：** 根据《复习教材》式（2.2-1b）、式（2.2-2）和式（2.2-3）得： 消除余热通风量 $$L_1=\frac{Q}{c_p\rho(t_n-t_w)}=\frac{15}{1.01\times1.165\times(33-30)}=42.5\ \text{m}^3/\text{s}$$ 由焓湿图，室内干球温度33℃、相对湿度70%时，室内空气含湿量22.7g/kg；室外干球温度30℃、相对湿度62%时，室外空气含湿量16.8g/kg。可计算消除余湿所需通风量 $$L_2=\frac{W}{\rho(d_n-d_w)}=\frac{100\times1000}{1.165\times(22.7-16.8)}=14548\text{m}^3/\text{h}=4.0\text{m}^3/\text{s}$$ 消除有害物所需通风量 $$L_3=\frac{Kx}{y_2-y_0}=\frac{3\times10}{1-0}=30\text{m}^3/\text{s}$$ 房间通风量取L_1、L_2、L_3三者较大值，即42.5m^3/s。	2020-1-50、2020-3-10（式2.2-2）、2020-4-8（式2.2-2）、2020-4-9（2.2-1～3）、2019-2-13、2018-1-14、2018-1-18、2018-2-11、2018-3-7（式2.2-2～3）、2018-3-10（式2.2-1）、2018-4-11、2017-4-9（式2.2-2～3、式2.2-1b）、2016-4-9（式2.2-2）、2013-3-7（式2.2-3）、2013-3-8（式2.2-2～3）、2013-4-8、2012-4-8、2011-4-9 分值40/比例1.33%

2.2.4　热风平衡计算

高频考点、公式及例题	考题统计
式（2.2-5）、式（2.2-6）【风量平衡与热量平衡】 $$G_{zj}+G_{jj}=G_{zp}+G_{jp}$$ $$\Sigma Q_h+c\cdot L_p\cdot\rho_n\cdot t_n=\Sigma Q_f+c\cdot L_{jj}\cdot\rho_{jj}\cdot t_{jj}+c\cdot L_{zj}\cdot\rho_w\cdot t_w+c\cdot L_{xh}\cdot\rho_n(t_s-t_n)$$ **【2019-4-9】**某车间冬季机械排风量 $L_p=5m^3/s$，自然进风 $L_{sj}=1m^3/s$，车间温度 $t_n=18℃$，室内空气密度 $\rho_n=1.2kg/m^3$，冬季供暖室外计算温度 $t_w=-15℃$，室外空气密度 $\rho_w=1.36kg/m^3$，车间散热器散热量 $Q_1=20kW$，围护结构耗热量 $Q_2=60kW$。问：该车间机械补风的加热量（kW），最接近下列何项？ A. 180　B. 220　C. 240　D. 260 **参考答案**：C **主要解题过程**： 根据风量平衡，可计算机械进风量为： $$G_{jj}=G_{jp}-G_{zj}=5\times1.2-1\times1.36=4.64kg/s$$ 设机械补风送风温度为 t_{jj}，列热平衡方程，得： $$60+1.01\times5\times1.2\times18=20+1.01\times4.64\times t_{jj}+1.01\times1\times1.36\times(-15)$$ 可得，补风送风温度为 $t_{jj}=36.2℃$。室外温度 $-15℃$，可计算补风加热量 $$Q_b=G\cdot c_p\cdot(t_{jj}-t_w)=4.64\times1.01\times[36.2-(-15)]=240kW$$	2019-4-9、2017-2-49、2017-3-9（式2.2-5、式2.2-6）、2017-4-7（式2.2-5、式2.2-6）、2016-3-2（式2.2-5、式2.2-6）、2016-3-11（式2.2-5、式2.2-6）、2016-4-8（式2.2-5、式2.2-6）、2014-4-8（式2.2-5、式2.2-6）、2013-4-9（式2.2-5、式2.2-6）、2012-3-6（式2.2-5、式2.2-6）、2012-4-1（式2.2-5、式2.2-6）、2011-2-16、2011-2-43、 分值23/比例0.77%

2.2.5　事故通风

高频考点、公式及例题	考题统计
涉及知识点：《民规》第6.3.7条、第6.3.9条、《工规》第6.4节。 **【2020-2-49】**某甲类仓库，在仓库内直接设置防爆型离心风机事故通风系统，排除有爆炸危险的可燃气体，以下哪几项是正确的？ A. 离心风机应分别在室内外设置电气开关 B. 事故通风系统与火灾报警系统连锁 C. 事故排风系统应采用金属管道 D. 离心风机采用皮带传动，加设防护罩 **参考答案**：AC	2021-1-12、2021-2-11、2020-1-18、2020-2-10、2020-2-48、2020-2-49、2019-2-12、2019-3-8、

高频考点、公式及例题	考题统计
分析： 根据《工规》第 6.4.7 条可知，选项 A 正确；根据第 6.4.6 条可知，事故通风系统需要设置连锁的泄漏报警装置，而非与火灾报警系统连锁，选项 B 错误；事故排风属于排出有爆炸危险气体，根据第 6.9.21 可知，排风管应采用金属管道，选项 C 正确；根据第 6.9.17—2 条可知，排出有爆炸危险区域的送排风设备，风机和电机之间不得采用皮带传动，选项 D 错误。 **【2019-3-8】** 某工业厂房的房间长度为 30m，宽度为 20m，高度为 10m，要求设置事故排风系统。问：该厂房事故排风系统的最低通风量（m^3/h），最接近一下何项？ A. 43200　B. 54000　C. 60000　D. 72000 **参考答案：** A **主要解题过程：** 根据《工规》第 6.4.3 条，事故通风量按房间高度不大于 6m 的体积计算，不低于 $12h^{-1}$： $$L=(30\times 20\times 6)\times 12=43200\ m^3/h$$	2018-4-11、2017-1-51、2017-2-14、2016-1-12、2016-1-15、2014-1-15、2014-2-15、2012-1-48、2011-1-15 分值 23/比例 0.77%

2.3 自然通风

2.3.1 自然通风的设计与绿色建筑

高频考点、公式及例题	考题统计
【2018-1-12】 某公共建筑中，假定外窗的开启扇面积为 F_A，窗开启后的空气流通截面积为 F_B。问：确定该建筑的外窗有效通风换气面积时，下列哪一项是正确的？ A. F_A和 F_B之和　B. F_A和 F_B之差 C. 当 $F_A>F_B$时，为 F_A　D. 当 $F_B<F_A$时，为 F_B **参考答案：** D **分析：** 根据《公建节能》第 3.2.9 条，外窗（包括透光幕墙）的有效通风面积应为开启扇面积和窗开启后的空气流通界面面积的较小值，因此选 D。	2021-1-18、2020-1-52、2018-1-12、2016-1-14、2014-1-10、2014-1-52 分值 8/比例 0.27%

2.3.2 自然通风原理

高频考点、公式及例题	考题统计
式（2.3-1）【风量平衡与热量平衡】 $$L=vF=\mu F\sqrt{\frac{2\Delta p}{\rho}}$$	2021-2-52、2020-1-14、

高频考点、公式及例题	考题统计
$$G=L\cdot\rho=\mu F\sqrt{2\Delta p\rho}$$ **式（2.3-2）～式（2.3-6）【热压余压计算】** 中和面之下进风口余压 $$p_{ax}=-h_1(\rho_w-\rho_n)g$$ 中和面之上排风口余压 $$p_{bx}=h_2(\rho_w-\rho_n)g$$ **式（2.3-7）、式（2.3-8）【建筑周围气流影响范围】** 空气动力阴影区最大高度 $$H_c\approx 0.3\sqrt{A}$$ 建筑物上方受建筑影响的气流最大高度 $$H_K\approx\sqrt{A}$$	2018-3-9（式2.3-1）、2017-1-52、2016-3-8（式2.3-7）
式（2.3-10）、式（2.3-11）【热压与风压综合作用下的窗孔内外压差】 $$\Delta p_a=\Delta p_{xa}-K_a\frac{v_w^2}{2}\rho_w$$ $$\Delta p_b=\Delta p_{xb}-K_b\frac{v_w^2}{2}\rho_w=\Delta p_{xa}+hg(\rho_w-\rho_n)-K_b\frac{v_w^2}{2}\rho_w$$ 风压热压联合作用的余压计算，K 应带自身符号计算，K 值为正为正压，K 值为负为负压。 **【2018-3-9】**某车间窗户有效流通面积 0.8m²，窗孔口室内外压差 3Pa，窗孔口局部阻力系数 0.2，空气密度取 1.2（kg/m³）。问：该窗孔口的通风量（m³/h），最接近下列何项？ A. 13700　　B. 14400　　C. 15800　　D. 17280 **参考答案：**B **主要解题过程：** 根据《复习教材》式（2.3-1b），得： $$\mu=\sqrt{\frac{1}{\zeta}}=\sqrt{\frac{1}{0.2}}=2.24$$ $$L=\mu F\sqrt{\frac{2\Delta P}{\rho}}=2.24\times 0.8\times\sqrt{\frac{2\times 3}{1.2}}=4.007\text{m}^3/\text{s}=14425\text{m}^3/\text{h}$$	分值 8/比例 0.27%

2.3.3　自然通风的计算

高频考点、公式及例题	考题统计
式（2.3-12）【室内平均温度】 $$t_{np}=\frac{t_n+t_p}{2}$$	2021-2-52、2021-3-7（式2.3-17）、2020-1-51、

高频考点、公式及例题	考题统计
式（2.3-13）【自然通风全面换气量】 $$G=\frac{Q}{c\cdot(t_p-t_j)}\ (\text{kg/s})$$ **式（2.3-14）、式（2.3-15）【热压作用下的进排风窗孔面积】** 进风窗孔：$F_a=\frac{G_a}{\mu_a\sqrt{2\mid\Delta p_a\mid\rho_w}}=\frac{G_a}{\mu_a\sqrt{2h_1g(\rho_w-\rho_{np})\rho_w}}$ 排风窗孔：$F_b=\frac{G_b}{\mu_b\sqrt{2\mid\Delta p_b\mid\rho_p}}=\frac{G_b}{\mu_b\sqrt{2h_2g(\rho_w-\rho_{np})\rho_p}}$ **式（2.3-16）【中和面位置确定】** $$(F_a/F_b)^2=h_2/h_1\ 或\ F_a/F_b=\sqrt{h_2/h_1}$$ 其中，h_1和h_2分别为中和面至进风窗孔 a 和排风窗孔 b 的距离，m。 **式（2.3-17）【温度梯度法计算排风温度】** $$t_p=t_n+a(h-2)$$ 按房间高度查梯度，按排风口中心高度计算排风温度。 **式（2.3-18）～式（2.3-20）【有效热量系数法确定排风温度】** $$m=\frac{t_n-t_w}{t_p-t_w}$$ $$t_p=t_w+\frac{t_n-t_w}{m}$$ $$m=m_1\times m_2\times m_3$$ **【2019-1-17】** 当室内的总发热最恒定时，针对工业建筑在热压作用下的天窗自然通风时，关于天窗排风温度的说法，下列哪一项是错误的？ A. 热源占地面积与地板面积比值越大，天窗排风温度越低 B. 热源高度越大，天窗排风温度越低 C. 热源的辐射散热量与总散热量比值越大，天窗排风温度越低 D. 室外温度越低，天窗排风温度越低 **参考答案：** B **分析：** 根据《复习教材》式（2.3-19）与式（2.3-20）可知，m 越大，t_p越低。对比式（2.3-20）的参数说明可知，选项 B 错误，热源高度越高 m_2 越小，m 越小，则 t_p 越高。选项 AC 均正确。根据式（2.3-19）可知，t_w越低，t_p越低，因此选项 D 正确。 **【2020-3-9】** 某散发大量热量的车间采用自然通风排热，车间净高为 9m，设计上部用户有效通风面积为 50m²，窗户中心距地高度为 8m；下部窗户有效通风面积为 25m²，窗户中心距地高度为 2m。已知上、下部窗户的流量系数相等。问：中河面高度（m）最接近下列哪一项？（注：近似认为 $\rho_w=\rho_p$）	2020-3-8（式 2.3-20）、2020-3-9（式 2.3-16）、2019-1-17（式 2.3-19、式 2.3-20）、2019-1-48、2019-2-11、2017-1-11、2017-1-50、2017-1-52、2017-3-11（式 2.3-13～式 2.3-17）、2017-4-10（式 2.3-13、2.3-18～式 2.3-20）、2016-1-51、2016-1-52、2016-2-13、2016-2-51、2016-4-9（式 2.3-17）、2014-3-10（式 2.3-13、式 2.3-18）、2013-1-49、2013-3-10（式 2.3-12、式 2.3-15）、2013-4-10（式 2.3-13、式 2.3-17）、2012-4-9（式 2.3-19、式 2.3-12）、

高频考点、公式及例题	考题统计
A. 4.5　　B. 5.7　　C. 6.0　　D. 6.8 **参考答案：** D **主要解题过程：** 设中和面高度为 h，由题意，根据《复习教材》式（2.3-16）可得： $$\frac{F_a}{F_b}=\sqrt{\frac{h_2}{h_1}}$$ $$\frac{25}{50}=\sqrt{\frac{8-h}{h-2}}$$ 解得，$h=6.8$m。	2011-2-51、2011-3-8（式 2.3-16） 分值 44/比例 1.47%

2.3.4 自然通风设备选择

高频考点、公式及例题	考题统计
涉及知识点： 进风装置、排风装置、避风天窗、避风风帽。 **式（2.3-21）【避风天窗内外压差】** $$\Delta p_t=\xi\cdot\rho_p\cdot\frac{v_t^2}{2}$$ **式（2.3-22）～式（2.3-24）【筒形风帽选择计算】** $$L=\frac{2827\,d^2\cdot A}{\sqrt{1.2+\Sigma\xi+0.02\frac{l}{d}}}$$ $$A=\sqrt{0.4\,v_w^2+1.63(\Delta p_g+\Delta p_{ch})}$$ $$\Delta p_g=gh(\rho_w-\rho_{np})$$ **【2016-2-51】** 下列各排风系统排风口选用的风帽形式，哪几项是错误的？ A. 利用热压排除室内余热的自然通风系统的排风口采用圆伞形风帽 B. 排除含有粉尘的机械通风系统排风口采用圆伞形风帽 C. 排除有害气体的机械通风系统的排风口采用筒形风帽 D. 利用风压加强排风的自然通风系统的排风口采用避风风帽 **参考答案：** ABC **分析：** 根据《复习教材》第2.3.3节第4条，利用热压排除室内余热的自然通风系统的排风口采用筒形风帽（自然通风的一种避风风帽），选项A错误，选项D正确；根据《民规》第6.6.18条及其条文说明，排除含有粉尘或有害气体的机械通风系统的排风口采用锥形风帽或防雨风帽，选项BC错误。 **扩展：** 圆伞型风帽，不因风向变化而影响排风效果，适用于一般机械通风系统；锥形风帽，一般在除尘系统或排放非腐蚀性但有毒的机械通风系统中使用。	2021-1-15、2021-3-11（式 2.3-23、式 2.3-24）、2019-2-50、2018-1-15、2018-3-8（式 2.3-22、式 2.3-23）、2013-2-15、2012-3-9（式 2.3-22）、2011-1-13、2011-2-13、 分值 13/比例 0.43%

高频考点、公式及例题	考题统计
【2018-3-8】 某地夏季室外计算风速 $v=2.5\text{m/s}$，该地一厂房拟采用风帽直径 $d=0.70\text{m}$ 的筒形风帽，以自然排风形式排除夏季室内余热，其排除室内余热的计算排风量为 $37500\text{m}^3/\text{h}$。设：室内热压 $\Delta P_g=2\text{Pa}$，室内外压差 $\Delta P_{ch}=0\text{Pa}$。风帽直接安装在屋面上（无竖风道和接管），风帽入口的阻力系数 $\sum\xi=0.5$。问：需安装该筒形风帽的最少数量（个），为下列何项？ A. 8　　B. 11　　C. 15　　D. 20 **参考答案**：C **主要解题过程**： 根据《复习教材》式（2.3-22）和式（2.3-23），得： $A=\sqrt{0.4\times v_w^2+1.63\times(\Delta p_g+\Delta p_{ch})}=\sqrt{0.4\times 2.5^2+1.63\times(2+0)}=2.4$ $L=\dfrac{2827d^2\times A}{\sqrt{1.2+\sum\zeta+0.02l/d}}=\dfrac{2827\times 0.7^2\times 2.4}{\sqrt{1.2+0.5+0.02\times\dfrac{0}{0.7}}}=2550\text{m}^3/\text{h}$ $N=\dfrac{37500}{2550}=14.7=15$ 个	

2.3.5　复合通风

高频考点、公式及例题	考题统计
【2021-2-47】 下列复合通风系统设计原则中，哪些是正确的？ A. 复合通风系统的自然通风与机械通风可以交替运行或联合运行 B. 当自然通风量不能满足要求时，启用机械通风 C. 自然通风的设计风量不宜低于联合运行风量的 50% D. 设置空调与通风系统的房间，应优先利用通风系统 **参考答案**：ABD **分析**：根据《民规》第 2.0.9 条可知，选项 A 正确；根据第 6.4.3 条可知，选项 BD 均正确；根据第 6.4.2 条可知，自然通风风量不低于联合运行风量的 30%，选项 C 设置的 50% 风量偏大，错误。	2021-2-47、 2019-1-13、 2017-2-48、 2016-2-12、 分值 6/ 比例 0.20%

2.4　局　部　排　风

2.4.1　排风罩种类

高频考点、公式及例题	考题统计
涉及知识点：密闭罩、排风柜、外部罩、接受罩、吹吸罩、气幕隔离罩、补风罩。	2021-2-14

高频考点、公式及例题	考题统计
【2018-1-16】某生产车间有一电热设备，散热面为水平面，需要采取局部通风。当生产工艺不允许密封时，排风罩宜优先选择下列何项？ A. 低悬接受罩 B. 高悬接受罩 C. 侧吸罩 D. 密闭罩 参考答案：A	2019-1-18、2018-1-16
分析：本题考察的是对各类排风罩排风特点的认识。题设条件要求“不允许密封”，选项D密闭罩不可用，密闭罩设备具有散热面，可以自身形成热射流，因此对比接受罩与侧吸罩，接受罩更适合。对比高悬罩和低悬罩是本题的难点，高悬罩本身排风量大，容易受横向气流影响，即使设计高悬罩也应尽可能降低安装高度或增加活动卷帘。本题除了不允许密闭外，没有强调其他限制条件，如热源上部空间的要求、横向气流条件，因此，对比低悬罩和高悬罩，更适合采用低悬罩。低悬罩接近热源，所需罩口比高悬罩小，而且受气流影响小。	分值3/比例0.10%

2.4.2 排风罩的设计原则

高频考点、公式及例题	考题统计
【2020-1-10】设计局部排风罩时，下述说法中哪项是错误的？ A. 对污染源应尽可能采取密闭排风罩，减少排风量降低系统运行费 B. 排风罩吸气口吸取污染物越多，系统设计越合理 C. 对发热量不稳定的污染源的有害气体捕集，采用罩内上部抽风和下部抽风相结合 D. 接受式排风罩吸气口应尽可能设置在污染气流的流动方向上 参考答案：B	2020-1-10
分析：根据《复习教材》第2.4.2节可知，设置局部排风罩时，宜采用密闭罩，选项A合理；根据设计原则第（3）条可知，排风量按照防止粉尘或有害物扩散到周围空间原则确定，同时根据第（1）条可知，散发粉尘的污染源，因管壁面过多地抽取粉尘，因此选项B按吸取污染物越多为原则不合理；根据第2.4.3节密闭罩“（3）吸风口（点）位置确定”的第1）款可知，选项C合理；高温热源应在上不设接受罩，产生诱导气流时应把排风罩设在污染气流前方，因此选项D合理。	分值1/比例0.03%

2.4.3 排风罩的技术要求

高频考点、公式及例题	考题统计
【2020-1-16】某物料输送过程采用除尘密闭罩进行排风。物料温度小于100℃，其吸风口的布置，下列哪一项是正确的？ A. 布置在含尘浓度高的部位 B. 只布置在密闭罩上部位置 C. 布置在物料的飞溅区 D. 布置在罩内压力高的部位 参考答案：D	2020-1-10、2020-1-16、2020-2-47、2016-2-18、2016-2-52

高频考点、公式及例题	考题统计
分析：根据《复习教材》第 2.4.3“(3) 吸风口（点）位置的确定”的第 3）款可知，吸风口不应设在含尘浓度高或物料飞溅区，选项 AC 错误；根据第 1）款可知，设置排风口的位置与环境有关，但应设在罩内压力较高的部位，因此选项 B 错误，选项 D 正确。	分值 7/ 比例 0.23%

2.4.4 排风罩的设计计算

高频考点、公式及例题	考题统计
式（2.4-1）和式（2.4-2）【密闭罩排风量计算】 $L=L_1+L_2+L_3+L_4$ （m^3/s） 可简化为： $L=L_1+L_2$ （m^3/s） **式（2.4-3）【通风柜排风量计算】** $L=L_1+v\cdot F\cdot\beta$ 其中，β——安全系数，取值 1.1～1.2，送风量为排风量的 70%～75%。 **式（2.4-4）～式（2.4-8）【前面无障碍物时公式法计算接受罩排风量】** 一般吸气口：四周无边 $L=(10x^2+F)v_x$；四周有边 $L=0.75(10x^2+F)v_x$ 工作台上吸气口：四周无边 $L=(5x^2+F)v_x$；四周有边 $L=0.75(5x^2+F)v_x$ 其中，v_x——控制点风速 m/s；x——控制点距离吸气口的距离，m；F——吸气口面积，m^2。 **式（2.4-9）【前面有障碍时外部吸气罩排风量计算】** $L=KPHv_x$ **式（2.4-10）【条缝式槽边排风罩条缝高度】** $h=\frac{L}{3600v_0l}$ **式（2.4-11）～式（2.4-16）【条缝排风罩排风量】** 高截面单侧排风 $L=2v_xAB\left(\frac{B}{A}\right)^{0.2}$ 低截面单侧排风 $L=3v_xAB\left(\frac{B}{A}\right)^{0.2}$ 高截面双侧总排风量 $L=2v_xAB\left(\frac{B}{2A}\right)^{0.2}$ 低截面双侧总排风量 $L=3v_xAB\left(\frac{B}{2A}\right)^{0.2}$	2021-1-49、 2021-2-12、 2021-2-50、 2021-3-8 （式 2.4-3）、 2020-2-15、 2020-4-7 （式 2.4-3）、 2019-2-10、 2018-2-47、 2018-4-8 （式 2.4-19、 式 2.4-20）、 2017-1-13、 2017-4-11 （式 2.4-3）、 2016-2-14 （式 2.4-9）、 2016-2-52、 2016-4-10 （式 2.4-8）、 2014-2-13、 2013-1-16 （式 2.4-1、 式 2.4-3）、 2013-1-50、 2013-2-50、 2013-2-51、

<table>
<tr><th>高频考点、公式及例题</th><th>考题统计</th></tr>
<tr><td>
高截面周边型排风 $L = 1.57v_xD^2$
低截面周边型排风 $L = 2.36v_xD^2$
其中，A——槽长，m；B——槽宽，m；v_x——边缘控制点控制风速，m/s；D——圆槽直径，m
式（2.4-18）～式（2.4-20）【美国联邦法计算吹吸罩】
$$H = B \cdot \text{tg}\alpha = 0.18B$$
$$L_2 = (1800 \sim 2750)A$$
$$L_1 = \frac{1}{BE}L_2$$
式（2.4-21）～式（2.4-31）【接受罩排风量计算】
$$L = L_z + v'F' \ (\text{m}^3/\text{s})$$
热射流流量
$$L_z = 0.04Q^{1/3}Z^{3/2} \ (\text{m}^3/\text{s})$$
$$Z = H + 1.26B$$
热射流断面直径 $D_z = 0.36H + B$
收缩断面流量
$$L_0 = 0.04Q^{1/3}((1.33 + 1.26)B)^{3/2} = 0.167Q^{1/3}B^{3/2} \ (\text{m}^3/\text{s})$$
热源的对流散热量 $Q = \alpha F\Delta t$ (kJ/s)
对流放热系数 $\alpha = A\Delta t^{1/3}$
高悬罩（$H > 1.5\sqrt{A_P}$ 或 $H > 1\text{m}$）罩口尺寸：$D = D_z + 0.8H$
低悬罩（$H \leqslant 1.5\sqrt{A_P}$ 或 $H \leqslant 1\text{m}$）罩口尺寸：
圆形：$D_1 = B + 0.5H$
矩形：$A_1 = a + 0.5H$，$B_1 = b + 0.5H$ 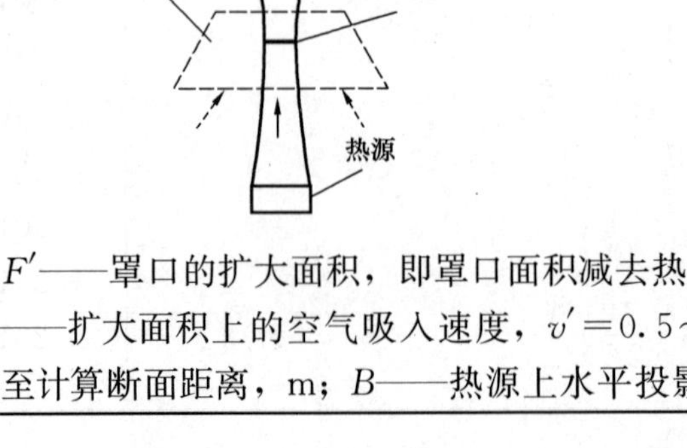
高悬罩：设置位置在收缩断面以上
低悬罩：设置位置在收缩断面以下
收缩断面
热源
其中，F'——罩口的扩大面积，即罩口面积减去热射流的段面积，m²；v'——扩大面积上的空气吸入速度，$v'=0.5 \sim 0.75$m/s；H——热源至计算断面距离，m；B——热源上水平投影的直径或
</td><td>
2012-3-10
（式 2.4-22、
式 2.4-24、
式 2.4-31）、
2012-4-10、
2011-1-14、
2011-2-14、
2011-2-52、
2011-3-10
（式 2.4-2）、
2011-4-10
（式 2.4-25～26）

分值 41/
比例 1.37%
</td></tr>
</table>

高频考点、公式及例题	考题统计
长边尺寸，m；F——热源的对流放热面积，m^2；Δt——热源表面与周围空气的温度差，℃；A——系数，水平散热面为 1.7，垂直散热面为 1.13；a、b——热源水平投影尺寸，m **【2016-2-52】**设计上部接受式排风罩，若风机与管路系统维持不变，改善排风效果的做法，下列哪几项是正确的？ A. 适当降低罩口高度 B. 工艺许可时在罩口四周设挡板 C. 避免横向气流干扰 D. 减小罩口面积 **参考答案：**ABC **分析：**根据《复习教材》第 2.4.3 节第 6 条，适当降低罩口高度，由式（2.4-22）可知，H 降低，Z 变小，由式（2.4-21）可知，L_Z 变小，由式（2.4-31）可知，接受罩的排风量 L 降低，排风效果改善。同时根据第 2.4.4 节，高悬罩设计时应尽可能降低安装高度，选项 A 正确；高悬罩在工艺条件允许时，可在接受罩上设活动卷帘。罩上柔性卷帘设在钢管上，通过传动机构转动钢管，带动卷帘上下移动，相当于在罩口四周设挡板，选项 B 正确；根据式（2.4-27）～式（2.4-29），低悬罩在横向气流影响较大的场合相对横向气流影响较小的场合而言，罩口尺寸偏大，导致低悬罩的排风量 L 值大；同时，高悬罩排风量大，易受横向气流影响，工作不稳定。且接受罩的安装高度 H 越大，横向气流影响越严重。因此，避免横向气流干扰是改善排风效果的有效做法，选项 C 正确；应用中采用的接受罩，罩口尺寸和排风量都必须适当加大，人为减小罩口面积，污染气流可能溢入室内，排风效果变差，选项 D 错误。 **【2017-4-11】**某化学实验室局部通风采用通风柜，通风柜工作孔开口尺寸为：长 0.8m、宽 0.5m，柜内污染物为苯，其气体发生量为 $0.055m^3/s$；另一个某些特定工艺（车间）局部通风也采用通风柜，通风柜工作孔开口尺寸为：长 1m、宽 0.6m，柜内污染物为苯，其气体发生量为 $0.095m^3/s$。问：以上两个通风柜分别要求的最小排风量（m^3/h）最接近下列哪一项？ A. 800，1062　　B. 832，1530 C. 1062，1530　　D. 1062，2156 **参考答案：B** **主要解题过程：** 苯属于有毒污染物，但非剧毒，根据《复习教材》表 2.4-1 查得苯的控制风速（下限）为 0.4m/s，根据式（2.4-3）可计算化学	

高频考点、公式及例题	考题统计
实验室排风柜排风量为： $L_1 = L_{0,1} + v_1 F_1 \beta = 0.055 + 0.4 \times (0.8 \times 0.5) \times 1.1$ $= 0.231\text{m}^3/\text{s} = 831.6\text{m}^3/\text{h}$ 根据《复习教材》表2.4-2查得序号24项苯的控制风速(下限)为0.5m/s，根据式(2.4-3)可计算特定工艺(车间)排风柜排风量为： $L_2 = L_{0,2} + v_2 F_2 \beta = 0.095 + 0.5 \times (1 \times 0.6) \times 1.1$ $= 0.425\text{m}^3/\text{s} = 1530\text{m}^3/\text{h}$	

2.5 过滤与除尘

2.5.1 粉尘特性

高频考点、公式及例题	考题统计
【2011-1-54】有关除尘设备的设计选用原则和相关规定，下列哪几项是错误的？ A. 处理有爆炸危险粉尘的除尘器、排风机应与其他普通型的风机、除尘器分开设置 B. 含有燃烧和爆炸危险粉尘的空气，在进入排风机前采用干式或湿式除尘器进行处理 C. 净化有爆炸危险粉尘的干式除尘器，应布置在除尘系统的正压段 D. 水硬性或疏水性粉尘不宜采用湿法除尘 **参考答案**：BC **分析**：根据《建规2014》第9.1.3条，选项A正确；根据第9.3.5条，选项B错误；根据第9.3.8条，应在“负压段上”，选项C错误；根据《复习教材》第2.5.1节，选项D错误。	2011-1-54 分值2/ 比例0.07%

2.5.2 过滤器的选择

本小节近十年无相关考题。

2.5.3 除尘器的选择

高频考点、公式及例题	考题统计
式（2.5-2）～式（2.5-4）【过滤（净化）效率定义】 $\eta = \frac{G_2}{G_1} \times 100\%$ $\eta = \frac{L_1 y_1 - L_2 y_2}{L_1 y_1} \times 100\%$ $\eta_T = 1 - (1-\eta_1)(1-\eta_2)\cdot\cdots\cdots(1-\eta_i)\cdot\cdots\cdots\cdot(1-\eta_n)$	2021-4-10（式2.5-3）、2021-4-20（式2.5-4）、2020-1-12、2020-4-11（式2.5-3）、2019-3-9、2018-2-13、2018-2-49、

<table>
<tr><th>高频考点、公式及例题</th><th>考题统计</th></tr>
<tr><td rowspan="2">【2018-2-13】某车间内的有害气体含尘浓度 12mg/m^3。问：下列室内空气循环净化方式中最合理的是哪一项？
A. 二级除尘　　B. 活性炭吸附
C. 除尘+吸附　　D. 湿式除尘
参考答案：C
分析：根据《工规》第 7.2.2 条，对于粉尘净化宜选用干式除尘方式。本题没有明显提示该场所适合湿式除尘，因此无需假设湿式除尘更适合的可能性。题目给出的为有害气体，表述为含尘浓度，但是没有明确指出有害物质仅为颗粒状或仅为气体状。因此，需要综合考虑消除粉尘，并吸附有害气体。故采用除尘+吸附的方式更为适合。</td><td>2018-4-9、2018-4-20（式 2.5-2）、2017-3-6（式 2.5-3）、2016-3-9、2014-4-9（式 2.5-3、式 2.5-4）、2013-4-20、2011-1-54、2011-3-11（式 2.5-3）、2011-4-20（式 2.5-4）</td></tr>
<tr><td>分值 25/
比例 0.83%</td></tr>
</table>

2.5.4 典型除尘器

<table>
<tr><th>高频考点、公式及例题</th><th>考题统计</th></tr>
<tr><td rowspan="2">涉及知识点：重力沉降室、旋风除尘器、袋式除尘器、滤筒式除尘器、静电除尘器、电袋复合除尘器、静电强化（袋式、湿式、旋风）除尘器、湿式除尘器。
式(2.5-11)～式(2.5-13)【重力沉降室分级效率与极限粒径】
沉降速度 $v_s=\sqrt{\dfrac{4(\rho_p-\rho_g)gd_p}{3C_D\rho_g}}$
分级效率 $\eta_j=\dfrac{y}{H}=\dfrac{Lv_s}{Hv}=\dfrac{LWv_s}{Q}$
极限粒径 $d_{min}=\sqrt{\dfrac{18\mu vH}{g\rho_p L}}=\sqrt{\dfrac{18\mu Q}{g\rho_p LW}}$
式（2.5-17）【总过滤效率与分级效率的关系】
$$\eta=\sum_{i=1}^{n}\eta_i(d_{c,i},d_{c,i+1})Q(d_{c,i},d_{c,i+1})$$
式（2.5-26）～式（2.5-27）【静电除尘器过滤效率】
$$\eta=1-\exp\left(-\frac{A}{L}\omega_e\right)$$
$$v=\frac{L}{F}$$
【2018-2-50】下述对除尘器除尘性能的叙述，哪几项是错误的？
A. 重力沉降室能有效地捕集 10μm 以上的尘粒</td><td>2021-1-14、2021-2-12、2021-2-51、2021-3-6、2021-3-10(式 2.5-11、式 2.5-12)、2019-2-14、2019-3-10(式 2.5-17)、2019-4-7、2018-2-14、2018-2-50、2017-1-14、2017-1-15、2017-1-48、2017-2-11、2017-2-16、2017-2-18、2016-1-18、2016-2-11、2016-2-17、2016-2-47、2016-2-49、2014-1-51、2014-3-11、2013-2-18、2013-2-53、2012-1-13、2012-1-18、2012-1-54、2012-2-17、2012-2-18、2012-2-51、2011-1-18、2011-1-49、2011-2-19、2011-3-11（式 2.5-26）</td></tr>
<tr><td>分值 50/
比例 1.67%</td></tr>
</table>

高频考点、公式及例题	考题统计
B. 普通离心式除尘器在冷态实验条件下，压力损失1000Pa以下时的除尘效率要求为90%以上 C. 回转反吹类袋式除尘器在标态下要求的出口含尘浓度≤50mg/m³ D. 静电除尘器对粒径1～2μm的尘粒，除尘效率可达98%以上 **参考答案：** AB **分析：** 根据《复习教材》第2.5.4节第1条，重力除尘器适合捕集50μm以上的尘粒，故选项A错误；根据《离心除尘器》JB/T 9054—2015第5.2.2条，要求压力损失1000Pa以下时，除尘效率在80%以上，故选项B错误。根据《回转反吹类袋式除尘器》JB/T 8533—2010第4.2.1条表1，选项C正确。根据《复习教材》第2.5.4节"5. 静电除尘器的主要特点"，粒径1～2μm的尘粒，效率可达98%～99%，故选项D正确。	

2.5.5 除尘器能效限定值及能效等级

本小节近十年无相关考题。

2.6 有害气体净化

2.6.1 有害气体分类

本小节近十年无相关考题。

2.6.2 起始浓度或散发量

高频考点、公式及例题	考题统计
式（2.6-1）【有害气体体积浓度与质量浓度换算】 $$Y=\frac{C\cdot M}{22.4}$$ 其中，Y——污染气体的质量浓度，mg/m³；M——污染气体的摩尔质量，即分子量；C——污染气体的体积浓度，ppm=mL/m³。 **【2017-4-08】** 按照现行国家标准《冷库设计标准》GB 50072的规定，氨制冷机房空气中氨气瓶浓度报警的上限为150ppm，若将其与现行国家标准《国家职业卫生标准》GBZ 2.1规定的短时间接触允许浓度相比较，前者与后者的浓度数值之比最接近下列何项？（氨气分子量17，按标准状况条件计算） A. 0.26　　B. 1.00　　C. 2.53　　D. 3.79	2021-4-10（式2.6-1）、2017-3-6（式2.6-1）、2017-4-8（式2.6-1）、2016-4-11（式2.6-1）、2014-4-10（式2.6-1）、2012-3-11（式2.6-1）2011-4-11（式2.6-1） 分值12/ 比例0.40%

高频考点、公式及例题	考题统计
参考答案：D **主要解题过程：** 由题意，根据《复习教材》式（2.6-1），氨制冷机房允许浓度为： $$y_1=\frac{CM}{22.4}=\frac{150\times 17}{22.4}=113.84\ \text{mg/m}^3$$ 由《工作场所有害因素职业接触限值 第 1 部分：化学有害因素》GBZ 2.1—2019 表 1 查得氨短时间接触浓度 PC-STEL 为 30mg/m^3，则有： $$\frac{y_1}{\text{PC}-\text{STEL}}=\frac{113.84}{30}=3.79$$	

2.6.3 有害气体的净化处理方法

本小节近十年无相关考题。

2.6.4 吸附法

高频考点、公式及例题	考题统计
《工规》第 7.3.5 条【活性炭吸附持续工作时间】 $$T=10^6\times S\times W\times E/(\eta\times L\times y_1)$$ 【2020-2-52】某工业设备的通风排气中含有一定量的有害气体，关于净化方法的论述，下列哪几项是正确的？ A. 如为小风量、低温低浓度的有机废气，可采用活性炭吸附法 B. 若采用洗涤吸收设备进行排气处理，应尽量选用蒸气压高的吸收剂 C. 若有害气体浓度较低，可采用吸附法净化，吸附装置宜按最大废气排放量的 110%进行设计 D. 若采用吸附法净化，空气湿度增大，会使吸附的负荷降低 **参考答案：AD** **分析：**根据《复习教材》第 2.6.4 节可知，活性炭适合有机溶剂蒸汽吸附，特别温度升高时吸附量下降，低温时反而吸附量较大，因此选项 A 正确；根据第 2.6.5 节“3. 吸收剂”第 2）款可知，蒸气压应尽量低，选项 B 错误；根据图 2.6-1 下方关于固定床活性炭吸附装置的计算顺序第 2）步可知，处理风量取最大处理废气量的 120%，选项 C 错误；根据第 2.6.4 节第 1 条可知，选项 D 正确。	2021-1-13、2021-1-48、2020-2-52、2019-1-52、2019-2-47、2017-1-53、2016-1-17、2016-2-16、2016-4-11(第 7.3.5 条)、2014-1-18、2014-2-53、2013-2-17、2012-2-19、2012-3-11(第 7.3.5 条)、2011-1-19、2011-4-11（第 7.3.5 条） 分值 25/ 比例 0.83%

2.6.5　液体吸收法

高频考点、公式及例题	考题统计
式（2.6-7）、式（2.6-8）【吸收剂用量】 $$L=(1.2\sim 2.0)L_{min}$$ 最小气液比： $$\frac{L_{min}}{V}=\frac{Y_1-Y_2}{Y_1/m-X_2}$$ **【2012-2-54】**用液体吸收法净化小于1μm的烟尘时，经技术经济比较后下列哪些吸收装置不宜采用？ A. 文丘管洗涤器 B. 填料塔（逆流） C. 填料塔（顺流） D. 旋风洗涤器 **参考答案：**BCD **分析：**根据《复习教材》表2.6-9可知，对于<1μm烟尘，只适合采用文氏管洗涤塔和喷射洗涤器。	2012-2-54 分值2/ 比例0.07%

2.6.6　其他净化方法

本小节近十年无相关考题。

2.7　通风管道系统

2.7.1　通风管道的材料与形式

高频考点、公式及例题	考题统计
涉及知识点：常用材料、风管形状和规格、风管的保温。 **【2020-1-62】**高大洁净厂房大型空调净化系统的风管，可选择下列哪些材料制作的风管？ A. 镀锌钢板风管 B. 不锈钢板风管 C. 酚醛泡沫复合保温风管 D. 玻纤复合内保温风管 **参考答案：**AB **分析：**根据《洁净厂房设计规范》GB 50073—2013第6.6.6条及其条文说明，风管应选用不燃材料，选项AB正确，选项CD错误，选项CD均为B1级难燃。	2020-1-13、2020-1-62、2016-1-48、2014-1-49、2014-2-11、2013-2-47、2012-1-49、2012-1-51 分值14/ 比例0.47%

2.7.2　风管内的压力损失

<table>
<tr><th>高频考点、公式及例题</th><th>考题统计</th></tr>
<tr><td>

式（2.7-3）～式（2.7-6）【风管比摩阻的修正】

（1）密度与黏度修正

$$R_m = R_{m0}\left(\frac{\rho}{\rho_0}\right)^{0.91}\left(\frac{\nu}{\nu_0}\right)^{0.1}$$

（2）空气温度和大气压力修正

$$R_m = K_t K_B R_{m0}$$

$$K_t = \left(\frac{273+20}{273+t}\right)^{0.825}$$

$$K_B = \left(\frac{B}{101.3}\right)^{0.9}$$

（3）管道粗糙度修正

$$R_m = K_r R_{m0}$$

$$R_m = (K\text{v})^{0.25}$$

</td><td>2016-4-16（扩展公式）、2014-3-6（式 2.7-7、式 2.7-4、式 2.7-5）</td></tr>
<tr><td>

式（2.7-7）、式（2.7-8）【风管当量直径】

（1）速当量直径（水力直径）

$$D_v = \frac{2ab}{a+b}$$

（2）流量当量直径

$$D_L = 1.3\frac{(ab)^{0.625}}{(a+b)^{0.25}}$$

扩展公式：

面积当量直径：$D_m = 1.13\sqrt{a\times b}$

【2014-3-06】 某送风管（镀锌薄钢板制作，管道壁面粗糙度 0.15mm）长 30m，断面尺寸为 800mm×313mm；当管内空气流速 16m/s、温度 50℃时，该段风管的长度摩擦阻力损失是多少（Pa）？（注：大气压力 101.3kPa；忽略空气密度和黏性变化的影响）

A. 80～100　　B. 120～140

C. 155～170　　D. 175～195

参考答案： C

主要解题过程：

根据《复习教材》式（2.7-7）计算流速当量直径：

$$D_v = \frac{2ab}{a+b} = \frac{2\times 0.8\times 0.313}{0.8+0.313} = 0.450\text{m} = 450\text{mm}$$

由速度当量直径 450mm 及空气流速 16m/s，查《复习教材》P250 图 2.7-1 得单位长度摩擦阻力损失为 6Pa/m。

由题意，需要修正温度变化，由《复习教材》式（2.7-5）得温度修正系数为：

</td><td>分值 4/比例 0.13%</td></tr>
</table>

高频考点、公式及例题	考题统计
$$K_t = \left(\frac{273+20}{273+50}\right)^{0.825} = 0.923$$ 由式（2.7-4）得修正后的比摩阻为： $$R_m = K_t K_B R_{m0} = 0.923 \times 1 \times 6 = 5.238\text{Pa/m}$$ 风管长度摩擦阻力损失为： $$\Delta P = R_m l = 5.238 \times 30 = 166.1\text{Pa}$$	

2.7.3 通风管道系统的设计计算

高频考点、公式及例题	考题统计
【2019-1-14】下列关于通风系统镀锌钢板风管内的设计风速，哪一项做法是错误的？ A. 一般公共建筑的排风系统的干管，8m/s B. 地下汽车库排风系统的干管，10m/s C. 工业建筑非除尘系统的干管，15m/s D. 室内允许噪声级 35～50dB（A）的通风系统主管，7m/s **参考答案**：C **分析**：本题需要综合对比《民规》第 6.6.3 条、第 10.1.5 条以及《工规》第 6.7.6 条。其中选项 B 由《民规》第 6.6.3 条条文说明可知，地库排风干管风速最大可达 10m/s。因此，经对比可知选项 C 错误。	2021-3-25、 2019-1-14、 2019-2-51、 2017-2-15、 2016-1-50、 2016-2-50、 2011-2-12、 2011-2-54
【2021-3-25】某热处理车间的正火热处理炉，燃烧介质为天然气，其钢制排烟道有关安装数据见下图（尺寸单位为 mm），已知设计烟气流速为 15m/s，单位长度管道摩擦阻力为 5Pa/m，90°弯头局部阻力为 52Pa/个，伞形风帽阻力为 45Pa，其余局部阻力忽略不计，要求排烟气的风机提供全部的烟道阻力。问：该风机的选型抽力（Pa）最接近下列何项？ A. 235　　B. 270　　C. 325　　D. 375	分值 12/ 比例 0.40%

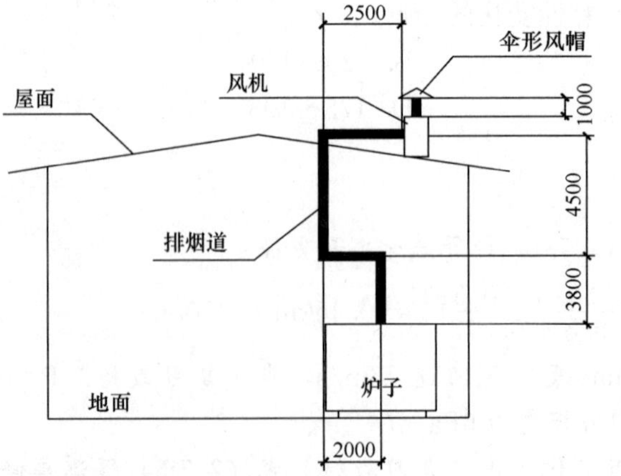

高频考点、公式及例题	考题统计
参考答案：C **主要解题过程**： 直管道长度： 3.8m＋2.0m＋4.5m＋2.5m＋1m＝13.8m 管道总阻力损失： 5Pa/m×13.8m＋52Pa×3＋45Pa＝270Pa 根据《城镇燃气设计规范》GB 50028—2006（2020 版）第 10.7.8-3 条：工业企业生产用气工业炉窑的烟道抽力，不应小于烟气系统总阻力的 1.2 倍，风机附加系数：270Pa×1.2＝324Pa	

2.7.4 通风除尘系统风管压力损失的估算

高频考点、公式及例题	考题统计
【2019-1-53】 以下对通风、除尘与空调风系统各环路的水力平衡参数的规定，哪几项是符合相关规范要求的？ A. 某民用建筑空调送风系统，各并联环路压力损失的相对差额为 10％ B. 某民用建筑一般通风系统，各并联环路压力损失的相对差额为 15％ C. 某工业建筑空调通风系统，各并联环路压力损失的相对差额为 10％ D. 某工业建筑除尘系统，各并联环路压力损失的相对差额为 15％ **参考答案**：ABC **分析**：根据《民规》第 6.6.6 条，风系统各环路压力损失差额不宜超过 15％，选项 AB 正确；根据《工规》第 6.7.5 条，非除尘系统风系统各环路压力损失差额不宜超过 15％，除尘系统不宜超过 10％，选项 C 正确，选项 D 错误。	2019-1-53、2014-1-14 分值 3/ 比例 0.10％

2.7.5 通风管道的布置和部件

高频考点、公式及例题	考题统计
【2018-1-53】 对某建筑物通风空调系统进行施工验收，下列哪几项做法是错误的？ A. 地下车库中有一根 *DN*20 水管从尺寸为 1600×400 的排烟风管中穿过 B. 一层酒精间与开水间共用排风系统 C. 吊顶内一风管表面温度 50℃，未采取防烫伤措施	2021-2-13、2020-1-53、2018-1-13、2018-1-52、2018-1-53、2017-1-17、2017-1-18、2017-2-53、2016-1-10、2016-1-48、2016-2-10、2016-2-48、

高频考点、公式及例题	考题统计
D. 屋面排风管一拉锁与避雷针连接 **参考答案：**ABD **分析：**根据《通风与空调工程施工质量验收规范》GB 50243—2016第6.2.3条可知，选项AD错误，风管内严禁其他管线穿越，室外风管系统的拉索等金属固定件严禁与避雷针或避雷网连接；酒精化学名称为乙醇，属于甲类物质，根据《民规》第6.1.6.5条，建筑物内设有储存易燃易爆物质的单独房间或有防火防爆要求的单独房间应单独设置排风，故选项B错误；根据《建规2014》第9.3.10条，输送空气温度超过80℃时应采取保温隔热，故选项C的做法可行。	2014-1-12、2014-1-48、2014-2-14、2014-2-17、2014-2-48、2014-2-51、2013-1-11、2013-1-13、2013-1-54、2013-2-48、2013-4-7、2011-1-11、2011-1-52、2011-2-11、2021-2-16、2011-2-54 分值42/ 比例1.40%

2.7.6　均匀送风管道设计计算

<table>
<tr><th>高频考点、公式及例题</th><th>考题统计</th></tr>
<tr><td rowspan="2">

式(2.7-10)～式(2.7-16)【均匀送风设计计算】

(1) 主干风管尺寸的确定

$$D=\sqrt{\frac{4L}{\pi v_d}}$$

$$v_d=\sqrt{\frac{2p_d}{\rho}}$$

(2) 送风口的尺寸

$$d=\sqrt{\frac{4L_0}{\pi v_j}}$$

$$v_j=\sqrt{\frac{2p_j}{\rho}}$$

$$L_0=3600\mu\cdot f\cdot v=3600\mu\cdot f_0\cdot\sqrt{\frac{2p_j}{\rho}}$$

(3) 送风口部各种速度的关系

$$v=\frac{v_j}{\sin\alpha}$$

$$v_0=\frac{L_0}{3600f_0}=\mu\cdot v_j$$

$$f=f_0\sin\alpha=\frac{f_0v_j}{v}$$

(4) 实现均匀送风的基本条件

$$p_{d1}=p_{d2}+(Rl+Z)_{1-2}$$

$$\alpha\geqslant 60°$$

</td><td>2019-1-49、2017-3-7（式2.7-10）、2014-3-7（式2.7-12、式2.7-15）、2014-3-8（式2.7-13）、2012-1-15</td></tr>
<tr><td>分值9/
比例0.30%</td></tr>
</table>

高频考点、公式及例题	考题统计
$$\frac{v_j}{v_d}=\sqrt{\frac{p_j}{p_d}}\geqslant 1.73$$ **【2014-3-07】** 某均匀送风管采用保持孔口前静压相同原理实现均匀送风（如下图所示），有 4 个间距为 2.5m 的送风孔口（每个孔口送风量为 $1000m^3/h$）。已知，每个孔口的平均流速为 5m/s，孔口的流量系数均为 0.6，断面 1 处风管的空气平均流速为 4.5m/s。该段风管断面 1 处的全压应是以下何项，并计算说明是否保证出流角 $\alpha\geqslant 60°$？（注：大气压力 101.3kPa、空气密度取 $1.20kg/m^3$） 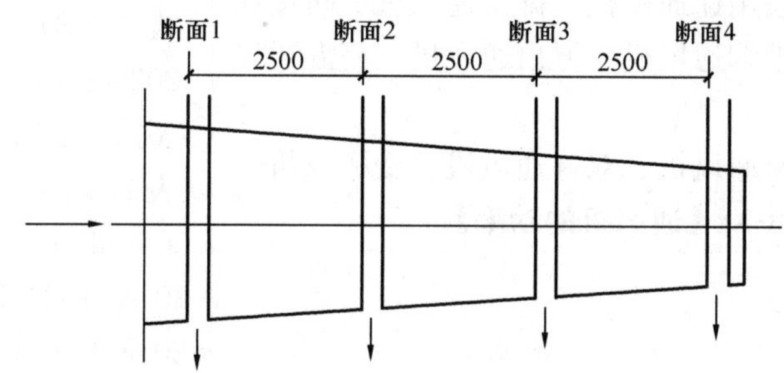 A. 10～15Pa，不满足保证出流角的条件 B. 16～30Pa，不满足保证出流角的条件 C. 31～45Pa，满足保证出流角的条件 D. 46～60Pa，满足保证出流角的条件 **参考答案：** D **主要解题过程：** 本题计算断面 1 的全压及出流角，根据《复习教材》式（2.7-12），需要计算孔口静压流速和动压流速。根据式（2.7-15）计算孔口静压流速：$$v_j=v_0/\mu=5/0.6=8.33m/s$$ 由式（2.7-10）计算风管断面 1 处静压：$$P_j=\frac{1}{2}\rho v_j^2=\frac{1}{2}\times 1.2\times 8.33^2=41.63Pa$$ 由式（2.7-11）计算风管断面 1 处动压：$$P_d=\frac{1}{2}\rho v_d{}^2=\frac{1}{2}\times 1.2\times 4.5^2=12.15Pa$$ 风管断面 1 处全压为：$$P_q=P_d+P_j=12.12+41.63=53.75Pa$$ 由式（2.7-12）计算孔口初六与风管轴线间夹角 α：$$tg\alpha=\frac{v_j}{v_d}=\frac{8.33}{4.4}=1.85$$ 求得出流角 $\alpha=61.61°>60°$，满足出流角条件。	

2.8　通　风　机

2.8.1　通风机的分类、性能参数与命名

<table>
<tr><th>高频考点、公式及例题</th><th>考题统计</th></tr>
<tr><td rowspan="2">

涉及知识点：

（1）按作用原理分类：离心式通风机、轴流式通风机、贯流式通风机。

（2）按用途分类：一般用途通风机、排尘通风机、防爆通风机、防腐通风机、消防排烟通风机、屋顶通风机、高温通风机、诱导风机。

（3）按转速分类：单速通风机、双速通风机、变频风机。

式（2.8-1）～式（2.8-3）【通风机的功率】

有效功率 $N_y=\frac{Lp}{3600}$

全压效率 $\eta=\frac{N_y}{N_z}$

配用电机功率 $N=\frac{Lp}{\eta\cdot 3600\cdot\eta_m}\cdot K$

扩展公式：风机轴功率 $N_z=\frac{Lp}{\eta\cdot 3600\cdot\eta_m}$

其中，N_z——通风机轴功率（输入功率），W；η_m——通风机机械效率；K——电机容量安全系数。

表 2.8-5【通风机性能变化关系式】

$$\frac{L_2}{L_1}=\frac{n_2}{n_1}\left(\frac{D_2}{D_1}\right)^3$$

$$\frac{P_2}{P_1}=\frac{\rho_2}{\rho_1}\left(\frac{n_2}{n_1}\right)^2\left(\frac{D_2}{D_1}\right)^3$$

$$\frac{N_2}{N_1}=\frac{\rho_2}{\rho_1}\left(\frac{n_2}{n_1}\right)^3\left(\frac{D_2}{D_1}\right)^5$$

【2021-1-10】下列的哪一个选项不是按通风机用途进行分类的？

A. 排尘通风机　　B. 防爆通风机

C. 消防排烟通风机　　D. 贯流式通风机

参考答案：D

分析：根据《复习教材》第 2.8.1 节“1. 通风机的分类”可知，贯流式通风机为按通风机作用原理分类。

</td><td>2021-1-10、2021-1-52、2021-2-10、2021-4-7（表 2.8-5）、2021-4-9（式 2.8-3）、2020-1-15、2020-1-18、2020-3-11（式 2.8-1）、2020-3-16（表 2.8-5）、2019-2-15、2019-2-16、2018-2-51、2018-2-52、2018-2-53、2018-4-10（表 2.8-5）、2017-1-58（表 2.8-5）、2017-3-18（扩展公式）、2016-3-6（式 2.8-1、式 2.8-2）、2016-3-7（扩展公式）、2016-3-10（表 2.8-5）、2016-3-17（表 2.8-5）、2016-4-7（扩展公式）、2014-2-18、2014-4-7（扩展公式）、2012-1-19、2012-2-12、2012-2-22、2012-3-12（表 2.8-5）、2012-3-20（表 2.8-5）、2012-4-11（式 2.8-3）、2011-1-23</td></tr>
<tr><td>分值 50/
比例 1.67%</td></tr>
</table>

2.8.2　通风机的选择及其与风管系统的连接

高频考点、公式及例题	考题统计

式（2.8-4）、式（2.8-5）【非标定工况下风机性能的修正】

$$L = L_N ; P = P_N \cdot \frac{\rho}{1.2}$$

$$\rho = 1.293 \times \frac{273}{273 + t} \times \frac{B}{101.3}$$

当为标准大气压时，可简化为：

$$\rho = \frac{353}{273 + t}$$

【2019-1-50】在通风机性能可确保的条件下，关于通风机选择计算，以下哪几项是正确的？

A. 在高原地区选择风机时，应对风机的体积流量和风压进行相对于标准工况的修正

B. 在高原地区选择风机时，应对其轴功率进行相对于标准工况的修正

C. 车间全面排风系统的风机与其吸入侧的排风管道均设于车间内；当风机出口侧的排风管道设置于车间外时，风机风量应为：需求的车间全面排风量与风管漏风量之和

D. 室内游泳馆的排风系统采用变频风机，其额定风压应为设计工况时计算的排风系统总压力损失

参考答案：BD

分析：本题为风机参数的确定，选项 AB 均为高原地区的选择，此时大气压低于标准状态，根据《复习教材》第 2.8.2 节第 1 条，当使用工况与样本工况不一致时，风量不变，风压按密度修正，因此选项 A 错误；功率需要进行验算，因此选项 B 正确；根据《工规》第 6.7.4 条条文说明可知，风管设置在车间内时，不必考虑漏风影响，选项 C 错误；根据《复习教材》第 2.8.2 节第 1 条，风压按计算总压力损失作为额定风压，因此选项 D 正确。

【2018-4-7】在严寒地区某厂房通风设计时，新风补风系统的加热器设置在风机出口，已知当地冬季室外通风计算温度为−25℃，冬季室外大气压力为 943hPa。新风补风系统选用风机的样本上标出标准状态下的流量为 30000m^3/h、全压 1000Pa、全压效率为 75%，标准工况的大气压力、温度和空气密度分别按 1013hPa、20℃和 1.2kg/m^3 计算，忽略空气温度对风机效率的影响，问：该风机冬季通风设计工况下的功率与标准工况下功率的比值，最接近下列哪项？

A. 0.79　　B. 1.00　　C. 1.10　　D. 1.27

参考答案：C

考题统计：

2021-1-50、2021-3-11（式 2.8-5）、2021-4-11（式 2.8-4、式 2.8-5）、2019-1-50、2019-3-9（式 2.8-5）、2018-2-15、2018-2-16、2018-2-17、2018-4-7（式 2.8-4、式 2.8-5）、2017-2-17、2017-3-12（式 2.8-5）、2016-2-53、2014-2-18、2013-1-12、2013-3-11（式 2.8-4、式 2.8-5）、2013-3-14（式 2.8-5）、2011-1-52

分值 25/比例 0.83%

高频考点、公式及例题	考题统计
主要解题过程： 根据《复习教材》第2.8.2节可知，工况改变后风量不变，风压按空气密度的变化修正。 由式（2.8-5）计算冬季设计工况密度： $$\rho = 1.293 \times \frac{273}{273-25} \times \frac{94.3}{101.3} = 1.325\text{kg/m}^3$$ $$\frac{N}{N_B} = \frac{\frac{LP}{3600\eta}}{\frac{L_B P_B}{3600\eta}} = \frac{P}{P_B} = \frac{\rho}{1.2} = \frac{1.325}{1.2} = 1.10$$	

2.8.3　通风机在通风系统中的工作

高频考点、公式及例题	考题统计
式（2.8-7）【管网流量压损关系式】 $$P = SQ^2$$ **【2013-3-06】**某厂房内一排风系统设置变频调速风机，当风机低速运行时，测得系统风量 $Q_1 = 30000\text{m}^3/\text{h}$，系统的压力损失 $\Delta P_1 = 300\text{Pa}$；当将风机转速提高，系统风量增大到 $Q_2 = 60000\text{m}^3/\text{h}$ 时，系统的压力损失 ΔP_2 将为下列何项？ A. 600Pa　B. 900Pa　C. 1200Pa　D. 2400Pa **参考答案：**C **主要解题过程：** 由题意，风机变转速后系统阻力发生变化，在这一过程中，风管阻抗不变。 由 $\Delta P = SQ^2$ 得： $$\Delta P_2 = \Delta P_1 \left(\frac{Q_2}{Q_1}\right)^2 = 300 \times \left(\frac{60000}{30000}\right)^2 = 1200\text{Pa}$$	2020-3-11（式2.8-7）、2020-3-16（式2.8-7）、2019-3-18（式2.8-7）、2016-3-6（式2.8-7）、2016-3-10（式2.8-7）、2014-1-14、2014-4-11（式2.8-7）、2013-3-6 分值15/比例0.50%

2.8.4　通风机的联合工作

高频考点、公式及例题	考题统计
涉及知识点：风机并联工作、风机串联工作。 **【2017-1-16】**下列关于通风机的描述，哪一项是错误的？ A. 通风机运行时，越远离最高效率点，噪声越小	2017-1-16 分值1/比例0.03%

高频考点、公式及例题	考题统计
B. 多台风机串联运行时，应选择相同流量的通风机 C. 排烟用风机必须用不燃材料制作 D. 多台通风机并联运行时，应采取防止气体短路回流的措施 **参考答案**：A **分析**：由《工规》第 6.8.2-3 条条文说明可知，选项 A 错误，“越远离最高效率点，噪声越大”；由第 6.8.3-2 条可知，选项 B 正确；由《复习教材》第 2.10.9 节第 1 条可知，选项 C 正确；选项 D 参照《09 技术措施》第 4.6.4 条，正确。	

2.8.5　通风机的运行调节

高频考点、公式及例题	考题统计
涉及知识点： （1）改变管网特性曲线的调节方法：调节系统阀门。 （2）改变通风机特性曲线的调节方法： 1）改变通风机转速：变频调速和变极调速； 2）改变通风机进口导流叶片角度。	2021-1-17、 2020-2-53、 2016-1-49
【2020-2-53】下列关于通风机运行调节方法的表述，哪几项是正确的？ A. 改变风机出口管道上的阀门开度，可改变通风机的性能曲线 B. 仅改变通风机转速时，通风机的效率基本不变 C. 改变通风机进口导流叶片角度比改变通风机转速节能效果差 D. 变极调速是通过改变电源的频率和电压调节电动机转速 **参考答案**：BC **分析**：改变风机出口上的阀门开度仅改变了管网的总阻抗，对通风机本身没有影响，选项 A 错误；根据《复习教材》表 2.8-6 可知，选项 B 正确；根据第 2.8.5 节“2. 改变通风机特性曲线的调节方法”第（2）条内容可知，选项 C 正确；根据“2. 改变通风机特性曲线的调节方法”第（1）条内容可知，变极调速是利用双速电动机，通过接触器转换变极得到两档转速，选项 D 的调速方法为变频调节，错误。	分值 5/ 比例 0.17%

2.8.6　风机的能效限定值及节能评价值

高频考点、公式及例题	考题统计
涉及知识点：《通风机能效限定值及能效等级》GB/T 19761—2020：通风机的能效等级分为 3 级，其中 1 级能效最高，3 级能效最低。	2021-1-50、 2019-2-17
【2019-2-17】下列有关通风机能效等级的描述，哪一项是正确的？ A. 离心式通风机能效等级分级时，1 级能效最低，3 级能效最高 B. 轴流式通风机能效等级分级时，1 级能效最低，3 级能效最高	分值 3/ 比例 0.10%

高频考点、公式及例题	考题统计
C. 离心式通风机进口有进气箱时，其各等级效率比其最高效率下降4% D. 轴流式通风机进口有进气箱时，其各等级效率比其最高效率下降4% **参考答案：**C **分析：**根据《通风机能效限定值及能效等级》GB/T 19761—2020 第4条可知，1级能效最高，因此选项AB均错误。根据第4条a)-5）可知，离心风机进口有进气箱时，效率下降4%，选项C正确。根据第4(6)-3）条可知，选项D错误，下降3%。	

2.9 通风管道风压、风速、风量测定

2.9.1 测定位置和测定点

高频考点、公式及例题	考题统计
【2012-1-12】通风系统运行状况下，采用毕托管在一风管的某断面测量气流动压，下列测试状况表明该断面适宜作为测试断面？ A. 动压值为0 B. 动压值为负值 C. 毕托管与风管外壁垂线的夹角为10°，动压值最大 D. 毕托管底部与风管中心线的夹角为16°，动压值最大	2012-1-12
参考答案：C **分析：**由《复习教材》图2.9-1左侧文字，"气流方向偏出风管中心线15°以上，该截面也不宜作测量截面"，"使动压值最大"，"毕托管与风管外壁垂线的夹角即为气流方向与风管中心线的偏离角"。选项AB均错误，动压值不可为0或负值。选项D错误，偏离角过大。	分值1/ 比例0.03%

2.9.2 风道内压力的测定

高频考点、公式及例题	考题统计
【2018-2-58】下列关于空调风管试验压力的取值，哪几项不正确？ A. 风管工作压力为400Pa时，其试验压力为480Pa B. 风管工作压力为600Pa时，其试验压力为720Pa	2018-2-58
C. 风管工作压力为800Pa时，其试验压力为960Pa D. 风管工作压力为1000Pa时，其试验压力为1500Pa **参考答案：**AB **分析：**风管压力≤500Pa为低压，500Pa<风管压力≤1500Pa为中压，风	分值2/ 比例0.07%

高频考点、公式及例题	考题统计
管压力＞1500Pa 为高压，根据《通风与空调工程施工质量验收规范》GB 50243—2016 第 C.1.2 条，低压风管试验压力不应低于 1.5 倍，即 600Pa，选项 A 错误；中压风管不应低于 1.2 倍且不低于 750Pa，选项 B 错误，选项 CD 正确。	

2.9.3　管道内风速的测定

高频考点、公式及例题	考题统计
【2020-1-49】下列关于测定风管内风量和风口风量的规定，哪些项是正确的？ A. 风管内风量的测定宜用热风速仪直接测量风管断面平均风速，然后求取风量 B. 散流器风口风量宜采用风量罩法测量 C. 格栅风口风量宜采用风口风速法测量 D. 条缝式风口风量宜采用风口风速法测量 **参考答案**：ABC **分析**：根据《通风与空调工程施工质量验收规范》GB 50243—2016 第 E.1.1 条可知，选项 A 正确；根据 E.2.1-1 条可知，选项 B 正确；根据 E.2.1-2 条可知，选项 C 正确；根据 E.2.1-3 条可知，选项 D 错误，宜采用辅助风管法测量。	2020-1-49 分值 2/ 比例 0.07%

2.9.4　风道内流量的计算

高频考点、公式及例题	考题统计
【2018-1-51】在下列图所示的通风系统及管道尺寸条件下，直管段上风量测定断面的选取，哪几个图是错误的？（注：下列图中，各项标示的距离以及风管尺寸的单位均为 mm） 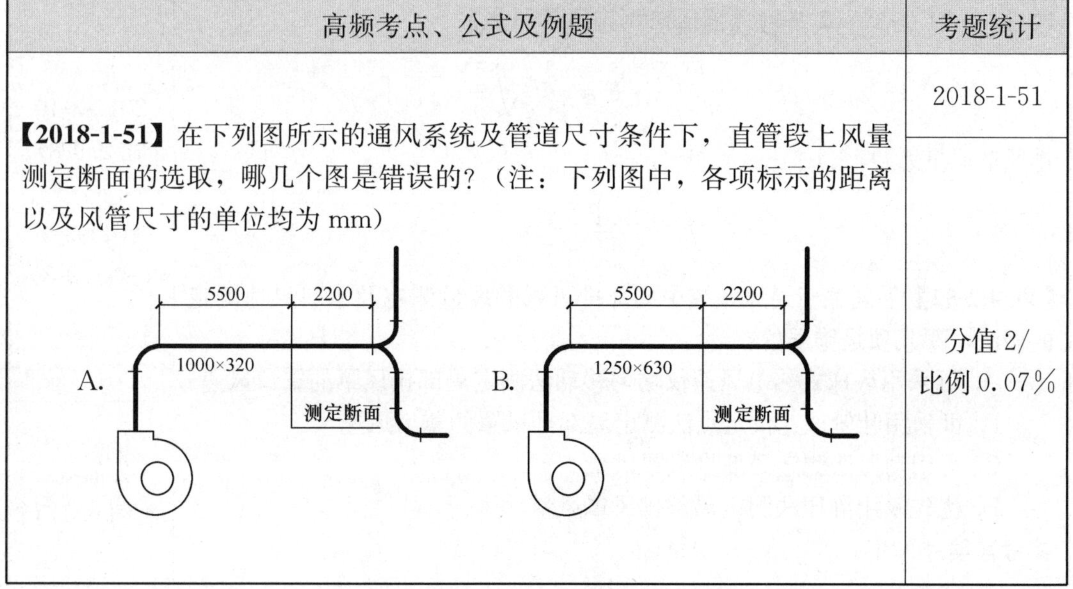 	2018-1-51 分值 2/ 比例 0.07%

高频考点、公式及例题	考题统计

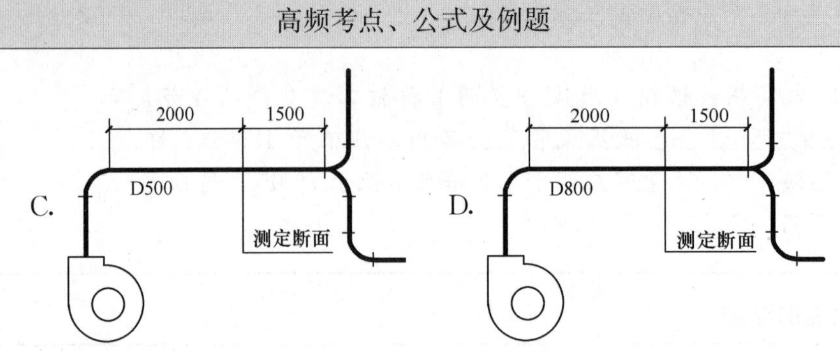

参考答案：BCD

分析：根据《复习教材》图2.9.1可知，测定位置要大于等于局部阻力之后5倍矩形风管长边/圆风管直径尺寸，大于等于局部阻力之前2倍矩形风管长边/圆风管直径尺寸。

风管	矩形风管长边或圆形风管直径	局部阻力后5倍	局部阻力前2倍
A矩形风管	1000mm	5000mm	2000mm
B矩形风管	1250mm	6250mm	2500mm
C圆形风管	500mm	2500mm	1000mm
D圆形风管	800mm	4000mm	1600mm

根据上表核算情况可知，仅选项A满足要求，选项BCD均不满足要求。

2.9.5　局部排风罩口风速风量的测定

高频考点、公式及例题	考题统计

式（2.9-7）～式（2.9-9）【静压法测排风罩风量】

$$L = v_1 F = \sqrt{\frac{2p'_{\mathrm{d}}}{\rho}} \cdot F = \mu F \sqrt{\frac{2}{\rho}} \sqrt{|p'_{\mathrm{j}}|}$$

排风罩流量系数

$$\mu = \frac{1}{\sqrt{1+\zeta}}$$

2017-3-10（式2.9-8）、2014-2-52、2011-3-9（式2.9-8）

【2014-2-52】下列关于通风系统中局部排风罩的风量测定及罩口风速测定的做法，哪几项是错误的？

A. 可采用热球式热电风速仪均匀移动法测定局部排风罩的罩口风速

B. 可采用叶轮风速仪定点法测定局部排风罩的罩口风速

C. 可用动压法测定局部排风罩风量

D. 优先采用静压法测定局部排风罩风量

参考答案：ABD

分值5/比例0.17%

高频考点、公式及例题	考题统计
分析：根据《复习教材》第 2.9.5 节有关均匀移动法和定点测定法的说明，热球式热电风速仪适合采用定点测定法，叶轮风速仪适合采用均匀移动法，故选项 AB 错误。排风罩可采用动压法或静压法测定风量，故选项 C 正确。"用动压法测流量由一定困难"时，采用静压法，故选项 D 错误。	

【2017-3-10】 一排风系统共有外形相同的两个排风罩（如下图所示），排风罩的支管（管径均为 200mm）通过合流三通连接排风总管（管径 300mm）。在 2 个排风支管上（设置位置如下图所示）测得管内静压分别为－169Pa、－144Pa。设排风罩的阻力系数均为 1.0，则该系统的总排风量（m^3/h）最接近下列何项？（空气密度按 1.2kg/m^3计）

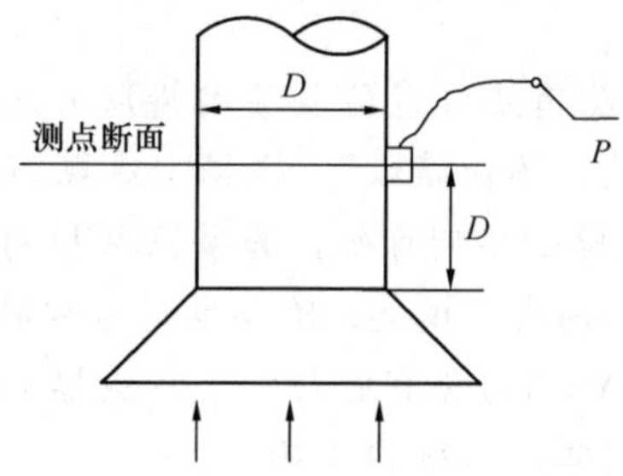

A. 2480　　B. 2580　　C. 3080　　D. 3340

参考答案：B

主要解题过程：

根据《复习教材》式（2.9-8），排风罩排风量分别为：

$$L_1=\frac{1}{\sqrt{1+\xi}}\cdot F\cdot\sqrt{\frac{2|P_1|}{\rho}}$$

$$=\frac{1}{\sqrt{1+1}}\times\left(\frac{\pi}{4}\times 0.2^2\right)\times\sqrt{\frac{2\times|-169|}{1.2}}$$

$$=0.373m^3/s=1341m^3/h$$

$$L_2=\frac{1}{\sqrt{1+\xi}}\cdot F\cdot\sqrt{\frac{2|P_2|}{\rho}}$$

$$=\frac{1}{\sqrt{1+1}}\times\left(\frac{\pi}{4}\times 0.2^2\right)\times\sqrt{\frac{2\times|-144|}{1.2}}$$

$$=0.344m^3/s=1238m^3/h$$

总排风量为：

$$L=L_1+L_2=1341+1238=2579m^3/h$$

2.10　建筑防排烟

2.10.1　基本知识

高频考点、公式及例题	考题统计
【2017-1-18】以下除尘系统的设计方案，哪一项是符合要求的？ A. 木工厂房中加工设备的除尘系统除尘器前排风管路于可清扫的地沟内敷设 B. 面粉厂房中碾磨设备的除尘系统除尘器前排风管道在地面下埋设 C. 卷烟厂房中制丝设备的除尘系统除尘器前排风管道在地面下埋设 D. 石棉加工车间的除尘系统除尘器前排风管道在地面下埋设 **参考答案**：D **分析**：由《工规》第6.9.21条“排除有爆炸危险物质的排风管应采用金属管道，并应直接通到室外的安全处，不应暗设”。根据《建规2014》第3.1.1条条文说明表1生产的火灾危险性举例可知，选项ABCD对应厂房火灾危险性等级分别为丙类、乙类、丙类、戊类；除戊类厂房常温下使用和加工不燃烧物质的生产外，选项ABC均含有能与空气形成爆炸性混合物的浮游状态的粉尘、纤维或可燃固体，选项D正确。	2019-2-53、 2017-1-18、 2016-2-15、 2014-2-13、 2014-2-49、 2013-1-10、 2013-2-13、 2012-1-10、 2012-1-50、 2011-1-7 分值13/ 比例0.43%

2.10.2　防火分区

本小节近十年无相关考题。

2.10.3　防烟分区

高频考点、公式及例题	考题统计
【2020-2-51】下列防烟分区做法，哪几项不正确？ A. 长40m、宽25m、净高5m的大宴会厅作为一个防烟分区 B. 采用开孔吊顶的房间设置防烟分区，挡烟垂壁上缘与吊顶板平齐 C. 长100m、宽40m、净高10m的展览厅不设置挡烟垂壁 D. 步行街除最上层外的上部各层楼板洞口周边设置挡烟垂壁 **参考答案**：ABD **分析**：根据《防排烟规》第4.2.4条可知，长边最大允许长度为36m，因此选项A需要划分至少2个防烟分区，错误；根据第4.2.3条条文说明图4可知，挡烟垂壁上缘需要自梁或上方楼板开始制作，不可仅做到吊顶，选项B错误；根据表4.2.4注2可知，选项C正确；根据《建规2014》第5.3.6条可知，步行街与中庭不同，需要防止火灾在步行街内沿水平方向蔓延，需要每层楼板开口面积不小于地面面积37%，顶部设不小于地面面积25%的自然排烟口，需要利用开口面积将步行街的烟气排出，若设置了挡烟垂壁，则破坏了步行街的排烟效果，导致烟气在步行街内聚集，选项D错误。	2021-2-18、 2020-2-51、 2019-2-49 分值5/ 比例0.17%

2.10.4　防烟、排烟设施

高频考点、公式及例题	考题统计
【2019-1-11】某办公楼的建筑高度为54m，请问其下列哪个部位可以不设置防排烟设施？ A. 具有不同朝向可开启外窗，且其可开启面积满足自然排烟要求的前室或合用前室的楼梯间 B. 办公建筑中高度不大于12m的中庭 C. 位于一层，建筑面积为90m²的学术报告厅 D. 地下室中3个建筑面积均为60m²的文件资料档案存放室 **参考答案**：C **分析**：根据《防排烟规》第3.1.2条可知，建筑高度大于50m的公共建筑应采用机械加压送风防烟设施，因此选项A采用自然通风防烟方式错误；根据《建规2014》第8.5.3条第2款可知，选项B中庭均应设置排烟设施；根据《建规2014》第8.5.3条第3款可知，建筑面积大于100m²且经常有人停留的地上房间需要排烟，因此选项C可不设排烟设施；根据《建规2014》第8.5.4条可知，选项D单个房间建筑面积超过50m²，应设排烟设施。但是，本题选项C不严谨，若为无窗房间，需要执行第8.5.4条设置排烟设施，但综合评判选项CD可知，出题人默认选项C带有外窗。	2021-1-53、2021-2-17、2019-1-11、2019-1-51、2019-2-53、2018-1-10、2018-2-48、2016-2-15、2014-2-49、2013-1-10、2013-1-52、2013-2-12、2012-1-10、2012-1-50、2011-1-17、2011-1-48 分值24/比例0.80%

2.10.5　建筑防烟的自然通风系统和机械加压送风系统

高频考点、公式及例题	考题统计
式(2.10-1)～式(2.10-5)【机械加压送风量的确定】 楼梯间：$L=L_1+L_2$ 前室：$L=L_1+L_3$ $$L_1=A_k v N_1$$ $$L_2=0.827\times A\times \Delta P^{\frac{1}{n}}\times 1.25\times N_2$$ $$L_3=0.083\times A_f N_3$$ 加压送风机的设计风量不应小于计算风量的1.2倍。楼梯间服务高度小于24m时，计算送风量按计算法确定。楼梯间服务高度大于24m时，计算送风量应将计算结果与表列值对比取较大值。 **式(2.10-8)～式(2.10-9)【疏散门最大允许压力差】** $$P=\frac{2(F'-F_{dc})(W_m-d_m)}{W_m\cdot A_m}$$ $$F_{dc}=\frac{M}{W_m-d_m}$$	2021-1-53、2021-2-18、2021-3-9（式2.10-1～式2.10-5）、2019-3-7（式2.10-1）、2018-1-11、2013-2-52、2012-1-17、2012-1-52、2012-2-16、

高频考点、公式及例题	考题统计
【2021-3-09】某高层建筑地上防烟楼梯间高 50m，共 12 层，每层设一个疏散门。门的开启面积 3.2m^2，漏风面积 0.1m^2。防烟楼梯间送风，前室不送风。楼梯间加压送风系统设计风量（m^3/h）最接近下列何项？ A. 32400　B. 38900　C. 46200　D. 55400	2011-2-17、2011-2-48
参考答案：D **主要解题过程**： 根据《防排烟规》第 3.4.6 条可知，对于"防烟楼梯间送风，前室不送风"的情况，控制门洞风速 1m/s、高度大于 24m 时楼梯间的 N_1 取 3。由第 3.4.7 条可知，控制门控风速为 1m/s 时，计算漏风的平均压力差为 12Pa，$N_2=12-3=9$。可计算楼梯间加压送风的设计风量： $L_1 = A_k v N_1 = 3.2\times1\times3 = 9.6m^3/h$ $L_2 = 0.827A\Delta P^{\frac{1}{n}}\times1.25N_2 = 0.827\times0.1\times12^{\frac{1}{2}}\times1.25\times9 = 3.2m^3/h$ $L_j = L_1 + L_2 = 9.6+3.2 = 12.8m^3/h = 46080m^3/h$ 楼梯间高度大于 24m，对比《防排烟规》表 3.4.2-3 的内容，表列计算风量为 36100～39200m^3/h，因此以计算结果作为正压送风系统的计算风量。由第 3.4.1 条可计算设计风量： $L = 1.2\times46080 = 55296m^3/h$	分值 17/比例 0.57%

2.10.6　建筑的自然排烟系统

本小节近十年无相关考题。

2.10.7　建筑的机械排烟系统

高频考点、公式及例题	考题统计
表 2.10-28【轴对称型烟羽流质量流量的计算】 $Z > Z_1, M_\rho = 0.071Q_c^{1/3}Z^{5/3} + 0.0018Q_c$ $Z \leqslant Z_1, M_\rho = 0.032Q_c^{3/5}Z$ $Z_1 = 0.166Q_c^{2/5}$ **式（2.10-10）～式（2.10-12）【排烟温度和体积排烟量的确定】** $T = T_0 + \Delta T$ $\Delta T = \dfrac{KQ_c}{M_\rho C_\rho}$ $V = \dfrac{M_\rho T}{\rho_0 T_0}$	2021-2-48、2021-2-53、2020-1-11、2020-2-11、2020-2-12、2020-4-10（表 2.10-28、式 2.10-10～式 2.10-12）、

<table>
<tr><th>高频考点、公式及例题</th><th>考题统计</th></tr>
<tr><td>

式（2.10-13）【单个排烟口最大允许排烟量的计算】

$$V_{max}=4.16\cdot\gamma\cdot d_b^{\frac{5}{2}}\left(\frac{T-T_0}{T_0}\right)$$

式（2.10-14）【自然排烟窗面积的计算】

$$A_vC_v=\frac{M_\rho}{\rho_0}\left[\frac{T^2+(A_vC_v/A_0C_0)^2TT}{2gd_b\Delta TT_0}\right]^{1/2}$$

汽车库的排烟计算详见《汽车库、修车库、停车场设计防火规范》GB 50067—2014 第 8.2.5 条。

【2020-4-10】某丙类仓库长、宽、高分别为 42m、30m、7m，设自动喷淋系统，采用机械排烟系统，假定燃料面距地面高度为 1m，按最小储烟仓厚度设计。问：排烟系统排烟量设计值（m^3/h）最接近哪一项？

A. 80000　B. 20000　C. 115000　D. 130000

答案：D

主要解题过程：

由《防排烟规》表 4.6.7 可查得设有喷淋的仓库的热释放速率为 4MW，由表 4.6.3 查得净高 7m 有喷淋仓库的计算排烟量为 $108000m^3/h$。

由题意，按最小储烟仓厚度设计火灾，则烟层厚度为：

$$h=7\times10\%=0.7m$$

由题意，燃料面距地高度为 1m，可计算燃料面到烟层底部间距离为：

$$Z=7-1-0.7=5.3m$$

由第 4.6.11 条计算轴对称性烟羽流质量流量。

设计火灾热释放速率的对流部分为：

$$Q_c=0.7\times4000=2800kW$$

火焰极限高度：

$$Z_1=0.166Q_c^{\frac{2}{5}}=0.166\times2800^{\frac{2}{5}}=3.97m<Z$$

按式（4.6.11-1）计算烟羽流质量流量：

$$M_\rho=0.071Q_c^{\frac{1}{3}}Z^{\frac{5}{3}}+0.0018Q_c=0.071\times2800^{\frac{1}{3}}\times5.3^{\frac{5}{3}}+0.0018\times2800=21.16kg/s$$

由式（4.6.12）计算烟尘管平均温度与环境温度的差：

$$\Delta T=\frac{KQ_c}{M_\rho C_\rho}=\frac{1\times2800}{21.16\times1.01}=131K$$

根据式（4.6.13-1）计算防烟分区排烟量：

$$V=\frac{M_\rho T}{\rho_0T_0}=\frac{21.16\times(293.15+131)}{1.2\times293.15}=25.51m^3/s=91847m^3/h$$

</td><td>

2019-1-51、2019-2-49、2019-4-10（式 2.10-11、式 2.10-12）、2019-4-11、2018-1-11、2018-2-10、2017-1-10、2016-3-10、2013-1-53、2013-2-16、2013-4-11、2012-1-16、2012-2-15、2011-1-53、2011-1-16、2011-2-18

分值 28/比例 0.93%

</td></tr>
</table>

高频考点、公式及例题	考题统计
根据规定的计算值小于表4.6.3查得的计算排烟量，因此该防烟分区的计算排烟量为108000m³/h。由第4.6.1条可知，排烟系统排烟量不应小于计算排烟量的1.2倍，可计算系统排烟量： $$V' = 1.2V = 1.2\times 108000 = 129600\text{m}^3/\text{h}$$ **【2019-4-11】**某商业综合体建筑的地下二层为机动车库，车库净高3.6m，其中一个防火分区的面积为3600m²，无通向室外的疏散口。该防火分区火灾时所有的排烟系统均可能投入运行。问：该防火分区的排烟补风系统最小总风量（m³/h）要求，最接近下列何项？ A. 15750　　B. 21600　　C. 31500　　D. 38880 **参考答案**：C **主要解题过程**： 由题意，根据《汽车库、修车库、停车场设计防火规范》GB 50067—2014第8.2.5条，可计算净高3.6m单个防烟分区排烟量： $$L_{p,1} = 30000 + (3.6-3)\times\frac{31500-30000}{4-3} = 30900\text{m}^3/\text{h}$$ 根据第8.2.10条，补风量不小于排烟量50%： $$L_{b,1} = 30900\times 50\% = 15450\text{m}^3/\text{h}$$ 由题意，所有排烟系统均可能投入运行，单个防烟分区不超过2000m²，对于3600m²的防火分区至少2个防烟分区，均需要设置一个排烟系统，当所有排烟系统均可运行时，补风量需要满足2个防烟分区的总和。 $$L_b = 15450\times 2 = 30900\text{m}^3/\text{h}$$ 因此，补风系统最小总风量最接近C。	

2.10.8　通风、空气调节系统防火防爆设计要求

高频考点、公式及例题	考题统计
【2019-1-15】设计排除有爆炸危险物质的风管时，下列做法错误的是何项？ A. 采用圆形金属风管　　B. 采取防静电接地措施 C. 采用明装风管并倾斜设置　　D. 穿越防火墙处装防火阀 **参考答案**：D **分析**：根据《工规》第6.9.27条和第6.9.21条可知，选项知A正确；根据《建规2014》第9.3.9条可知，选项B正确；根据《建规2014》第9.3.9条可知，选项C正确；根据《建规2014》第9.3.2条可知，选项D错误，应直接排出室外。	2021-2-15、2019-1-15、2019-1-39、2018-1-49、2017-1-49、2014-2-16、2012-2-11、2012-2-48、2011-1-10 分值14/比例0.47%

2.10.9　防火、防排烟设备及部件

高频考点、公式及例题	考题统计
涉及知识点：风机、管道、阀门（防火阀、排烟防火阀、排烟阀、余压阀）。 **【2019-1-12】**下列关于排烟防火阀、排烟阀和排烟口的设置或描述，哪一项是错误的？ A. 排烟风机入口处的排烟管道上应设置排烟阀，当温度达到280℃时开启，进行排烟 B. 排烟防火阀安装在机械排烟系统的管道上，当排烟管道内烟气温度达到280℃时关闭 C. 排烟口设置在侧墙时，吊顶与其最近边缘的距离不应大于0.5m D. 排烟阀安装在机械排烟系统各支管端部，平时呈关闭状态 **参考答案**：A **分析**：根据《复习教材》第2.10.9节及《建筑通风和排烟系统用防火阀门》GB 15930—2007中关于排烟阀的内容，排烟阀平时关闭，火灾发生时手动或电动开启，如果设置温度熔断，则温度达到280℃时熔断关闭，而不是开启。因此选项A错误，选项BD正确。根据《复习教材》表2.10-22中关于"其他部位排烟口"的内容可知，选项C正确。	2019-1-12、2019-2-52、2018-1-50、2017-1-10、2017-1-16、2014-1-16、2014-1-17、2014-1-53、2014-2-50、2012-2-50 分值15/比例0.50%

2.10.10　防排烟系统控制

高频考点、公式及例题	考题统计
【2020-2-12】某地下室净高5m，机械排烟系统承担2个防烟分区的排烟。其排烟系统的设计，下列何项是错误的？ A. 防烟分区排烟支管上的排烟防火阀熔断关闭连锁关闭排烟风机和补风机 B. 排烟口具有人工开启功能，排烟口开启时连锁排烟风机和补风机开启 C. 火灾时，火灾所在的防烟分区内的所有排烟口开启 D. 系统排烟量为两个防烟分区排烟量之和 **参考答案**：A **分析**：根据《防排烟规》第5.2.2-4条可知，选项B正确；根据第5.2.3条可知，火灾确认后应在15s内联动开启相应防烟分区的全部排烟阀、排烟口、排烟风机和补风设施，选项C正确；根据第4.6.4-1条可知，选项D正确；根据第5.2.2-5条，排烟防火阀熔断时，连锁关闭排烟风机和补风机，但根据第4.4.6条，明确连锁关闭排烟风机的排烟防火阀为排烟风机入口上的阀门，选项A错误。	2021-2-18、2020-2-12、2020-2-50、2019-2-19、2018-2-12、2017-1-10、2017-2-52、2016-1-16 分值10/比例0.33%

2.11 人民防空地下室通风

2.11.1 设计参数

高频考点、公式及例题	考题统计
【2013-2-11】 某人防地下室二等人员掩蔽所，已知战时清洁通风量为 $8m^3/(人\cdot h)$，其战时的隔绝防护时间应≥3h，在校核验算隔绝防护时间时，其隔绝防护前的室内 CO_2 初始浓度宜为下列何项？ A. 0.72%～0.45% B. 0.45%～0.34% C. 0.34%～0.25% D. 0.25%～0.18% **参考答案**：C **分析**：根据《人民防空地下室设计规范》GB 50038—2005 表5.2.5，清洁通风量为 $8m^3/(人\cdot h)$ 时，C_0 为 0.34%～0.25%。	2013-2-11 分值1/ 比例0.03%

2.11.2 人防工程地下室通风方式

高频考点、公式及例题	考题统计
式（2.11-1）、式（2.11-4）【清洁通风新风量和排风量】 清洁通风新风量 $L_Q=L_1n$ 清洁通风新风量和排风量 $L_{QP}=L_Q(90\%\sim95\%)$ **式（2.11-2）～式（2.11-3）【滤毒通风新风量】** 取人员新风量和保持超压制所需新风量两者的较大值： $$L_R=L_2n$$ $$L_H=V_FK_H+L_F$$ **式（2.11-5）【滤毒通风超压排风量】** $$L_{DP}=L_D-L_F$$ **式（2.11-6）【隔绝通风隔绝防护时间】** $$t=\frac{1000V_0(C-C_0)}{nC_1}$$	2017-2-51、2013-1-48、2013-3-9、2012-1-14、2012-2-14、2012-2-52、2011-1-51、2011-3-7
【2017-2-51】 人防工程二等人员掩蔽所的通风包含下列哪些方式？ A. 平时通风 B. 清洁通风 C. 滤毒通风 D. 隔绝通风 **参考答案**：ABCD **分析**：根据《复习教材》第2.11.2节可知，人防工程通风方式分为平时通风和战时通风（防护通风）两类，由《人民防空地下室设计规范》GB 50038—2005 第5.2.1条第1款可知，人员掩蔽所战时通风需要设置	分值13/ 比例0.43%

高频考点、公式及例题	考题统计
清洁通风、滤毒通风和隔绝通风。根据《人民防空地下室设计规范》GB 50038—2005 第5.1.1条可知，防空地下室的采暖通风必须确保战时防护要求，并应满足战时及平时的使用要求。二等人员掩蔽所作为人防工程的一种防护类型，同样需满足人防工程平时及战时的不同使用要求，因此选项ABCD均正确。 **【2013-3-09】**某人防地下室战时为二等人员掩蔽所，清洁区有效体积为320m³，掩蔽人数为420人，清洁式通风的新风量标准为6m³/(人·h)，滤毒式通风的新风量标准为2.5m³/(人·h)，最小防毒通道体积为20m³，设计滤毒通风时的最小新风量，应是下列何项? A. 2510～2530m³/h　　B. 1040～1060m³/h C. 920～940m³/h　　D. 790～810m³/h **参考答案：**B **主要解题过程：** 根据《人民防空地下室设计规范》GB 50038—2005 第5.2.7条，有： $L_R = L_z \times n = 2.5 \times 420 = 1050m^3/h$ 保证超压新风量为： $L_H = V_F \times K_H + L_F = 20 \times 40 + 320 \times 4\% = 812.8m^3/h$ 两者取大值，则滤毒新风量为1050m³/h，选B。	

2.11.3 防护通风设备选择

高频考点、公式及例题	考题统计
【2013-2-14】当人防地下室平时和战时合用通风系统时，下列何项是错误的? A. 应按平时和战时工况分别计算系统的新风量 B. 应按最大计算新风量选择清洁通风管管径，粗过滤器和通风机等设备 C. 应按战时清洁通风计算的新风量选择门式防爆波活门，并按门扇开启时，校核该风量下的门洞风速 D. 应按战时滤毒通风计算的新风量选择过滤吸收器	2013-1-14、2013-2-14、2011-1-12、2011-2-50
参考答案：C **分析：**根据《人民防空地下室设计规范》GB 50038—2005 第5.3.3条，选项C错误，校核平时通风量，而非战时。	分值5/比例0.17%

2.11.4 人防地下室柴油电站通风

本小节近十年无相关考题。

2.12 汽车库、电气和设备用房通风

2.12.1 汽车库通风

高频考点、公式及例题	考题统计
式（2.12-1）～式（2.12-3）【车库通风量计算】 单层停放汽车库按换气次数法与稀释法计算后取较大值确定排风量；多层停放汽车库按稀释法计算后确定排风量。送风量不小于排风量的80%。	2016-1-53、2011-4-8
（1）换气次数法： 按不超过3m净高计算换气体积。排风量不少于$6h^{-1}$，送风量不少于$5h^{-1}$。 （2）稀释法： $$L=\frac{G}{y_1-y_0}\ (m^3/h)$$ $$G=M\cdot y\ (mg/h)$$ $$M=\frac{T_1}{T_2}\cdot m\cdot t\cdot k\cdot n\ (m^3/h)$$ **【2016-1-53】**当用稀释浓度法计算汽车库排风量时，下列哪些计算参数是错误的？ A. 车库内CO的允许浓度为$30mg/m^3$ B. 室外大气中CO的浓度一般取$2\sim3mg/m^3$ C. 典型汽车排放CO的平均浓度通常取$5000mg/m^3$ D. 单台车单位时间的排气量可取$0.2\sim0.25m^3/min$ **参考答案：**CD **分析：**根据《复习教材》第2.12.1节及《民规》第6.3.8条条文说明，按照稀释浓度法计算汽车库排风量，选项AB正确；典型汽车排放CO的平均浓度通常取$55000mg/m^3$，单台车单位时间的排气量可取$0.02\sim0.025m^3/min$，选项CD错误。	分值4/ 比例0.13%

2.12.2 电气和设备用房通风

高频考点、公式及例题	考题统计
式（2.12-4）、式（2.12-5）【变配电室通风量的计算】 $$L=\frac{1000Q}{0.337(t_p-t_s)}\ (m^3/h)$$ $$Q=(1-\eta_1)\eta_2\Phi W=(0.0126\sim0.0152)W\ (kW)$$	2018-3-11 （式2.12-4、式2.12-5）

<table>
<tr><th>高频考点、公式及例题</th><th>考题统计</th></tr>
<tr><td rowspan="2">

【2018-3-11】某地面上一变配电室，安装有两台容量 W＝1000kVA 的变压器（变压器功率因数 φ＝0.95，效率 η_1＝0.98，负荷率 η_2＝0.78），当地夏季通风室外计算温度为 30℃，变压器室的室内设计温度为 40℃。拟采用机械通风方式排除变压器余热（不考虑变压器室围护结构的传热），室外空气密度按 1.20kg/m^3，空气比热按 1.01kJ/(kg·K）计算。问：该变电室的最小通风量（m^3/h)，最接近下列何项？
A. 8800　　B. 9270　　C. 10500　　D. 11300
参考答案：A
主要解题过程：
根据《复习教材》式（2.12-5)，变压器发热量为：
$Q=(1-\eta_1)\eta_2\varphi W=(1-0.98)\times0.78\times0.95\times1000\times2=29.64\text{kW}$
变配电室的最小通风量为：
$L=\dfrac{1000Q}{0.337\times(t_p-t_s)}=\dfrac{1000\times26.94}{0.337\times(40-30)}=8795.3\text{m}^3/\text{h}$

</td><td>2017-1-47、2017-3-8（式 2.12-4、式 2.12-5)、2012-3-7（式 2.12-4、式 2.12-5)</td></tr>
<tr><td>分值 7/比例 0.23%</td></tr>
</table>

2.13　完善重大疫情防控机制中的建筑通风与空调系统

本小节近十年无相关考题。

2.14　暖通空调系统、燃气系统的抗震设计

2.14.1　供暖、通风与空气调节系统

本小节近十年无相关考题。

2.14.2　燃气系统

本小节近十年无相关考题。

第3章　空气调节考点解析

3.1　空气调节的基础知识

3.1.1　湿空气性质与焓湿图

<table>
<tr><th>高频考点、公式及例题</th><th>考题统计</th></tr>
<tr><td>

式（3.1-3）、式（3.1-4）【湿空气焓值和焓差计算】

$$h = 1.01t + d(2500 + 1.84t)$$

$$\Delta h = C_p \cdot \Delta t$$

式（3.1-11）【等温加湿热湿比】

$$\varepsilon = \frac{\Delta h}{\Delta d} = 2500 + 1.84t_q$$

式（3.1-12）【湿空气的混合过程】

$$\frac{G_A}{G_B} = \frac{h_B - h_C}{h_C - h_A} = \frac{d_B - d_C}{d_C - d_A} = \frac{t_B - t_C}{t_C - t_A}$$

【2018-1-57】下列为已知的两个空气参数。问：无法直接在焓湿图上确定空气状态点的是哪几个选项？

A. 相对湿度 φ，水蒸气分压力 p_q

B. 含湿量 d，露点温度 t_L

C. 湿球温度 t_s，焓 h

D、干球温度 t_g，饱和水蒸气分压力 p_{qb}

参考答案：BCD

分析：根据《复习教材》第3.1.1节，为确定任一点的位置，需要知道4个独立参数 t、d、h、φ 中的任意两个参数，知道水蒸气分压力等同于知道含湿量 d，选项A可以；露点温度是与含湿量 d 相关的参数，湿球温度是与焓 h 相关的参数，饱和水蒸气分压力是与温度 t 相关的参数，均不是独立参数，因此选项BCD无法确定空气状态点。

【2019-4-17】某空调车间室内计算冷负荷为20.25kW，室内无湿负荷。拟采用全新风空调系统，空调设备采用溶液调湿空调机组。室内空气计算参数：温度25℃、空气含湿量11g/kg$_{干空气}$，要求送风温差为8℃。问：空调系统的计算冷量（kW），最接近下列何项？（解答过程要求不使用 h-d 图）

注：室外空气计算参数：大气压力101.3kPa、空气温度30℃，空气焓值68.2kJ/kg。

</td><td>2021-4-13（式3.1-12）、2019-4-17（式3.1-4）、2018-1-57、2018-1-59、2017-1-23、2017-3-17（式3.1-11）、2016-1-25、2016-1-55、2016-3-12（式3.1-11）、2016-4-15（式3.1-3）、2014-1-25、2014-4-15（式3.1-3）、2013-3-12（式3.1-12）、2012-3-8、2011-3-13（式3.1-12）

分值24/比例0.80%</td></tr>
</table>

<table>
<tr><th>高频考点、公式及例题</th><th>考题统计</th></tr>
<tr><td>A. 57.5　　B. 51.29　　C. 37.25　　D. 20.25
参考答案：A
主要解题过程：
室内无湿负荷，则空调送风状态点位于室内点等含湿量线上，送风温度为 25－8＝17℃，送风含湿量为 11g/kg_{干空气}，根据《复习教材》式（3.1-4），送风焓值为：
$$h_o = 1.01t_o + d_o(2500 + 1.84t_o) = 1.01 \times 17 + \frac{11 \times (2500 + 1.84 \times 17)}{1000} = 45\text{kJ/kg}$$
空调系统送风量为：
$$G = \frac{Q}{c_p \Delta t} = \frac{20.25}{1.01 \times 8} = 2.51\text{kg/s}$$
空调系统计算冷量为：
$$Q_c = G(h_w - h_o) = 2.51 \times (68.2 - 45) = 58.2\text{kW}$$</td><td></td></tr>
</table>

3.1.2 室内外空气参数的确定

<table>
<tr><th>高频考点、公式及例题</th><th>考题统计</th></tr>
<tr><td rowspan="2">【2018-1-25】下列关于空调室内设计参数的说法或做法，正确的是哪一项？
A. 某办公建筑为了实现供热工况－1≤PMV＜－0.5 和 PPD≤20% 的室内舒适度目标，则其室内设计相对湿度应大于 30%
B. 供冷工况下，写字楼门厅人员活动区的设计风速 0.6m/s
C. 冬季供热工况下，加工车间内人员活动区的设计风速为 0.25m/s
D. 医院门诊室最小新风量根据 $30\text{m}^3/(\text{h}\cdot\text{人})$ 标准确定
参考答案：C
分析：根据《民规》第 3.0.4 条，供热工况－1≤PMV＜－0.5 和 PPD≤20%属于二级热舒适，又根据第 3.0.2 条第 1 款，二级热舒适对室内相对湿度无要求，选项 A 错误；门厅属于人员短期逗留区域，根据第 3.0.2 条，设计风速不宜大于 0.5m/s，选项 B 错误；根据第 3.0.3 条，供热工况活动区风速不宜大于 0.3m/s，选项 C 正确；根据第 3.0.6 条第 2 款，门诊室最小新风量不宜小于每小时 2 次换气，选项 D 错误。</td><td>2021-4-15、
2020-1-60、
2018-1-25、
2018-2-24、
2017-2-24、
2016-1-54、
2016-2-24、
2016-2-57、
2014-3-14、
2012-1-25</td></tr>
<tr><td>分值 15/
比例 0.50%</td></tr>
</table>

3.1.3 空调房间围护结构建筑热工要求

<table>
<tr><th>高频考点、公式及例题</th><th>考题统计</th></tr>
<tr><td>【2021-1-56】位于南宁某工业建筑内的精密加工间，室内环境的设计要求为：温度 20℃±1℃、相对湿度 50%±10%。下列设计做法或说法哪几</td><td>2021-1-54、
2021-1-56</td></tr>
</table>

高频考点、公式及例题	考题统计
项是正确的？ A. 该加工间不宜布置在建筑的顶层 B. 该加工间只允许有北向外墙 C. 该加工间允许有南向外墙 D. 该加工间的外墙传热系数为0.8W/(m²·℃)	2021-2-19、2018-2-54
参考答案：ACD **分析**：根据《工规》第8.1.9条，温度波动范围为±1℃的房间宜避免在顶层，选项A正确；如有外墙宜北向，并未说明只允许有北向外墙，选项B错误，选项C正确；根据第8.1.7条，外墙最大传热系数为1.0 W/(m²·℃)，选项D正确。	分值7/比例0.23%

3.2 空调冷热负荷和湿负荷计算

3.2.1 空调冷（热）、湿负荷的性质与形成机理

高频考点、公式及例题	考题统计
【2021-1-19】某酒店建筑的空调24h连续运行，夏季供冷时新风集中处理至室内空气的等焓线送风（客房内保持正压）。对于典型设计日，下列关于设计冷负荷的描述，哪一项是错误的？ A. 室内逐时冷负荷，等于室内逐时得热量 B. 室内冷负荷峰值，小于室内得热量峰值 C. 室内冷负荷峰值的出现时刻，晚于室内得热量峰值的出现时刻 D. 计算室内总冷负荷时，不应包括新风负荷 **参考答案**：A **分析**：根据《复习教材》第3.2.1节“3. 冷负荷形成机理”的内容，得热量中的辐射成分不能直接被空气吸收，因此逐时冷负荷不一定等于逐时热量热，选项A错误，根据本节冷负荷形成机理可知，选项BC正确；根据“4. 冷负荷计算”内容可知，选项D正确。	2021-1-19、2021-2-21、2021-2-54、2020-2-19、2019-2-20、2018-1-25、2016-1-22、2016-2-54、2014-1-23、2014-1-24、2012-1-59 分值14/比例0.47%

3.2.2 空调负荷计算

高频考点、公式及例题	考题统计
【2021-1-60】下列关于空调冷负荷计算的说法，哪几项是正确的？ A. 外墙的显热得热量不会立即全部成为空调冷负荷 B. 渗透风进入室内的显热量会立即全部成为空调负荷	2021-1-60、2019-1-25、2019-1-26

高频考点、公式及例题	考题统计
C. 高大空间分层空调时，天窗得热量不会成为空调冷负荷 D. 室内人员显热发热量中，对流散热量会立即成为空调冷负荷 **参考答案**：ABD **分析**：根据《复习教材》第3.2.1节相关内容，得热量中只有对流成分才能被空气立即吸收，辐射成分不能直接被空气吸收，外墙的显热得热一部分通过对流换热散入室内，一部分通过辐射散入室内，因此不会立即成为冷负荷，选项A正确；渗透风显热量属于对流得热，会立即成为空调负荷，选项B正确；天窗得热中的辐射部分一部分直接达到空调区，储存在家具墙体中，一部分储存在非空调区围护结构中，再以辐射的方式热转移至空调区，最终会形成空调冷负荷，选项C错误；选项D正确。	2019-2-24、2019-2-43、2017-1-24、2017-2-19、2017-2-20、2017-4-14、2016-3-15 分值14/比例0.47%

3.2.3 空气的热湿平衡及送风量计算

高频考点、公式及例题	考题统计
式（3.2-15）【房间冷负荷和湿负荷】 $$\Sigma Q = G(h_n - h_0)$$ $$\Sigma W = G(d_n - d_0)$$ **式（3.2-16）【热湿比计算】** $$\varepsilon = \frac{\Sigma Q}{\Sigma W} = \frac{h_n - h_0}{d_n - d_0}$$ **式（3.2-18）【房间送风量】** $$L = \frac{Q}{h_n - h_0} = \frac{W}{d_n - d_0}$$ **【2011-2-22】**室内温度允许波动范围为±1℃的恒温恒湿空调区，设计确定送风温差时，下列取值最合适的应是何项？ A. 12℃　B. 8℃　C. 4℃　D. 2℃ **参考答案**：B **分析**：根据《民规》表7.4.10-2，送风温差为6～9℃。 **【2017-4-14】**某室内游泳馆面积600m²，平均净高4.8m，按换气次数$6h^{-1}$确定空调设计送风量，设计新风量为送风量的20%，室内计算人数为50人，室内泳池水面面积310m²。室外设计参数：干球温度34℃、湿球温度28℃；室内设计参数：干球温度28℃、相对湿度65%；室内人员散湿量400g/(人·h)；水面散湿量150g/（m²·h)。当地为标准大气压，问空调系统计算湿负荷（kg/h）最接近下列何项（空气密度取1.2kg/m³） A. 55　B. 66　C. 82　D. 92	2021-4-16(式3.2-18)、2020-3-18(式3.2-18)、2020-4-13(式3.2-16)、2020-4-14(式3.2-18)、2020-4-19(式3.2-18)、2019-3-15(式3.2-15)、2019-3-17(式3.2-15)、2019-3-19(式3.2-15)、2019-4-17(式3.2-15)、2019-4-18(式3.2-18)、2018-3-14(式3.2-16)、2018-3-17(式3.2-15)、2018-4-17(式3.2-18、式3.2-15)、2017-3-19(式3.2-16)、2017-4-13(式3.2-18)、2017-4-14(式3.2-15)、2017-4-19(式3.2-18)、2016-3-13(式3.2-15)、2016-3-16(式3.2-18)、2016-4-14(式3.2-15)、2016-4-15(式3.2-16)、2016-4-17(式3.2-15、3.2-16)、

高频考点、公式及例题	考题统计
参考答案：D **主要解题过程**： 设计新风量为： $L_x = 600 \times 4.8 \times 6 \times 20\% = 3456m^3/h$ 查 h-d 图，室内含湿量 d_n=15.5g/kg，室外含湿量 d_w=21.6g/kg，则新风湿负荷为： $W_{xf} = \rho L \Delta d = 1.2 \times 3456 \times \frac{21.6 - 15.5}{1000} = 25.3kg/h$ 室内人员湿负荷为： $W_p = \frac{50 \times 400}{1000} = 20kg/h$ 室内水面湿负荷为： $W_w = \frac{310 \times 150}{1000} = 46.5kg/h$ 空调系统计算湿负荷为： $W = W_{xf} + W_p + W_w = 25.3 + 20 + 46.5 = 91.8kg/h$	2016-4-18（式3.2-18）、2014-3-13、2014-4-13（式3.2-16）、2014-4-15（式3.2-16）、2013-3-12（式3.2-18）、2013-3-13（式3.2-15）、2013-3-14（式3.2-18）、2013-4-16（式3.2-15）、2013-4-17（式3.2-18）、2012-3-14（式3.2-18）、2012-4-13（式3.2-15）、2011-2-22、2011-3-13（式3.2-18）、2011-3-15（式3.2-26）、2011-3-16（式3.2-15）、2011-4-16（式3.2-18）、2011-4-17（式3.2-26） 分值74/ 比例2.47%

3.2.4　空调系统全年耗能量计算

高频考点、公式及例题	考题统计
【2011-2-58】下列计算方法中，哪几项不属于空调系统全年耗能量计算方法？ A. 谐波反应法　　B. 负荷频率法 C. 冷负荷系数法　　D. 满负荷当量运行时间法 **参考答案**：AC **分析**：根据《复习教材》第3.2.4节可知，全年或季节总能耗计算方法有：满负荷当量运行时间法、负荷频率表法、电子计算机模拟算法。	2011-2-58 分值2/ 比例0.07%

3.3　空调方式与分类

3.3.1　空调系统分类

高频考点、公式及例题	考题统计
涉及知识点： （1）按空气处理设备的位置分类：集中系统、半集中系统、分散系统；	2017-1-20 分值1/ 比例0.03%

高频考点、公式及例题	考题统计
（2）按负担室内负荷所用的介质种类来分类：全空气系统、全水系统、空气-水系统、制冷剂系统； （3）按集中系统处理的空气来源分类：封闭式系统、直流式系统、混合式系统。 **【2017-1-20】**某办公楼采用集中式空调风系统。下列各项中，划分相对合理的做法是何项？ A. 将多个办公室与员工餐厅划分为一个空调风系统 B. 将多个办公室与员工健身房划分为一个空调风系统 C. 将小型会议室与员工餐厅划分为一个空调风系统 D. 将多个办公室与小型会议室划分为一个空调风系统 **参考答案：**D **分析：**根据《复习教材》第 3.3.1 节第 2 条或《民规》第 7.3.2 条第 1 款，使用时间不同的空调区，宜分别设置空调风系统，办公室和会议室使用时间为工作时间，而餐厅和健身房使用时间为休息时间或业余时间，因此选项 ABC 不合适，选项 D 相对合理。	

3.3.2　集中冷热源系统

高频考点、公式及例题	考题统计
【2021-1-55】关于设计采用的空调方式，下列说法中哪几项是错误的？	2021-1-55
A. 高层办公楼，可以通过供冷辐射板来实现对室内湿度的更好控制 B. 夏热冬暖地区的高铁候车大厅，采用区域变风量全空气系统比定风量系统全年能耗更低 C. 集中冷源采用高温冷水机组时，可提高冷水机组的性能系数 D. 住宅建筑采用一级泵变频集中空调水系统比采用变频式分体空调机的全年建筑空调总能耗更低 **参考答案：**ABD **分析：**根据《民规》第 7.3.15 条及条文说明，辐射板属于温度控制系统，不能实现对湿度的控制，选项 A 错误；候车大厅属高大空间，采用区域变风量全空气系统比定风量系统全年能耗更低，但气流组织是影响空调效果的主要因素之一，区域变风量系统不能保证合理的气流组织，选项 B 不建议使用，按错误判断；根据《复习教材》第 3.3.4 节"3. 系统特点"，由于冷水温度提高，也明显提高了冷水机组的 *COP*，选项 C 正确；根据《复习教材》第 3.3.2 节中央空调系统的特点可知，集中水系统部分负荷运行效率较差，输送距离也较长，住宅建筑空调使用率变化较大，集中水系统未必比分体空调机全年总能耗更低，选项 D 错误。	分值 2/ 比例 0.07%

3.3.3　直接膨胀式系统

高频考点、公式及例题	考题统计
【2018-2-57】不适合采用水环热泵系统的建筑，是下列哪几项? A. 位于上海的高层住宅楼 B. 位于三亚的旅游宾馆 C. 位于北京、平面为正方形的、体型系数为 0.5 的办公楼 D. 哈尔滨的大型商场 **参考答案**：AB **分析**：根据《复习教材》第 3.3.3 节，水环热泵适用于建筑规模较大，各房间或区域负荷特性相差较大，尤其是内部发热量较大，冬季需同时分别供热和供冷的场合，选项 A 不适合；冬季不需供热或供热量小的地区不宜采用水环热泵，选项 B 不适合；建筑有明显内外区，同时供热供冷，选项 C 适合；哈尔滨的大型商场内、外区同时供热供冷，内区冷负荷较小，外区供热负荷较大，外区供热可采取辅助热源补充，选项 D 适合。	2018-2-57、 2018-2-63 分值 4/ 比例 0.13%

3.3.4　温湿度独立控制系统

高频考点、公式及例题	考题统计
【2013-1-58】某办公建筑设计温湿度独立控制系统，以下哪几项说法是正确的? A. 控制湿度的系统主要用于处理室内的回风 B. 控制湿度的系统，若采用冷却除湿，采用的供水宜用高温冷水，以利节能 C. 溶液除湿系统是控制湿度的一种可选方案 D. 溶液除湿系统的溶液回路有再生回路 **参考答案**：CD **分析**：依据《复习教材》第 3.3.4 节，“在温湿度独立控制系统中，采用处理新风系统来控制室内湿度”，选项 A 错误；若采用高温冷水，导致壁面温度高于空气露点温度，不能实现冷却除湿的作用，选项 B 错误；溶液除湿系统由于吸收了新风中的水蒸气，导致溶液浓度变小，需要再生才可以继续处理新风，选项 CD 正确。	2021-2-25、 2020-1-21、 2020-1-59、 2018-2-59、 2017-2-26、 2013-1-58、 2013-3-19 分值 10/ 比例 0.33%

3.4　空气处理与空调风系统

3.4.1　空气的处理过程

高频考点、公式及例题	考题统计
涉及知识点：空气的冷却处理、空气的加热处理、空气的加湿处理、空气的减湿处理、空气的过滤。	2021-2-23、 2020-1-58

高频考点、公式及例题	考题统计
【2018-2-56】下列关于空气处理过程的描述，哪几项是正确的？ A. 喷循环水冷却加湿为等焓加湿过程 B. 干蒸汽加湿为等温加湿过程 C. 转轮除湿可近似为等焓减湿过程 D. 表冷器降温除湿为减焓减湿过程 **参考答案**：ABCD **分析**：根据《复习教材》第3.4.1节，循环水喷淋为等焓加湿，选项A正确；干蒸汽加湿为等温加湿，选项B正确；转轮除湿近似为等焓减湿，选项C正确；表冷器降温除湿为减焓减湿，选项D正确。 **【2018-3-12】**某一次回风空气调节系统，新风量为100kg/h，新风焓值为90kJ/kg；回风量为500kg/h回风焓值为50kJ/kg，新风与回风直接混合。问混合后的空气焓值（kJ/kg）最接近下列何项？ A. 48　B. 57　C. 90　D. 95 **参考答案**：B **主要解题过程**： 根据《复习教材》第3.4.1节混合前后热平衡原理可知： $G_X h_X + G_h h_h = (G_X + G_h)h_c \Rightarrow h_c = \frac{100\times90+500\times50}{100+500} = 56.7\text{kJ/kg}$	2019-1-58、2019-2-25、2018-2-56、2018-3-12、2017-2-21、2016-1-57、2016-2-25、2016-3-16、2014-2-26、2014-2-59、2014-2-61、2013-1-57、2013-4-15、2012-2-27、2012-4-15、2011-1-24、2011-2-59、2011-4-17
	分值33/比例1.10%

3.4.2　空调系统的设计与选择原则

高频考点、公式及例题	考题统计
【2014-2-27】就建筑物的用途、规模、使用特点、负荷变化情况、参数要求及地区气象条件而言，以下措施中，明显不合理的是哪一项？ A. 十余间大中型会议室与十余间办公室共用一套全空气空调系统 B. 显热冷负荷占总冷负荷比例较大的空调区采用温湿度独立控制系统 C. 综合医院病房部分采用风机盘管＋新风空调系统 D. 夏热冬暖地区全空气变新风比空调系统设置空气—空气能量回收装置 **参考答案**：A	2021-1-55、2021-2-60、2018-2-60、2014-2-27、2014-2-58、2013-1-23、2013-2-59
分析：根据《民规》第7.3.2条，使用时间不同的空调区宜分别设置空调风系统。选项A中，办公室与会议室从使用时间、负荷特点、运行调节等都不应共用一个全空气系统。另外，办公室要求独立控制，应采用风机盘管加新风系统，不合理。选项B中未指出空调区散湿量的情况，故不是明显不合理选项；对于病房区的空气质量和温湿度波动不是要求严格的	分值12/比例0.40%

高频考点、公式及例题	考题统计
空调区，故选项C可用；选项D，采用变新风比热回收装置，是合理的节能措施。	

3.4.3 全空气系统

高频考点、公式及例题	考题统计
涉及知识点：一次回风系统、二次回风系统、分区空调方式、变风量空调系统、地板送风空调系统。 **式（3.4-1）、式（3.4-5）、式（3.4-6）【空调系统冷热量与风量之间的焓差换算】** $$Q=G(h_2-h_1)$$ **式（3.4-12）【空调系统冷热量与风量之间的温差换算】** $$Q=G\cdot c_p(t_2-t_1)$$ **式（3.4-3）【空气通过风机后的温升】** $$\Delta t=\frac{0.0008H\eta}{\eta_1\eta_2}$$ **【221-1-20】**夏热冬冷地区的某无人值守变配电室采用一次回风全空气空调系统，室内空气夏季的设计参数为：温度25℃、相对湿度50%，室内空调精度无控制要求。问：下列措施中，哪一项是错误的？ A. 夏季工况时不设置再热盘管 B. 设置过渡季工况时的全新风运行措施 C. 冬、夏季设计工况时均采用最小新风比运行 D. 夏季工况时表冷器和加湿器同时投入运行 **参考答案：**D **分析：**变配电室的负荷特点是设备发热量大且发热稳定，因此需全年供冷，不需设置再热盘管，选项A正确；过渡季全新风运行，通过通风消除室内余热，属于节能措施，选项B正确；由于配电室有空调，仍需有最小新风量保持室内微正压，以避免室外空气渗入，故采用最小新风百分比运行，选项C正确；夏热冬冷地区夏季室外一般较为潮湿，且房间设计参数相对湿度仅为50%，因此夏季不需要运行加湿器，选项D错误。	2021-1-20、2021-1-21、2021-1-23、2021-2-27、2021-3-17、2021-3-18（式3.4-12）、2021-3-19（式3.4-1）、2021-4-16（式3.2-15）、2021-4-17（式3.2-12）、2020-1-20、2020-1-22、2020-1-56、2020-1-57、2020-2-55、2020-3-12、2020-3-15（式3.4-12）、2019-1-24、2019-3-13（式3.4-12）、2019-3-16（式3.4-12）、2019-3-17（式3.4-12）、2019-3-21（式3.4-12）、2019-4-9、2019-4-14（式3.4-12）、2019-4-17（式3.4-12）、2019-4-18（式3.4-12）、2018-1-21、2018-1-60、2018-2-59、2018-3-14（式3.4-1）、2018-3-17（式3.4-12）、2018-3-18（式3.4-12）、2018-3-19（式3.4-12）、2018-4-13（式3.4-12）、2017-1-25、2017-1-59、2017-2-26、2017-2-60、2017-3-21（式3.4-12）、2017-4-19（式3.4-12）、2016-1-19、2016-1-56、2016-2-23、2016-4-14（式3.4-1）、2014-1-26、2014-1-56、2014-2-55、2014-3-9（式3.4-3）、2014-3-15、2014-4-14（式3.4-12）、2014-4-17（式3.4-12）、2014-4-19（式3.4-1）、2013-2-25、2013-3-12（式3.4-12）、2012-2-26、2012-3-13（式3.4-12）、2012-3-14（式3.4-1）、2012-3-15（式3.4-12）、2012-3-17（式3.4-12）、2012-3-18（式3.4-12）、2012-4-14（式3.4-12）、2011-2-23、2011-3-14、

高频考点、公式及例题	考题统计
【2019-3-13】标准大气压下，空气需由状态 1（$t_1=1$℃，$\varphi_1=65\%$）处理到状态 2（$t_2=20$℃，$\varphi_2=30\%$），采取的处理过程是：空气依次经过热盘管和湿膜加湿器。问：流量为 1000m³/h 的空气，经热盘管的加热量（kW）最接近下列哪项？ A. 6.4　　B. 7.8　　C. 8.5　　D. 9.6 **参考答案**：B **主要解题过程**： 做 h-d 图，过状态 1 点做等含湿量线与状态 2 点的等焓线相交于状态点 3，查得 $t_3=24.2$℃，盘管加热量为： $Q=c_pG\Delta t=\frac{1.01\times1.2\times1000\times(24.2-1)}{3600}=7.8\text{kW}$	2011-3-20（式 3.4-1） 分值 120/ 比例 4.00%

3.4.4　风机盘管加新风空调系统

高频考点、公式及例题	考题统计
【2019-2-27】某写字楼的办公房间采用风机盘管＋新风系统。夏季将新风减湿冷却后处理到室内设计状态点的等焓线处。下列说法中哪一项是正确的？ A. 新风的全部潜热负荷由新风机组承担 B. 房间的全部显热负荷由风机盘管承担 C. 风机盘管仅承担房间的全部潜热负荷 D. 新风机组承担了房间的部分显热负荷 **参考答案**：D **分析**：新风等焓送入室内，送风温度低于室内设计温度，因此新风承担了房间的部分显热，选项 D 正确。	2020-1-55、2019-2-27、2019-2-59、2016-1-19、2014-2-25、2013-1-1、2013-1-55、2013-1-61、2013-2-24、2013-2-25、2012-1-60、2012-2-58、2012-4-16、2011-3-15 分值 21/ 比例 0.70%

3.4.5　多联机空调系统

高频考点、公式及例题	考题统计
【2019-1-57】关于多联机空调系统的应用，下列哪几项是最为正确的？ A. 近年来多联机空调产品的最大配管长度及单机容量均大幅提升，且具有独立调节的优势，因此，当任何建筑采取多联机系统时，其季节能效比均会高于采用集中冷元的空调系统形式 B. 某办公楼采用多联机空调系统，机组的制冷综合系数 *IPLVC*，只要满足《多联式空调（热泵）机组能效限定值及能源效率等级》GB 21454—2008 中 1 级能效等级要求即可	2021-1-67、2020-2-25、2019-1-57、2017-1-30、2013-1-35、2012-1-23、2012-1-61、

高频考点、公式及例题	考题统计
C. 多联机空调机组容量的确定，不仅应根据系统空调负荷，还应考虑室外温度、室内温度、冷媒管长度、室内机与室外机的容量配比、室内机与室外机的高差、融霜等修正因素 D. 同一个多联机空调系统的服务区域中同一时刻部分的房间要求供冷、部分房间要求供热时，宜采取热回收多联机空调系统 **参考答案**：CD **分析**：根据《多联机空调系统工程技术规程》JGJ 174—2010 第 3.1.2 条，选项 A 错误，不是所有建筑都适用多联机；根据《公建节能》第 4.2.17 条，选项 B 错误，根据不同地区，还不应低于节能限值；根据《多联机空调系统工程技术规程》JGJ 174—2010 第 3.4.4 条第 3 款，选项 C 正确；根据第 3.4.3 条，选项 D 正确。	2011-1-30 分值 11/ 比例 0.37%

3.4.6　温湿度独立控制系统与设备

高频考点、公式及例题	考题统计
【2019-1-23】对溶液除湿方式，以下哪一项说法是正确的？ A. 除湿溶液浓度相同时，溶液温度越高除湿性能越好 B. 除湿溶液黏度越高，除湿性能越好 C. 溶液除湿一定是等温减湿过程 D. 除湿溶液应具有高沸点、低凝固点的特性 **参考答案**：D 分析：根据《复习教材》第 3.4.6 节可知，溶液的温度越低，其等效含湿量也越低，故选项 A 错误；根据除湿溶液特性可知，选项 B 错误，选项 D 正确；根据 P567 可知，选项 C 错误。	2021-1-58、 2019-1-23、 2019-2-59、 2018-2-31、 2014-3-18、 2012-4-13、 2012-4-14 分值 9/ 比例 0.30%

3.4.7　组合式空调机组的性能与选择

高频考点、公式及例题	考题统计
式（3.4-7）【表冷器析湿系数】 $$\xi=\frac{h_1-h_2}{C_P\cdot(t_1-t_2)}$$ **式（3.4-14）【表冷器热交换效率系数】** $$\varepsilon_1=\frac{t_1-t_2}{t_1-t_{w1}}$$ **式（3.4-15）【表冷器接触系数】** $$\varepsilon_2=\frac{t_1-t_2}{t_1-t_3}$$	2021-1-24、 2020-2-26、 2020-2-59、 2019-1-59、 2019-2-22、 2018-1-19、 2018-1-24、 2018-2-25、 2017-1-61、 2017-2-54

高频考点、公式及例题	考题统计
【2019-1-59】冬季室外空调设计温度－10℃，室外空气计算相对湿度 40%，加热热媒为 45℃/40℃ 热水，要求新风机组送风参数为：温度 22℃、相对湿度 50%。问：采取下列哪几种空气处理方式的空调机组，可以实现这一处理过程的要求？ A. 一级热水盘管加热＋电热加湿 B. 一级热水盘管加热＋蒸汽加湿 C. 一级热水盘管加热＋湿膜加湿 D. 一级热水盘管加热＋超声波加湿 **参考答案：**AB **分析：**根据焓湿图空气处理过程，可以选择先加热后加湿的方式达到题干要求的送风参数，电热加湿和蒸汽加湿属于等温加湿，可以达到，选项 AB 正确；湿膜加湿和超声波加湿属于等焓加湿，若采用等焓加湿，需先将室外空气加热到 41℃，但热媒供回水温度为 45℃/40℃，无法达到，选项 CD 错误。	2017-2-56、2016-2-55、2016-3-12、2014-1-64、2013-1-12、2013-3-15（式 3.4-14）、2013-4-16（式 3.4-14）、2012-2-25、2012-2-61、2011-1-59
【2013-3-15】某空调系统用表冷器处理空气，表冷器进口温度为 34℃，出口温度为 11℃，冷水进口温度为 7℃，则表冷器的热交换效率系数应为下列何项？ A. 0.58～0.64　　B. 0.66～0.72 C. 0.73～0.79　　D. 0.80～0.86 **参考答案：**D **主要解题过程：** 由《复习教材》式（3.4-14）可计算热交换效率系数： $$\varepsilon_1=\frac{t_1-t_2}{t_1-t_{w1}}=\frac{34-11}{34-7}=0.85$$	分值 33/比例 1.10%

3.4.8 整体式空调机组

高频考点、公式及例题	考题统计
涉及知识点：房间空调器和风管式空调（热泵）机组、屋顶式风冷空调（热泵）机组。	2019-2-23
【2019-2-23】某办公建筑现场组装的组合式空调机组，按现行国家标准进行漏风量检测。在机组正压段静压 700Pa、负压段最大静压－400 Pa 的条件下，下列关于漏风率的说法哪项是正确的？ A. 漏风率不应大于 1%　　B. 漏风率不应大于 2% C. 漏风率不应大于 3%　　D. 漏风率不应大于 5% **参考答案：**B **分析：**根据《组合式空调机组》GB/T 14294—2008 第 6.3.4 条，选项 B 正确。	分值 1/比例 0.03%

3.4.9　数据中心空调设计

高频考点、公式及例题	考题统计
【2019-1-21】 位于寒冷地区的某数据中心，室内设备发热量为 1.5kW/m²，其围护结构热工设计符合《公共建筑节能设计标准》GB 50819—2015 的要求，空调系统的新风经冷却除湿后独立送入，室内采用循环式空调机组。要使得该数据中心正常运行，下列哪一项说法是错误的？ A. 全年都需要对室内供冷 B. 送风温度应高于室内空气的露点温度 C. 室内循环式空调机组表冷器的供/回水温度为 7℃/12℃ D. 应以机柜排热为重点来进行室内气流组织设计 **参考答案：** C **分析：** 根据《复习教材》第 3.4.9 节，数据中心冷负荷强度高，需全年供冷运行，选项 A 正确；数据中心对温湿度的要求较高，根据表 3.4-18，机房内不得结露，选项 C 采用 7℃冷水换热，将产生低于室内露点温度的空调风，故选项 B 正确，选项 C 错误；数据中心显热比高，其中设备散热是空调负荷的主要来源，选项 D 正确。	2019-1-21、2016-1-58、2014-2-58 分值 5/比例 0.17%

3.4.10　空调机房设计

本小节近十年无相关考题。

3.5　空调房间的气流组织

3.5.1　送、回风口空气流动规律

高频考点、公式及例题	考题统计
式（3.5-1）～式（3.5-3）【射流基本理论计算】 （1）轴心速度 $$\frac{v_x}{v_0}=\frac{0.48}{\frac{\alpha x}{d_0}+0.145}$$ （2）断面直径 $$\frac{d_x}{d_0}=6.8\left(\frac{\alpha x}{d_0}+0.145\right)$$ （3）轴心温差 $$\frac{\Delta T_x}{\Delta T_0}=\frac{0.35}{\frac{\alpha x}{d_0}+0.145}$$ **式（3.5-4）【非等温射流轴心轨迹偏离修正】** $$\frac{y}{d_0}=\frac{x}{d_0}\tan\alpha+Ar\left(\frac{x}{d_0\cos\alpha}\right)^2\left(0.51\frac{\alpha x}{d_0\cos\alpha}+0.35\right)$$	2021-2-20、2021-2-24、2021-2-57、2020-2-27、2020-4-17（式 3.5-4、式 3.5-5）、2017-3-14（式 3.5-1）、2014-4-16（式 3.5-1、式 3.5-13）、2013-1-59、

高频考点、公式及例题	考题统计

式（3.5-5）【阿基米德数】

2011-3-17（式 3.5-5）

$$Ar=\frac{gd_0(t_0-t_n)}{v_0^2T_n}$$

送风口直径或水力直径

$$d_0=\frac{2AB}{A+B}$$

式（3.5-11）【回风口速度规律】

$$\frac{v_1}{v_2}=\frac{r_2^2}{r_1^2}$$

【2021-2-20】空气调节工程中，对非等温自由射流特征的描述，以下哪一项是正确的？

A. 沿着射程方向，温度衰减慢于速度衰减

B. 阿基米德数越大，射流弯曲幅度越小

C. 沿着射程方向，热量交换快于动量交换

D. 射流的温度扩散角小于速度扩散角

参考答案：C

分析：根据《复习教材》第 3.5.1 节“（2）非等温自由射流”的相关内容，热量的交换比动量的交换快，即射流温度的扩散角大于速度扩散角，因而温度的衰减比速度衰减快，选项 AD 错误选项 C 正确；根据（3）及式（3.5-4）阿基米德数 Ar 的内容，Ar 越大，射流弯曲越大，选项 B 错误。

分值 15/比例 0.50%

【2020-4-17】某净高为 8m 的高大空调空间气流组织设计为侧向风口水平射流送风，采用 400mm×150mm 的送风口，送风中心高度为 5m，房间设计温度为 26℃，设计送风温度为 16℃，送风口出口风速为 12m/s。问：送风口中心与水平射程 15m 处射流轴心的高差（m）最接近下列何项？（注：送风口当量直径按流速当量直径计算，送风口紊流系数取系数取 0.1，重力加速度取 9.8m/s²）

A. 0.57　　B. 1.35　　C. 1.58　　D. 1.98

参考答案：D

主要解题过程：

根据《复习教材》式（3.5-5），送风口当量直径为：

$$d_n=\frac{2\times0.4\times0.15}{0.4+0.15}=0.218\text{m}$$

阿基米德数为：

$$Ar=\frac{gd_0(t_0-t_n)}{v_0^2T_n}=\frac{9.8\times0.218\times(16-26)}{12^2\times(26+273.15)}=-4.96\times10^{-4}$$

根据式（3.5-4），有：

高频考点、公式及例题	考题统计
$y=\left\{\frac{x}{d_0}\tan\alpha+Ar\left(\frac{x}{d_0\cos\alpha}\right)^2\left(0.51\frac{ax}{d_0\cos\alpha}+0.35\right)\right\}\times d_0$ $=\left\{\frac{15}{0.063}\times\tan0-4.96\times10^{-4}\times\left(\frac{15}{0.218\times\cos0}\right)^2\times\left(0.51\times\frac{0.1\times15}{0.218\times\cos0}+0.35\right)\right\}$ $=-1.98\times0.218$ 负号表示冷射流向下弯曲。	

3.5.2 送、回风口的形式及气流组织形式

高频考点、公式及例题	考题统计
【2019-2-55】下列关于空调区气流组织选择的说法中，哪几项是正确的? A. 采用地板送风方式时，送风温度不宜低于15℃ B. 在满足舒适性或工艺要求的前提下应尽可能加大送风温差 C. 舒适性空调送风口高度大于5m时，送风温差不宜大于10℃ D. 温度精度要求为±1℃的工艺性空调，送风温差不宜超过9℃ **参考答案**：BD **分析**：根据《民规》第7.4.8条第1款，选项A错误，不宜低于16℃；根据第7.4.10条第1款，选项B正确；根据第7.4.10条第2款，选项C错误，不宜大于15℃；根据第7.4.10条第3款，选项D正确。	2020-1-19、2019-2-55、2019-2-60、2013-1-59、2013-2-57、2013-4-18、2012-1-44、2011-2-24、2011-2-60 分值16/比例0.53%

3.5.3 气流组织的计算

高频考点、公式及例题	考题统计
式(3.5-12)～式(3.5-17)【侧送风气流组织】 (1) 回流平均速度 $\frac{v_{p,h}}{v_0}=\frac{0.69}{\frac{\sqrt{F_n}}{d_0}}$ (2) 最大允许送风速度 $v_0\leqslant0.36\frac{\sqrt{F_n}}{d_0}$ (3) 射流自由度 $\frac{\sqrt{F_n}}{d_0}=53.2\sqrt{\frac{BHv_0}{L}}$	2021-1-57、2021-3-18(式3.5-31)、2020-1-25、2020-2-54、2018-3-19(式3.5-19)、2017-3-14(式3.5-32)、2016-4-16(式3.5-12)

高频考点、公式及例题	考题统计
（4）风口个数 $$N=\frac{BH}{\left(\frac{\alpha x}{\bar{x}}\right)^2}$$ （5）房间最小高度 $$H=h+s+0.07x+0.3$$	2011-2-60
式（3.5-18）～式（3.5-21）【散流器送风气流组织】 （1）轴心速度与轴心温度 $$\frac{v_x}{v_0}=1.2K\frac{\sqrt{F_n}}{h_x+l}$$ $$\frac{\Delta t_x}{\Delta t_0}=1.1\frac{\sqrt{F_n}}{K(h_x+l)}$$ （2）贴附长度 $$l_x=0.54\frac{\sqrt{F_n}}{d_0}$$ （3）阿基米德数 Ar_x 应不小于0.18 $$Ar_x=0.06Ar\left(\frac{h_x+l}{\sqrt{F_0}}\right)^2$$ **式（3.5-22）～式（3.5-31）【孔板送风气流组织】** （1）轴心风速 $$\frac{v_x}{v_0}=\frac{\sqrt{\alpha k}}{\frac{v_p}{v_x}\left(1+\sqrt{\pi}\tan\theta\frac{x}{\sqrt{f}}\right)}$$ （2）轴心温差 $$\frac{\Delta t_x}{\Delta t_0}\approx\frac{v_x}{v_0}$$ （3）稳压层最小净高 $$h=\frac{sL_d}{3600v}=0.0011\frac{sL_d}{v_0}$$ **式（3.5-32）【射流末端平均速度近似等于轴心速度的一半】** $$v_p=\frac{1}{2}v_x$$ **【2021-3-18】**某恒温车间，净高3.9m，设计采用满铺孔板吊顶送风。平面尺寸与吊顶上部侧墙设置的送风管口位置如下图所示（图中尺寸单位为mm），送风吊顶的孔口出流速度 $v_0=4.0$m/s。室内设计参数为：温度25±0.2℃、相对湿度50%±5%；室内冷负荷 Q=3.6kW、湿负荷为零。最小设计送风量下，孔板吊顶内的稳压层最小净高（m），最接近下列何项？ A. 0.3　　B. 0.21　　C. 0.16　　D. 0.08	分值15/ 比例0.50%

高频考点、公式及例题	考题统计
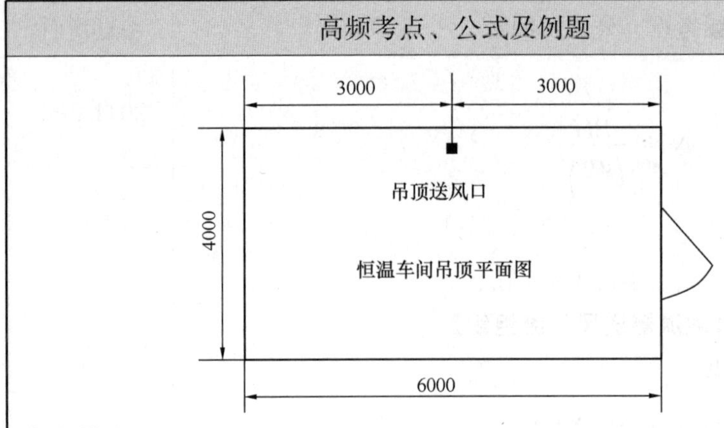 **参考答案**：B **主要解题过程**： 房间允许温度波动范围为±0.2℃，根据《工规》第8.4.9条，最大送风温差为3℃，房间送风量为： $$L=\frac{Q_s}{c_p\rho\Delta t}=\frac{3600\times3.6}{1.01\times1.2\times3}=3564.4\text{m}^3/\text{h}$$ 房间单位面积送风量为： $$L_d=\frac{L}{A}=\frac{3564.4}{4\times6}=148.5\text{m}^3/\text{h}$$ 温差层内有孔板部分的气流最大流程 s 为4m。 根据《复习教材》式（3.5-31），稳压层的净高 h 为： $$h=0.0011\times\frac{sL_d}{v_0}=0.0011\times\frac{4\times148.5}{4}=0.16\text{m}$$	

3.5.4　CFD模拟技术

本小节近十年无相关考题。

3.6　空气洁净技术

3.6.1　空气洁净等级

高频考点、公式及例题	考题统计
式（3.6-1）【洁净度等级的计算】 $$C_n=10^N\times\left(\frac{0.1}{D}\right)^{2.08}$$ C_n 有效位数不超过三位数，洁净度等级 N 以0.1为最小递增量 **【2017-4-20】** 如果生产工艺要求洁净环境≥0.3μm粒子的最大浓度限值为352pc/m³。问：≥0.5μm粒子的最大浓度限值（pc/m³），最接近下列何项？ A. 122　　B. 212　　C. 352　　D. 588	2021-2-62、2020-2-28、2019-1-27、2019-2-62、2017-1-28、2017-4-20（式3.6-1）、2016-1-27、

高频考点、公式及例题	考题统计
参考答案：A **主要解题过程**： 根据《复习教材》式（3.6-1），得： $$\frac{C_{0.3}}{C_{0.5}}=\frac{10^N\times\left(\frac{0.1}{0.3}\right)^{2.08}}{10^N\times\left(\frac{0.1}{0.5}\right)^{2.08}}$$ 故 $$C_{0.5}=C_{0.3}\times\left(\frac{0.3}{0.5}\right)^{2.08}=352\times\left(\frac{0.3}{0.5}\right)^{2.08}=121.6$$	2014-1-27、2014-2-28、2013-1-62、2012-1-29、2012-1-63、2011-2-29
	分值18/比例0.60%

3.6.2　空气过滤器

高频考点、公式及例题	考题统计
【2020-2-14】工业车间进行通风空调系统设计时，对送风进行净化用的空气过滤器对0.5μm以上的颗粒物过滤效率达到70%～95%，初阻力为100Pa，该空气过滤器类型是下列何项？ A. 粗效过滤器　　B. 中效过滤器 C. 高中效过滤器　　D. 亚高效过滤器 **参考答案**：C **分析**：根据《复习教材》表3.6-2可知，过滤效率达到70%～95%的过滤器属于高中效过滤器，选项C正确。	2021-2-28、2020-1-27、2020-2-14、2020-2-62、2019-2-28、2018-1-27、2018-1-62、2017-2-61、2017-2-62、2016-1-28、2014-2-62、2013-1-27、2013-2-61、2012-2-62、2012-4-20、2011-2-62、2011-2-63
	分值25/比例0.83%

3.6.3　气流流型和送风量、回风量

高频考点、公式及例题	考题统计
式（3.6-7）、式（3.6-8）【非单向流通风换气次数计算】 $$n=60\times\frac{G}{\alpha\times N-N_S}$$ 室内单位溶剂发尘量： $$G=\left(q+\frac{q'P}{F}\right)/H$$ **式（3.6-9）、式（3.6-10）【单向流通风换气次数计算】** $$n_V=\psi n$$ $$n=60\times\frac{G}{N-N_S}$$	2021-1-27、2021-1-28、2021-1-62、2020-2-61、2020-4-20（式3.6-7、式3.6-9）、2019-2-61、2019-4-20（式3.6-7、式3.6-9）、

<table>
<tr><th>高频考点、公式及例题</th><th>考题统计</th></tr>
<tr><td>

【2021-1-27】 某非单向流洁净室，生产过程中不产生有毒有害物质。问：为了维持含尘浓度最低，下列四种气流组织形式中，哪一个选项是正确的？

A. 顶送顶回　　B. 顶送下侧回
C. 顶送上侧回　　D. 上侧送下侧回

参考答案： B

分析： 根据《复习教材》第3.6.3节“(2) 不均匀分布计算方法”相关内容，洁净室内涡流区越大，含尘浓度越高。侧送风方式，洁净室内含尘浓度实测值一般高于按均匀分布方法计算值，选项D错误；顶回方式，洁净室含尘浓度实测值一般高于按均匀分布方法计算值，选项AC错误；顶送下回方式，洁净室含尘浓度实测值接近于均匀分布计算值，相对而言最有利于维持含尘浓度最低，选项B正确。

</td><td>2018-2-28、
2018-4-20
（式3.6-8）、
2016-1-62、
2016-2-28、
2016-2-61、
2014-1-28、
2013-2-62、
2012-2-29、
2011-1-63</td></tr>
<tr><td>

【2020-4-20】 已知某非单向流洁室面积 $20m^2$，吊顶下净高度2.5m，采用上送下回的气流组织形式，有2名工作人员（1名静止，1名活动状态），设计新风比为20%，送风含尘浓度1pc/L，洁净室要求室内含尘浓度不大于80pc/L。问：按不均匀分布方法计算，需要的最小换气次数最接近下列何项？（注，不均匀系数按照插值法计算）

A. 13　　B. 19　　C. 24　　D. 32

参考答案： C

主要解题过程：

根据《复习教材》式（3.6-7），有：

$$G=\frac{\left(q+\frac{q'P}{F}\right)}{H}=\frac{\left(12500+\frac{500000\times 2}{20}\right)}{2.5}=25000\text{pc}/(\min\cdot m^3)$$

根据式（3.6-9），有：

$$n=60\times\frac{G}{N-N_s}=60\times\frac{25000}{80000-1000}=19h^{-1}$$

根据表（3.6-14），按插值法得：

$$\varphi=1.22+\frac{1.55-1.22}{10}=1.253$$

$$n_v=\varphi n=1.253\times 19=23.8h^{-1}$$

</td><td>分值26/
比例0.87%</td></tr>
</table>

3.6.4　室压控制

<table>
<tr><th>高频考点、公式及例题</th><th>考题统计</th></tr>
<tr><td>

【2019-1-28】 某高大洁净厂房建成后，测试时发现其室内正压没有达到要求，下列哪项不是导致该问题的原因？

A. 厂房的密封性不好　　B. 新风量小于设计值

</td><td>2021-2-61、
2020-1-28、
2019-1-28、</td></tr>
</table>

<table>
<tr><th>高频考点、公式及例题</th><th>考题统计</th></tr>
<tr><td>C. 室内回风量小于设计值　　D. 测试时的室外风速过大
参考答案：C
分析：根据《复习教材》第 3.6.4 节，室内正压的建立，需要有较好的密封性，且需要向室内送入足量的新风，而室外风速的大小影响室内外压差值，故选项 ABD 均是可能的因素；回风小于设计值，更有利于室内建立正压，选项 C 不是导致问题的原因。
【2014-4-20】某洁净室按照发尘量和洁净度等级要求计算送风量 12000m³/h，根据热湿负荷计算送风量 15000m³/h，排风量 14000m³/h，正压风量 1500m³/h，室内 25 人，该洁净室的送风量为下列何项？
A. 12000m³/h　B. 15000m³/h　C. 15500m³/h　D. 16500m³/h
参考答案：C
主要解题过程：
补偿室内排风量和保持室内正压值所需新鲜空气量：$L_1=14000+1500=15500\text{m}^3/\text{h}$；
保证供给洁净室人员新风量：$L_2=25\times40=1000\text{m}^3/\text{h}$；
所以 $L_1>L_2$。
由《洁净厂房设计规范》GB 50073—2013 第 6.1.5 条，洁净室新风量取二者最大为 15500m³/h。
满足空气洁净度等级要求的送风量：$L_3=12000\text{m}^3/\text{h}$；
根据热湿负荷计算确定的送风量：$L_4=15000\text{m}^3/\text{h}$；
洁净室所需新鲜空气量：$L_1=15500\text{m}^3/\text{h}$；
$$L_1>L_4>L_3$$
根据第 6.3.2 条，送风量取保证洁净度等级送风量（12000m³/h）、根据热湿负荷确定的送风量（15000m³/h）以及新风量（15500m³/h）三者最大，所以洁净室的送风量为 15500m³/h。</td><td>2019-1-63、2019-2-56、2018-1-28、2018-2-62、2017-1-27、2017-1-62、2017-2-28、2016-4-20、2014-1-62、2014-4-20、2013-1-28、2013-2-28、2012-2-63、2011-1-29

分值 26/比例 0.87%</td></tr>
</table>

3.6.5 与相关专业的关系

<table>
<tr><th>高频考点、公式及例题</th><th>考题统计</th></tr>
<tr><td>【2018-2-61】下列关于洁净厂房人员净化设施的设置原则，哪些选项是正确的？
A. 存外衣、更换洁净工作服的房间应分别设置
B. 洁净工作服宜集中挂入带有空气吹淋的洁净柜内
C. 空气吹淋室应设在洁净区人员入口处
D. 为防止人员频繁进出洁净室，洁净区内应设置厕所
参考答案：AB</td><td>2018-2-61、2016-2-62、2011-1-28、

分值 5/比例 0.17%</td></tr>
</table>

高频考点、公式及例题	考题统计
分析： 根据《洁净厂家设计规范》GB 50073—2013 第4.3.3条第2款，选项A正确；根据第4.3.3条第3款，选项B正确；根据第4.3.3条第5款，空气吹淋室应设在洁净区入口处，并与洁净工作服更衣室相邻，选项C错误；根据第4.3.3条第7款，选项D错误。	

3.7　空调冷热源与集中空调水系统

3.7.1　空调系统的冷热源

高频考点、公式及例题	考题统计
【2014-2-23】 当多种能源种类同时具备时，从建筑节能的角度看，暖通空调的冷热源最优先考虑的应是以下哪一项？ A. 电能　　B. 工业废热 C. 城市热网　　D. 天然气 **参考答案：** B	2018-1-22、2018-1-47、2017-1-63、2014-1-30、2014-2-02、2014-2-23、2014-2-42、2012-4-19
分析： 根据《民规》第8.1.1条第1款或《复习教材》第3.7.1节，宜优先采用废热或工业余热。	分值12/比例0.40%

3.7.2　集中空调冷（热）水系统

高频考点、公式及例题	考题统计
涉及知识点： （1）同程系统、异程系统； （2）开式系统、闭式系统； （3）两管制系统、四管制系统； （4）定流量系统、变流量系统。 **【2013-1-25】** 下列关于空调冷水系统设置旁通阀的何项说法是错误的？ A. 空调冷水机组冷水系统的供回水总管路之间均设置旁通阀 B. 在末端变流量、主机定流量的一级泵变流量系统中，供回水总管之间应设置旁通阀 C. 末端和主机均变流量的一级变流量系统中，供回水总管之间应设置旁通阀 D. 多台相同容量的冷机并联使用时，供回水总管之间的旁通阀打开时的最大旁通流量不大于单台冷机的额定流量	2021-1-25、2020-2-20、2020-2-21、2020-2-22、2019-1-22、2018-2-26、2016-1-26、2016-2-56、2014-1-22、2014-1-55、2014-2-19、2013-1-25、2013-2-26、2013-2-58、2013-3-22、2012-1-62、2012-2-20、2012-2-55、2012-2-57、2011-2-26、2011-2-28、2011-2-57 分值29/比例0.97%

高频考点、公式及例题	考题统计
参考答案：A **分析**：根据《复习教材》图 3.7-5 可知，定流量的一级泵系统可以不设旁通阀，选项 A 错误。 **扩展**：根据《民规》第 8.5.8 条、第 8.5.9 条，选项 D 没有说明是冷水机组定流量或变流量，严格来说也是错的。应取机组的最小流量。	

3.7.3　空调水系统的分区与分环路

高频考点、公式及例题	考题统计
【2016-1-30】夏热冬冷地区某大型综合建筑的集中空调系统分别设置高区（写字楼）和低区（餐饮、影剧院与 KTV，夜间使用为主）的两个制冷机房，高区冷源为一台离心式冷水机组，低区冷源为两台离心式冷水机组（名义冷量均为 1394kW/台）。为消除夜间加班时高区离心机组运行的喘振现象，同时提高低区机组的负荷率，在高区设置了板式换热器（即由低区冷水机组承担），夜间按该工况运行时，系统中的阀门 Vl、V2 的启闭，哪一项是正确的?（V3、V4 分别与 Vl、V2 同启闭） 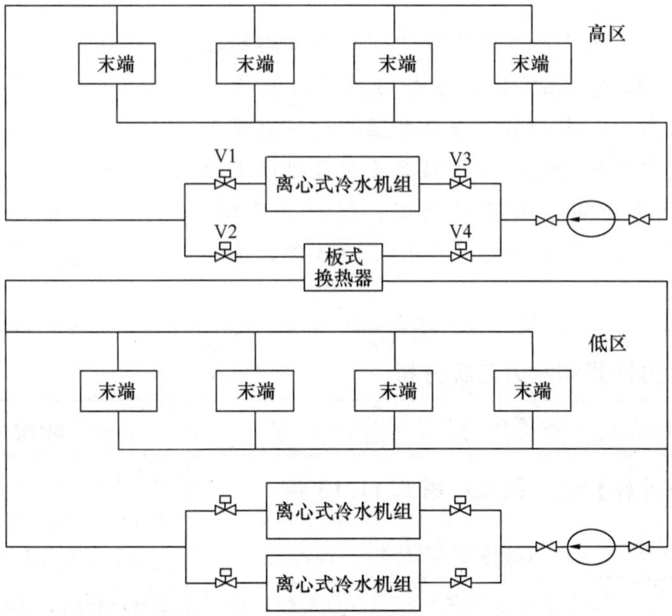 高区 末端 末端 末端 末端 V1 V3 离心式冷水机组 V2 V4 板式换热器 低区 末端 末端 末端 末端 离心式冷水机组 离心式冷水机组 A. V1 开启、V2 关闭　　B. V1 关闭、V2 开启 C. Vl、V2 均开启　　D. V1、V2 均关闭 **参考答案**：B	2017-1-1、2016-1-30、2014-1-59 分值 4/比例 0.13%

高频考点、公式及例题	考题统计
分析：由题意知，夜间仅利用低区离心式冷水机组同时供给高低区，为了保证板式换热器换热时高区循环冷水能全部流过板式换热器，而不通过冷水机组，需要将高区冷水机组前后阀门（V1、V3）全部关闭，板式换热器二次侧进出管路阀门V2、V4全部开启，方能实现。选项B正确。	

3.7.4　冷却水系统

高频考点、公式及例题	考题统计
【2017-1-19】下列关于冷却塔和冷却水系统的描述，哪一项是错误的？ A. 受条件限制，冷却塔遮挡安装时，应按冷却塔本身的进风面积核对进风风量保证措施 B. 受条件限制，冷却塔遮挡安装时，应按冷却塔的进排风相对位置核对进风湿球温度保证措施 C. 冷却塔性能，仅与冷却塔的冷却水流量和进水温度有关 D. 开式冷却塔，排污泄露损失的冷却水补水量一般按照冷却水系统循环水量的0.3%计算 **参考答案**：C **分析**：根据《复习教材》第3.7.4节第2条“(3)冷却塔的设置”，选项AB正确；根据式（3.7-1），冷却塔的冷却能力与总焓移动系数、填料层高度、冷却水进出口水温及对应温度下的饱和空气焓值、室外空气的进出口湿球温度及对应温度下的饱和空气焓值等多项因素有关，选项C错误；根据《民规》第8.6.11条条文说明或《09技术措施》第6.6.13-3条，选项D正确。	2020-1-24、2019-1-60、2017-1-19、2017-1-22、2017-2-25、2016-1-21、2016-1-61、2016-2-27、2016-2-59、2014-1-58、2014-3-16、2014-4-23、2012-1-58、2012-4-24、2011-2-56、2011-3-21、2011-4-23 分值26/ 比例0.87%

3.7.5　空调水系统的水力计算和水力工况分析

高频考点、公式及例题	考题统计
扩展公式【水泵轴功率计算】或《民规》第8.11.13条 $$N=\frac{GH}{367.3\eta}=0.002725\frac{GH}{\eta}$$ 其中，G——水泵流量，m^3/h；H——水泵扬程，mH_2O。 **【2018-2-27】**一个定流量运行的空调水系统，实测发现：系统水流量过大而水泵扬程低于铭牌值。下列哪一种整改措施的节能效果最差？	2020-2-24、2019-2-58、2018-1-26、2018-2-27、2018-4-19（扩展公式）、2017-1-21、2017-2-35、2017-2-58、2017-3-05（扩展公式）、2016-1-24、2016-2-19、2016-3-14（扩展公式）、2014-1-21、

高频考点、公式及例题	考题统计
A. 调节水泵出口阀门开度 B. 增设变频器，调节水泵转速 C. 切削水泵叶轮，减小叶轮直径 D. 更换适合系统特性和运行工况的水泵 **参考答案：** A **分析：** 关小阀门可以调整流量和水泵扬程处于设计工况，但节流造成了能量的浪费，选项 A 正确；根据水泵相似率，选项 BC 的变频调速、减小叶轮直径只能同时调小水泵的流量和扬程，不能解决水泵扬程低的问题；选项 D，更换合适水泵较选项 A 的方式节能。 **【2016-3-14】** 某集中空调冷水系统的设计流量为 200m³/h，计算阻力为 300kPa，设计选择水泵扬程 H（kPa）与流量 Q（m³/h）的关系式为 $H=410+0.49Q-0.0032Q^2$。投入运行后，实测实际工作点的水泵流量为 220m³/h。问：与采用变频调速（达到系统设计工况）理论计算的水泵轴功率相比，该水泵实际运行所增加的功率（kW）最接近以下何项？（水泵效率均为 70%） A. 2.4　　B. 2.9　　C. 7.9　　D. 23.8 **参考答案：** C	2014-1-57、2014-2-57、2013-2-20、2013-2-22、2013-4-12（扩展公式）、2013-4-19（扩展公式）、2012-1-56、2012-2-23、2012-3-12（扩展公式）、2012-3-20、2012-4-17、2011-1-56、2011-1-57、2011-1-58、2011-1-60、2011-2-20、2011-3-18（扩展公式）、2011-4-13（扩展公式）
主要解题过程： 理论计算时水泵轴功率为： $$N_1=\frac{G_1\cdot H_1}{367.3\times\eta}=\frac{200\times\frac{300}{9.81}}{367.3\times 0.7}=23.8\text{kW}$$ 实际工作时水泵扬程为： $$\begin{aligned}H_2&=410+0.49Q-0.0032Q^2\\&=410+0.49\times 220-0.0032\times 220^2=362.92\text{kPa}\end{aligned}$$ $$H=\frac{362.92}{9.81}=37\text{mH}_2\text{O}$$ 实际运行时水泵轴功率为： $$N_2=\frac{G_2\cdot H_2}{367.3\times\eta}=\frac{220\times 37}{367.3\times 0.7}=31.66\text{kW}$$ 水泵实际运行所增加的功率为： $$\Delta N=N_2-N_1=31.66-23.8=7.86\text{kW}$$	分值 49/ 比例 1.63%

3.7.6 水（地）源热泵系统

高频考点、公式及例题	考题统计
【2020-2-23】关于地埋管地源热泵系统的岩土热响应试验要求，下列哪项表述是错误的？ A. 热响应试验测试孔的数量与地源热泵系统的应用面积有关 B. 测试孔的深度应与设计使用的换热器孔深相同 C. 热响应试验应在测试孔施工完成后即刻进行 D. 换热器内流速不应低于0.2m/s **参考答案：**C **分析：**根据《地源热泵系统工程技术规范》GB 50366—2005（2009年版）第C.1.1条，选项A正确；根据第C.3.2条，选项B正确；根据第C.3.3条，选项C错误，测试孔完成并放置至少48h以后进行；根据第C.3.6条，选项D正确。	2020-2-23、2019-1-32、2019-2-38、2019-2-66、2019-3-22、2019-4-21、2017-2-34、2017-2-43、2017-2-57、2016-1-65、2016-4-6、2014-2-31、2014-2-64、2013-1-21、2013-1-65、2013-2-32、2013-2-68、2012-1-24、2012-2-65、2012-3-22、2011-1-20、2011-1-25、2011-1-32、2011-1-33、2011-1-34、2011-1-64、2011-3-22、2011-4-14 分值42/ 比例1.40%

3.7.7 空调冷热源设备的性能与设备选择

高频考点、公式及例题	考题统计
【2012-2-60】某写字楼建筑设计为一个集中式中央空调系统，房间采用风机盘管+新风系统方式，确定冷水机组制冷量（不计附加因素）的做法，下列哪几项是错误的？ A. 冷水机组的制冷量=全部风机盘管（中速）的额定制冷量+新风机组的冷量 B. 冷水机组的制冷量=全部风机盘管（高速）的额定制冷量+新风机组的冷量 C. 冷水机组的制冷量=逐项逐时计算的最大小时冷负荷×大于1的同时使用系数 D. 冷水机组的制冷量=逐项逐时计算的最大小时冷负荷×小于1的同时使用系数 **参考答案：**ABC	2019-1-33、2019-2-67、2018-1-65、2012-2-60
分析：根据《民规》第8.2.2条，冷水机组的制冷量按空调系统冷负荷直接选定，同时使用系数一定是小于1的，故选项ABC错误。	分值7/ 比例0.23%

3.7.8 空调水系统附件

高频考点、公式及例题	考题统计
涉及知识点：补偿器、水处理方法和水处理设备、定压设备、阀件及水过滤器、软接头	2019-2-57、2019-4-12、

高频考点、公式及例题	考题统计
【2019-2-57】某18层（地上）写字楼设计集中空调水系统，冷源和冷水循环泵布置在建筑地下一层机房，空调冷水系统采用膨胀水箱定压，水箱膨胀管连接在冷水循环泵的吸入口处。问：下列有关水压力的说法，哪项是正确的？（不考虑水泵产品高度尺寸引起的高差变化） A. 水泵不运行时，冷水循环泵所承受的水压力为膨胀水箱水位与冷水循环泵之间的高差造成的压力 B. 水泵正常运行时，冷水循环泵入口处的工作压力为膨胀水箱水位与冷水循环泵之间的高差造成的压力 C. 水泵正常运行时，冷水循环泵出口处的工作压力为膨胀水箱水位与冷水循环泵之间的高差造成的压力 D. 水泵正常运行时，冷水循环泵入口处的工作压力为该水系统内工作压力的最低点 **参考答案**：AB **分析**：冷水循环泵入口处为定压点，无论水泵是否运行，该点所承受的水压均为膨胀水箱水位与循环泵的高差，选项AB正确；水泵正常运行时，出口压力为膨胀水箱水位与循环泵的高差和水泵扬程之和，选项C错误；水泵正常运行时，定压点并非系统压力最低点，最低点应为水系统最高水平管段的尾端，选项D错误。 **【2019-4-12】**某闭式空调冷水系统采用卧式双吸泵（泵进出口中心标高相同），水泵扬程28mH_2O（274kPa），采用膨胀水箱定压，膨胀管接至循环水泵进水口处，膨胀水箱水面至水泵中心垂直高度30m，试问水泵正常运转时，水泵出口的表压力（kPa）最接近下列哪项？（水泵入口流速1.5m/s，出口流速4.0m/s，水的密度$\rho=1000kg/m^3$，忽略水泵进出口接管阻力） A. 274　　B. 294　　C. 561　　D. 568 **参考答案**：C **主要解题过程**： 膨胀水箱定压静水高度为： $P_{静}=\frac{\rho gh}{1000}=\frac{1000\times9.8\times30}{1000}=294kPa$ 水泵出口表压为： $P_{出口}=P_{静}+H-\Delta P$ $=294+274-\frac{1}{2}\times1000\times(4^2-1.5^2)\times10^3$ $=561.1kPa$	2018-2-66、2018-4-15、2017-1-54、2017-2-59、2017-2-63、2016-2-26、2014-1-54、2014-1-59、2014-2-21、2014-3-12、2013-2-19、2013-2-55、2011-1-26 分值26/比例0.87%

3.7.9 冷热源机房设计

高频考点、公式及例题	考题统计
【2014-2-67】某办公建筑的制冷机房平均平面设计，下列哪几项是正确的？ A. 机房内主要通道宽度 1.6m B. 制冷机与制冷机之间的净距 1.0m C. 制冷机与电气柜之间的净距 1.2m D. 制冷机与墙之间的净距 1.1m **参考答案：** AD **分析：** 根据《民规》第 8.10.2 条，机房内主要通道宽度不应小于 1.5m，选项 A 正确；制冷机之间的净距不应小于 1.2m，选项 B 错误；制冷机突出部分与电器柜之间的距离不应小于 1.5m，选项 C 错误；制冷机与墙之间的净距不应小于 1.0m，选项 D 正确。	2014-2-67 分值 2/ 比例 0.07%

3.8 空调系统的监测与控制

3.8.1 基本知识

本小节近十年无相关考题。

3.8.2 空调自动控制系统的应用

高频考点、公式及例题	考题统计
【2014-2-60】空调系统的施工图设计阶段，下列哪几项是暖通专业工程师应该完成的自控系统设计工作内容？ A. 提出控制原理，确定控制逻辑 B. 提出控制精度、阀门特性及技术指标等关键性要求 C. 确定控制参数设定值以及工况转换参数值 D. 进行自动控制系统设备选型与布置 **参考答案：** ABC **分析：** 根据《复习教材》第 3.8.2 节可知，选项 ABC 正确。	2014-2-60 分值 2/ 比例 0.07%

3.8.3 空调自动控制系统的相关环节与控制设备

高频考点、公式及例题	考题统计
式（3.8-1）【调节阀流通能力】 $C=\dfrac{316\times G}{\sqrt{\Delta P}}$ **式（3.8-7）【阀权度计算】** $P_{v}=\dfrac{\Delta P_{v}}{\Delta P}=\dfrac{\Delta P_{v}}{\Delta P_{b}+\Delta P_{v}}$	2021-1-61、 2021-2-27、 2020-1-23、 2020-1-54、 2020-2-60、

高频考点、公式及例题	考题统计

式（3.8-8）【水换热器阀权度】

$$\Delta P_{\mathrm{v}} = (0.43 \sim 0.67)\Delta P_{\mathrm{b}}$$

【2020-1-54】 关于空调水系统自动控制用阀门选择的说法，下列哪几项是错误的？

A. 阀权度选择越大，空调冷水输送系统的节能效果越好

B. 变流量空调水系统中，空调末端的电动两通阀口径应与末端的接管直径相同

C. 主机定流量的一级泵变流量系统中，供回水总管之间的压差电动旁通调节阀宜采用直线流量特性

D. 变流量水系统中，空调末端的电动两通阀宜采用等百分比流量特性

参考答案： AB

分析： 根据《民规》第 9.2.5-1 条条文说明，阀权度过高可能导致通过阀门的水流速过高，水泵能耗增大，选项 A 错误，另外，根据《复习教材》第 3.8.3 节阀权度定义，阀权度选择越大，空调水系统阻力越大，水泵能耗越大，不节能，也可判断选项 A 错误；根据《民规》第 9.2.5-3 条，应根据对象要求的流通能力通过计算选择确定，选项 B 错误；根据《复习教材》第 3.8.3 节，选项 CD 正确。

【2019-3-14】 某空调机组混水流程如下图所示。混水泵流量 $50m^3/h$，扬程 80kPa，空调机组水压降 50kPa，一次侧供/回水温度 7℃/17℃。设计流量下电动调节阀全开，阀门进出口压差为 100kPa。问：电动调节阀所需的流通能力最接近下列哪一项？

A. 5　　B. 35　　C. 50　　D. 56

参考答案： A

主要解题过程：

7℃与 17℃水混合为 12℃，根据能量守恒与质量守恒方程，可求得通过电动阀的水流量为 $50/2=25m^3/h$，根据《复习教材》式（3.8-1），电动阀流通能力为：

$$C = \frac{316G}{\sqrt{\Delta P}} = \frac{316 \times 25}{\sqrt{100 \times 1000}} = 25$$

考题统计：

2020-3-19（式 3.8-1）、2019-1-62、2019-3-14（式 3.8-1）、2019-4-19（式 3.8-1）、2018-1-58、2018-4-15（式 3.8-1）、2017-2-23、2017-4-17（式 3.8-1）、2016-1-20、2016-3-19（式 3.8-1、3.8-7）、2014-2-3、2014-2-20、2014-2-54、2014-4-18（式 3.8-1）、2013-1-26、2011-1-55、2011-1-61、2011-2-27

分值 38/比例 1.27%

3.8.4 空气处理系统的控制与监测要求

高频考点、公式及例题	考题统计
【2017-1-55】 某商场采用的全空气定风量空调系统，下列哪些检测和控制要求是不合适的? A. 室内温度、新风温度、送风空气过滤器压差和水冷式空气冷却器进出水温度监测 B. 室内温度和湿度调节器通过高值或低值选择功能优化控制水冷式空气冷却器变水量运行 C. 风机变速控制，并与风阀和水阀作启停连锁控制 D. 根据室内热负荷优化调节室内温度设定值 **参考答案：** CD **分析：** 选项AB是常规检测和控制的重要组成部分，虽未包含全部需检测项目或最佳控制方法，但与题干所问相匹配，是合适的，正确；由于是定风量系统，故风机变速控制是不合适的，选项C错误；室内温度由使用者根据自身舒适度进行设定，通过室内热负荷进行设定是不合适的，选项D错误。	2020-1-22、2017-1-25、2017-1-55、2017-2-22、2016-2-21、2014-1-61、2011-2-61 分值10/比例0.33%

3.8.5 集中空调冷热源系统的控制与监测要求

高频考点、公式及例题	考题统计
【2017-1-56】 有关空调系统的冷水系统采用一级泵冷水机组变流量的做法，下列哪几项控制做法是正确的? A. 系统不设置最低流量控制装置 B. 冷水最低流量数值，采用空调末端的需求控制 C. 冷水最低流量数值，采用冷水机组的最低流量限值控制 D. 当末端需要的冷水流量低于最低流量数值时，开启供回水总管之间的旁通阀进行控制 **参考答案：** CD **分析：** 根据《民规》第8.5.9条及其条文说明，为了使冷水机组能够安全运行，机组有最小流量限制，当系统用户所需的总流量低至单台最大冷水机组允许的最小流量时，水泵转数不能再降低，此时就需要开启旁通阀进行控制，因此选项AB错误，选项CD正确。	2021-1-59、2021-2-22、2019-2-18、2017-1-56、2017-2-55、2014-1-60、2014-2-24、2012-1-55、2011-1-31 分值3/比例0.10%

3.8.6 集中监控与建筑设备自动化系统

高频考点、公式及例题	考题统计
【2020-2-56】 某新风空调机组的送风机采用直接数字控制系统（DDC）进行控制，设置了4个功能的监控点，分别为：启停、故障、状态和手/自动模式状态。问：不同功能的监控点类型（DO、DI）设计，下列哪几项是错误的?	2020-2-56、2014-1-19 分值3/比例0.10%

高频考点、公式及例题	考题统计
A. 启停（DI）；故障（DI）；状态（DI）；手/自动模式状态（DO） B. 启停（DO）；故障（DI）；状态（DI）；手/自动模式状态（DI） C. 启停（DI）；故障（DO）；状态（DO）；手/自动模式状态（DI） D. 启停（DI）；故障（DI）；状态（DI）；手/自动模式状态（DI） **参考答案**：ACD **分析**：根据《复习教材》第 3.8.6 节，输入与输出是以控制器为核心判断的，进入控制器的信号为输入，控制器输出的信号为输出，选项 ACD 错误，选项 B 正确。	

3.9　空调、通风系统的消声与隔振

3.9.1　噪声的物理量度及室内噪声标准

高频考点、公式及例题	考题统计
式（3.9-5）【风机变转速后声功率级的变化】 $$L_{W_2} = L_{W_1} + 50\lg\frac{n_2}{n_1}$$ **【2019-2-26】**下列关于噪声的说法，哪项是错误的？ A. 室内允许噪声标准通常用 A 声级 dB（A）或 NR 噪声评价曲线来表示 B. 室外环境噪声环境功能区昼夜或夜间的最大声级 dB（A）来表示 C. 通风机的噪声通常用声功率级来表示 D. 组合式空调机组的噪声通常用声压级来表示 **参考答案**：D **分析**：根据《复习教材》第 3.9.1 节，由于人耳的感觉特性与 40 方等响曲线很接近，因此多使用 A 计权网络进行音频测量，选项 A 正确；根据《声环境质量标准》GB 3096—2008 第 5.1 条，选项 B 正确；根据《复习教材》第 3.9.2 节，选项 C 正确；组合式空调机组的噪声也是来源于通风机，因此选项 D 错误。	2020-2-16、 2019-2-26、 2017-2-27、 2016-2-22 分值 4/ 比例 0.13%

3.9.2　空调系统的噪声

高频考点、公式及例题	考题统计
式（3.9-1）【距声源中心为 r 的球面声强】 $$I = \frac{W}{4\pi r^2}$$ **式（3.9-7）、式（3.9-8）【风机声功率级计算】** $$L_W = 5 + 10\lg L + 20\lg H$$	2021-3-15 （式 3.9-7）、 2020-2-57、 2019-2-26、 2019-3-12、

高频考点、公式及例题	考题统计
$$L_W = 67 + 10\lg N + 10\lg H$$ **式（3.9-13）【房间某点的声压级】** $$L_P = L_W + 10\lg\left(\frac{Q}{4\pi r^2} + \frac{4(1-\alpha_m)}{S\alpha_m}\right)$$ **【2021-3-15】** 某风机房设置了2台离心风机，其运行参数分别如下：风机1，风量36000m³/h，全压530Pa；风机2，风量20500m³/h，全压500Pa。问：当两台风机同时运行时，总声功率（dB）最接近下列何项？ A. 103.9　　B. 105.1 C. 106.9　　D. 108.1 **参考答案：** C **主要解题过程：** 根据《复习教材》式（3.9-7），两台风机的声功率级分别为： $L_{W_1} = 5 + 10\lg L + 20\lg H = 5 + 10\times\lg 36000 + 20\times\lg 30 = 105.1\text{dB(A)}$ $L_{W_2} = 5 + 10\lg L + 20\lg H = 5 + 10\times\lg 20500 + 20\times\lg 500 = 102.1\text{dB(A)}$ 根据表3.9-6，二者相差3dB（A），总声功率为： $L_W = 105.1 + 1.8 = 106.9\text{dB(A)}$	2018-4-10（式3.9-7）、2017-4-12（式3.9-13）、2016-2-22（式3.9-1）、2016-3-17（式3.9-7）、2016-4-12（式3.9-7）、2013-2-60、2011-3-19 分值20/比例0.67%

3.9.3 空调系统的噪声控制

高频考点、公式及例题	考题统计
【2020-2-17】 关于空调、通风系统的消声、隔振设计，下列哪一项说法是正确的？ A. 直风管管内风速大于8m/s时，可不计算管道中气流的再生噪声 B. 风机风量和风压变化的百分率相同时，前者对风机噪声的影响比后者大 C. 微穿孔板消声器可用于洁净车间的空调通风系统的消声 D. 阻性消声器比抗性消声器对低频噪声有更好的消声能力 **参考答案：** C **分析：** 根据《复习教材》第3.9.3节，选项A错误，小于5m/s时，可不计算再生噪声，大于8m/s时，可不计算噪声的自然衰减；微穿孔消声器没有填料，不起灰尘，适合洁净车间，选项C正确；阻性消声器对中高频有较好的消声性能，抗性消声器对低频和低中频有较好的消声性能，选项D错误；根据式（3.9-7），变化率相同时，风压变化的影响更大，选项B错误。	2021-2-26、2020-1-61、2020-2-17、2020-2-18、2019-2-54、2018-2-18、2018-2-22、2017-1-57、2013-2-27、2012-2-56、2011-1-62 分值16/比例0.53%

3.9.4 设备噪声控制

高频考点、公式及例题	考题统计
【2018-2-55】某办公楼设计采用风冷热泵机组，室外机置于屋面，运行后，机组正下方顶层的办公室反应噪声较大，为解决噪声问题，应检查下列哪几项？ A. 机组本体的噪声水平 B. 机组与水管之间的隔振措施 C. 机组与基础之间的隔振措施 D. 机组噪声的隔离措施 **参考答案：**ABCD **分析：**机组作为噪声源其噪声水平是室内噪声大的一个主要原因，选项 A 正确；根据《民规》第 10.1.6 条，当机房靠近对声环境要求高的房间时，应采取隔声、吸声和隔振的措施，选项 BCD 作为隔声、吸声和隔振措施是影响室内噪声的检查选项。	2020-1-61、2018-2-55 分值 4/比例 0.13%

3.9.5 隔振

高频考点、公式及例题	考题统计
式（3.9-14）【隔振器自振频率】 $$f_0 = f \times \sqrt{\frac{T}{1-T}}$$ 式（3.9-15）、《民规》第 10.3.1 条、《工规》第 12.3.4 条**【振动设备的扰动频率】** $$f = \frac{n}{60}$$ **【2021-4-12】**某工业厂房通风系统中采用的离心风机，其额定转速为 900r/min，拟采用弹簧隔振制作进行减振。问：以下所选用的弹簧隔振器的静态压缩量（mm），哪一项是最合理的？ A. 5　　B. 25　　C. 50　　D. 80 **参考答案：**B **主要解题过程：** 根据《工规》第 12.3.4 条条文说明，风机的扰动频率为： $$f = \frac{n}{60} = \frac{900}{60} = 15\text{Hz}$$ 根据第 12.3.3 条，设备扰动频率与隔振器固有频率之比 f/f_0 宜为 4～5，故 $3.75 \leqslant f_0 \leqslant 6$，根据式（14）有： $$x = \left(\frac{5}{f_0}\right)^2 \Rightarrow 1.78\text{cm} \leqslant x \leqslant 2.78\text{cm}$$ 故取 x=25mm 最合理。	2021-1-22、2021-2-59、2021-4-12（式 3.9-15）、2018-2-22、2018-2-55、2014-3-19 分值 10/比例 0.33%

3.10　绝　热　设　计

3.10.1　一般原则

<table>
<tr><th>高频考点、公式及例题</th><th>考题统计</th></tr>
<tr><td>

式（3.10-1）、式（3.10-3）【矩形保温风管】

传热量计算：

$$q_a = \frac{t_2 - t_1}{\dfrac{\delta}{\lambda} + \dfrac{1}{11.63}}$$

防结露计算：

$$\delta_m = \frac{\lambda}{11.63} \times \frac{t_b - t_1}{t_2 - t_b}$$

式（3.10-2）、式（3.10-4）【圆形保温风管传热量】

传热量计算：

$$q_1 = \frac{2\pi(t_2 - t_1)}{\dfrac{1}{\lambda}\ln\left(\dfrac{d+2\delta}{d}\right) + \dfrac{2}{11.63(d+2\delta)}}$$

防结露计算：

$$(d+2\delta_m)\ln\left(\frac{d+2\delta_m}{d}\right) = \frac{2\lambda(t_b - t_1)}{11.63(t_2 - t_b)}$$

【2014-2-30】 关于制冷设备保冷防结露计算的说法，下列何项是错误的？

A. 防结露厚度与设备内冷介质温度有关

B. 防结露厚度与保冷材料外表面接触的空气干球温度有关

C. 防结露厚度与保冷材料外表面接触的空气湿球温度有关

D. 防结露厚度与保冷材料外表面接触的空气露点温度有关

参考答案： C

分析： 根据《复习教材》式（3.10-3）和式（3.10-4）可看出，防结露厚度与设备内冷介质温度，保冷材料外表面接触的空气干球温度、露点温度有关。与保冷材料外表面接触的空气湿球温度无关，选项C错误。

【2020-3-13】 某空调系统的钢制矩形送风管位于地下车库内，夏季工况时设计送风温度为12℃，地下车库的空气平均温度为32℃，保温材料为柔性泡沫橡塑，其导热系数为0.0342W/（m·K），保温层外表面放热系数为11.63W/（m·K）。问：如果要求送风管单位面积的传热量不大于25W/m²，则送风管保温层的最小计算厚度（mm）最接近下列何项？（不考虑保温材料导热系数的温度修正，不考虑风管管材和风管内空气放热热阻）

</td><td>2020-3-13（式3.10-1）、2014-2-22、2014-2-30</td></tr>
<tr><td>

A. 19.0　　B. 24.5　　C. 30.3　　D. 39.8

参考答案： B

</td><td>分值4/比例0.13%</td></tr>
</table>

<table>
<tr><th>高频考点、公式及例题</th><th>考题统计</th></tr>
<tr><td>

主要解题过程：

根据《复习教材》式（3.10-1），有：

$$q=\frac{t_2-t_1}{\frac{\delta}{\lambda}+\frac{1}{11.63}}\leqslant 25$$

则保温厚度为：

$$\delta=\lambda\left(\frac{t_2-t_1}{q}-\frac{1}{11.63}\right)\geqslant 0.0342\times\left(\frac{32-12}{25}-\frac{1}{11.63}\right)$$
$$=0.0244\text{m}=24.4\text{mm}$$

</td><td></td></tr>
</table>

3.10.2　绝热材料的性能要求

<table>
<tr><th>高频考点、公式及例题</th><th>考题统计</th></tr>
<tr><td>

式（3.10-5）、式（3.10-6）【绝热材料导热系数】

柔性泡沫橡塑 $\lambda=0.0341+0.00013t_{\text{m}}$

离心玻璃棉 $\lambda=0.031+0.0017t_{\text{m}}$

【2019-2-2】下列关于热水管道保温的说法，哪一项是错误的？

A. 超过临界绝热直径后，保温层厚度越厚，热损失越小

B. 保温材料含水率增加后，保温性能下降

C. 供水温度为 75℃时，可采用发泡橡塑材料保温

D. 保温层厚度越厚，经济性必定越好

参考答案：D

分析：通过分析传热速率随保温层直径的增加而变化的规律可得出结论，只有在保温层厚度大于其临界直径时，增加保温层厚度才会减少热损失，选项 A 正确；根据《复习教材》第 3.10.2 节，可知选项 B C 正确；根据第 3.10.3 节可知，保温层存在一个合理的厚度即经济厚度，选项 D 错误。

【2019-4-13】某公共建筑内需要常年供冷的房间，设计室温为 26℃。其空调系统采用的矩形送风管布置在空调房间内，送风空气温度为 15℃，风管绝热设计采用柔性泡沫橡塑。问：满足节能设计要求的绝热层最小厚度(mm)，最接近以下哪项？

A. 28　　B. 29　　C. 30　　D. 31

参考答案：C

主要解题过程：

根据《公建节能》第 D.0.4 条，保温最小热阻为 0.81m²·K/W，根据《复习教材》式（3.10-5），柔性泡沫橡塑的传热系数为：

$$\lambda=0.0341+0.00013t_{\text{m}}=0.0341+0.00013\times\frac{26+15}{2}$$
$$=0.0368\text{W/(m·K)}$$

绝热层最小厚度为：

$$\delta=R\lambda=0.81\times0.0368=0.0298\text{m}=30\text{mm}$$

</td><td>2019-2-2、
2019-4-13
（式 3.10-5）、
2014-1-3、
2013-2-21、
2013-2-63

分值 7/
比例 0.23%</td></tr>
</table>

3.10.3　节能设计与经济绝热厚度

高频考点、公式及例题

风管类型	最小热阻（$m^2 \cdot K/W$）
一般空调风管	0.81
低温风管	1.14

《民用建筑热工设计规范》GB 50176—2016 第 3.4.1 条【导热热阻计算】

$$R = \delta/\lambda$$

其中，δ 为材料层的厚度，m；λ 为材料的导热系数 $W/(m \cdot K)$。

《工业设备及管道绝热工程设计规范》GB 50264—2013 第 5.3.3 条第 2 款【每米管道绝热层厚度外径计算】

$$\ln \frac{D_1}{D_0} = \frac{2\pi\lambda(T_0 - T_a)}{[q]} - \frac{2\lambda}{D_1\ \alpha_s}$$

【2018-1-20】 在工业设备及管道的绝热计算中，下列哪项关于计算参数选择的说法是错误的？

A. 保温计算时金属设备及管道的外表面温度，当无衬里时应取介质的长期正常运行温度

B. 在防止设备管道内介质冻结的保温计算中，环境温度应取冬季历年极端平均最低温度

C. 保冷层计算时设备及管道外表面温度应取为介质的最低操作温度

D. 计算保冷设计时防结露厚度时，环境温度应取夏季空气调节室外计算湿球温度

参考答案： D

分析： 根据《工业设备及管道绝热工程设计规范》GB 50264—2013 第 5.8.1 条第 1 款，选项 A 正确；根据第 5.8.2 条第 5 款，选项 B 正确；根据第 5.9.1 条第 1 款，选项 C 正确；根据第 5.9.1 条第 2 款，应取夏季空气调节室外计算干球温度，选项 D 错误。

考题统计

2021-3-12（3.4.1）、2019-2-2、2019-3-1（第 5.3.3 条）、2019-4-13（第 3.4.1 条）、2018-1-20、2014-4-12（第 3.4.1 条）、2013-4-13、2012-1-20、2011-4-12

分值 15/比例 0.50%

3.10.4　绝热材料结构的施工要求

本小节近十年无相关考题。

3.11 空调系统的节能、调试与运行

3.11.1 建筑节能概述

高频考点、公式及例题	考题统计
【2011-2-55】 关于公共建筑空调系统节能的说法正确的应是下列哪几项? A. 公共建筑空调系统只要采用了各种先进的技术设备，就能实现节能领先水平 B. 公共建筑空调系统的能耗高低仅由设计确定 C. 公共建筑空调系统的精细运行管理能够降低运行能耗 D. 公共建筑设置基于物联网的能耗监测系统是实现降低空调系统能耗的重要手段之一 **参考答案**：CD	2011-2-55
分析：根据《复习教材》第3.11.1节，公共建筑空调系统能耗是由多方面原因构成的。	分值2/ 比例0.07%

3.11.2 空气调节系统的节能设计

高频考点、公式及例题	考题统计
涉及知识点：设计、计算的合理性；设备配置；实时控制与全年运行的节能 **【2011-2-66】** 某空调冷水系统采用两台蒸汽压缩式冷水机组，配置的一次定流量循环水泵，冷却水泵与冷却塔并联运行。当因气候变化，部分负荷运行时，仅有一台机组与其相匹配的水泵等运行。实现节能，并保障运行合理的做法应是下列哪几项? A. 关闭不运行冷水机组的冷却水进机组管路阀门 B. 关闭不运行冷水机组的冷水进机组管路阀门 C. 始终使冷却水通过两台冷却塔实现冷却 D. 两台冷却塔的风机保持全部运行 **参考答案**：AB	2019-1-55、 2016-1-41、 2011-2-66
分析：部分负荷时可采取的节能手段为：关闭不运行的冷水机组及配套设备和控制阀门、仅开启部分（本题为一台）冷却塔的风机实现冷却。故选项AB正确，选项CD错误。	分值6/ 比例0.20%

3.11.3 空气调节系统中常用的节能技术和措施

高频考点、公式及例题	考题统计
涉及知识点：新风量及新风比的确定、空调系统分区、变风量空调技术、焓值控制技术与温差控制技术、热回收与冷却塔供冷、冷、热源系统和设备选择、降低输送能耗、公共建筑集中空调系统的节能要求、溶	2021-2-58、 2021-3-13 （式3.11-10）、

<table>
<tr><th>高频考点、公式及例题</th><th>考题统计</th></tr>
<tr><td>

液除湿技术、蒸发冷却技术、温湿度独立控制空调系统。

式（3.11-2）～式（3.11-4）【全空气系统新风比设计计算】

$$Y=\frac{X}{1+X-Z}=\frac{V_{ot}}{V_{st}}$$

$$X=V_{on}/V_{st}$$

$$Z=V_{oc}/V_{sc}$$

适用于一个全空气系统负担多个空调房间时系统新风比的确定。

其中，V_{on}——系统中所有房间设计新风量之和；V_{st}——总送风量；V_{oc}——新风比需求最大的房间的新风量；V_{sc}——新风比需求最大房间的送风量；V_{ot}——修正后的总新风量。

式（3.11-5）、式（3.11-8）【显热热回收计算】

$$\eta_t=\frac{t_1-t_2}{t_1-t_3}\times 100\%$$

$$Q_t=C_p\cdot\rho\cdot L_p\cdot(t_1-t_3)\cdot\eta_t=C_p\cdot\rho\cdot L_x\cdot(t_1-t_2)$$

式（3.11-7）、式（3.11-9）【全热热回收计算】

$$\eta_h=\frac{h_1-h_2}{h_1-h_3}\times 100\%$$

$$Q_h=\rho\cdot L_p\cdot(h_1-h_3)\cdot\eta_h=\rho\cdot L_x\cdot(h_1-h_2)$$ 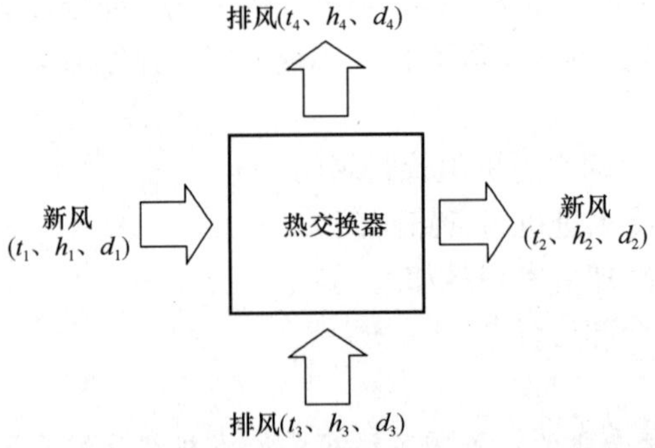

排风(t_4、h_4、d_4)

新风(t_1、h_1、d_1)　热交换器　新风(t_2、h_2、d_2)

排风(t_3、h_3、d_3)

式（3.11-10）或《公建节能》式（4.3-22）【风道系统单位风量耗功率】

$$W_s=\frac{P}{3600\eta_{CD}\cdot\eta_F}$$

其中，P为空调机组的机外余压，或者通风系统的风机风压，Pa；η_{CD}为电机及传动效率，0.855；η_F为风机效率。

式（3.11-11）【供暖、供热循环水泵耗电输冷（热）比 *EC(H)R*】

$$\frac{0.003096\Sigma(GH/\eta_b)}{Q}\leqslant\frac{A(B+\alpha\Sigma L)}{\Delta T}$$

</td><td>

2021-3-19（式3.11-5）、2020-2-42、2020-3-14（式3.11-10）、2020-4-15（式3.11-5、式3.11-9）、2019-1-56、2019-2-69、2019-3-15（式3.11-9）、2019-3-16、2019-3-19（式3.11-2～式3.11-4）、2018-1-69、2018-2-9、2018-2-20、2018-3-2（式3.11-11）、2018-3-18（式3.11-11）、2018-4-16（式3.11-10）、2017-2-4、2017-2-10、2017-2-47、2017-3-13（式3.11-8）、2017-3-16（式3.11-11）、2017-3-18（式3.11-9）、2016-1-11、2016-1-60、

</td></tr>
</table>

<table>
<tr><th>高频考点、公式及例题</th><th>考题统计</th></tr>
<tr><td>

（1）等式左边为所选循环水泵的耗电输冷（热）比，等式右边为规范限值。

（2）等式左边数值应带入实际选定水泵的参数，等式右边应带入规范规定的数值。

式（3.11-12）【蓄冰系统载冷剂循环泵耗电输冷比ECR】

$$ECR = 11.136\sum\frac{mH}{\eta_b Q}\leqslant\frac{AB}{C_p\Delta T}$$

（1）本公式用于约定蓄冰系统载冷剂水泵的选型，对于冷水输送系统的冷水泵仍应满足 $EC(H)R$ 的要求。

（2）C_p 为载冷剂比热，应按《蓄能空调工程技术标准》JGJ 158—2018附录B取值。

（3）B 值计算应注意规范规定。

【2021-3-13】某办公室的定风量全空气空调系统，风量为25000m³/h，空气处理机组的设计余压为550Pa，空气处理机组的内部压降为500Pa。问：该空调系统的送风机效率的最低限值，最接近下列何项？

A. 0.662　　B. 0.602　　C. 0.566　　D. 0.514

参考答案：A

主要解题过程：

根据《公建节能》式（4.3-22）及表4.3.22，W_s 取0.27，则

$$\eta_F = \frac{P}{3600\times\eta_{CD}\times W_s} = \frac{550}{3600\times0.855\times0.27} = 0.662$$

【2020-4-15】某空调系统设置新风—排风空气换热器，新风量和排风量均为5000m³/h，夏季新风进风干球温度33℃，进风焓值88kJ/kg，排风干球温度26℃，排风焓值54kJ/kg。在此工况下，显热回收效率为0.6，全热回收效率为0.65。问：夏季新风经换热器后出风干球温度（℃）和回收的全热量（kW）最接近下列哪一个选项？［注：空气密度按1.2kg/m³，空气比热按1.01kJ/(kg·℃）计算］

A. 28.8和36.8　　B. 28.8和7.1

C. 28.5和36.8　　D. 28.5和7.1

参考答案：A

主要解题过程：

根据《复习教材》式（3.11-9），回收的全热量为：

$$Q_h = \frac{\rho L(h_1-h_3)\eta_h}{3600} = \frac{1.2\times5000\times(88-54)\times0.65}{3600} = 36.8\text{kJ/kg}$$

</td><td>2016-2-47、2016-2-60、2016-4-7（式3.11-9）、2016-4-13（式3.11-9）、2014-3-17（式3.11-11）、2014-4-19（式3.11-9）、2013-1-19、2013-1-20、2013-2-56、2013-3-16（式3.11-2～式3.11-4）、2013-4-14（式3.11-10）、2012-1-21、2012-1-27、2012-2-21、2012-3-16（式3.11-5、式3.11-7）、2012-4-12、2011-1-50、2011-3-12、2011-4-15（式3.11-5、式3.11-7）、2011-4-18、2011-4-19（式3.11-2～式3.11-4）</td></tr>
<tr><td>

根据式（3.11-5），热回收后的送风温度为：

$$t_2 = t_1-(t_1-t_3)\eta_t = 33-(33-26)\times0.6 = 28.8℃$$

</td><td>分值82/
比例2.73%</td></tr>
</table>

高频考点、公式及例题	考题统计
【2018-3-18】夏热冬冷地区某建筑的空调水系统采用两管制一级泵系统，空调热负荷为 2800kW，空调热水的设计供/回水温度为 65℃/50℃。锅炉房至最远用户供回水管总输送长度为 800m，拟设置两台热水循环泵，系统水力计算所需水泵扬程为 25m。水的密度值取 1000kg/m³，定压比热取值 4.18kJ/（kg·K）。问：热水循环泵设计点的工作效率的最低限值，最接近下列哪项？ A. 51%　　B. 69%　　C. 71%　　D. 76% **参考答案：** A **主要解题过程：** $G=\frac{Q\times 3600}{c\rho\Delta t}=\frac{2800\times 3600}{4.18\times 1000\times (65-50)}=160.8\text{m}^3/\text{h}$ 根据《公建节能》第 4.3.9 条和《民规》第 8.5.12 条，根据单台泵流量 80.4m³/h，查得： $A=0.003858，B=21$ $\alpha=0.002+\frac{0.16}{\Sigma L}=0.002+\frac{0.16}{800}=0.0022，\Delta T=10℃$。 $0.003096\Sigma(GH/\eta_b)/Q\leqslant A(B+\alpha\Sigma L)/\Delta T$ $\eta_b\geqslant\frac{0.003096\Sigma(GH)\Delta T}{QA(B+\alpha\Sigma L)}=\frac{0.003096\times 160.8\times 25\times 10}{2800\times 0.003858\times (21+0.0022\times 800)}$ $=0.506=51\%$。	

3.11.4　可再生能源的利用

高频考点、公式及例题	考题统计
涉及知识点： 热泵（空气源热泵、水源热泵系统）、太阳能热水供热系统。 【2018-1-43】设计太阳能热水供暖系统时，以下哪些说法是正确的？ A. 配置太阳能供暖热源时，应按照冬季供暖室外计算温度，计算建筑热负荷 B. 应考虑设置蓄热装置 C. 对冬季必须保证供暖的建筑，应设置人工辅助热源 D. 应选择适合低温供暖的末端供暖设备 **参考答案：** BCD **分析：** 根据《复习教材》第 3.11.4 节“设计太阳能热水供热系统时，应对冬季典型设计日全天的逐时供热负荷进行计算”，再根据《太阳能供热采暖工程技术规范》GB 50495—2009 第 3.3.2 条，太阳能集热系统负担的供暖热负荷是在计算供暖期室外平均气温条件下的建筑物耗热量，同时根据式（3.3.2-2），室外温度取值供暖期室外平均温度，选项 A 错误；	2018-1-43、2017-2-38、2014-1-42、2012-2-43、2011-2-42 分值 9/比例 0.30%

高频考点、公式及例题	考题统计
根据《复习教材》第 3.11.4 节，“白天太阳能充足的地区，如果集热器白天的集热量有富裕，为了充分利用，应考虑蓄热装置，将富裕的集热量蓄存起来在夜间使用。”选项 B 正确；“由于受到大气透明度的影响，并非全年的每天都能够完全利用太阳能。因此，对于冬季必须保证供热的建筑，还应设置人工辅助热源。”选项 C 正确。一般来说，太阳能集热器在连续集热的情况下，提供的热水温度较低（为 40～50℃），根据《太阳能供热采暖工程技术规范》GB 50495—2009 第 3.7.1 条，设计时选择相应的适合于低温热水供水温度的末端供暖系统，选项 D 正确。	

3.11.5　空调系统的调试与运行管理

<table>
<tr><th>高频考点、公式及例题</th><th>考题统计</th></tr>
<tr><td>

【2016-2-41】在对公共建筑暖通空调系统的下列节能诊断内容中，哪几项内容是与有关规范要求不一致的？

A. 对暖通空调系统的各项指标经过选择后，确定诊断项目，进行现场检测

B. 空调水系统的诊断内容中不包含 *ER* 指标

C. 供回水温差是检测空调水系统的唯一内容

D. 暖通空调系统诊断内容中不包台室内平均温度、湿度

参考答案：CD

分析：根据《公建节能改造技术规范》JGJ 176—2009 第 3.3.1 条，选项 AB 正确，选项 D 错误；根据第 4.3.9～4.3.11 条，除供回水温差外，还需检查空调系统循环水泵的水量，二级泵空调冷水系统的变频改造等，选项 C 错误。

【2014-3-21】已知用于全年累计工况评价的某空调系统的冷水机组运行效率限值 $COP_{LV}=4.8$、冷却水输送系数限值 $WTF_{CW_{LV}}=25$，用于评价该空调系统的制冷子系统的能效比限值（$EERr_{LV}$）应是下列何值？

A. 2.80～3.50　　B. 3.51～4.00

C. 4.01～4.50　　D. 4.51～5.00

参考答案：B

主要解题过程：

根据《空调系统经济运行》GB/T 17981—2007 第 5.4.2 条，得：

</td><td>2016-2-41、
2014-1-20、
2014-1-50、
2014-3-21、
2013-2-54</td></tr>
<tr><td>

$$EERr_{LV}=\frac{1}{\frac{1}{COP_{LV}}+\frac{1}{WTF_{CW_{LV}}}+0.02}=\frac{1}{\frac{1}{4.8}+\frac{1}{25}+0.02}=3.73$$

</td><td>分值 9/
比例 0.30%</td></tr>
</table>

第 4 章　制冷与热泵技术考点解析

4.1　蒸汽压缩式制冷循环

4.1.1　蒸汽压缩式制冷的工作循环

本小节近十年无相关考题。

4.1.2　制冷剂的热力参数图表

本小节近十年无相关考题。

4.1.3　理想制冷循环——逆卡诺循环

<table>
<tr><th>高频考点、公式及例题</th><th>考题统计</th></tr>
<tr><td>

式（4.1-1）～式（4.1-6）【制冷系数计算】

（1）基本定义

$$\varepsilon = \frac{q_0}{\sum \omega}$$

（2）理论循环

$$\varepsilon_c = \frac{T_0'(s_1 - s_4)}{(T_k' - T_0')(s_1 - s_4)} = \frac{T_0'}{T_k' - T_0'}$$

（3）理想循环

$$\varepsilon_c = \frac{h_1 - h_4}{(h_2 - h_1) - (h_3 - h_4)}$$

（4）有传热温差制冷循环

$$\varepsilon_c' = \frac{T_0}{T_k - T_0} = \frac{T_0' - \Delta T_0}{(T_k' - T_0') + (\Delta T_k + \Delta T_0)}$$

$$\varepsilon_c' < \varepsilon_c$$

【2020-4-21】某单级蒸汽压缩式制冷循环，其冷凝温度 40℃，蒸发温度 −20℃，理论循环制冷系数为 3.16。问：该制冷循环的制冷效率最接近下列何项？

A. 0.75　　B. 0.81　　C. 0.50　　D. 1.34

参考答案：A

主要解题过程：

根据《复习教材》式（4.1-6）及式（4.1-22）可知：

$$\eta_R = \frac{\varepsilon_{th}}{\varepsilon_c'} = \frac{\varepsilon_{th}}{\frac{T_0}{T_k - T_0}} = \frac{3.16}{\frac{273 + (-20)}{(273 + 40) - (273 - 20)}} = 0.75$$

</td><td>2020-4-21（式 4.1-6）、2019-1-54、2017-1-64、2016-1-33、2016-1-63、2016-3-20（式 4.1-6）、2014-3-23（式 4.1-5）、2013-1-34、2013-2-31、2011-2-30、2011-2-32

分值 17/比例 0.57%</td></tr>
</table>

4.1.4　蒸汽压缩式制冷的理论循环及其热力计算

高频考点、公式及例题	考题统计

式（4.1-13）～式（4.1-22）【蒸汽压缩式制冷理论循环】

单位质量制冷量 $q_0 = h_1 - h_4$（kJ/kg）

制冷剂质量流量 $M_R = \Phi_0 / q_0$（kg/s）

冷凝器单位质量换热量 $q_k = h_2 - h_3$（kJ/kg）

冷凝器热负荷 $\Phi_k = M_k q_k = M_k(h_2 - h_3)$（kW）

压缩机单位质量耗功量 $\omega_{th} = h_2 - h_1$（kJ/kg）

压缩机理论耗功量 $P_{th} = M_R \omega_{th} = M_R(h_2 - h_1)$（kW）

理想制冷系数 $\varepsilon_{th} = \dfrac{\Phi_0}{P_{th}} = \dfrac{q_0}{\omega_{th}} = \dfrac{h_1 - h_4}{h_2 - h_1}$

制冷效率 $\eta_R = \dfrac{\varepsilon_{th}}{\varepsilon_c'}$

【2019-2-30】对于同型号螺杆式冷水机组性能，下列何项说法是错误的？

A. 冷却水进/出水温度相同时，冷水出水温度升高，机组 *COP* 增加

B. 冷水进/出水温度相同时，冷却水出水温度降低，机组 *COP* 增加

C. 冷却水进水温度不变时，随着冷却水流量增加，机组 *COP* 增加

D. 冷水进水温度不变时，随着冷水流量增加，机组制冷量减少

参考答案：D

分析：根据《复习教材》图 4.1-8 可知，冷凝温度不变，蒸发温度升高时，*COP* 增加；蒸发温度不变，冷凝温度降低，*COP* 增加，故选项 AB 正确；冷却水进水温度不变，流量增加，出水温度降低，冷凝温度降低，*COP* 增加，选项 C 正确；冷水进水温度不变，冷水流量增加，蒸发温度增加，故机组制冷量增加，选项 D 错误。

【2011-4-21】某氨压缩式制冷机组，冷凝温度为 40℃、蒸发温度为 −15℃，下图所示为其理论循环，点 2 为蒸发器制冷剂蒸气出口状态。该循环的理论制冷系数应是下列何项？（注：各点比焓见下表）

状态点号	1	2	3	4
比焓（kJ/kg）	686	1441	2040	1650

A. 2.10～2.30　B. 1.75～1.95

C. 1.45～1.65　D. 1.15～1.35

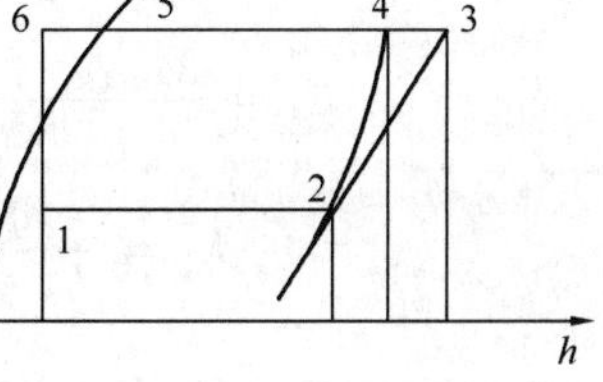

参考答案：D

主要解题过程：

根据《复习教材》式（4.3-21），得：

$$\varepsilon_{th} = \frac{h_2 - h_1}{h_3 - h_2} = \frac{1441 - 686}{1650 - 1441} = 1.26$$

考题统计：2021-2-33、2021-2-65、2020-2-65、2020-4-21（式 4.1-22）、2019-2-30、2017-3-24、2016-2-64、2014-1-31、2014-1-64、2013-1-34、2013-4-21、2013-4-22、2011-1-65、2011-4-21（式 4.1-21）

分值 22/比例 0.73%

4.1.5　双级蒸汽压缩式制冷循环

<table>
<tr><th>高频考点、公式及例题</th><th>考题统计</th></tr>
<tr><td rowspan="2">

式（4.1-24）～式（4.1-29）【一次节流、完全中间冷却的双级压缩制冷循环，见下图】 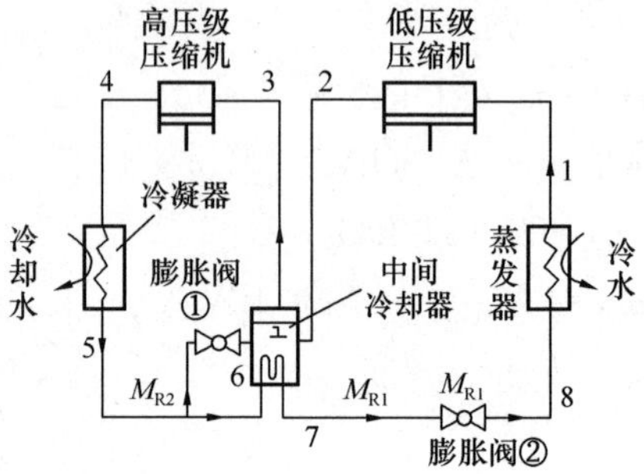

通过蒸发器的制冷剂质量流量：

$$M_{R1}=\frac{\Phi_0}{h_1-h_8}$$

$$M_{R2}=\frac{M_{R1}\times[(h_2-h_3)+(h_5-h_7)]}{h_3-h_6}$$

低级压缩机理论耗功率 $P_{th1}=M_{R1}(h_2-h_1)$

高级压缩机理论耗功率 $P_{th2}=M_R(h_4-h_3)$

$$\varepsilon_{th}=\frac{\Phi_0}{P_{th}}=\frac{\Phi_0}{P_{th1}+P_{th2}}$$

式（4.1-30）～式（4.1-34）【一次节流、不完全中间冷却的双级压缩制冷循环，见下图】 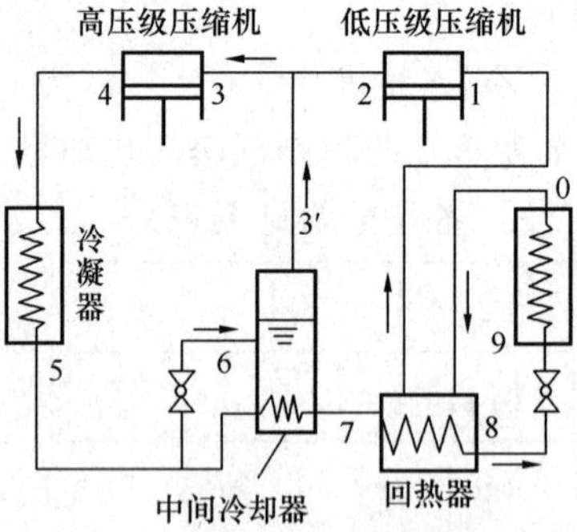

$$h_3=\frac{M_{R1}h_2+M_{R2}h'_3}{M_R}$$

$$M_{R1}=\frac{\Phi_0}{h_0+h_9}$$

$$M_{R2}=\frac{M_{R1}(h_5-h_7)}{h'_3-h_6}$$

$$P_{th}=P_{th1}+P_{th2}=M_{R1}(h_2-h_1)+M_R(h_4-h_3)$$

</td><td>2020-2-36、
2018-2-65、
2017-3-23
（式4.1-32）、
2014-3-22
（式4.1-29）、
2012-2-30、
2012-2-31、
2012-4-23、
2011-2-30、
2011-3-24
（式4.1-35）</td></tr>
<tr><td>分值14/
比例0.47%</td></tr>
</table>

高频考点、公式及例题	考题统计
$$\varepsilon_{th}=\frac{\Phi_0}{P_{th}}=\frac{\Phi_0}{P_{th1}+P_{th2}}$$ **式（4.1-35）【双级压缩中间参数】** 最佳中间温度 $t_{佳}=0.4t_k+0.6t_0+3$ 最佳中间压力 $P=\sqrt{P_k\cdot P_0}$ **【2018-2-65】**采用双级压缩机的空气源热泵机组，下列说法哪几项是正确的？ A. 有两个压缩机，可实现互为备用，提高系统供热的可靠性 B. 每台压缩机都应选择比单级压缩时更高的压缩比 C. 低压级压缩机排出的制冷剂气体全部进入高压级压缩机 D. 可应用于我国的寒冷或部分严寒地区的建筑供暖 **参考答案：**CD **分析：**根据《复习教材》第 4.1.5 节可知，双级压缩机是串联两台压缩机，并非互相备用，选项 A 错误；高、低压级压缩机的压缩比相等为原则确定中间压力，并非要求每台压缩机压缩比更大，故选项 B 错误；根据图 4.1-13 可知，选项 C 正确；选项 D 正确。	

4.1.6　热泵循环

高频考点、公式及例题	考题统计
式（4.1-36）、式（4.1-37）【热泵循环制热制冷系数】 制热系数与制冷系数的关系 $\varepsilon_h=\frac{\Phi_h}{P}=\frac{\Phi_0+P}{P}=\varepsilon+1$ 热泵理想循环的制冷系数 $\varepsilon_{h,c}=\frac{T'_k}{T'_k-T'_0}$ **【2016-3-20】**一个由两个定温过程和两个绝热过程组成的理论制冷循环，低温热源恒定为－15℃，高温热源恒定为 30℃。试求传热温差均为 5℃时，热泵循环的制热系数最接近下列何项？ A. 6.7　B. 5.6　C. 4.6　D. 3.5 **参考答案：**B **主要解题过程：** 根据《复习教材》式（4.1-6）得有传热温差的制冷系数为： $$\varepsilon'_c=\frac{T_0}{T_k-T_0}=\frac{(T'_0-\Delta T_0)}{[(T'_k+\Delta T_k)-(T'_0-\Delta T_0)]}=\frac{(-15+273-5)}{[(30+273+5)-(-15+273-5)]}=4.6$$	2020-1-35、2016-3-20（式 4.1-36）、2011-3-20
根据式（4.1-36）得传热温差的制热系数为： $$\varepsilon'_h=1+\varepsilon'_c=1+4.6=5.6$$	分值 5/比例 0.17%

4.1.7 绿色高效制冷行动方案

本小节近十年无相关考题。

4.2 制冷剂及载冷剂

4.2.1 制冷剂的种类及其编号方法

高频考点、公式及例题	考题统计
【2017-1-31】下列关于 R407C 和 R410A 制冷剂的说法，哪一项是错误的？ A. 两者都属于近共沸混合物制冷剂 B. R407C 的制冷性能与 R22 的制冷性能接近 C. 两者 ODP 数值相同 D. 两者的成分中都有 R32 制冷剂的组分 **参考答案：**A **分析：**根据《复习教材》第 4.2.1 节可知，选项 A 错，R407C 属于非共沸混合物；根据《09 技术措施》表 6.1.18，R407C 与 R22 的制冷性能分别为 6.78 和 6.98，选项 B 正确；R407C 和 R410A 制冷剂两者 ODP 数值均为 0，选项 C 正确；R407C 由 R32/R125/R134a 组成，R410A 由 R32/R125 组成，选项 D 正确。	2021-1-63、2020-1-32、2017-1-31、2017-2-67、2013-1-32 分值 6/比例 0.20%

4.2.2 对制冷剂的要求

高频考点、公式及例题	考题统计
【2019-2-33】对于螺杆压缩机而言，在《螺杆式制冷压缩机》GB/T 19410—2008 规定的高温型压缩机，名义工况下，如果压缩机的制冷量相同，请问：采用不同制冷剂时，下列表述中，哪一项是正确的？ A. 如果两种制冷剂的冷凝温度和蒸发温度分别相同，则冷凝压力和蒸发压力也分别相同，压缩机的输入功率与制冷剂种类无关 B. 在常用的制冷量范围和保证制造精度的情况下，制冷剂的单位容积制冷量越大，其压缩机的吸气腔容积越小 C. 所采用的制冷剂，如果它的单位制冷量（蒸发器出口与进口的比焓差）越大，其压缩机的输入功率越小 D. 所采用的制冷剂，如果它的冷凝压力与蒸发压力的比值越小，其压缩机的容积效率越小 **参考答案：**B **分析：**根据《复习教材》第 4.2.2 节可知，选项 A 错误，选项 B 正确，不同制冷剂其容积制冷量不同，故相同冷量时压缩机的输入功率也不同；压缩机输入功率与多因素有关，如冷凝压力，蒸发压力，系统实际运行时的效率等，故选项 C 错误；P_K/P_0 小，对减小压缩机的功耗、降低排气温度和提高压缩机的实际吸气量十分有益，选项 D 错误。	2021-2-32、2019-2-33、2019-2-65、2016-1-31、2016-1-69、2013-1-33、2011-2-30、2011-2-31 分值 10/比例 0.33%

4.2.3　CFCs 及 HCFCs 的淘汰与替代

高频考点、公式及例题	考题统计
【2012-1-31】在制冷剂选择时，正确的表述是下列何项？（老版教材内容） A. 由于 R134a 的破坏臭氧潜值（ODP）低于 R123，所以 R134a 比 R123 更环保 B. 根据《蒙特利尔修正案》对 HCFC 的禁用时间规定，采用 HCFC 作为制冷剂的冷水机组在 2030 年以前仍可在我国工程设计中选用 C. 允许我国在 HCFC 类物质冻结后的一段时间可以保留 2.5%的维修用量 D. 在中国逐步淘汰消耗 O_3层物质的技术路线中，“选择 R134a 替代 R22”是一项重要措施 **参考答案**：C **分析**：(1) 选项 A 错误，根据《09 技术措施》表 6.1.18，R134a 的 ODP 随小于 R123，但是其 GWP 值却远远大于 R123，由此就说 R134a 比 R123 环保是不全面的； (2) 中国不是《蒙特利尔修正案》缔约国，《09 技术措施》第 6.1.22 条用于新设备的 HCFC 生产与消费淘汰期从 2040 年提前至 2030 年，而不是采用该制冷剂的冷水机组，故选项 B 错； (3) 选项 C 正确，见《09 技术措施》P136； (4) 选项 D 详见《09 技术措施》P136 表 6.1.21，HFC-134a 替代的是 CFC-12、CFC-11、R500。	2016-1-31、2013-1-66、2012-1-31 分值 4/ 比例 0.13%

4.2.4　常用制冷剂的性能

高频考点、公式及例题	考题统计
【2019-1-29】某民用建筑采用直接膨胀式空调机组。问：该机组不能采用下列哪一种制冷剂？ A. R134a　　B. R407C C. R123　　D. R717 **参考答案**：D **分析**：根据《复习教材》第 4.2.4 节可知，氨制冷剂的缺点是毒性大（B2 级），当直接膨胀系统发生泄漏时，制冷剂直接进入室内对空调使用者造成伤害，故不能采用 R717。	2019-1-29、2019-2-29、2019-2-37、2018-1-32、2018-1-33、2017-2-36、2016-2-63、2014-1-65、2014-2-32、2013-1-66、2013-2-29、2013-2-30、2012-2-32、2011-1-35 分值 17/ 比例 0.57%

4.2.5　载冷剂

本小节近十年无相关考题。

4.3 蒸气压缩式制冷（热泵）机组及其选择计算方法

4.3.1 蒸气压缩式制冷（热泵）机组的组成和系统流程

高频考点、公式及例题	考题统计
【2018-2-29】热力膨胀阀是蒸汽压缩式制冷与热泵机组常用的节流装置。关于热力膨胀阀流量特性的描述，下列哪个选项是正确的？ A. 热力膨胀阀如果选型过大，容易出现频繁启闭（振荡）现象 B. 节流前后焓值相等，故膨胀阀入口存在气泡也不会影响机组的制冷量 C. 用于寒冷地区全年供冷的风冷式制冷机组，在冬季时，室外温度越低，其制冷量越大 D. 低温空气源热泵机组保证夏季制冷与冬季制热工况能够高效运行的条件是：制冷系统节流装置的配置完全相同 **参考答案：**A **分析：**热力膨胀阀选型过大，节流后压力过低，蒸发压力过低，负反馈至膨胀阀，造成膨胀阀频繁启闭，故选项A正确；膨胀阀入口存在气泡，影响了节流过程的质量流量，故影响机组制冷量；寒冷地区当室外冬季低于0℃时，翅片管表面会结霜，若温度过低，影响机组正常运行，故选项C错误；一般情况下，制冷工况和制热工况制冷剂的循环量是不同的，对节流装置的要求不同，故选项D错误。	2021-1-64、2018-2-29、2017-1-36、2016-1-35、2014-1-68、2014-2-63、2013-1-29、2013-1-31 分值11/比例0.37%

4.3.2 制冷压缩机的种类及其特点

高频考点、公式及例题	考题统计
【2014-1-63】关于蒸汽压缩式机组的描述，下列哪几项是正确的？ A. 活塞式机组已经在制冷工程中属于淘汰机型 B. 多联式热泵机组的变频机型为数码涡旋机型 C. 大型水源热泵机组宜采用离心式水源热泵机组 D. 变频机组会产生电磁干扰 **参考答案：**CD **分析：**根据《复习教材》第4.3.2节，目前高速多缸活塞式制冷压缩机广泛应用于制冷领域，在空调领域活塞式制冷压缩机已很少使用，选项A错误；多联式热泵机组变频机型有数码涡旋和直流变频，选项B错误；根据离心式制冷压缩机的特点，水源热泵机组机型中包含离心式压缩机，可知大型水源热泵机组宜采用离心式水源热泵机组，选项C正确；离心压缩式制冷机推出磁悬浮+变频技术机型，采用磁轴承、轴承传感器和轴承控制器，可精确控制压缩机轴在悬浮的磁轴上实现近似无摩擦转动。由磁场存在，存在电磁干扰，选项D正确。	2021-1-45、2021-2-64、2021-2-65、2020-1-65、2020-2-30、2014-1-63、2013-1-60、2013-1-63、2012-1-67、2012-2-64 分值17/比例0.57%

4.3.3 制冷压缩机及热泵的主要技术性能参数

高频考点、公式及例题	考题统计
式（4.3-1）～式（4.3-5）【压缩机理论输气量】 活塞式制冷压缩机 $V_h=\frac{\pi}{240}D^2SnZ$ 滚动转子式压缩机 $V_h=\frac{\pi}{60}n(R^2-r^2)LZ$ 双螺杆式制冷压缩机 $V_h=\frac{1}{60}C_nC_\varphi D_0Ln$ 单螺杆式制冷压缩机 $V_h=\frac{2V_pZn}{60}$ 涡旋式制冷压缩机 $V_h=\frac{1}{30}n\pi P_hH(P_h-2\delta)\left(2N-1-\frac{\theta^*}{\pi}\right)$ **式（4.3-6）【压缩机实际输气量和容积效率】** $V_R=\eta_vV_h$ **式（4.3-8）【中小型活塞式压缩机容积效率】** $\eta_v=0.94-0.085\left[\left(\frac{P_2}{P_1}\right)^{\frac{1}{m}}-1\right]$ **式（4.3-9）～式（4.3-21）【压缩机制冷量制热量和耗功率】** 制冷量 $\Phi_0=M_R(h_1-h_5)=\frac{\eta_vV_h}{\nu_2}(h_1-h_5)=\frac{\eta_vV_h}{q_v}$ 制热量 $\Phi_h=M_R(h_3-h_4)=M_R(h_1-h_5)+M_R(h_3-h_1)$ $\Phi_h=\Phi_0+(P_{in}-Q_{re})=\Phi_0+fP_{in}$ 理论压缩耗功率 $\omega_{th}=h_3-h_2$ 指示功率 $P_i=\frac{M_R(h_3-h_2)}{\eta_i}$ 轴功率 $P_e=P_i+P_m=\frac{P_i}{\eta_m}=\frac{P_{th}}{\eta_i\eta_m}$ 电机输入功率 $P_{in}=\frac{P_{th}}{\eta_i\eta_m\eta_e}$ 封闭式压缩机电机输入功率 $P_{in}=\frac{P_{th}}{\eta_s}$ 配电机功率 $P_{in}=(1.10\sim1.15)\frac{P_e}{\eta_d}$ **式（4.3-22）、式（4.3-23）【压缩机制冷制热性能系数】** 制冷性能系数 $COP=\frac{\phi_0}{P_e}$	2021-1-34、 2021-3-21（式4.3-22）、 2021-3-22（扩展公式）、 2021-3-24（式4.3-22）、 2020-2-31、 2020-3-20（式4.3.9）、 2020-3-21（式4.3-9）、 2020-4-22（扩展公式）、 2019-3-22（扩展公式）、 2019-3-24（式4.3-22）、 2019-4-21（扩展公式）、 2019-4-24（式4.3-22）、 2018-1-66、 2018-3-21（式4.3-9、式4.3-23）、 2018-3-23（扩展公式）、 2018-4-12（扩展公式）、 2018-4-22（扩展公式）、 2018-4-23（扩展公式）、 2017-2-66、2017-2-68、 2017-3-5（扩展公式）、 2017-3-20（扩展公式）、 2017-3-22（扩展公式）、 2017-4-24（扩展公式）、 2016-1-66、 2016-3-21（式4.3-9、式4.3-14、由式4.3-18、根据式4.3-22）、 2016-3-22（式4.3-9）、 2016-4-21（扩展公式）、 2014-2-33、 2014-4-22（式4.3-12、式4.3-17）、 2013-2-64、2013-3-21、 2013-3-23、 2013-4-24（扩展公式）、

<table>
<tr><th>高频考点、公式及例题</th><th>考题统计</th></tr>
<tr><td>

制热性能系数 $COP_h = \frac{\phi_h}{P_e}$

扩展公式：$Q_h = Q + \frac{Q}{COP} = Q\left(1 + \frac{1}{COP}\right)$

$$Q = Q_h - \frac{Q_h}{COP_h} = Q_h\left(1 - \frac{1}{COP_h}\right)$$

【2016-3-21】蒸汽压缩式制冷冷水机组，制冷剂为R134a，各点热力参数见下表，计算时考虑如下效率：压缩机指示效率为0.92，摩擦效率为0.99，电动机效率为0.98，该状态下的制冷系数 COP 最接近下列何项？

状态点	绝对压力 Pa	温度 ℃	液体比焓 kJ/kg	蒸汽比焓 kJ/kg
压缩机入口	273000	10		407.8
压缩机出口	1017000	53		438.5
蒸发器入口	313000	0	257.3	
蒸发器出口	293000	5		401.6

A. 4.20　　B. 4.28　　C. 4.56　　D. 4.70

参考答案：B

主要解题过程：

根据《复习教材》式（4.3-9）得单位质量制冷量为：

$$q_0 = h_1 - h_5 = 401.6 - 257.3 = 144.3\text{kJ/kg}$$

由式（4.3-14）得理论压缩耗功量：

$$\omega_{th} = h_3 - h_2 = 438.5 - 407.8 = 30.7\text{kJ/kg}$$

由式（4.3-18）得制冷压缩机比轴功：

$$\omega_e = \frac{\omega_{th}}{\eta_i \eta_m} = \frac{30.7}{0.92 \times 0.99} = 33.71\text{kJ/kg}$$

根据式（4.3-22）得制冷压缩机的制冷性能系数：

$$COP = \frac{q_0}{\omega_e} = \frac{144.3}{33.71} = 4.28$$

</td><td>2012-2-33、
2012-3-21（式4.3-1、式4.3-6）、
2012-4-21（式4.3-22）、
2012-4-22（式4.3-22）、
2011-1-66、
2011-3-21
（扩展公式）

分值72/
比例2.40%</td></tr>
</table>

4.3.4　制冷（热泵）机组的种类及其特点

高频考点、公式及例题	考题统计
【2017-1-34】某建筑（无地下室）采用无专用过冷回路设计的单冷型多联机空调系统，以下关于多联机室外机与室内机之间关系的说法，正确的为何项？	2020-2-35、 2019-2-36、 2019-2-67、

高频考点、公式及例题	考题统计
A. 室外机在屋面安装时与室内机的高差值，与室外机在地面安装时与室内机的高差值的最大允许值相同 B. 室外机在屋面安装时与室内机的最大允许高差值，大于室外机在地面安装时与室内机的最大允许高差值 C. 室外机在屋面安装时与室内机的最大允许高差值，小于室外机在地面安装时与室内机的最大允许高差值 D. 室外机与室内机的高差值不是设计中必须考虑的问题 **参考答案**：C **分析**：根据《复习教材》第 4.3.4 节第 2 条"(3) 多联式空调（热泵）机组"可知，室内机与室外机的最大高差为 110m（室外机在上时为 100m）故选项 C 正确。	2019-2-68、2017-1-34、2017-2-33、2017-2-64、2012-2-10、2012-2-34、2012-2-47、2012-2-67、2011-2-10 分值 17/比例 0.57%

4.3.5　各类冷水（热泵）机组的主要性能参数和选择方法

高频考点、公式及例题	考题统计
式（4.3-24）【冷水机组综合部分负荷系数】（《公建节能》第 4.2.13 条） $IPLV = 1.2\% \times A + 32.8\% \times B + 39.7\% \times C + 26.3\% \times D$ **式（4.3-25）【低环境温度空气源热泵（冷水）机组综合部分负荷系数】** 制冷时 $IPLV(C) = 1.2\% \times A + 32.8\% \times B + 39.7\% \times C + 26.3\% \times D$ 制热时 $IPLV(H) = 8.3\% \times A + 40.3\% \times B + 38.6\% \times C + 12.9\% \times D$ **式（4.3-26）【冷水机组噪声声压级计算】** $L_P = L_W + 10\lg(4\pi r^2)^{-1}$ **式（4.3-27）、《民规》第 8.3.2 条【风冷热泵冷水机组冬季制热量修正】** $\Phi_h = qK_1K_2$ 《公建节能》第 2.0.11 条：SCOP＝电驱动的制冷系统的制冷量与制冷机、冷却水泵及冷却塔净输入能量之比。 注：不含冷水泵耗电量。 《水（地）源热泵机组》GB/T 19409—2013 第 3.2 条【ACOP 计算】 $ACOP = 0.56EER + 0.44COP$	2021-1-9、2021-1-26、2021-1-29、2021-1-36、2021-2-9(3.2)、2021-2-36、2021-2-55、2021-2-68、2021-4-21、2020-1-31、2020-1-34、2020-1-35、2020-1-64、2020-2-37、2020-2-64、2020-3-17、2020-3-23(式 4.3-24)、2020-4-6(式 4.3-27)、2020-4-16、2019-1-19、2019-1-64、2019-1-65、2019-2-9、2019-2-32、2019-4-23(式 4.3-24)、2018-1-31、2018-2-23、2018-2-30、2018-2-33、2018-2-46、2018-2-64、2018-3-13(式 4.3-27)、2018-3-20(式 4.3-27)、2018-3-22、2018-4-18(式 4.3-27)、

高频考点、公式及例题	考题统计
《地源热泵系统工程技术规范》GB 50366—2005（2009年版）第4.3.3条**【土壤源热平衡计算】** 最大释热量＝∑[空调分区冷负荷×(1＋1/EER)]＋∑输送过程得热量＋∑水泵释放热量 最大吸热量＝∑[空调分区冷负荷×(1－1/COP)]＋∑输送过程失热量－∑水泵释放热量 **【2020-1-64】**某大型空调工程选用一批水冷式蒸发压缩循环冷水（热泵）机组，应用户要求需要对机组质量进行抽检，抽检测试按名义制热工况在实验室中进行。问：下列哪些工况参数不符合国家标准的相关规定？ A. 冷凝器出水温度45℃ B. 蒸发器进水温度15℃ C. 冷凝器侧的水流量0.134m^3/(h·kW) D. 蒸发器侧的水流量0.172m^3/(h·kW) **参考答案：**CD **分析：**名义制热工况下，室内侧换热器为冷凝器，即使用侧，室外侧换热器为蒸发器，即热源侧。根据《复习教材》表4.3-6可知，选项AB正确，选项CD错误，冷凝器侧的水流量为0.172m^3/(h·kW)，蒸发器侧的水流量为0.134m^3/(h·kW)。 **【2021-2-9】**某供热（冷）系统设计采用湖水源热泵机组作为冷热源供应热（冷）水，每台机组的名义制冷量是186kW，额定制冷工况下的能效比EER为4.6，全年综合性能系数$ACOP$为4.6。问：该热泵机组额定制热工况下的COP，应为下列何项？ A. 4.6　B. 4.4　C. 4.2　D. 4.0 **参考答案：**A **分析：**根据《水（地）源热泵机组》GB/T 19409—2013第3.2条可知，$ACOP=0.56EER+0.44COP$。 $COP=\frac{ACOP-0.56EER}{0.44}=\frac{4.6-0.56\times4.6}{0.44}=4.6$	2018-4-21、2017-2-9、2017-2-31、2017-3-5（4.3.3）、2017-3-20（4.3.3）、2017-4-18（2.0.11）、2017-4-21（4.3.3）、2016-1-9、2016-1-29、2016-1-59、2016-1-64、2016-2-20、2016-2-29、2016-3-18、2016-3-23、2016 4 6（4.3.3）、2014-1-32、2014-1-33、2014-1-66、2014-2-29、2014-2-65、2014-4-21、2013-1-30、2013-2-23、2013-2-33、2013-2-34、2013-3-17、2013-3-18（式4.3-24）、2013-4-23、2012-1-66、2012-2-34、2012-3-22（4.3.3）、2012-3-5（式4.3-27）、2011-1-36、2011-1-66、2011-1-68、2011-2-64、2011-3-22（4.3.3）、2011-4-6（式4.3-27）
	分值115/ 比例3.83%

4.3.6　各类电机驱动压缩机的制冷（热泵）机组的能效限定值及能效等级

高频考点、公式及例题	考题统计
涉及知识点： (1)《公共建筑节能设计标准》GB 50189—2015； (2)《冷水机组能效限定值及能源效率等级》GB 19577—2015：3个级别，1级最高，1级2级为节能产品；	2021-1-65、2021-2-35、2020-1-26、2020-1-29、

高频考点、公式及例题	考题统计
(3)《单元式空气调节机能效限定值及能源效率等级》GB 19576—2019：3个级别，1级最高； (4)《风管送风式空调机组能效限定值及能效等级》GB 37479—2019：3个级别，1级最高； (5)《房间空气调节器能效限定值及能源效率等级》GB 21455—2019：5个级别，1级最高； (6)《多联式空调（热泵）机组能效限定值及能源效率等级》GB 21454—2008：5个级别，1级最高，1级2级为节能产品； (7)《低环境温度空气源热泵（冷水）机组能效限定值及能效等级》GB 37480—2019：3个级别，1级最高。 **【2020-1-26】**夏热冬暖地区的某办公建筑设集中空调，夏季空调冷负荷6300kW，下列水冷定频冷水机组配置方案中，哪一项不满足节能设计要求？ A. 离心式冷水机组2台，每台名义工况制冷量3150kW，功率516kW B. 离心式冷水机组3台，每台名义工况制冷量2100kW，功率357kW C. 离心式冷水机组3台，“2大+1小”配置，每台大机名义工况制冷量2630kW，功率440kW；小机额定制冷量1160kW，功率220kW D. 螺杆式冷水机组4台，每台额定制冷量1600kW，功率280kW **参考答案**：C **分析**：根据《公建节能》第4.2.10条： 选项A：离心机 $COP=3150/516=6.10>5.90$，满足节能要求； 选项B：离心机 $COP=2100/357=5.88>5.70$，满足节能要求； 选项C：大离心机 $COP=2630/440=5.98>5.90$，满足节能要求，小离心机 $COP=1160/220=5.27<5.40$，不满足节能要求； 选项D：螺杆机 $COP=1600/280=5.71>5.30$，满足节能要求。 **【2018-3-24】**某办公楼空调冷热源采用了两台名义制冷量为1000kW的直燃型溴化锂吸收式冷热水机组，在机组出厂验收时，对其中一台进行了性能测试。在名义工况下，实测冷水流量为169m³/h，天然气消耗量为89m³/h，天然气低位热值为35700kJ/m³，机组耗电量为11kW，水的密度为1000kg/m³，水比热为4.2kJ/(kg·K) 问：下列对这台机组性能的评价选项中，正确的是哪一项？ A. 名义制冷量不合格、性能系数满足节能设计要求 B. 名义制冷量不合格、性能系数不满足节能设计要求 C. 名义制冷量合格、性能系数满足节能设计要求	2020-1-66、 2020-2-33、 2020-2-35、 2020-2-66、 2020-2-69、 2020-4-12、 2019-1-33、 2019-1-57、 2019-1-68、 2019-2-31、 2018-1-29、 2018-1-67、 2018-2-21、 2018-3-24、 2017-1-26、 2017-2-32、 2016-1-34、 2014-2-34、 2013-1-24、 2013-1-36、 2013-3-20、 2012-1-33、 2012-4-17、 2012-4-22、 2011-1-37、 2011-2-33 分值42/ 比例1.40%

高频考点、公式及例题	考题统计
D. 名义制冷量合格、性能系数不满足节能设计要求 **参考答案：** D **主要解题过程：** 实测制冷量为： $$Q = GC\Delta t = 4.187 \times \frac{169 \times 1000}{3600} \times (12-7) = 982.78\text{kW}$$ 根据《直燃型溴化锂吸收式冷（温）水机组》GB/T 18362—2008 第5.3.1条，982.78>1000×95%=950kW，名义制冷量合格。 $$Q_{燃气} = \frac{89}{3600} \times 35700 = 882.58\text{kW}$$ $$COP = \frac{Q}{Q_{燃气}+P} = \frac{982.78}{882.58+11} = 1.0998 < 1.2$$ 根据《公建节能》第4.2.19条可知，不满足节能设计要求。	

4.4 蒸气压缩式制冷系统及制冷机房设计

4.4.1 蒸气压缩机制冷系统的组成

高频考点、公式及例题	考题统计
【2016-2-32】 以下关于蒸气压缩式制冷机组中有关阀件的说法，错误的为何项？ A. 电子膨胀阀较热力膨胀阀会带来更好的运行节能效果 B. 制冷剂管路上的节流装置是各类蒸气压缩式冷水机组必有的部件 C. 房间空调器可采用毛细管作为节流装置 D. 制冷剂管路上的四通换向阀是各类蒸气压缩式冷水机组必有的部件 **参考答案：** D **分析：** 热力膨胀阀是利用蒸发器出口处蒸汽过热度的变化调节供液量，分为内平衡式和外平衡式热力膨胀阀。电子膨胀阀是利用被调节参数产生的电信号，控制施加于膨胀阀的电压或电流，来达到调节供液量。电子膨胀阀比热力膨胀阀控制更为精确、稳定，选项A正确；节流装置是逆卡诺循环四大部件之一，不可缺少，选项B正确；毛细管用于节流，利用孔径和长度变化产生压力差，主要用于负荷较小设备，不能控制制冷剂流量，选项C正确；电磁四通换向阀是采用改变制冷剂流向，使系统由制冷工况向热泵工况转换，主要用于热泵系统的制冷剂切换，选项D错误。	2016-2-32、2011-2-36 分值2/比例0.07%

4.4.2　制冷剂管道系统的设计

高频考点、公式及例题	考题统计
【2019-1-30】 下列制冷剂管道材料选择中，不合理的是哪一项？ A. *DN*20 的 R134a 制冷剂管道采用黄铜管 B. *DN*80 的 R410A 制冷剂管道采用未镀锌的无缝钢管 C. *DN*20 的 R410A 制冷剂管道采用紫铜管 D. *DN*80 的 R134a 制冷剂管道采用热镀锌无缝钢管 **参考答案：** D **分析：** 根据《复习教材》第 4.4.2 节“2. 制冷剂管道的材质”可知，选项 D 错误，“R134a，R410A 等制冷剂管道采用黄铜管、紫铜管或无缝钢管，管内壁不宜镀锌。公称直径在 25mm 以下，用黄铜管、紫铜管；25mm 和 25mm 以上用无缝钢管”。	2020-2-36、2020-2-68、2019-1-30、2019-1-61、2018-1-30、2018-1-63、2017-1-68、2017-2-37、2016-1-32、2016-2-66、2014-1-34、2014-2-66、2014-3-24、2013-1-64、2012-1-32、2012-1-65、2012-1-68、2011-2-35 分值 28/ 比例 0.93%

4.4.3　制冷系统的自动控制与经济运行

高频考点、公式及例题	考题统计
【2012-1-34】 全年运行的空调制冷系统，对冷水机组冷却水最低进水温度进行控制（限制）的原因是什么？ A. 该水温低于最低限值时，会导致冷水机组的制冷系统运行不稳定 B. 该水温低于最低限值时，会导致冷水机组的 *COP* 降低 C. 该水温低于最低限值时，会导致冷水机组的制冷量下降 D. 该水温低于最低限值时，会导致冷却塔无法工作 **参考答案：** A **分析：** 参考《公建节能》第 5.5.6 条条文说明。	2021-1-30、2021-2-63、2017-2-65、2012-1-34 分值 6/ 比例 0.20%

4.4.4　制冷机房设计及设置布置原则

高频考点、公式及例题	考题统计
【2017-2-30】 某制冷机房设置一小、二大，合计为 3 台冷水机组，小机组名义工况的制冷量为 389kW/台，大机组名义工况制冷量均为 1183kW/台，使用的制冷小时负荷率为：全开 10%；大机组两台开 20%；大机组一台开 60%；小机组一台开 10%。以下四个冷水机组的机房布置平面图中，相对合理的为何项？ A 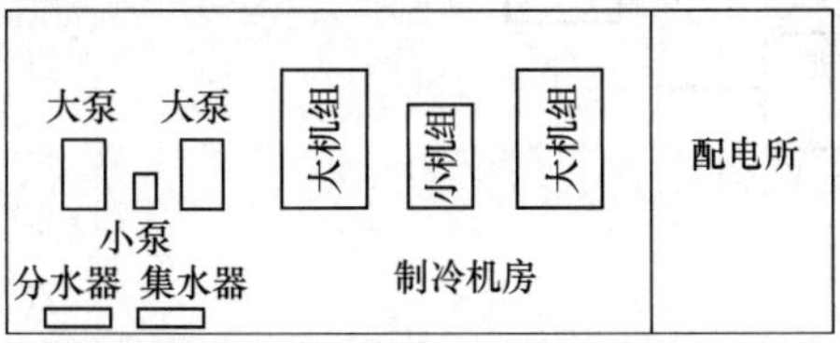　大泵　大泵　小泵　分水器　集水器　大机组　小机组　大机组　制冷机房　配电所	2017-2-30、2016-2-31、2012-1-35、2011-2-67 分值 5/ 比例 0.17%

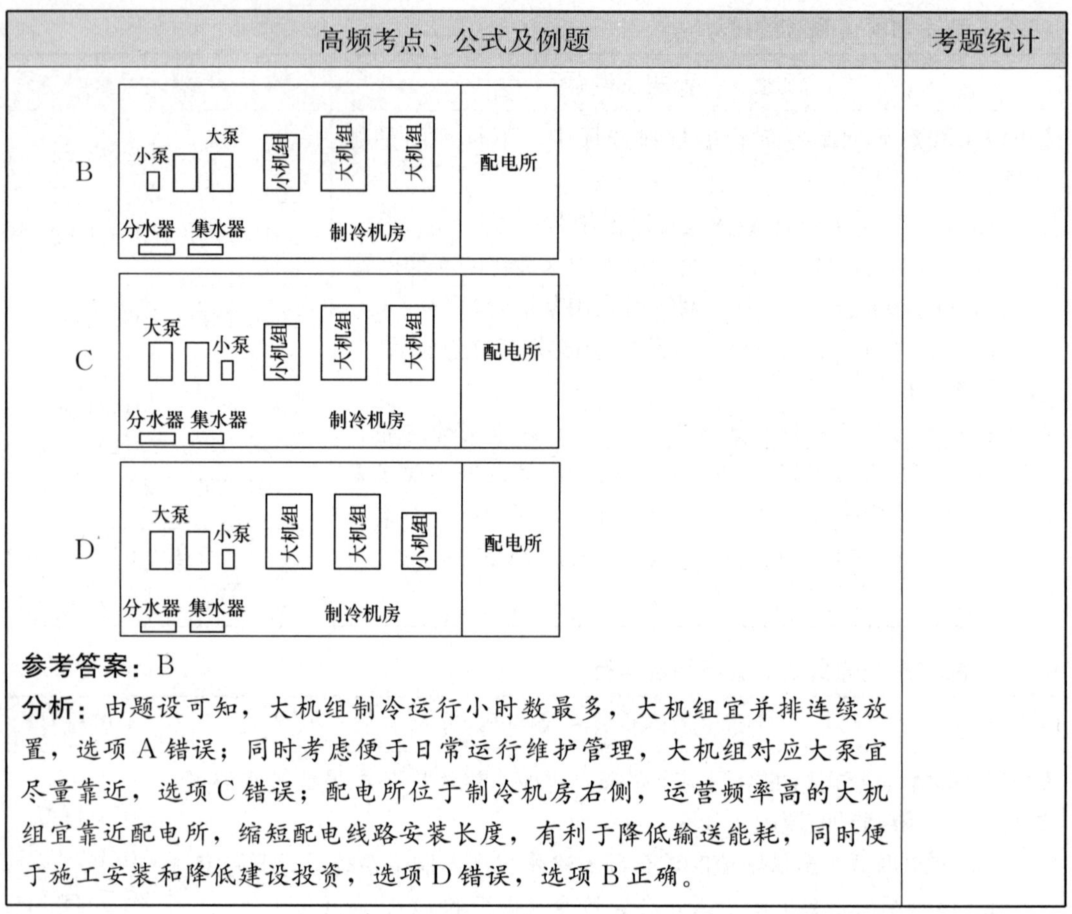

高频考点、公式及例题	考题统计
参考答案：B **分析**：由题设可知，大机组制冷运行小时数最多，大机组宜并排连续放置，选项A错误；同时考虑便于日常运行维护管理，大机组对应大泵宜尽量靠近，选项C错误；配电所位于制冷机房右侧，运营频率高的大机组宜靠近配电所，缩短配电线路安装长度，有利于降低输送能耗，同时便于施工安装和降低建设投资，选项D错误，选项B正确。	

4.5　溴化锂吸收式制冷机

4.5.1　溴化锂吸收式制冷的工作原理及其理论循环

高频考点、公式及例题	考题统计
图（4.5-1）【吸收式制冷热量平衡，见下图】 $$\phi_k+\phi_a=\phi_g+\phi_0$$ $t_{\omega2}$　ϕ_k　$t_{\omega3}$　高压水蒸气　ϕ_g　t_k　冷凝器　发生器　稀溶液　8　7　3　浓溶液　4　溶液热交换器　6　5　蒸发器　低压水蒸气　吸收器　2　9　10　1　$t_{c,\omega1}$　ϕ_0　$t_{\omega2}$　ϕ_a　$t_{\omega1}$　冷却水	2021-3-20（图4.5-1、式4.5-6）、2021-3-24（式4.5-6）、2020-2-29、2019-1-35、2019-1-36、2018-1-34、2018-2-34、2018-2-35、

高频考点、公式及例题	考题统计
式（4.5-6）～式（4.5-18）【吸收式制冷各性能指标】 热力系数 $\xi=\dfrac{\phi_0}{\phi_g}$ 最大热力系数 $\xi=\dfrac{T_0(T_g-T_e)}{T_g(T_e-T_0)}=\varepsilon_c\eta_c$ 热力完善度 $\eta_d=\dfrac{\xi}{\xi_{max}}$ 循环倍率 $f=\dfrac{m_3}{m_7}=\dfrac{\xi_s}{\xi_s-\xi_w}$ 放气范围 $\Delta\xi=\xi_s-\xi_w$ **【2020-2-29】**下列关于制冷剂的表述，哪一项是错误的？ A. 溴化锂吸收式制冷机组中，水是制冷剂 B. 氨吸收式制冷机组中，水是制冷剂 C. 氨吸收式制冷机组适用于低温制冷 D. 水是环境友好型的自然工质 **参考答案：**B	2017-1-67、 2016-1-36、 2014-1-35、 2013-1-68、 2012-2-35、 2012-2-68、 2011-2-34
分析：根据《复习教材》第 4.5.1 节可知，选项 AC 正确，选项 B 错误，溴化锂吸收式制冷机组中，水是制冷剂，溴化锂是吸收剂，氨吸收式制冷机组中，氨是制冷剂，水是吸收剂；选项 D 正确。	分值 20/ 比例 0.67%

4.5.2　溴化锂吸收式制冷机的分类、特点及其主要性能参数

高频考点、公式及例题	考题统计
涉及知识点： （1）按制冷循环分：单效型溴化锂吸收式制冷机、双效型溴化锂吸收式制冷机； （2）按使用热源分：蒸汽型吸收式制冷机、热水型吸收式制冷机、直燃型吸收式制冷机； （3）按使用性质分：单冷型溴化锂吸收式制冷机、冷暖型溴化锂吸收式制冷机、溴化锂吸收式热泵机组（第一类吸收式热泵、第二类吸收式热泵）。 **式（4.5-17）、式（4.5-18）【吸收式制冷性能系数】** 制冷性能系数 $COP_0=\dfrac{\Phi_0}{\Phi_g+P}$ 制热性能系数 $COP_h=\dfrac{\Phi_h}{\Phi_g+P}$	2020-1-36、 2020-1-68、 2019-1-35、 2017-1-66、 2017-4-23、 2016-1-67、 2016-1-69、 2016-2-30、 2016-2-65、 2016-4-22、 2014-1-64、 2013-3-24、 2012-1-30
【2017-1-66】以下列出的溴化锂吸收式冷（温）水机组实测性能参数的规定，符合现行国家标准的是哪几项？ A. 机组实测制冷量不应低于名义制冷量的 95%	分值 22/ 比例 0.73%

高频考点、公式及例题	考题统计
B. 机组的电力消耗量不应高于名义电力消耗量的105% C. 机组实测的性能系数不应低于名义性能系数的95% D. 机组冷（温）水，冷却水的压力损失不应大于名义压力损失的105% **参考答案：**ABC **分析：**根据《直燃型溴化锂吸收式冷（温）水机组》GB/T 18362—2008第5.3.1可知，选项A正确；根据第5.3.4可知，选项B正确；根据第5.3.5可知，选项C正确；根据第5.3.6可知，选项D错误，应为不大于110%。	

4.5.3　溴化锂吸收式冷（温）水机组的结构特点及附加措施

高频考点、公式及例题	考题统计
【2020-1-63】溴化锂吸收式机组在制冷运行时，不会发生溶液结晶的位置，下列哪几个选项是正确的？ A. 蒸发器的制冷剂出口处 B. 冷凝器的制冷剂出口处 C. 蒸发器的制冷剂进口处 D. 热交换器浓溶液出口处 **参考答案：**ABC **分析：**根据《复习教材》第4.5.3节可知，结晶部位发生在溶液热交换器的浓溶液侧，故选项D正确，选项ABC错误。	2021-1-35、2020-1-36、2020-1-63、2019-2-35、2017-2-65、2016-1-68、2014-1-29、2011-2-34 分值11/比例0.37%

4.5.4　溴化锂吸收式冷（温）水机组设计选型及机房布置

高频考点、公式及例题	考题统计
【2018-1-56】在同等名义制冷量条件下，下列选用电制冷离心式水冷冷水机组与燃气直燃型溴化锂吸收式冷水机组相对比的说法，哪几项是正确的？ A. 燃气直燃机的冷却水系统投资要高于电制冷离心机 B. 燃气直燃机制冷的一次能源消耗低于电制冷离心机 C. 燃气直燃机在建筑内的机房位置受到的限制条件多于电制冷离心机 D. 采用电制冷离心机的空调系统的电力负荷高于燃气直燃机 **参考答案：**ACD	2018-1-56、2014-1-15、2012-2-36 分值4/比例0.13%

高频考点、公式及例题	考题统计
分析：根据《复习教材》表 4.5-7，直燃机的 *COP* 为 1.1～1.4，而电制冷离心机的 *COP* 远高于这个范围，因此在同等名义制冷量为条件下，直燃机的一次能源消耗及排热均要高于电制冷离心机，故选项 A 正确，选项 B 错误；根据第 4.5.2 节，直燃机机房布置受到很多因素限制，限制条件多于电制冷离心机，选项 C 正确；根据表 3.7-1，直燃机采用燃气，不使用电能，因此电制冷离心机的电力负荷高于直燃机，选项 D 正确。	

4.5.5　吸收式热泵在能量回收中的利用

本小节近十年无相关考题。

4.5.6　溴化锂吸收式冷（温）水机组的经济运行

本小节近十年无相关考题。

4.6　燃气冷热电联供

4.6.1　采用冷热电联供的意义

高频考点、公式及例题	考题统计
【2019-2-63】关于燃气热冷电三联供系统的应用，下列哪几项说法是正确的？ A. 在建筑的电力负荷与冷/热负荷之间匹配较好时，燃气三联供系统可提高能源利用效率 B. 燃气三联供系统冷热源选择时，宜全部采取余热回收带补燃的吸收式机组作为冷热源，这是能源利用效率最高的一种形式 C. 燃气三联供系统的应用有利于电网和气网的热负荷峰谷互补 D. 燃气三联供系统的经济性与当地执行电价、气价具有密切的关联性 **参考答案**：ACD	2020-3-24、 2019-2-63、 2018-2-37、 2018-2-68
分析：根据《复习教材》第 4.6.1 节可知，选项 A 正确；根据第 4.6.4 节可知，选项 B 错误；根据第 4.6.1 节可知，选项 C 正确，选项 D 正确。	分值 7/ 比例 0.23%

4.6.2　冷热电联供的使用条件

高频考点、公式及例题	考题统计
式（4.5-17）、式（4.5-18）【使用燃气冷热电联供系统的能效条件】 （1）年平均能源综合利用效率 $\nu_1=\dfrac{3.6W+Q_1+Q_2}{BQ_L}\times100\%$，应大于 70%。	2021-2-34、 2020-1-68、 2019-4-22、 2018-1-36、

<table>
<tr><th>高频考点、公式及例题</th><th>考题统计</th></tr>
<tr><td>（2）年平均余热利用率 $\mu=\frac{Q_1+Q_2}{Q_P+Q_s}\times100\%$，宜大于80%。
【2018-2-40】关于燃气冷热电三联供系统采用的发电机组前连接燃气管道的设计压力分级说法，以下哪一项是错误的？
A. 微燃机是属于次高压A级
B. 微燃机是属于次高压B级
C. 内燃机是属于中压B级
D. 燃气轮机属于高压B级或次高压A级
参考答案：A
分析：根据《复习教材》表4.6-1及《城镇燃气设计规范》GB 50028—2006（2020版）第6.1.6条可知，选项A错误。
【2019-4-22】某工程采用发电机为燃气轮机的冷热电三联供系统，燃气轮机排烟温度为550℃，经余热锅炉产生高温蒸汽，分别供应溴化锂制冷机组制冷和生活热水换热器。余热锅炉无补燃，余热锅炉排烟温度为110℃，全年平均热效率0.85；溴化锂制冷机组的全年平均制冷效率 $COP=1.1$。生活热水换热器因保温不好产生的散热损失为5%。燃气轮机烟气全年实际提供的总热量为9800MJ，余热锅炉提供的热量中，50%提供给生活热水，50%提供给溴化锂机组。该项目的年平均余热利用率，最接近下列何项？
A. 87%　　B. 89%　　C. 91%　　D. 105%
参考答案：A
主要解题过程：
系统总热量利用量为：
$$Q_1=9800\times0.85=8330\text{MJ}$$
热水热量利用量为：
$$Q_2=0.5Q_1\times\eta_1=0.5\times8330\times(1-5\%)=3956.75\text{MJ}$$
溴化锂机组热量利用量为：
$$Q_3=0.5Q_1\times COP=0.5\times8330\times1.1=4581.5\text{MJ}$$
年平均余热利用率为：
$$\eta=\frac{Q_2+Q_3}{Q_Z}\times100\%=87.1\%$$</td><td>2018-2-40、
2013-2-35、
2013-3-24

分值10/
比例0.33%</td></tr>
</table>

4.6.3 冷热电联供的系统组成

高频考点、公式及例题	考题统计
涉及知识点： 冷热电联供系统一般由动力系统、燃气供应系统、供配电系统、余热利用系统、监控系统等组成，按燃气原动机的类型不同来分，常用的冷热	2020-1-67、 2014-2-37、

高频考点、公式及例题	考题统计
电联供系统有两类，即燃气轮机式联供系统和内燃机式联供系统，系统的具体组成包括：燃气机组、发电机组及供电系统、余热回收及供热系统、制冷机组及供冷系统，此外还有燃气机组的空气加压 、预热、冷却水、烟气排放等辅助系统。 **【2014-2-37】**燃气冷热电三联供系统中，下列哪一项说法是正确的？ A. 发电机组采用燃气内燃机，余热回收全部取自内燃机排放的高温烟气 B. 发电机组为燃气轮机，余热仅供吸收式冷温水机 C. 发电机组采用微型燃气轮机（微燃机）的余热利用的烟气温度一般在 600℃以上 D. 发电机组采用燃气轮机的余热利用设备可采用蒸汽吸收式制冷机或烟气吸收式制冷机 **参考答案**：D **分析**：根据《复习教材》图 4.6-6，燃气内燃机余热回收除了烟气余热回收装置外，还包括回收缸套水中的热量，选项 A 错误；根据图 4.6-7、图 4.6-8，余热除了供吸收式冷温水机外，余热蒸气型还供给余热锅炉，燃气轮机润滑油冷却水还可供生活热水换热器，选项 B 错误，选项 D 正确；根据表 4.6-1，微燃机的余热利用的烟气温度一般在 250～650℃，选项 C 错误。	2014-3-20 分值 5/比例 0.17%

4.6.4　冷热电联供设备与室内燃气管道的选择

高频考点、公式及例题	考题统计
【2019-1-31】关于燃气冷热电联供系统常用的燃气轮机、内燃机、微燃机发电机组的特性，下列哪一项说法是错误的？ A. 内燃机的发电效率最高 B. 微燃机排放的氮氧化物最少 C. 内燃机可提供的余热类型最丰富 D. 燃气轮机可满足的发电容量值最低 **参考答案**：D **分析**：根据《复习教材》表 4.6-1 可知，选项 D 错误。	2021-3-24、2019-1-31、2019-2-63、2018-2-37、2017-1-65 分值 8/比例 0.27%

4.7　蓄冷技术及其应用

4.7.1　蓄冷技术的基本原理及分类

高频考点、公式及例题	考题统计
【2020-2-63】下列关于蓄冰设备的释冷速率的表述中，哪几项是正确的？	2021-1-31、2021-2-66、

高频考点、公式及例题	考题统计
A. 随着融冰过程的延续，冰球的释冷速率逐渐下降 B. 随着融冰过程的延续，内融冰盘管的释冷速率逐渐升高 C. 融冰初期，外融冰盘管的释冷速率高于完全冻结式内融冰式盘管 D. 融冰初期，冰球的释冷速率高于完全冻结式内融冰式盘管 **参考答案：**ACD **分析：**根据《蓄能空调工程技术标准》JGJ 158—2018 第3.3.9条文说明可知，选项A正确，选项B错误；根据第3.3.9条表1可知，选项CD正确。	2020-1-30、2020-1-33、2020-2-63、2018-1-61、2016-2-33、2013-2-67、2012-1-36、2011-2-25、2011-2-37 分值16/ 比例0.53%

4.7.2 蓄冷系统的组成及设置原则

高频考点、公式及例题	考题统计
【2014-2-35】有关蓄冷装置与蓄冷系统的说法，下列哪一项是正确的？ A. 采用内融冰蓄冰槽应防止管簇间形成冰桥 B. 蓄冰槽应采用内保温 C. 水蓄冷系统的蓄冷水池可与消防水池兼用 D. 采用区域供冷时，应采用内融冰系统 **参考答案：**C **分析：**根据《复习教材》第4.7.2节，外融冰蓄冰槽应防止管簇间形成冰桥，选项A错误；根据《蓄能空调工程技术规程》JGJ 158—2018 第3.3.20条，蓄冰槽宜采用外保温，选项B错误；根据《复习教材》第4.7.2节，采用区域供冷时，应采用外融冰系统，外融冰可以支取更低的供水温度，在区域供冷等大型功能系统中，增大供回水温差，降低输送能耗，选项D错误；根据《蓄能空调工程技术规程》JGJ 158—2018 第3.3.12条，选项C正确。	2019-1-34、2019-1-66、2016-2-34、2016-3-25、2014-2-35、2014-2-68、2013-2-36、2011-1-69 分值12/ 比例0.40%

4.7.3 蓄冷系统的设计要求

高频考点、公式及例题	考题统计
式（4.7-3）～式（4.7-7）【蓄冰制冷机标定制冷量】 蓄冰装置有效容积 $Q_s=\sum_{i=1}^{24}q_i=n_i\cdot c_f\cdot q_c$ 全负荷蓄冰制冷机标定制冷量 $q_c=\dfrac{\sum_{i=1}^{24}q_i}{n_i\cdot c_f}$ 部分负荷蓄冰制冷机标定制冷量 $q_c=\dfrac{\sum_{i=1}^{24}q_i}{n_2+n_i\cdot c_f}$	2021-1-33、2021-1-66、2021-2-66、2021-4-23、2021-4-24、2020-4-23

高频考点、公式及例题	考题统计
式（4.7-11）【水蓄冷贮槽容积设计】 $$V=\frac{Q_s \cdot P}{1.163 \cdot \eta \cdot \Delta t}$$ **【2019-2-34】** 某空调工程采用温度分层型水蓄冷系统，地上圆形钢制蓄冷水槽位于地面，高度12m。下列哪一项参数是错误的？ A. 蓄冷槽的高径比为0.7 B. 上部稳流器设计时，只需要将其进口的雷诺数控制在400～850即可 C. 稳流器扩散口的流速不大于0.1m/s D. 稳流器开口截面积不大于接管截面面积的50% **参考答案**：B **分析**：根据《复习教材》第4.7.3节可知，选项ACD正确；稳流器的设计要控制 Fr 与 Re，故选项B错误。 **【2019-3-23】** 某办公楼空调冷源采用全负荷蓄冷的水蓄冷方式，设计冷负荷为5600kW，空调设计日总冷量为50000kWh，蓄冷罐进出口温差为8℃，蓄冷罐冷损失为3%，蓄冷罐的容积率取1.05，蓄冷罐效率为0.9。每昼夜的蓄冷时间为8h。合理的蓄冷罐容积（m^3）和冷水机组的总制冷能力（kW）选择，最接近下列何项？ A. 6500,6440　B. 6500,5600　C. 6300,6250　D. 730,5600 **参考答案**：A **主要解题过程**： 根据《复习教材》式（4.7-11）可知， 空调设计日总制冷量为： $$Q_s=50000\text{kWh}$$ 蓄冷槽容积为： $$V=\frac{Q\times P}{1.163\times\eta\times\Delta t}=\frac{50000\times(1+3\%)\times 1.05}{1.163\times 0.9\times 8}=6458\text{m}^3$$ 机组的总制冷能力为： $$q=\frac{50000\times(1+3\%)}{8}=6437.5\text{kW}$$	（式4.7-11）、2019-1-34、2019-2-34、2019-3-20（式4.7-7）、2019-3-23（式4.7-11）、2018-4-14、2018-4-24（式4.7-11）、2016-4-23（式4.7-7）、2014-1-67、2013-2-66、2012-3-23（式4.7-1、式4.7-7）、2011-1-22、2011-1-59、2011-2-68、2011-3-23（式4.7-11） 分值36/比例1.20%

4.7.4　热泵蓄能耦合供冷供热系统

本小节近十年无相关考题。

4.8　冷库设计的基础知识

4.8.1　冷库的分类与组成

本小节近十年无相关考题。

4.8.2　食品贮藏的温湿度要求、贮藏期限及物理性质

<table>
<tr><th>高频考点、公式及例题</th><th>考题统计</th></tr>
<tr><td>

式（4.8-1）～式（4.8-3）【食品冷冻计算】

（1）冷冻冷量计算（概念理解）：

$$Q = C_{r,1}m(t_1 - t_f) + C_{r,2}m(t_f - t)$$

（2）冻结点以上时，食品比热容：

$$C_{r,1} = 4.19 - 2.30X_s - 0.628X_s^3$$

$$X_i = \frac{1.105X_W}{1 + \dfrac{0.8765}{\ln(t_f - t + 1)}}$$

（3）冻结点以下时，食品比热容：

$$C_{r,2} = 0.837 + 1.256X_W$$

其中，t_1为食品初始温度，℃；t_f为食品初始冻结点，℃；t为食品冻结终了温度，℃；X_s为食品中固形物的质量分数，%；X_i为食品中水分的冻结质量分数，%；X_w为食品的含水率，%。

式（4.8-4）～式（4.8-6）【食品比焓计算】

（1）冻结前食品比焓：

$$h = h_f + (t - t_f)(4.19 - 2.30X_s - 0.628X_s^3)$$

（2）冻结点以下时，食品比焓：

$$h = (t - t_r)\left(1.55 + 1.26X_s - \frac{(X_w + X_b)\gamma_0 t_f}{t_f t}\right)$$

（3）食品中结合水的含量：

$$X_b = 0.4X_p$$

式（4.8-8）～式（4.8-10）【食品冻结时间计算】

平板状食品 $\tau_{-15} = \dfrac{W(105 + 0.42t_c)}{10.7\lambda(-1 - t_c)}\delta\left(\delta + \dfrac{5.3\lambda}{\alpha}\right)$

圆柱状食品 $\tau_{-15} = \dfrac{W(105 + 0.42t_c)}{6.3\lambda(-1 - t_c)}\delta\left(\delta + \dfrac{3.0\lambda}{\alpha}\right)$

球状食品 $\tau_{-15} = \dfrac{W(105 + 0.42t_c)}{11.3\lambda(-1 - t_c)}\delta\left(\delta + \dfrac{3.7\lambda}{\alpha}\right)$

其中，δ为食品的厚度或半径，m；α为表面传热系数，W/(m²·K)；λ为食品冻结后的热导率，W/(m·K)；W为食品的含水量，kg/m³；t_c为冷却介质的温度，℃

</td><td>2021-2-30、2020-3-22（式4.8-8）、2018-2-36、2017-2-29、2017-4-22（4.8-1）、2016-2-35、2014-1-36、2014-1-68、2014-4-24（4.8-1～2）</td></tr>
<tr><td>

【2017-4-22】 设计某卷心菜的预冷设备，已知进入预冷的卷心菜温度35℃，需预冷到20℃，冷却能力为2000kg/h，卷心菜的固形质量分数为13%，问：计算的预冷冷量（kW）最接近下列何项？

A. 27.6　　B. 32.4　　C. 38.1　　D. 42.5

参考答案： B

主要解题过程： 根据《复习教材》式（4.8-1）可知：

</td><td>分值13/比例0.43%</td></tr>
</table>

高频考点、公式及例题	考题统计
$C_r = 4.19 - 2.3X_s - 0.628X_s^3 = 4.19 - 2.3 \times 0.13 - 0.628 \times 0.13^3 = 3.89\text{kJ/(kg·K)}$ 则预冷量为： $$Q = C_r m \Delta t = 3.89 \times \frac{2000}{3600} \times (35-20) = 32.4\text{kW}$$	

4.8.3　冷库的公称容积与库容量的计算

高频考点、公式及例题	考题统计
式（4.8-11）【冷库的计算容量】 $$G = \sum \frac{V\rho_s \eta}{1000}$$ **【2018-2-67】**在冷库吨位和公称容积换算时，下列选项中错误的是哪几项？ A. 计算公称容积时，其库内面积为扣除库内的柱、门斗、制冷设备占用面积后的净面积 B. 冷库的公称容积是其所有冻结物冷藏间和冷却物冷藏间的公称容积之和，不应包含冰库的公称容积 C. 公称容积相同的高温冷库的吨位小于低温冷库 D. 计算库容量时，食品的计算密度均应取其实际密度 **参考答案：**ABCD	2018-2-67、2012-3-24（式4.8-11）
分析：根据《冷库设计规范》GB 50072—2010第3.0.1条可知，选项AB错误，根据式（3.0.2）和第3.0.6条可知，选项CD错误。	分值4/比例0.13%

4.8.4　气调贮藏

本小节近十年无相关考题。

4.8.5　冷库围护结构的隔汽、防潮及隔热

高频考点、公式及例题	考题统计
【2017-1-32】小型冷库地面防止冻胀的措施，下列哪一项是正确的？ A. 加厚防潮层 B. 加大地坪含沙量 C. 地坪做膨胀缝 D. 自然通风或机械通风 **参考答案：**D	2021-2-37、2017-1-32、2016-2-67、2012-1-37、2011-1-38
分析：根据《复习教材》表4.8-27可知，选项D正确。	分值6/比例0.20%

4.8.6　冷库围护结构的热工计算

<table>
<tr><th>高频考点、公式及例题</th><th>考题统计</th></tr>
<tr><td>

式（4.8-17）【冷库室内外两侧温度差】

$$\Delta t = \Delta t' \cdot a$$

其中，$\Delta t'$ 为夏季空调室外计算日平均温度与室内的温度差，℃；a 为围护结构两侧温度差修正系数，按表 4.8-26 查得。

式（4.8-18）【围护结构热惰性指标】

$$D = R_1 S_1 + R_2 S_2 + \cdots\cdots + R_n S_n$$

【2020-2-67】关于土建冷库建筑围护结构的说法，下列哪几项是正确的？

A. 正铺贴于地面、楼面的隔热材料的抗压强度不小于 0.25MPa

B. 两侧分别为冻结物冷藏间与冷却物冷藏间之间的隔墙，其隔热层的两侧均应设置隔汽层

C. 冷间外墙两侧的设计温差，应取夏季空气调节室外计算日平均温度与室内温度差

D. 冷库楼面的隔热层上、下、四周应做防水层或隔汽层，且其防水层或隔汽层应全封闭

参考答案：ACD

分析：根据《冷库设计规范》GB 50072—2010 第 4.3.1 条第 6 款可知，选项 A 正确；根据第 4.4.4 条第 4 款可知，设置隔汽层的隔墙房间为冷却间或冻结间，非冷藏间，故选项 B 错误；根据式（4.3-4）可知，选项 C 正确；根据第 4.4.4 条第 2 款可知，选项 D 正确。

【2016-4-25】某地夏季空气调节室外计算温度 34℃，夏季空调室外计算日平均温度 29.4℃，冻结物冷藏库设计计算温度－20℃。冻结物冷藏库外墙结构见下表（表中自上而下依次为室外至室内）：

材料名称	导热系数 [W/(m·K)]	蓄热系数 [W/(m²·K)]	厚度 (mm)
水泥砂浆抹面	0.93	11.37	20
砖墙	0.81	9.96	180
水泥砂浆抹面	0.93	11.37	20
隔汽层	0.20	16.39	2.0
聚苯乙烯挤塑板	0.03	0.28	200
水泥砂浆抹面	0.93	11.37	20

</td><td>2020-2-67、
2016-2-68、
2016-4-24、
2016-4-25
（式 4.8-17～18）、
2011-2-69</td></tr>
<tr><td>

取聚苯乙烯挤塑板导热系数修正系数为 1.3，已知冻结物冷藏库外墙总热阻为 5.55（m²·K）/W，外墙单位面积热流量（W/m²）最接近下列何项？

</td><td>分值 10/
比例 0.33%</td></tr>
</table>

高频考点、公式及例题	考题统计
A. 8.90　B. 9.35　C. 9.80　D. 11.60 **参考答案**：B **主要解题过程**： 根据《复习教材》式（4.8-18）得： $$D=R_1S_1+R_2S_2+\cdots\cdots+R_nS_n$$ $$D=\frac{0.02}{0.93}\times11.37+\frac{0.18}{0.81}\times9.96+\frac{0.02}{0.93}\times11.37+\frac{0.002}{0.2}\times16.39+\frac{0.2}{1.3\times0.03}\times0.28+\frac{0.02}{0.93}\times11.37=4.54$$ 查表4.8-26，得温差修正系数 $a=1.05$；依据式（4.8-17）得： $$q=K(t_w-t_n)a=\frac{1}{5.55}\times(29.4+20)\times1.05=9.35\text{W/m}^2$$	

4.9 冷库制冷系统设计及设备的选择计算

4.9.1 冷库的冷负荷计算

高频考点、公式及例题	考题统计
【2017-1-29】计算冷库冷间围护结构热流量时，室外计算温度应采用下列哪一项？ A. 夏季空调室外计算干球温度 B. 夏季空调室外计算日平均温度 C. 夏季通风室外计算干球温度 D. 夏季空调室外计算湿球温度 **参考答案**：B **分析**：根据《冷库设计规范》GB 50072—2010 第3.0.7条第1款可知，选项B正确。 **【2019-3-21】**设计某速冷装置，要求在1h内将50kg饮料水冷却到10℃。已知：饮料水的初始温度32℃，其比热容为4.18kJ/(kg·K)。该速冷装置的制冷量（W）（不考虑包装材料部分），最接近下列何项？ A. 580　B. 1280　C. 1740　D. 2250 **参考答案**：B **主要解题过程**： $$Q=cm\Delta t=\frac{4.18\times50\times(32-10)\times10^3}{3600}=1277\text{W}$$	2020-2-34、 2019-3-21、 2017-1-29 分值4/ 比例0.13%

4.9.2　制冷系统形式及其选择

本小节近十年无相关考题。

4.9.3　制冷压缩机及辅助设备的选择计算

高频考点、公式及例题	考题统计
式（4.9-9）【液泵体积流量】 $$q_v = n_x q_z V_z$$ 其中，n_x为循环倍数，负荷较为稳定、蒸发器组数较少、不易积油的下进上出供液系统取3～4，反之取5～6；上进下出式取7～8。 **【2019-1-67】**关于冷库制冷系统设计的选项，下列哪几项选项是正确的？ A. 计算冷间冷却设备负荷的目的是为了确定冷间的冷却设备容量并进行选型 B. 冷库中的压缩机应根据不同蒸发温度系统的冷间机械负荷大小进行选型 C. 确定光钢管蒸发式冷凝器的传热面积时，如果以外表面积为基准的传热系数取600～750W/(m^2·K)，则高压制冷剂与传热管外侧水膜的传热温度差宜取4～5℃ D. 在液泵供液系统中，对于负荷较稳定，蒸发器组数较少，不易积油的蒸发器，采用下进上出供液方式时，其制冷剂泵的体积流量按循环倍率3～4确定。 **参考答案：**ABD	2021-2-67、2019-1-67、2018-1-64、2011-1-67
分析：根据《冷库设计规范》GB 50072—2010第6.1.1～6.1.6条可知，选项A正确；根据第6.3.2条可知，选项B正确；根据第6.3.7条可知，选项D正确；根据《复习教材》表4.9-17可知，选项C错误。	分值8/比例0.27%

4.9.4　冷间冷却设备的选择和计算

高频考点、公式及例题	考题统计
式（4.9-10）【冷却设备传热面积计算】 $$A_s = Q_s/(K_s \cdot \Delta\theta_s)$$ **【2017-3-21】**某空调系统采用的空气冷却式冷凝器，其传热系数K=30W/(m^2·℃)（以空气侧为准），冷凝器的热负荷Φ_k=60kW，冷凝器入口空气温度t_{a1}=35℃，流量为15kg/s，如果冷凝温度t_k=48℃，设空气的定压比热c_p=1.0kJ/(kg·℃)，则该冷凝器的空气侧传热面积（m^2）应为以下哪个选项？（注：按照对数平均温差计算） A. 170～172　　B. 174～176　　C. 180～182　　D. 183～185 **参考答案：**D	2021-1-32、2021-1-68、2021-3-23、2017-3-21（式4.9-10）、2012-1-69、2012-2-37
主要解题过程： $$\Phi_K = c_p m \Delta t = 1.0 \times 15 \times (t_{a2} - 35) = 60\text{kW}$$	分值10/比例0.33%

高频考点、公式及例题	考题统计
解得：$t_{a2}=39℃$。 根据《复习教材》式（1.8-28）及式（4.9-10）可知： $$\Delta t_{pj}=\frac{\Delta t_a-\Delta t_b}{\ln\frac{\Delta t_a}{\Delta t_b}}=\frac{(48-35)-(48-39)}{\ln\frac{48-35}{48-39}}=10.9℃$$ $$A=\frac{\Phi_K}{K\Delta t_{pj}}=\frac{60\times10^3}{30\times10.9}=183.5m^2$$	

4.9.5　冷库冷间冷却设备的除霜

高频考点、公式及例题	考题统计
【2014-2-36】某大型冷库采用氨制冷系统，主要由制冰间、肉类冻结间（带速冻装置）、肉类冷藏间、水果（西瓜、芒果等）冷藏间等组成，关于该冷库除霜的措施，下列何项是正确的？ A. 所有冷间的空气冷却器设备都应考虑除霜措施 B. 除霜系统只能选用一种除霜方式 C. 水除霜系统部适合用光滑墙排管 D. 除霜水的计算淋水延续时间按每次 15～20min **参考答案：**D **分析：**为了保证冷库冷间冷却设备的正常工作，具有良好的传热效果，对存在结霜的冷间考虑结霜措施，针对不结霜的冷间，可不考虑，选项 A 错误；根据《复习教材》第 4.9.5 节，除霜方法有四种方式，国内冷库大多数采用混合除霜的方法，即先热气除霜后，再水除霜，选项 B 错误；由表 4.9-21 知，水除霜仅限于＞－4℃冷风冻结室的空气冷却器。且光排管制墙排管以扫霜为主，结合热氨除霜，选项 C 错误；根据《复习教材》第 4.9.5 节，选项 D 正确。	2014-2-36、2013-2-65 分值 3/ 比例 0.10%

4.9.6　冷库制冷剂管道系统的设计

高频考点、公式及例题	考题统计
扩展公式【理想气体状态方程】 $$P=mRT$$ **【2016-2-37】**关于冷库制冷剂管道系统设计的说法，下列何项是错误的？ A. 属于压力管道 GD 级　　B. 需做承压强度设计 C. 需计算压力损失　　D. 需做热补偿设计 **参考答案：**A **分析：**根据《复习教材》第 4.9.6 节“1. 冷库制冷剂管道系统的设计资格”，冷库制冷剂管道系统设计属于压力管道 GC 级，选项 A 错误。	2020-4-24（扩展公式）、2016-2-37、2012-2-69 分值 5/ 比例 0.17%

4.9.7 冷库制冷系统的自动控制和安全保护装置

高频考点、公式及例题	考题统计
式（4.9-11）、式（4.9-12）【安全阀口径】 压缩机的安全阀 $d = C_1 q_v^{0.5}$ 压力容器上的安全阀 $d = C_2 \sqrt{D \cdot L}$ 其中，q_v为压缩机排气量，m^3/h；C_1为计算系数，R717、R22 制冷剂分别取 0.9、1.6；C_2为计算系数，R717、R22 制冷剂分别取 8、11；D、L 为压力容器的直径和长度，m。 **【2012-1-38】**在对冷藏库制冷系统的多项安全保护措施中，下列哪项做法是错误的？ A. 制冷剂泵设断液自动停泵装置 B. 制冷剂泵排液管设止回阀 C. 各种压力容器上的安全阀泄压管出口应高于周围 60m 内最高建筑物的屋脊 5m，且应防雷、防雨水，防杂物进入 D. 在氨制冷系统设紧急泄氨器 **参考答案：**C	2021-4-22（式 4.9-12）、2018-1-68、2012-1-38
分析：根据《冷库设计规范》GB 50072—2010 第 6.4.3 条及《复习教材》表 4.9-27 可知，AB 选项正确；根据《冷库设计规范》GB 50072—2010 第 6.4.8 条知，选项 C 应为“各种压力容器的总泄压管”而不是“每个”压力容器上的泄压管出口，此选项是错误的；根据《冷库设计规范》GB 50072—2010 第 6.4.15 条，选项 D 正确。	分值 5/ 比例 0.17%

4.9.8 冷库制冷机房设计及设备布置原则

本小节近十年无相关考题。

4.9.9 装配式冷库

高频考点、公式及例题	考题统计
【2013-2-37】装配式冷库与土建冷库比较，下列何项说法是不正确的？ A. 装配式冷库比土建冷库组合灵活，安装方便 B. 装配式冷库比土建冷库建设周期短 C. 装配式冷库比土建冷库的运行能耗显著降低 D. 制作过程中，装配式冷库的绝热材料比土建冷库的绝热材料隔热，防潮性能更易得到控制 **参考答案：**C	2013-2-37
分析：根据《复习教材》第 4.9.9 节，选型 ABD 均为装配式冷库的优点，而装配式冷库比土建冷库的运行能耗显著降低这个问题在《复习教材》中没有提及。	分值 1/ 比例 0.03%

4.9.10 冷库运行节能与节能改造

本小节近十年无相关考题。

第 5 章　绿色建筑考点解析

5.1　绿色建筑及其基本要求

5.1.1　绿色建筑的定义

高频考点、公式及例题	考题统计
【2013-1-69】下列关于绿色建筑表述中，哪几项不符合国家标准中的正确定义？ A. 建筑物全寿命期是指建筑从规划设计到施工，再到运行使用及最终拆除的全过程 B. 绿色建筑一定是能耗指标最先进的建筑 C. 绿色建筑运行评价重点是评价设计采用的“绿色措施”所产生的实际性能和运行效果 D. 符合节约资源（节能、节地、节水、节材）的建筑就是绿色建筑 **参考答案**：BD	2013-1-69
分析：《绿色建筑评价标准》GB/T 50378—2019 第 1.0.3 条及其条文说明，选项 A 正确，选项 BD 错误。	分值 2/ 比例 0.07%

5.1.2　我国绿色建筑的发展

本小节近十年无相关考题。

5.1.3　节能建筑、低碳建筑和生态建筑

高频考点、公式及例题	考题统计
【2021-2-29】对我国“碳达峰”和“碳中和”目标的理解，下列哪一项是错误的？ A. “碳达峰”是指力争在 2030 年前二氧化碳排放达到峰值，之后逐步回落 B. “碳中和”是指力争在 2060 年前实现二氧化碳“零排放” C. “碳达峰”和“碳中和”与制冷剂等非二氧化碳温室气体的排放无关 D. 在实现“碳中和”后，也还将会使用一定量的化石燃料 **参考答案**：C	2021-2-29、 2014-1-69
分析：“碳达峰”指：2030 年前，二氧化碳的排放不再增长，达到峰值之	分值 3/ 比例 0.10%

高频考点、公式及例题	考题统计
后逐步降低，选项A正确；“碳中和”指：2060年前，实现企业、团体或个人测算在一定时间内直接或间接产生的温室气体排放总量，然后通过植树造林、节能减排等形式，抵消自身产生的二氧化碳排放，实现二氧化碳的“零排放”，选项B正确；选项C：“碳达峰”和“碳中和”的背景是全球温室效应，其目的是臭氧层破坏及防治全球变暖，其中制冷剂的指标中有ODP（消耗臭氧层潜能值）和GWP（全球变暖潜能值）两种，CO_2（第3代制冷剂，ODP=0，GWP=1）虽然消耗臭氧层的能力为0，但是其具有全球变暖的潜能；其他第3代制冷剂也存在类似的情况，例如R32（第3代制冷剂，ODP=0，GWP=675），故而对于“碳达峰”和“碳中和”的理解不能局限于“二氧化碳”类的温室气体上，要关注本质，选项C错误；在实现“碳中和”以后，并不意味着化石燃料等非绿色能源不可以使用，而是只要在总体上达到“碳中和”既可以使用，选项D正确。	

5.1.4　绿色建筑的基本要求

本小节近十年无相关考题。

5.2　绿色民用建筑评价与可应用的暖通空调技术

高频考点、公式及例题	考题统计
【2014-2-38】下列哪一项为不可再生能源？ A. 化石能　　B. 太阳能 C. 海水潮汐能　　D. 风能 **参考答案：** A **分析：** 再生能源包括太阳能、水能、风能、生物质能、波浪能、潮汐能、海洋温差能、地热能等，它们在自然界可以循环再生，是取之不尽，用之不竭的非化石能源。可参考《复习教材》第5.2.4节。	2021-1-69、2021-1-70、2021-2-38、2021-2-69、2020-1-37、2020-1-69、2020-2-69、2019-1-37、2018-1-69、2018-2-69、2017-2-69、2013-2-69 分值21/ 比例0.70%

5.3　绿色工业建筑运用的暖通空调技术

高频考点、公式及例题	考题统计
【2020-2-38】在进行工业建筑节能设计时，下列哪一项做法或说法是正确的？ A. 对恒温恒湿环境的金属围护系统气密性应提出具体要求 B. 严寒和寒冷地区的所有工业建筑建筑体形系数均应符合限值要求	2020-2-38、2019-1-37、2018-1-37、2018-1-69、

高频考点、公式及例题	考题统计
C. 一类工业建筑必须采用权衡判断方法确定围护结构热工性能 D. 二类工业建筑节能设计途径是限制围护结构的传热系数 **参考答案：** A **分析：** 根据《复习教材》第5.3.2节“1. 工业建筑体形系数与建筑围护结构热工设计”，选项A正确，恒温恒湿环境的金属围护系统气密性不大于 $1.2m^3/(m^2 \cdot h)$；选项B错误，仅对严寒和寒冷地区的一类工业建筑的体形系数提出了要求；选项C错误，一类工业建筑总窗墙面积比大于0.5以及屋顶透光部分的面积与屋顶总面积之比大于0.15时，才必须进行权衡判断；选项D错误，可以限制围护结构传热系数和余热强度值。	2016-1-69 分值7/ 比例0.23%

5.4　绿色建筑的评价

5.4.1　我国绿色建筑评价标准

高频考点、公式及例题	考题统计
【2014-1-37】 绿色建筑的评价体系表述中，下列哪一项是不正确的? A. 我国的《绿色工业建筑评价标准》已经颁布实施 B. 我国的绿色建筑评价标准中提出的控制项是必须满足的要求 C. 我国民用建筑和工业建筑进行绿色建筑评价时，评价标准各自有其相应标准规定 D. 美国LEED评价体系适用范围是新建建筑 **参考答案：** D **分析：**《绿色工业建筑评价标准》GB/T 50878—2013，自2014年3月1日实施，故选项A正确；根据《绿色建筑评价标准》GB/T 50738—2019第3.2.7～3.2.8条，基本级及3个星级的绿色建筑均应满足本标准所有控制项的要求，选项B正确；我国民用建筑和工业建筑绿色建筑评价标准分为《绿色建筑评价标准》GB/T 50738—2019和《绿色工业建筑评价标准》GB/T 50878—2013，选项C正确；选项D错误，见《复习教材》第5.4.2节，LEED-2009体系有NC（新建建筑）、CI（室内装修）等七大体系。	2018-2-38、 2016-2-69、 2014-1-37、 2014-1-69、 2014-2-69、 2013-2-38、 2013-2-69 分值11/ 比例0.37%

5.4.2　国外绿色建筑评价标准

本小节近十年无相关考题。

5.4.3　绿色建筑的评价程序

本小节近十年无相关考题。

5.4.4 绿色建筑的评价

<table>
<tr><th>高频考点、公式及例题</th><th>考题统计</th></tr>
<tr><td>【2021-1-37】绿色建筑评价基本要求，以下哪一项是错误的?
A. 绿色建筑评价应在建筑工程竣工后进行
B. 绿色建筑评价指标包括安全耐久、生活便利方面的指标
C. 绿色建筑评价时，划分为3个等级
D. 一星级绿色建筑应进行全装修</td><td>2021-1-37、
2016-1-37</td></tr>
<tr><td>参考答案：C
分析：根据《绿色建筑评价标准》GB/T 50378—2019 第 3.2.6 条，应为4个等级，选项C错误。</td><td>分值 2/
比例 0.07%</td></tr>
</table>

第6章 民用建筑房屋卫生设备和燃气供应考点解析

6.1 室 内 给 水

6.1.1 室内给水水质和用水量计算

高频考点、公式及例题	考题统计
式（6.1-2）【给水设计流量】 最高日用水量 $Q_d = mq_0$ 最大小时用水量 $Q_h = \frac{Q_d}{T} k_h$ **式（6.1-3）～式（6.1-5）【生活给水管道设计秒流量】** 住宅建筑 $q_g = 0.2 \cdot U \cdot N_g$ 宿舍（居室内设卫生间）、旅馆、宾馆、医院等 $q_g = 0.2\alpha\sqrt{N_g}$ 宿舍（设公用盥洗卫生间）、公共浴室、食堂、剧院等 $q_g = \sum q_0 n_0 b$ **【2019-1-38】**关于建筑给水防污染的做法，下列何项做法是错误的？ A. 屋面结构板用作为在屋面设置的生活饮用水水箱本体的底板 B. 从生活饮用水管网向消防水池补水的补水管管口的最低点高出溢流边沿的空气间隙的距离不应小于规范规定值 C. 生活饮用水池是否设置水消毒装置与水池用贮水更新的时间有关 D. 用于绿化用的中水管道设置接有水嘴时，应采取防止误饮误用的措施 **参考答案：**A **分析：**根据《建筑给水排水设计标准》GB 50015—2019第3.3.16条，选项A错误，建筑物内的生活饮用水水池（箱）体，应采用独立结构形式，不得利用建筑物的本体结构作为水池（箱）的壁板、底板及顶盖；根据第3.3.6条，选项B正确，不应小于150mm；根据第3.3.19条，选项C正确，当生活饮用水水池（箱）内的贮水48h内不能得到更新时，应设置水消毒处理装置；根据第3.3.21条，选项D正确。	2021-1-39、 2020-1-38、 2019-1-38、 2018-1-40、 2017-1-40、 2017-2-39、 2016-1-38、 2016-1-39、 2016-1-70、 2016-3-24、 2014-1-39、 2013-1-39、 2013-2-70、 2013-3-25、 2011-2-38
【2016-3-24】已知某图书馆的一计算管段的卫生器具给水当量总数 N_g 为5，问：该计算管段的给水设计秒流量（L/s）最接近下列何项？	分值13/ 比例0.43%

高频考点、公式及例题	考题统计
A. 0.54　　B. 0.72　　C. 0.81　　D. 1.12 **参考答案**：B **主要解答过程**： 根据《建筑给水排水设计标准》GB 50015—2019 第 3.7.6 条，图书馆计算给水秒流量系数为 1.6，则由式（3.7.6），该管段给水设计秒流量为： $$q_g = 0.2\alpha\sqrt{N_g} = 0.2 \times 1.6 \times \sqrt{5} = 0.716\text{L/s}$$	

6.1.2　热水供应

高频考点、公式及例题	考题统计
式（6.1-6）～式（6.1-9）【生活热水设计小时耗热量】 （1）全日集中热水供应系统设计小时耗热量（计算值应乘以热损失系数 1.1～1.15） $$Q_h = K_h \frac{mq_r C(t_r - t_l)\rho_r}{T}$$ （2）定时集中热水供应系统设计小时耗热量 $$Q_h = \sum q_h (t_r - t_l)\rho_r n_0 bC$$ （3）设计小时热水量 $$q_{rh} = \frac{Q_h}{(t_r - t_l)C\rho_r}$$ （4）导流型容积式水加热器、贮热器、加热热水机按设计小时供热量选型 $$Q_g = Q_h - \frac{\eta V_r}{T}(t_r - t_l)C\rho_r$$ （5）半容积式水加热器按设计小时耗热量计算。 （6）半即热式、快速式水加热器按设计秒流量所需耗热量选型。 **【2020-1-70】**集中生活热水系统的设计中，关于设计参数的选择，下列哪几项说法是错误的？ A. 生活热水最高日用水定额以热水温度 60℃为计算温度 B. 卫生器具生活热水小时用水定额以热水温度 60℃为计算温度 C. 设置集中生活热水系统的单体建筑，要求配水点最低水温 45℃时，水加热器出口设计温度为 60℃ D. 单体建筑全日热水供应系统的热水循环流量按 3%～5%设计小时热水量考虑 **参考答案**：BCD	2021-4-25、2020-1-38、2020-1-70、2019-4-25、2018-3-25（式 6.1-6）、2017-4-25（式 6.1-6）、2016-1-40、2014-1-40、2014-4-25、2013-2-39、2013-2-70、
分析：根据《建筑给水排水设计标准》GB 50015—2019 表 6.2.1-1 注 2，选项 A 正确；根据表 6.2.1-2，选项 B 错误，表格规定有不同的计算温	分值 18/比例 0.60%

高频考点、公式及例题	考题统计
度；根据第 5.5.7 条，选项 C 错误，热水供应系统中，水加热器的出水温度与配水点的最低水温温度差，单体建筑不得大于 10℃；根据第 5.5.5 条，选项 D 错误，3%～5%设计小时热水量考虑的为配水管道的热损失，热水循环流量按式（5.5.5）计算。 **【2018-3-25】**某宾馆建筑设置集中生活热水系统，已知宾馆客房 400 床位，最高日热水用水定额 120L/（床位·d），使用时间 24h，小时变化系数 K_h为 3.33，热水温度 60℃，冷水温度 10℃，热水密度 1.0kg/L，问：该宾馆客房部分生活热水的最高日平均小时耗热量（kW）最接近下列何项？ A. 116　　B. 232　　C. 349　　D. 387 **参考答案：**A **主要解题过程：** 根据《建筑给水排水设计标准》GB 50015—2019 第 6.4.1 条或《复习教材》式（6.1-6）可得： $Q_h=\frac{mq_rc(t_r-t_1)\rho_r}{T}=\frac{400\times120\times4.187\times(60-10)\times1}{24\times3600}$ $=116.3\text{kW}$	

6.1.3　热泵热水机

高频考点、公式及例题	考题统计
式（6.1-10）、式（6.1-11）【水源热泵热水机设计】 （1）设计小时供热量 $Q_g=k_1\frac{mq_rC(t_r-t_1)\rho_r}{T_1}$ （2）贮热水箱容积 $V_r=k_2\frac{(Q_h-Q_g)T}{\eta(t_r-t_1)C\rho_r}$ 《热泵热水机（器）能效限定值及能效等级》GB 29541—2013，能效等级分为 5 级。 **【2019-1-47】**寒冷地区的某低层住宅根据煤改电的要求，冬季采用空气源热泵热水机组供暖。下列有关采用定频压缩机的空气源热泵机组供暖运行时的说法，哪几项是错误的？ A. 当维持机组出水温度不变时，随着室外气温下降，压缩机的压缩比会减少 B. 室外气温下降时，压缩机的润滑油会导致起节流作用的毛细管内的制冷剂流动不畅	2021-1-38、 2021-1-70、 2020-1-7、 2020-1-32、 2020-1-41、 2019-1-47、 2019-2-40、 2019-2-64、 2019-2-70、 2018-2-39、 2018-2-70、 2017-1-38、 2014-1-38、 2013-1-67、 2012-2-66、

高频考点、公式及例题	考题统计
C. 当维持机组出水温度不变时，随着室外气温下降，机组压缩机制冷剂的制热量减少 D. 当维持机组出水温度不变时，随着室外气温下降，机组压缩机制冷剂的质量流量增加 **参考答案：**ABD **分析：**根据《复习教材》第6.1.3节"2. 热泵热水机的应用"，环境温度越低性能系数越低，蒸发温度降低，维持机组出水温度不变，会导致蒸发压力降低，压缩机吸气口比容增加，质量流量减小，功耗增大，制热量减少，选项AD错误，选项C正确；压缩机的润滑油不会进入到起节流作用的毛细管内，选项B错误。	2011-1-32、2011-2-64 分值26/比例0.87%

6.2　室　内　排　水

6.2.1　室内污水系统特点

高频考点、公式及例题	考题统计
【2014-2-40】关于建筑排水的表述一下何项正确? A. 埋地排水管道的埋设深度是指排水管道的管顶部至地表面的垂直距离 B. 居民的生活排水指的是居民在日常生活中排出的生活污水 C. 排水立管是指垂直的排水管道 D. 生活排水管道系统应设置通气管 **参考答案：**D **分析：**根据《建筑给水排水设计标准》GB 50015—2019第2.1.65条，埋设深度指管道内底至地表面垂直距离，选项A错误；根据第2.1.41条，生活排水指生活污水和废水的总称，选项B错误；根据第2.1.43条，立管指垂直或于垂线夹角45°以内的管道，选项C错误；根据第4.7.1条，选项D正确。	2021-2-40、2020-1-40、2014-2-40、2014-2-70、2012-2-70、2011-1-39 分值8/比例0.27%

6.2.2　排水设计秒流量

高频考点、公式及例题	考题统计
式（6.2-1）、式（6.2-2）【排水设计秒流量】 （1）住宅、宿舍（居室内设卫生间）、旅馆、医院等 $$q_P = 0.12\alpha\sqrt{N_P} + q_{max}$$ （2）宿舍（设公共盥洗卫生间）、公共浴室、食堂等	2020-1-38、2020-3-25（式6.2-2）、2020-4-25、

高频考点、公式及例题	考题统计
$$q_P = \sum q_0 n_0 b$$ **【2017-2-70】** 某建筑进行排水系统设计时，下列说法哪几项是正确的？ A. 小区生活排水系统排水定额可取为生活给水系统定额的 95% B. 小区生活排水系统小时变化系数与生活给水系统小时变化系数不应相同 C. 建筑生活排水管道设计秒流量计算，与建筑功能有关 D. 不同类型宿舍的生活排水管道设计秒流量，有两种计算方法 **参考答案：** ACD **分析：** 根据《建筑给水排水设计标准》GB 50015—2019 第 4.10.5 条，小区生活排水系统排水定额宜为其相应的生活给水系统用水定额的 85%～95%，小区生活排水系统小时变化系数应与其相应的生活给水系统小时变化系数相同，选项 A 正确，选项 B 错误；根据第 4.5.2～4.5.3 条，选项 CD 正确，按分散型和密集型不同计算。 **【2020-3-25】** 某科研教学实验室给水管道，配置单联化验水嘴 4 个，三联化验水嘴 2 个，已知单联化验水嘴给水额定流量 0.07L/s，给水当量 0.35；三联化验水嘴给水额定流量 0.20L/s，给水当量 1.00。问：该管道的设计流量（L/s）最近下列何项？ A. 0.056　B. 0.12　C. 0.18　D. 0.20 **参考答案：** D **主要解题过程：** 根据《建筑给水排水设计标准》GB 50015—2019 第 3.7.8 条及表 3.7.8-3，得： $$q_g = \Sigma q_{g0} n_0 b_g = 0.07 \times 4 \times 20\% + 0.20 \times 2 \times 30\% = 0.176\text{L/s} < 0.2\text{L/s}$$ 根据第 3.7.9-1 条，当计算值 0.176L/s 小于该管段上一个最大器具给水额定流量 0.2L/s 时，应采用一个最大的器具给水额定流量 0.2L/s 作为设计秒流量，故选 D。	2017-2-70、2017-3-25（式 6.2-2） 分值 9/比例 0.30%

6.3 燃 气 供 应

6.3.1 燃气输配

高频考点、公式及例题	考题统计
《城镇燃气设计规范》GB 50028—2006（2020 版）第 6.2.8 条【调压站至最远燃具的管道允许阻力损失】 $$\Delta P_d = 0.75 P_n + 150$$ 其中，P_n 为低压燃具的额定压力，Pa，由表 10.2.2 查得。	2021-2-39、 2020-2-70、 2019-1-70、 2018-1-39、

高频考点、公式及例题	考题统计
【2020-2-70】民用建筑燃气输配系统的地上调压箱（悬挂式），当安装在用气建筑的外墙上时，下列哪几项做法是正确的？ A. 调压器燃气进口压力 0.25MPa B. 调压箱进出口管径为 *DN*40 C. 调压箱密闭以防止燃气泄漏 D. 调压箱设置于阳台下方实体墙上 **参考答案**：AB **分析**：根据《城镇燃气设计规范》GB 50028—2006（2020 版）第 6.6.2 条，选项 A 正确；根据第 6.6.4 条，选项 B 正确，选项 C 错误，调压箱上应有自然通风孔；根据第 6.6.4 条，选项 D 错误，调压箱不应安装在建筑物的窗下和阳台下的墙上。 【2016-4-24】某住宅小区的燃气管网为天然气低压分配管网（采用区域调压站），燃气供气压力为 0.008MPa，问燃气管段到达最远住户的燃具管道的允许阻力损失（Pa）最接近下列何项？ A. 900　　B. 1650　　C. 2250　　D. 6150 **参考答案**：B **主要解题过程**： 根据《城镇燃气设计规范》GB 50028—2006（2020 版）第 10.2.2 条，天然气低压用气设备用具额定压力为 2kPa。 由第 6.2.8 条可得，低压燃气管道到最远燃具的允许阻力损失为： $\Delta P_d = 0.75P_n + 150 = 0.75 \times (2 \times 10^3) + 150 = 1650\text{Pa}$	2018-1-70、2017-2-40、2016-2-40、2016-2-70、2014-1-47、2014-2-39、2011-2-40 分值 16/比例 0.53%

6.3.2 室内燃气应用

高频考点、公式及例题	考题统计
式（6.3-1）【低压燃气管道因地形高层引起的附加压力】（《城镇燃气设计规范》GB 50028—2006（2020 版）第 10.2.13 条） $$\Delta H = 9.8 \times (\rho_k - \rho_m) \times h$$ 式中，$\rho_k = 1.293\text{kg/m}^3$。 【2020-2-39】某商业大厦地下一层设有使用燃气的厨房，下列做法正确的是何项？ A. 采用钢号为 10 的无缝钢管（非加厚管），管道连接为螺纹连接 B. 设置通风、燃气泄漏报警等安全设施 C. 燃气管道运行压力为 0.45MPa D. 燃气管道穿过配电间后进入厨房 **参考答案**：B	2021-1-40、2021-2-70、2020-1-39、2020-2-39、2020-2-40、2019-1-39、2019-2-39、2017-1-39、2017-1-70、2016-2-39、2014-1-70、2013-1-38、2013-1-40、2013-1-70、2013-2-40、2012-2-39、2012-2-40、2011-1-40、2011-1-70、2011-2-39 分值 25/比例 0.83%

高频考点、公式及例题	考题统计
分析：根据《城镇燃气设计规范》GB 50028—2006（2020版）第10.5.3条，选项B正确；根据第10.2.23条，选项A错误，应焊接和法兰连接；根据第10.2.1条，选项C错误，商业用户中压最高压力为0.4MPa；根据第10.2.14条和第10.2.24条，选项D错误，燃气引入管和水平干管不得敷设在配电间。	

6.3.3 燃气管道计算流量

<table>
<tr><th>高频考点、公式及例题</th><th>考题统计</th></tr>
<tr><td>

式（6.3-2）、式（6.3-3）【燃气计算流量】

（1）燃气管道计算流量（《城镇燃气设计规范》GB 50028—2006（2020版）第10.2.9条）

$$Q_h = \Sigma kNQ_n$$

（2）估算燃气小时计算流量

$$Q_h = \frac{K_m K_d K_h Q_a}{365 \times 24}$$

【2019-1-40】某商业综合体项目，在设计阶段计算燃气小时计算流量时，下列说法哪项是错误的？

A. 计算年燃气最大负荷利用小时数时，应考虑月高峰系数、日高峰系数和小时高峰系数

B. 月高峰系数为计算月中的日最大用气量和年的日平均用气量之比

C. 日高峰系数为计算月中的日最大用气量和该月日平均用气量之比

D. 小时高峰系数为计算月中最大用气量日的小时最大用气量和该日小时平均用气量之比

参考答案：B

分析：根据《复习教材》式（6.3-3）或《城镇燃气设计规范》GB 50028—2006（2020版）第6.2.2条，选项ACD正确，选项B错误，月高峰系数为计算月中的日平均用气量和年的日平均用气量之比。

【2019-3-25】长春市某住宅小区，原设计200住户，一户居民装设一个燃气双眼灶和一个快速热水器，所设计的燃气管道计算流量为38.4m³/h。后因方案变更，住户数增加到400户，每户居民的燃具配置相同。问：变更后的燃气管道计算流量（m³/h），最接近下列何项？

A. 82　　B. 77　　C. 72　　D. 67

参考答案：D

主要解题过程：

</td><td>2019-1-40、2019-3-25（式6.3-2）、2018-4-25（式6.3-2）、2014-3-25（式6.3-2）、2011-3-25（式6.3-2）</td></tr>
<tr><td>

根据《复习教材》式（6.3-2）可知：$Q_h = \Sigma kNQ_n$。

变更前，$N = 200$，查表6.3-4，得$k = 0.16$，则有

</td><td>分值9/比例0.30%</td></tr>
</table>

高频考点、公式及例题	考题统计
$$Q_n = \frac{Q_h}{\sum kN} = \frac{38.4}{0.16 \times 200} = 1.2\text{m}^3/\text{h}$$ 变更后，$N=400$，查表 6.3-4，得 $k=0.14$，则有： $$Q_h = \sum kNQ_n = 0.14 \times 400 \times 1.2 = 67.2\text{m}^3/\text{h}$$	

第 2 篇　知识点总结与扩展

第 7 章　通用知识点总结

7.1　民用建筑与工业建筑的区分

民用建筑（《民规》）：包括公共建筑与居住建筑。

工业建筑（《工规》）：生产厂房、仓库、公用附属建筑以及生活、行政辅助建筑（公用辅助建筑指生产主工艺提供水、电、气、热力的建筑，以及试验、化验类建筑；生活、行政辅助建筑包括食堂、浴室、活动中心、宿舍、办公楼）。

注意：为厂房服务的食堂、浴室、活动中心、宿舍、办公楼，应执行《工规》。

7.2　单　位　换　算

常用物理量及其单位见表 7-1、表 7-2，当题目给出相关常数时以题目为准。

国际单位制的基本单位　　**表 7-1**

量的名称	单位名称	单位符号	量的名称	单位名称	单位符号
长度	米	m	热力学温度	开（尔文）	K
质量	千克	kg	物质的量	摩（尔）	mol
时间	秒	s	发光强度	坎（德拉）	cd
电流	安（培）	A			

用于构成十进制倍数和分数单词的词头　　**表 7-2**

量的名称	单位名称	单位符号	量的名称	单位名称	单位符号
10^{18}	艾	E	10^{-1}	分	d
10^{15}	拍	P	10^{-2}	厘	c
10^{12}	太	T	10^{-3}	毫	m
10^{9}	吉	G	10^{-6}	微	μ
10^{6}	兆	M	10^{-9}	纳	n
10^{3}	千	k	10^{-12}	皮	p
10^{2}	百	h	10^{-15}	飞	f
10^{1}	十	d	10^{-18}	阿	a

部分常见单位换算

长度

1m＝100cm＝10^3mm＝10^6μm

时间

1h＝60min＝3600s

1天＝24h

质量

1kg＝1000g＝10^6mg

体积

1m^3＝1000dm^3＝10^6 cm^3＝10^9 mm^3

1m^3＝1kL＝1000 L

浓度

1ppm＝0.0001%＝10^{-6} m^3/m^3＝0.001 L/kL＝1mL/m^3

功率

1W＝1J/s

1MW＝1000kW＝10^6W

1kcal/h＝1.163W

能量

1J＝1W·s

1kWh＝3600kJ＝3.6MJ

1kcal＝4180J＝4.18kJ（大卡）

流量换算

1kg/s＝3600kg/h

1m^3/s＝3600m^3/h

压强换算

1atm（标准大气压）

＝101325Pa＝101.325kPa＝10.33mH_2O＝760mmHg

1bar＝10^5Pa＝0.1MPa

1mmHg＝133.32Pa

1mmH_2O＝9.8Pa

1mH_2O＝9.8kPa

7.3 常用计算

1. 空气密度计算

空气 $$\rho=\frac{353}{273+t}\times\frac{B}{101.325}$$

式中 t——摄氏温度，℃；

B——当地大气压，kPa；

ρ——密度，kg/m^3。

2. 风机、水泵功率计算（详见第9.12节）

风机功率

$$N = \frac{LP}{3600\eta \cdot \eta_m}$$

式中　L——风量，m^3/h；

P——风机风压，Pa；

η——风机效率；

η_m——机械效率。

水泵功率

$$N_z = \frac{GH}{367.3\eta \cdot \eta_m}$$

式中　G——水流量，m^3/h；

H——水泵扬程，mH_2O；

η——水泵效率；

η_m——机械效率。

3. 热量与流量换算

风量的换算

$$L = \frac{Q}{\rho c_p \Delta t}\ (m^3/s)$$

式中　L——体积流量，m^3/s；

Q——热量，kW；

Δt——温差，℃；

ρ——密度，kg/m^3；

c_p——比热容，kJ/(kg·℃)。

水量的换算

$$G = \frac{0.86Q}{\Delta t}\ (m^3/h)$$

式中　G——体积流量，m^3/h；

Q——热量，kW；

Δt——温差，℃。

4. 管道热膨胀量

$$\Delta X = 0.012(t_1 - t_2)L$$

式中　ΔX——热伸长量，mm；

t_1——热媒温度，℃；

t_2——管道安装温度，室内0～5℃，室外取供暖室外计算温度；

L——计算管道长度（自固定点至自由端），m。

例：水平供暖管道允许热伸长量为40mm，若供水温度为60℃，安装温度为5℃，试计算不采用补偿器的金属直管道长度。

最大自然补偿长度为：

$$L_0 = \frac{\Delta X}{0.012 \times (t_1 - t_2)} = \frac{40}{0.012 \times (60 - 5)} = 60.6\text{m}$$

固定支架设置在金属直管段中间部位时，左右两段的伸长量都能分别达到40mm，因此最长直管段为：

$$L_0 = 2L_0 = 2 \times 60.6 = 121.2\text{m}$$

5. 标准工况换算

$$C_N = \frac{1.293C}{\rho}$$

式中 C_N——标准工况排放浓度；

C——测试工况排放浓度；

ρ——测试工况空气密度，kg/m^3。

6. 制冷设备中，回热设备的质量守恒与能量守恒（参考第11.4节）

7. 压缩机耗功率、制冷量、冷凝热之间的关系（参考第11.1节）

8. 污染物质量分数与体积分数（详见第9.2节）

7.4 热工表格

表7-3、表7-4来自《红宝书》，相关数据当题目直接给出时，以题目数据为准。

水的热物理参数 **表7-3**

温度(℃)	比热容[kJ/(kg·K)]	运动黏度(10^{-6}m^2/s)	温度(℃)	比热容[kJ/(kg·K)]	运动黏度(10^{-6}m^2/s)
0	4.2077	1.790	60	4.1826	0.479
10	4.1910	1.300	70	4.1910	0.415
20	4.1826	1.000	80	4.1952	0.366
30	4.1784	0.805	90	4.2077	0.326
40	4.1784	0.659	100	4.2161	0.295
50	4.1826	0.556			

水的密度（当题目给出密度时以题目为准） **表7-4**

温度(℃)	密度(kg/m^3)	温度(℃)	密度(kg/m^3)	温度(℃)	密度(kg/m^3)	温度(℃)	密度(kg/m^3)
10	999.73	44	990.66	51	998.62	58	984.25
20	998.23	45	990.25	52	987.15	59	983.75
30	995.67	46	989.82	53	986.69	60	983.24
40	992.24	47	989.40	54	986.21	61	982.72
41	991.86	48	988.69	55	985.73	62	982.20
42	991.47	49	988.52	56	985.25	63	981.67
43	991.07	50	988.07	57	984.75	64	981.13

续表

温度（℃）	密度（kg/m³）	温度（℃）	密度（kg/m³）	温度（℃）	密度（kg/m³）	温度（℃）	密度（kg/m³）
65	980.59	74	975.48	83	969.94	92	963.99
66	980.05	75	974.84	84	968.30	93	963.30
67	979.50	76	974.29	85	968.65	94	962.61
68	978.94	77	973.68	86	968.00	95	961.92
69	978.38	78	973.07	87	967.34	96	961.22
70	977.81	79	972.45	88	966.68	97	960.51
71	977.23	80	971.83	89	966.01	98	959.81
72	976.66	81	971.21	90	965.34	99	959.09
73	976.07	82	970.57	91	964.67	100	958.38

7.5 《民规》《工规》附录室外计算参数音序页码索引

《民规》《工规》室外计算参数页码索引❶

音序	《民规》	《工规》	音序	《民规》	《工规》
A 阿坝洲	155	173	B 宝鸡	165	183
A 阿克苏	177	195	B 宝清	117	135
A 阿勒泰	175	193	B 保定	103	121
A 阿里地区	163	181	B 保山	158	176
A 安康	165	183	B 北海	148	166
A 安庆	125	143	B 北京	102	120
A 安顺	156	174	B 本溪	112	130
A 安阳	135	153	B 毕节	156	174
A 鞍山	111	129	B 滨州	134	152
B 巴彦淖尔	109	127	B 亳（bo）州	125	143
B 巴中	155	173	C 沧州	105	123
B 霸州	105	123	C 昌都	162	180
B 白城	115	133	C 长沙	140	158
B 白山	115	133	C 长春	114	132
B 白银	168	186	C 常德	141	159
B 百色	148	166	C 常州	120	138
B 蚌埠	125	143	C 巢湖	127	145
B 包头	108	126	C 朝阳	113	131

❶ 说明：表格中的页码为相应规范单行本对应页码。

续表

音序	《民规》	《工规》	音序	《民规》	《工规》
C 郴州	141	159	G 赣榆	120	138
C 成都	151	169	G 赣州	129	147
C 承德	104	122	G 高要	145	163
C 重庆	151	169	G 高邮	121	139
C 赤峰	109	127	G 格尔木	171	189
C 崇左	150	168	G 共和	171	189
C 滁州	125	143	G 固原	173	191
C 楚雄	161	179	G 广昌	131	149
C 错那	163	181	G 广水	140	158
D 达日	171	189	G 广元	151	169
D 达州	154	172	G 广州	143	161
D 大理	161	179	G 贵溪	131	149
D 大连	111	129	G 贵阳	155	173
D 大同	105	123	G 桂林	147	165
D 大兴安岭	119	137	G 果洛州	171	189
D 丹东	112	130	H 哈尔滨	116	134
D 德宏州	161	179	H 哈密	175	193
D 德州	133	151	H 海北州	171	189
D 迪庆州	161	179	H 海东地区	172	190
D 定海	123	141	H 海口	150	168
D 定西	169	187	H 海拉尔	109	127
D 东胜	109	127	H 海南州	171	189
D 东兴	149	167	H 海西州	171	189
D 东营	134	152	H 汉中	165	183
E 鄂尔多斯	109	127	H 杭州	121	139
E 恩施	138	156	H 合肥	124	142
E 二连浩特	111	129	H 合作	169	187
F 防城港	149	167	H 和田	175	193
F 房县	139	157	H 河池	149	167
F 奉节	151	169	H 河南	171	189
F 福州	127	145	H 河源	146	164
F 抚顺	111	129	H 菏泽	133	151
F 抚州	131	149	H 贺州	149	167
F 阜新	113	131	H 鹤岗	117	135
F 阜阳	126	144	H 黑河	118	136
G 甘南州	169	187	H 衡水	105	123
G 甘孜州	152	170	H 衡阳	141	159

续表

音序	《民规》	《工规》	音序	《民规》	《工规》
H 红河州	159	177	J 景德镇	129	147
H 呼和浩特	108	126	J 景洪	159	177
H 呼伦贝尔	109	127	J 靖远	168	186
H 葫芦岛	113	131	J 九江	129	147
H 怀化	143	161	J 酒泉	167	185
H 淮安	121	139	K 喀什	175	193
H 淮阴	121	139	K 开封	135	153
H 黄冈	139	157	K 开原	113	131
H 黄南州	171	189	K 凯里	157	175
H 黄山	125	143	K 康定	152	170
H 黄石	137	155	K 克拉玛依	174	192
H 惠来	147	165	K 库尔勒	176	194
H 惠民	134	152	K 昆明	157	175
H 惠农	173	191	L 拉萨	162	180
H 惠阳	145	163	L 来宾	149	167
H 惠州	145	163	L 兰州	166	184
J 鸡西	117	135	L 廊坊	105	123
J 吉安	130	148	L 乐山	153	171
J 吉林	114	132	L 离石	107	125
J 吉首	143	161	L 丽江	159	177
J 集宁	110	128	L 丽水	123	141
J 济南	131	149	L 连云港	120	138
J 济宁	133	151	L 连州	147	165
J 加格达奇	119	137	L 凉山州	153	171
J 佳木斯	117	135	L 林芝	163	181
J 嘉兴	123	141	L 临沧	160	178
J 嘉鱼	139	157	L 临汾	107	125
J 江门	145	163	L 临河	109	127
J 揭阳	147	165	L 临江	115	133
J 金昌	168	186	L 临洮	169	187
J 金华	122	140	L 临夏	169	187
J 锦州	113	131	L 临沂	132	150
J 晋城	106	124	L 零陵	142	160
J 晋中	107	125	L 柳州	147	165
J 荆门	139	157	L 六安	125	143
J 荆州	139	157	L 六盘水	157	175
J 精河	177	195	L 龙岩	128	146

续表

音序	《民规》	《工规》	音序	《民规》	《工规》
L 龙州	150	168	P 普洱	159	177
L 陇南	167	185	Q 齐齐哈尔	116	134
L 娄底	143	161	Q 祁连	171	189
L 泸水	161	179	Q 奇台	177	195
L 泸州	153	171	Q 乾安	115	133
L 罗甸	157	175	Q 黔东南州	157	175
L 洛阳	135	153	Q 黔西南州	157	175
L 吕梁	107	125	Q 黔南州	157	175
M 麻城	139	157	Q 钦州	149	167
M 马尔康	155	173	Q 秦皇岛	104	122
M 马坡岭	140	158	Q 青岛	131	149
M 满洲里	109	127	Q 清远	147	165
M 茂名	145	163	Q 庆阳	169	187
M 梅州	145	163	Q 衢州	122	140
M 蒙自	159	177	Q 曲靖	159	177
M 绵阳	154	172	R 饶阳	105	123
M 民和	172	190	R 日喀则	163	181
M 漠河	119	137	R 日照	133	151
M 牡丹江	117	135	R 瑞丽	161	179
N 那曲	163	181	S 三门峡	135	153
N 南昌	129	147	S 三明	127	145
N 南充	153	171	S 三亚	151	169
N 南京	119	137	S 桑植	141	159
N 南宁	147	165	S 山南地区	163	181
N 南平	128	146	S 汕头	143	161
N 南坪区	153	171	S 汕尾	146	164
N 南通	119	137	S 商洛	166	184
N 南阳	136	154	S 商丘	136	154
N 内江	153	171	S 商州	166	184
N 宁波	123	141	S 上海	119	137
N 宁德	129	147	S 上饶	129	147
N 宁国	127	145	S 韶关	144	162
N 怒江州	161	179	S 邵通	158	176
P 盘县	157	175	S 邵阳	141	159
P 平湖	123	141	S 绍兴	123	141
P 平凉	167	185	S 射阳	121	139
P 屏南	129	147	S 深圳	145	163

续表

音序	《民规》	《工规》	音序	《民规》	《工规》
S 沈阳	111	129	W 温州	121	139
S 嵊州	123	141	W 文山州	159	177
S 狮泉河	163	181	W 乌兰察布	110	128
S 十堰	139	157	W 乌兰浩特	110	128
S 石家庄	103	121	W 乌鲁木齐	174	192
S 石嘴山	173	191	W 乌恰	177	195
S 双峰	143	161	W 芜湖	124	142
S 双鸭山	117	135	W 吴县东山	121	139
S 朔州	107	125	W 吴忠	173	191
S 思茅	159	177	W 梧州	147	165
S 四平	115	133	W 武都	167	185
S 松原	115	133	W 武功	165	183
S 苏州	121	139	W 武汉	137	155
S 绥化	118	136	W 武威	169	187
S 随州	140	158	X 西安	164	182
S 遂宁	153	171	X 西昌	153	171
S 宿州	126	144	X 西峰镇	169	187
T 塔城	177	195	X 西华	137	155
T 台山	145	163	X 西宁	170	188
T 台州	123	141	X 西双版纳	159	177
T 太原	105	123	X 锡林郭勒	111	129
T 泰安	133	151	X 锡林浩特	111	129
T 泰宁	127	145	X 厦门	127	145
T 唐山	103	121	X 咸宁	139	157
T 塘沽	103	121	X 咸阳	165	183
T 天津	102	120	X 香格里拉	161	179
T 天水	167	185	X 湘西州	143	161
T 铁岭	113	131	X 襄樊	139	157
T 通化	115	133	X 忻州	107	125
T 通辽	109	127	X 新乡	135	153
T 铜仁	157	175	X 信阳	137	155
T 同心	173	191	X 信宜	145	163
T 铜川	165	183	X 邢台	103	121
T 吐鲁番	175	193	X 兴安盟	110	128
W 万州	151	169	X 兴城	113	131
W 威海	133	151	X 兴仁	157	175
W 潍坊	132	150	X 徐汇	119	137

续表

音序	《民规》	《工规》	音序	《民规》	《工规》
X 徐家汇	119	137	Y 榆社	107	125
X 徐州	119	137	Y 玉环	123	141
X 许昌	137	155	Y 玉林	149	167
X 宣城	127	145	Y 玉山	129	147
Y 雅安	155	173	Y 玉树	170	188
Y 烟台	131	149	Y 玉溪	160	178
Y 延安	164	182	Y 沅江	142	160
Y 延边	115	133	Y 原平	107	125
Y 延吉	115	133	Y 岳阳	141	159
Y 盐城	121	139	Y 运城	106	124
Y 兖州	133	151	Z 枣阳	139	157
Y 扬州	121	139	Z 沾益	159	177
Y 阳城	106	124	Z 湛江	143	161
Y 阳江	144	162	Z 张家界	141	159
Y 阳泉	105	123	Z 张家口	103	121
Y 伊春	117	135	Z 张掖	167	185
Y 伊宁	176	194	Z 漳州	127	145
Y 宜宾	152	170	Z 肇庆	145	163
Y 宜昌	138	156	Z 郑州	135	153
Y 宜春	130	148	Z 芷江	143	161
Y 益阳	142	160	Z 中卫	173	191
Y 银川	172	190	Z 钟祥	139	157
Y 鄞州	123	141	Z 舟山	123	141
Y 鹰潭	131	149	Z 周口	137	155
Y 营口	113	131	Z 驻马店	137	155
Y 永昌	168	186	Z 资阳	155	173
Y 永州	142	160	Z 淄博	131	149
Y 右玉	107	125	Z 遵义	155	173
Y 榆林	165	183			

第 8 章　供暖知识点总结

8.1　绝热保温原则与计算

1. 保温保冷原则

(1) 单热管道：需满足经济厚度，同时参考《民规》表 K. 0.1 下注。

(2) 单冷管道：需进行防结露计算，并核算经济厚度，同时参考《民规》表 K. 0.2注。

(3) 冷热合用管道：需分别按照冷、热管道计算厚度，对比后取较大值。

(4) 凝结水管：需进行防结露计算（《民规》第 11.1.5-2 条）。

(5) 设备保温：可采用经济厚度、表面热损失法或允许温降法（《设备及管道绝热设计导则》GB/T 8175—2008）；

防止表面结露：表面温度法计算厚度；

工程允许热损失：采用热平衡法计算厚度，并校核表面温度高于露点；

保温厚度：按最大口径管道的保温厚度再增加 5mm。如供水温度 60℃，采用柔性泡沫橡塑保温，则设备保温层厚度为最大接口管径对应绝热层厚度 40mm 再加 5mm，即 45mm。

2. 水管、风管防结露计算

基本原理：热流量相等。

$$q=\frac{\lambda}{\delta}(t_w-t_p)=\alpha_w(t_f-t_w)$$

$$=K(t_f-t_n)$$

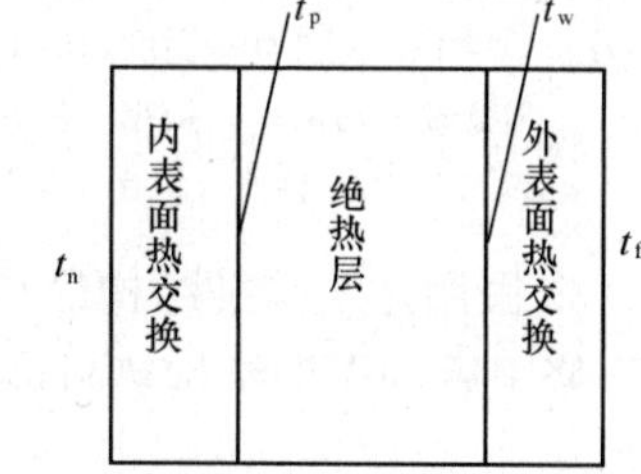

式中　t_f——外环境温度,℃

t_w——绝热层外表面温度,℃

t_n——工质内环境温度,℃

t_p——绝热层内表面温度,℃

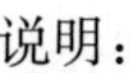

说明：

(1) 一般对于管内流动，若题目未提及内表面换热系数，则可以忽略内表面换热系数，且认为绝热层内表面或内壁面温度为工质温度，即 $t_p=t_n$（特别的，金属风管管壁热阻一般可忽略）。

(2) 保证表面不结露，则 T_w不可小于外环境露点温度。或者直接带入露点温度计算厚度，所得结果为最小厚度（注意：如求解为 22.3mm，则选项 22mm 不可用，25mm 可用）。

(3)《民规》附录 K. 0.4 及《公建节能》附录 D. 0.4 条均给出了风管绝热层的最小

热阻。

(4) 热流量计算原理为牛顿冷却公式 $Q=hF(t_1-t_2)$，注意传热系数 h 为综合传热系数，为 t_1 温度界面与 t_2 温度界面间所夹介质的综合传热系数（因此，传热系数采用 $\lambda \backslash \delta$ 时，应对应温差为内外表面温度；采用 α_w 时，应对应温差为外表面温度与外环境温度差）。

(5) 建筑房间围护结构防结露计算可直接参照上述计算原理，其中绝热层为围护结构，但应考虑内/外表面换热系数。

8.2　最小传热阻的计算

《工规》第5.1.6条以及《民用建筑热工设计规范》GB 50176—2016均有最小传热阻的计算方法。根据《复习教材》的内容，民用建筑与工业建筑的最小传热阻：

1. 室内计算温度确定

民用建筑：供暖房间取18℃，非供暖房间取12℃，与室内设计温度无关。

工业建筑：取冬季室内计算温度。

2. 室外计算温度确定

围护结构热惰性指标不同取值不同（见表8-1）。

室外计算温度的确定　　**表8-1**

围护结构类型	热惰性指标 D 值《工规》《民用建筑热工设计规范》GB 50176—2016	t_e 的取值
Ⅰ	>6.0	$t_w=t_{wn}$
Ⅱ	4.1～6.0	$t_w=0.6t_{wn}+0.4t_{p,min}$
Ⅲ	1.6～4.0 (4.1)	$t_w=0.3t_{wn}+0.7t_{p,min}$
Ⅳ	≤1.5 (1.6)	$t_w=t_{p,min}$

注：t_{wn} 为供暖室外计算温度，根据《民用建筑热工设计规范》GB 50176—2016附录表A.0.1查取；$t_{p,min}$ 为累年最低日平均温度，根据《民用建筑热工设计规范》GB 50176—2016附录表A.0.1查取。上表为《工规》表5.1.6-2，注意《民用热工》表3.2.2的 D 取值范围有轻微区别：Ⅲ：1.6～4.1；Ⅳ：≤1.6。

3. 民用建筑围护结构最小传热阻计算

修正后的围护结构热阻最小值：

$$R_{min}=\varepsilon_1\varepsilon_2 R_{min\cdot\Delta t}$$

式中　ε_1——热阻最小值的密度修正系数，见《民用建筑热工设计规范》GB 50176—2016第5.1.4条；

ε_2——热阻最小值的温度修正系数，见《民用建筑热工设计规范》GB 50176—2016第5.1.4条。

围护结构热阻最小值：最小传热阻大小应按公式计算，或按《民用建筑热工设计规范》GB 50176—2016附录D表D.1选用。

$$R_{min\cdot\Delta t}=\frac{(t_i-t_e)}{\Delta t}R_i-(R_i+R_e)$$

式中　R_{min}——不同材料和建筑不同部位的热阻最小值，$m^2 \cdot K/W$；

$R_{min \cdot \Delta t}$——满足 Δt 要求的热阻最小值，$m^2 \cdot K/W$；

R_i——内表面换热阻，$m^2 \cdot K/W$；

R_e——外表面换热阻，$m^2 \cdot K/W$；

Δt——允许温差，$\Delta t = t_i - \theta_{i,w} = \dfrac{R_i}{R_0}(t_i - t_e) = KR_i(t_i - t_e)$。

防结露设计$\Delta t \leqslant t_i - \theta_i$，基本热舒适性要求$\Delta t \leqslant 3$℃（墙体、地下室）、4℃（屋面）、2℃（地面）。

$$\theta_i = \begin{cases} t_i - \dfrac{R_i}{R_0}(t_i - t_e) & \text{墙体、屋面} \\ \dfrac{t_i R_{\text{地面}} + t_e R_i}{R_{\text{地面}} + R_i} & \text{地面、地下室} \end{cases}$$

4. 工业建筑围护结构最小传热阻

$$R_{o,min} = k\frac{a(t_n - t_e)}{\Delta t_y}R_n$$

式中　$R_{o,min}$——围护结构最小传热阻，$m^2 \cdot K/W$；

R_n——内表面换热阻，$m^2 \cdot K/W$；

t_n——冬季室内计算温度，℃；

t_e——冬季室外计算温度，℃；

Δt_y——允许温差，℃；

a——围护结构温差修正系数；

k——修正系数，砖石墙体取 0.95，外门取 0.60，其他取 1。

说明：(1) 参考《工规》第 5.1.6 条；

(2) 最小传热阻的计算不适用窗、阳台门和天窗；

(3) 当临室温差大于 10℃时，内围护结构最小传热阻也应通过计算确定。

8.3　关于围护结构传热系数计算的总结

围护结构传热系数按下式计算

$$K = \frac{1}{R_0} = \frac{1}{\dfrac{1}{\alpha_n} + \Sigma\dfrac{\delta}{\alpha_\lambda \cdot \lambda} + R_k + \dfrac{1}{\alpha_w}}$$

1. 概念说明

(1) 围护结构传热系数是综合传热系数，在描述热流量时，需要采用室内温度和室外温度的差值，与围护结构表面温度无关。

(2) 围护结构传热系数的倒数是围护结构传热阻，因此围护结构传热阻包含内外表面传热阻，对于不包含表面传热阻的部分称为“围护结构平壁的热阻”。

2. 计算中的常见问题

(1) 内外表面传热系数/内外表面传热阻（见表 8-2）

1）题目未说明海拔高度时，内外表面传热系数采用常规的 8.7W/（m^2 · K）和 23W/（m^2 · K）；对于海拔 3000m 以上的地区，应根据海拔高度查取《民用建筑热工设计规范》GB 50176—2016 表 B.4.2。

2）常用的内表面传热阻为 0.11（m^2 · K）/W，外表面传热阻为 0.04（m^2 · K）/W，该近似值与采用传热系数换算有误差，此误差不影响答题，不必纠结。

关于围护结构内外表面传热系数和传热组　　表 8-2

内外表面	表面特征	表面传热系数 W/（m^2 · K）	表面换热阻（m^2 · K）/W
内表面	墙面、地面、表面平整有肋状突出物的顶棚，$h/s \leqslant 0.3$	8.7	0.11
	有肋状突出物的顶棚，$h/s > 0.3$	7.6	0.13
外表面	外墙、屋面与室外空气直接接触的地面	23	0.04
	与室外空气相通的不供暖地下室上面的楼板	17	0.06
	闷顶和外墙上有窗的不供暖地下室上面的楼板	12	0.08
	外墙上无窗的不供暖地下室上面的楼板	6	0.17

（2）封闭空气层热阻

因《民用建筑热工设计规范》GB 50176—2016 的改版，通过查表确定封闭空气层热阻很复杂，因此考试时会直接给出传热阻大小，不必换算。

（3）材料导热系数

1）《复习教材》仅保留了保温材料的修正系数，但原《复习教材》关于混凝土等材料的修正系数在《民规》第 5.1.8 条依然存在。考试时，若题目给出某些材料层的修正系数，需要直接带入。保温材料的修正系数必须考虑。

2）导热系数修正系数见表 8-3 和表 8-4。

保温材料的导热系数修正系数　　表 8-3

材料	部位	修正系数 α_λ			
		严寒寒冷	夏热冬冷	夏热冬暖	温和地区
聚苯板	室外	1.05	1.05	1.10	1.05
	室内	1.00	1.00	1.05	1.00
挤塑聚苯板	室外	1.10	1.10	1.20	1.05
	室内	1.05	1.05	1.10	1.05
聚氨酯	室外	1.15	1.15	1.25	1.15
	室内	1.05	1.10	1.15	1.10
酚醛	室外	1.15	1.20	1.30	1.15
	室内	1.05	1.05	1.10	1.05
岩棉、玻璃棉	室外	1.10	1.20	1.30	1.20
	室内	1.05	1.15	1.25	1.20
泡沫玻璃	室外	1.05	1.05	1.10	1.05
	室内	1.00	1.05	1.05	1.05

注：本表引自《民用建筑热工设计规范》GB 50176—2016 表 B.2。保温部位按结构层区分室内外，围护结构外侧贴保温属于室外，围护结构内侧贴保温属于室内。

其他材料的导热系数修正系数　表 8-4

序号	材料、构造、施工、地区及说明	α_λ
1	作为夹心层浇筑在混凝土墙体及屋面构件中的块状多孔保温材料（如加气混凝土、泡沫混凝土及水泥膨胀珍珠岩），因干燥缓慢及灰缝影响	1.60
2	铺设在密闭屋面中的多孔保温材料（如加气混凝土、泡沫混凝土、水泥膨胀珍珠岩、石灰炉渣等），因干燥缓慢	1.50
3	铺设在密闭屋面中及作为夹心层浇筑在混凝土构件中的半硬质矿棉、岩棉、玻璃棉板等，因压缩及吸湿	1.20
4	作为夹心层浇筑在混凝土构件中的泡沫塑料等，因压缩	1.20
5	开孔型保温材料（如水泥刨花板、木丝板、稻草板等），表面抹灰或混凝土浇筑在一起，因灰浆渗入	1.30
6	加气混凝土、泡沫混凝土砌块墙体及加气混凝土条板墙体、屋面，因灰缝影响	1.25
7	填充在空心墙体及屋面构件中的松散保温材料（如稻壳、木、矿棉、岩棉等），因下沉	1.20
8	矿渣混凝土、炉渣混凝土、浮石混凝土、粉煤灰陶粒混凝土、加气混凝土等实心墙体及屋面构件，在严寒地区，且在室内平均相对湿度超过 65%的供暖房间内使用，因干燥缓慢	1.15

注：本表引自《民规》表 5.1.8-3。

8.4　关于围护结构权衡判断方法的汇总总结

关于围护结构权衡判断方法的汇总总结

规范	权衡判断内容	前提条件	判断要求	判断依据
《公建节能》	体形系数是强条，不能权衡判断。【第 3.2.1 条】 甲类公共建筑的屋顶透光部分面积不应大于屋顶总面积的 20%。不满足时必须权衡判断。【第 3.2.7 条】 甲类公共建筑的围护结构热工性能符合表中规定。否则必须权衡判断。【第 3.3.1 条】	权衡判断前，当满足以下条件时方可判断：(1)屋面、外墙 K；(2)单一立面的窗墙面积比 ≥0.4 时，外窗 K 和太阳得热系数满足表格要求。【第 3.4.1 条】	参照建筑的屋顶透光部分面积符合本条(20%)规定。外墙与屋面的构造、外窗(含透光幕墙)的太阳得热系数完全一致。【第 3.4.4 条】 形状、大小、朝向、窗墙比、内部空间划分和使用功能完全一致。【第 3.4.3 条】	在相同的外部环境、相同的室内参数设定、相同的供暖空调系统的条件下，参照建筑和设计建筑的供暖、空调的总能耗。【第 3.4.2 条】

续表

规范	权衡判断内容	前提条件	判断要求	判断依据
《工业建筑节能设计统一标准》GB 51245—2017	严寒和寒冷地区一类工业建筑体形系数应符合规定，不能权衡判断。【第4.1.10条】 一类工业建筑总窗墙面积比不应大于0.5。不满足时必须进行权衡判断。【第4.1.11条】 一类工业建筑屋顶透光部分的面积与屋顶总面积之比不应大于0.15。否则必须权衡判断。【第4.1.12条】	当一类工业建筑进行权衡判断时，设计建筑围护结构的屋面、外墙、外窗、屋顶透光部分的传热系数不应超过最大限制值。【第4.4.1条】	一类工业建筑参照建筑的形状、大小、朝向、窗墙面积比、内部的空间划分、使用功能应与设计建筑完全一致。【第4.4.3条】	一类工业建筑围护结构热工性能权衡判断计算应采用参照建筑对比法【第4.4.4条】 二类工业建筑围护结构热工性能计算可采用稳态计算方法。【第4.4.6条】
《严寒和寒冷地区居住建筑节能设计标准》JGJ 26—2018	【第4.1.3条】体形系数； 【第4.1.4条】窗墙比； 【第4.1.5条】屋面天窗与该房间屋面面积比值是强条，不能权衡判断； 【第4.2.1条】围护结构传热系数、周边地面和地下室外墙的保温材料层热阻； 【第4.2.2条】内围护结构传热系数和寒冷B区(2B区)夏季外窗太阳得热系数是强条，不能权衡判断	窗墙面积比最大值，屋面、地面、地下室外墙的热工性能，外墙、架空或外挑楼板和外窗传热系数的最大值满足表格要求【第4.3.2条】	设计建筑的功能能耗不大于参照建筑【第4.3.1条】； 参照建筑的形状、大小、朝向、内部的空间划分、使用功能应与设计建筑完全一致【第4.3.3条】	应采用对比评定法。【第4.3.1条】
《夏热冬冷地区居住建筑节能设计标准》JGJ 34—2010	【第4.0.3条】体形系数； 【第4.0.4条】屋面、外墙、架空楼板或外挑楼板、外窗的K和D。 【第4.0.5条】窗墙比或传热系数、遮阳系数	【第5.0.4条】有具体的取值方法。和不同情况的处理。 【第5.0.5条】用同一动态计算软件计算供暖空调年耗电量	建筑形状、大小、朝向以及平面划分完全一致。 【第5.0.4条】由于控制体形系数的实际意义在于控制相对传热面积，所以可通过将参照建筑的一部分表面积定义为绝热面积达到控制体形系数相同的目的。 允许设计建筑在体形系数、窗墙比、围护结构热工性能之间进行强弱调整和弥补	【第5.0.2条】在规定条件下计算得出的采暖耗电量和空调耗电量之和。 【第5.0.6条】规定了计算供暖和空调年耗电量时的几条简单的基本条件

续表

规范	权衡判断内容	前提条件	判断要求	判断依据
《夏热冬暖地区居住建筑节能设计标准》JGJ 75—2012	【第 4.0.4 条】外窗的窗墙比。 【第 4.0.6 条】天窗的面积。 【第 4.0.7 条】南、北外墙传热系数、热惰性指标。 【第 4.0.8 条】外窗的平均传热系数、平均综合遮阳系数	【第 5.0.1 条】天窗的遮阳系数、传热系数，屋顶、东西墙的传热系数、热惰性指标必须符合【第 4.0.6 条】【第 4.0.7 条】规定	【第 5.0.2 条】形状、大小、朝向完全相同；各朝向和屋顶的开窗洞口面积相同；参照建筑某个朝向的窗洞应减小至满足规范。 参照建筑外墙、外窗和屋顶的各项性能满足规范最低限值。【第 5.0.2 条】有取值	【第 5.0.1 条】空调供暖年耗电指数，也可直接采用空调供暖年耗电量。 【第 5.0.3 条】综合评价指标的计算条件。 【第 5.0.4 条】南区内的建筑可忽略采暖年耗电量

其他说明：

(1)《公建节能》第 3.4.2 条：建筑围护结构的权衡判断只针对建筑围护结构，允许建筑围护结构热工性能的互相补偿（如墙达不到标准，窗高于标准），不允许使用高效的暖通空调系统对不符合本标准要求的围护结构进行补偿。

(2)《公建节能》第 3.4.3 条：与实际设计的建筑相比，参照建筑除了在实际设计建筑不满足本标准的一些重要规定之处作了调整以满足本标准要求外，其他方面都相同。参照建筑在建筑围护结构的各个方面均应完全符合本标准的规定。

(3)《严寒和寒冷地区居住建筑节能设计标准》JGJ 26—2018 第 3.4.1 条：建筑围护结构热工性能的权衡判断应采用对比评定法。当设计建筑的供暖能耗不大于参照建筑时，应判定围护结构的热工性能符合本标准的要求。当设计建筑的供暖能耗大于参照建筑时，应调整围护结构热工性能重新计算，直至设计建筑的供暖能耗不大于参照建筑。

(4)《夏热冬冷地区居住建筑节能设计标准》JGJ 134—2010 第 4.0.5 条：窗墙面积比：窗户洞口面积与房间立面单元面积（即建筑层高与开间定位线围城的面积）之比。

(5)《工业建筑节能设计统一标准》GB 51245—2017 第 3.1.1 条：一类工业建筑环境控制及能耗方式为供暖、空调；二类工业建筑环境控制及能耗方式为通风。

8.5 自然作用压头在水力平衡中的考虑

1. 不平衡率的正确计算方法

不平衡率表示系统在实际运行时两并联管路偏离设计工况的程度。实际运行流量受到运行时的运行动力（即资用压力）影响，当资用压力与设计阻力匹配时（不平衡率<15%），实际运行流量基本与设计流量相等。资用压力过大，会使得分支环路流量偏大，反之偏小。

因此，不平衡率实际是受到并联环路影响，自身环路自用压力与自身环路阻力之间重新匹配的关系。设计中首先保证最不利环路的流量，因此以最不利环路阻力为基准进行计算。

一些直接用阻力与动力进行相减的做法（如用环路阻力减去自然压头），从原理上就是错误的。阻力与动力只能比较，不能加减。

对于上述文字无法理解的，可直接按照下面计算步骤计算：

> 计算步骤：题目未说明系统类型，均按机械循环考虑
>
> （1）求最不利环路的阻力 P_1（最不利环路都是最远立管最底层），P_1 作为系统资用压头；
>
> （2）计算自然作用压头，最不利环路与并联环路冷却中心高差为 h：
>
> $$P_Z = \frac{2}{3}gh(\rho_h - \rho_g)$$
>
> （3）计算资用压力 $P_{ZY} = P_1 + P_Z$；
>
> （4）计算与最不利环路相并联环路阻力 P；
>
> （5）不平衡率＝$(P_{ZY} - P)/P_{ZY}$。

2.《复习教材》中不平衡率计算公式的说明

《复习教材》表1.6-7中给出一个有关“环路压力平衡”的计算公式，此公式实际为上述不平衡率计算方法的特例，即“当不考虑自然作用压头或者两环路等高的情况下，可以直接用相对阻力差计算”。

$$\text{不平衡率} = \frac{\Sigma \Delta P_1 - \Sigma \Delta P_2}{\Sigma \Delta P_1} \times 100\% \left(\begin{array}{l}\text{双管系统：不考虑自然作用压头时}\\ \text{单管系统：对比环路高度等}\end{array}\right)$$

3. 自然作用压头的处理与计算

（1）自然作用压头包括两部分：1）管道内水冷却产生的自然循环压力；2）散热器中水冷却的自然循环压力。

（2）重力循环中，第1）类和第2）类自然循环压力都需考虑，这是其循环的主动力。

（3）机械循环中，不考虑第1）类自然循环压力，对于第2）类自然循环压力按照最大值的2/3考虑。其主动力是循环水泵，自然循环压力是附加压力。

（4）机械循环单管系统，当各部分层数不同时，需要考虑第2类自然循环压力最大值的2/3；当各部分层数相同时，则不考虑自然循环作用压力。考虑自然作用压头时，资用压力按对比环路本身的自然作用压头计入（考虑2/3），非最不利环路的自然作用压头。

（5）自然循环作用压力最大值按下式计算：

$$\Delta p = gh(\rho_h - \rho_g)$$

式中 h——加热中心至冷却中心的距离，密度差为回水密度减去供水密度。

8.6 室外计算温度使用情况总结

室外计算温度使用情况总结

室外计算温度	适用情况	出处
1. 夏季空调室外计算温度	1.1 夏季新风状态参数、蒸发冷却室外空气温度	《民规》第7.2节
	1.2 外墙和屋顶夏季计算逐时冷负荷时；外窗温差传热的逐时冷负荷	
	1.3 夏季消除余热余湿通风量或通风系统新风冷却量（室内最高温度限值要求较高时）	《工规》第6.3.4.3、6.4.3.4条

续表

室外计算温度	适用情况	出处
2. 夏季通风室外计算温度	2.1　热压通风计算	《民规》第 6.2.7 条
	2.2　当局部送风系统的空气需要冷却时	《09 技术措施》第 1.3.18 条
	2.3　夏季消除余热余湿的机械、自然通风、复合通风	《复习教材》P182、《工规》第 6.3.4.3-4 条《09 技术措施》第 4.1.6 条
	2.4　人防地下室升温通风降湿和吸湿剂除湿计算	《复习教材》P320
3. 冬季供暖室外计算温度	3.1　最小传热阻的计算，当围护结构的热惰性指标 $D>6.0$ 时	《复习教材》P7
	3.2　防潮计算中，用于计算冷凝计算界面温度时，采用供暖期室外平均温度	《复习教材》P8、《民用建筑热工设计规范》GB 50176—2016 第 7.1.5 条
	3.3　冬季计算供暖系统围护结构耗热量、冷风渗入耗热量计算时	《民规》第 5.2.4 条
	3.4　供暖热负荷体积热指标法	《复习教材》P119
	3.5　选择机械送风系统的空气加热器时	《民规》第 6.3.3 条
	3.6　热风供暖系统空气加热器计算、燃气红外线辐射供暖中，发生器的选择计算	《复习教材》P54、P66
	3.7　工业建筑全面通风计算中，机械送风耗热量计算时	《工规》第 6.3.4.1 条
	3.8　冬季当局部送风系统的空气需要加热或计算通风耗热量时	《复习教材》P170
	3.9　冬季对于局部排风及稀释污染气体的全面通风时	《工业通风》第四版 P21
	3.10　求管道的热伸长量时，t_2—当管道架空敷设于室外时的取值	《复习教材》P102
4. 冬季通风室外计算温度	4.1　选择机械送风系统的空气加热器时，当用于补偿全面排风耗热量时	《民规》第 6.3.3 条
	4.2　对于消除余热、余湿及稀释低毒性污染物的全面通风	《复习教材》P170、《工业通风》第四版 P21
	4.3　通风热负荷通风体积指标法	《复习教材》P120
5. 冬季空调室外计算温度	5.1　冬季计算空调系统热负荷时	《民规》第 7.2.13 条

（1）通风热平衡计算时 t_w 的选用

热量平衡　$Q_{负荷,失热}+c_p\cdot G_p\cdot t_n=Q_{放热}+c_p\cdot G_{jj}\cdot t_{jj}+c_p\cdot G_{zj}\cdot t_w+c_p\cdot L_{循环}\cdot\rho_n(t_s-t_n)$

t_w 取值（《工规》第 6.3.4 条）；

1）冬季供暖室外计算温度：冬季通风耗热量（考虑消除余热余湿以外因素时，按此计算）；

2）冬季通风室外计算温度：消除余热、余湿的全面通风；

3）夏季通风室外计算温度：夏季消除余热余湿、通风系统新风冷却量；

4）夏季空调室外计算温度：夏季消除余热余湿、通风系统新风冷却量，且室内最高温度限值要求严格。

（2）冷库问题温度选取（《复习教材》第4.8.7节第1条，《冷库设计规范》GB 50072—2010第3.0.7条）：

1）计算围护结构热流量：室外温度，采用夏季空调室外计算温度日平均值，t_{wp}。

2）计算围护结构最小热阻：室外相对湿度取最热月平均相对湿度。

3）计算开门热流量/通风换气流量：室外计算温度采用夏季通风室外计算温度，室外相对湿度采用夏季通风室外计算相对湿度。

4）计算内墙和楼面：围护结构外侧温度取邻室室温（冷却间10℃，冻结间－10℃）。

5）地面隔热层外侧温度：有加热装置，取1～2℃；无加热装置/架空层，外侧采用夏季空调日平均温度，t_{wp}。

8.7 供暖围护结构热负荷计算总结

1. 冬季供暖热负荷组成

冬季供暖热负荷主要由围护结构耗热量、冷风渗入耗热量及其他耗热量组成。其中围护结构耗热量包括围护结构基本耗热量和附加耗热量，外门附加耗热量属于冷风侵入耗热量。

供暖室内计算温度改变后，热负荷折算：

$$\frac{Q_1}{Q_2}=\frac{t_{n,1}-t_w}{t_{n,2}-t_w}$$

2. 围护结构耗热量计算

$$Q_i=Q_{i,y}[1+\beta_{朝向}+\beta_{风力}+(\beta_{两面墙}+\beta_{窗墙比\cdot窗})]\cdot(1+\beta_{层高})\cdot(1+\beta_{间歇})+Q_{外门i,y}\cdot\beta_{外门}$$

注意：外门附加为冷风侵入耗热量，仅为考虑按围护结构基本热负荷进行折算，但并非围护结构耗热量。

3. 围护结构基本热负荷

$$Q_j=\alpha FK(t_n-t_w)$$

说明：低温辐射供暖系统的热负荷计算，供暖室内设计温度可比散热器供暖方式低2℃。工业建筑，室内温度比设计温度低2～3℃。

4. 围护结构附加耗热量（见表8-5）

围护结构附加耗热量要点 **表8-5**

附加耗热量	附加条件	附加方式
朝向修正	外墙/外窗	日照率小于35%地区的修正率不同
风力修正	旷野、河边、建筑过高	附加在垂直围护结构

续表

附加耗热量	附加条件	附加方式
高度修正	层高大于 4m	总附加率有极大值，附加在其他附加耗热量之上
两面外墙修正	有两面相邻外墙	
窗墙比修正	窗墙比大于 0.5	仅对窗附加
间歇附加	明确说明间歇运行	附加在围护结构耗热量上

（1）朝向附加，$\beta_{朝向}$（见表 8-6）

围护结构负荷计算朝向附加系数　　表 8-6

朝向	一般情况	日照率小于 35%的地区
北、东北、西北	0～10%	0～10%
东、西	−5%	0%
东南、西南	−10%～−15%	−10%～0%
南	−15%～30%	−10%～0%

（2）风力附加，$\beta_{风力}$：设在不避风的高地、河边、岸边、旷野上的建筑物，以及城镇中高出其他建筑物的建筑，其垂直外围护结构附加 5%～10%。

（3）两面外墙附加，$\beta_{两面墙}$：对于公共建筑，当房间有两面及两面以上外墙时，将外墙、窗、门的基本耗热量附加 5%。

（4）窗墙面积比附加，$\beta_{窗墙比 \cdot 窗}$：当窗墙面积比（不含窗）大于 1∶1 时，对窗的基本热负荷附加 10%。

（5）高度附加，$\beta_{层高}$：高度附加在其他耗热量附加之上房间高度大于 4m 时附加（楼梯间除外）。

《民规》第 5.2.6 条：

散热器供暖，房间高度大于 4m 时，每高出 1m 应附加 2%，但不应大于 15%；

地面辐射供暖，的房间高度大于 4m 时，每高出 1m 宜附加 1%，但不应大于 8%。

《工规》第 5.2.7 条：

地面辐射供暖，高度附加率 $(H-4)\%$，总附加率不宜大于 8%；

热水吊顶辐射或燃气红外辐射供暖：高度附加率 $(H-4)\%$，总附加率不宜大于 15%；

其他形式供暖，高度附加率 $(2H-8)\%$，总附加率不宜大于 15%。

（6）间歇附加，$\beta_{间歇}$：间歇附加只针对间歇供暖的建筑物，题目未提及则不考虑。一般对于仅白天使用的办公室、教学楼，对围护结构耗热量附加 20%；对于不经常使用的礼堂，对围护结构耗热量附加 30%。

（7）外门附加，$\beta_{外门}$：外门附加只适用于短时间开启的，无热风幕的外门，阳台门不考虑外门附加。外门附加属于冷风侵入耗热量，非围护结构附加耗热量，附加于外门基本耗热量之上。

$$建筑楼层数为\ n\ 时，\beta_{外门}=\begin{cases}65\%\times n，一道门\\80\%\times n，两道门（有门斗）\\60\%\times n，三道门（有两个门斗）\\500\%，公共建筑的主要出入口\end{cases}$$

（8）低温辐射供暖系统的热负荷计算，供暖室内设计温度可比散热器供暖方式低 2℃。

5. 冷风渗入耗热量

缝隙法计算逻辑关系如图 8-1 所示。

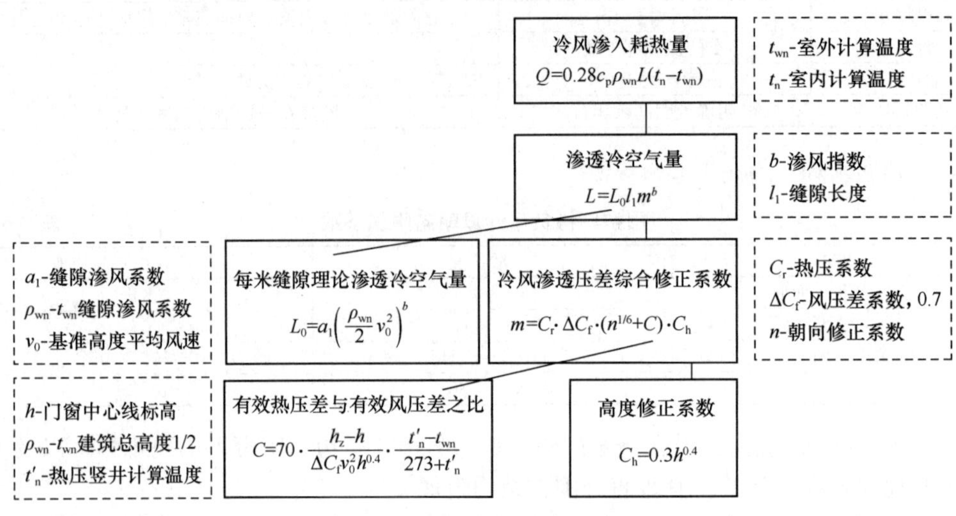

图 8-1 缝隙法计算逻辑关系图示

(1) 计算方法适用情况

缝隙法：民用建筑、工业建筑；

换气次数法：工业建筑无相关数据时；

百分率法：生产厂房、仓库、公用辅助建筑物。

(2) 关于缝隙法计算过程的注意事项

单层热压作用下，建筑物中和面标高可取建筑物总高度的 1/2；

当冷风渗透压差综合修正系数 $m>0$ 时，冷空气深入，此时存在渗风深入耗热量；当 $m\leqslant 0$ 时，冷风渗入耗热量为 0。

冷风渗透量计入原则，所述几面围护结构为具有外门外窗的外围护结构。例，围护结构有 2 面相邻外墙，仅有一面具有外窗，按照“房间仅有一面外围护结构”考虑计入原则；围护结构由 3 面外围护结构，其中只有一面由外窗，按照“房间仅有一面外围护结构”考虑计入原则。

外门窗缝隙计算方法，见图 8-2。（题目所给门窗大小为洞口大小，W—总宽度，H—总高度）

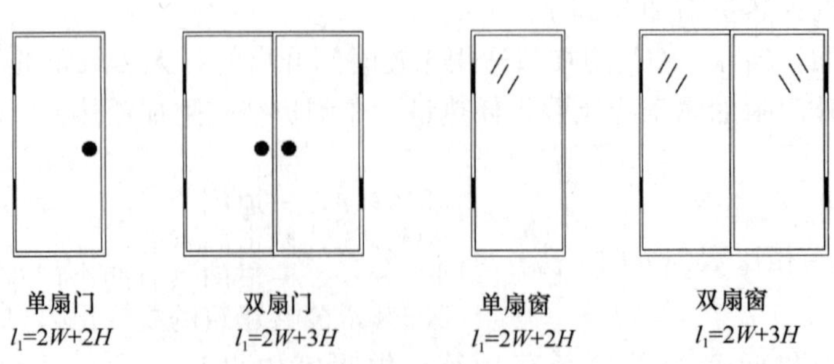

图 8-2 门窗缝隙计算方法图示

8.8 供暖系统设计相关总计

1. 室内热水供暖系统

系统形式：

垂直双管：小于或等于 4 层，优先下供下回，散热器同侧上进下出；

垂直单管跨越：不宜超过 6 层，优先上供下回跨越；

水平双管：低层大空间、共用立管分户计量多层或高层，优先下供下回，散热器异侧上进下出；

水平单管：缺乏立管的多层或高层，散热器异侧上进下出或 H 型阀；

分户热计量中应共用立管的分户独立系统，宜双管下供下回。

阀件（顶部自动排气阀，《复习教材》第 1.7.2 节第 6 条）：

关闭用：高压蒸汽——截止阀；低压蒸汽与热水——闸阀、球阀；

调节用：截止阀、对夹式蝶阀、调节阀；

放水用：旋塞、闸阀；

放气用：排气阀、钥匙气阀、旋塞、手动放风。

立管：设于管井内，户用装置入管井（单层 3 户以上层内分集水器分户），分集水器入户，单立管连接不多于 40 户单层 3 户。

分区：南北分环，竖直高度 50m 以上，竖直分区。

水力平衡：立管比摩阻 30～60Pa/m，户内损失＜30kPa，并联环路对比不包括公共段。

节能运行：防止“大流量小温差”。

2. 供暖系统坡度总结

通常情况，重力循环利用膨胀水箱排气，机械循环系统利用末端排气。

i=0.003：热水供回水、汽水同向的蒸汽管、凝结水管（坡向供水与水流相反，回水与水流相同）；

i=0.01：散热器支管与立管（供水坡向散热器，回水坡向立管）；

i=0.005：汽水异向；

i=0.01：自然循环供回水管（坡向与水流相同）；

无坡：热水供回水内流速 0.25m/s 以上。

重力循环上供下回，水平支干管，0.005～0.01，与水流同向（供水与空气流动方向相反，回水坡向锅炉）。

3. 供暖系统补偿器设置要点总结（《民规》第 5.9.5 条条文说明）

固定支架：水平或总立管最大位移不大于 40mm；

连接散热器的立管，最大位移不大于 20mm；

垂直双管及跨越管与立管同轴的单管，连接散热器立管小于 20m 时，可仅立管中间设固定卡。

膨胀量计算温度：冬季环境温度，0～5℃；

补偿器形式：优先自然补偿，L 形、Z 形；

补偿器：优先方形补偿器；

套筒补偿器、波纹管补偿器：需设导向支架，管径大于 *DN*50 应进行固定支架推力计算。

4. 排气总结（《工规》第 5.8.16 条）

基本原则：有可能积聚空气高点排气。

热水系统：重力循环在供水主干管顶端设膨胀水箱，可兼作排气；

机械热水干管抬头走；

下行上供系统最上层散热器设排气阀或排气管；

水平单管串联每组散热器设排气；

水平单管串联上进上出系统，最后散热器设排气阀。

蒸汽系统：

干式回水：凝结水管末端，疏水器入口前排气。

湿式回水：各立管设排气管，集中在排气管末端排气，无排气管，在散热器和干管末端设排气。

8.9　各种供暖系统形式特点

各种供暖系统形式如表 8-7 所示。

各种供暖系统形式特点　　**表 8-7**

序号	形式名称	适用范围	重力循环热水供暖系统特点
重力循环供暖系统			
1	单管上供下回式	作用半径不超过 50m 的多层建筑	升温慢、作用压力小、管径大、系统简单、不消耗电能；水力稳定性好；可缩小锅炉中心与散热器中心的距离
2	双管上供下回式	作用半径不超过 50m 的 3 层（≤10m）以下建筑	升温慢、作用压力小、管径大、系统简单、不消耗电能；易产生垂直失调；室温可调
3	单户式	单户单层建筑	一般锅炉与散热器在同一平面，故散热器安装至少提高到 300～400mm 高度；尽量缩小配管长度，减少阻力
机械循环供暖系统（多层建筑）			
1	双管上供下回式	室温有调节要求的建筑	最常用的双管系统做法；排气方便；室温可调节；易产生垂直失调
2	双管下供下回式	室温有调节要求且顶层不能敷设干管时的建筑	缓和了上供下回式系统的垂直失调现象；安装供回水干管需设置地沟；室内无供水干管，顶层房间美观；排气不便
3	双管中供式	顶层供水干管无法敷设或边施工边使用的建筑	可解决一般供水干管挡窗问题；解决垂直失调比上供下回有利；对楼层、扩建有利；排气不利
4	双管下供上回式	热媒为高温水、室温有调节要求的建筑	对解决垂直失调有利；排气方便；能适应高温水热媒，可降低散热器表面温度；降低散热器传热系数，浪费散热器

续表

序号	形式名称	适用范围	重力循环热水供暖系统特点
5	垂直单管上供下回式	一般多层建筑	常用的一般单管系统做法；水力稳定性好；排气方便；安装构造简单
6	垂直单管下供上回式	热媒为高温水的多层建筑	可降低散热器的表面温度；降低散热器传热量、浪费散热器
7	水平单管跨越式	单层建筑串联散热器组数过多时	每个环路串联散热器数量不受限制；每组散热器可调节；排气不便
机械循环供暖系统（高层建筑）			
1	分层式	高温水热源	入口设换热装置，造价高
2	双水箱分层式	低温水热源	管理较复杂；采用开式水箱，空气进入系统，易腐蚀管道
3	单双管式	8 层以上建筑	避免垂直失调现象产生；可解决散热器立管管径过大的问题；克服单管系统不能调节的问题
4	垂直单管上供中回式	不易设置地沟的多层建筑	节约地沟造价；系统泄水不方便；影响室内底层房屋美观；排气不便；检修方便
5	混合式	热媒为高温水的多层建筑	解决高温水热媒直接系统的最佳方法之一
6	高低层无水箱直连	低温水热源	直接用低温水供暖；便于进行管理；用于旧建筑高低层并网改造，投资少；微机变频增压泵，精确控制流量与压力，供暖系统平稳可靠。 （1）设阀前压力调节器的分层系统； （2）设断流器和阻旋器的分层系统。阻旋器设于外网静水压线高度

8.10　供暖系统的水力稳定性问题

对于散热器供暖系统，供水量或供水温度变化后，末端散热量将受到影响，具体影响结论按表 8-8 查取。

变工况调节室内温度的变化　　**表 8-8**

	变供水流量	变供水温度
垂直单管系统	下层相对上层变化大 （散热面积）	上层相对下层变化大 （传热系数）
垂直双管系统	上层相对下层变化大 （稳定性系数）	上层相对下层变化大 （自然作用压头）
变化趋势	$G>G_0$，整体供热量增加 $G<G_0$，整体供热量降低	$t_g>t_{g0}$，整体供热量增加 $t_g<t_{g0}$，整体供热量降低

注：G—水流量；t_g—供水温度；角标 0 表示设计工况；括号内为造成此变化的主要原因。

例1：单管系统供水流量降低，由表查得，下层比上层变化大，下层室内温度更低。

例2：双管系统供水温度升高，由表查得，上层比下层变化大，上层室内温度更高。

例3：室外温度升高时，房间热负荷将降低，对于双管系统，需降低供水温度，或降低供水流量。以降低供水温度为例，系统产生垂直失调，查表可知上层供热量降低更多。若保证顶层室内温度，则底层室内温度将超过设计值；若保证底层室内温度，则顶层室内温度将低于设计值。

8.11　散热器相关总结

1. 散热器计算

散热器散热面积（《复习教材》第1.8.1节）：

$$F=\frac{Q}{K(t_{pj}-t_{n})}\beta_1\beta_2\beta_3\beta_4$$

（1）关于β修正系数：数值越大表示传热性能越差，所需散热器片数越多。修正系数参照《复习教材》第1.8.1节。

（2）关于β_4流量修正：流量增加倍数，$m=25/(t_g-t_h)$，根据m查取β_4；当m不为整数时，可在1～7之间使用内插法计算。

（3）改造问题中一般不考虑修正系数的变化。

（4）片数近似问题，《09技术措施》第2.3.3条给出了一组尾数取舍法：

双管系统：尾数不大于耗热量5%时舍去，大于或等于5%时进位。

单管系统：按照上游（1/3），中游，下游（1/3）分别对待各组散热器，每类不超过所需散热量7.5%，5%及2.5%时舍去，反之进位。

例：双管系统计算片数为19.5片，尾数占比例为$0.5/19.5=0.026<0.05$，所以尾数舍去，取19片。

对于无法利用《09技术措施》尾数取舍的题目，按照进位考虑，即14.2片考虑为15片。此种处理方式主要考虑到要保证室内供暖温度，散热器散热量不能小于室内所需热负荷。

2. 参数改变后散热器计算相关计算思路

说明：对于改变供回水温度的系统，改变后的室内温度由散热器供热量决定，不一定达到新的室内设计温度。如原室内温度为5℃，改变供回水温度后，散热器供热量按平均换热温差重新获得平衡。若平衡后的$t_{n,2}$比新的设计温度低，则说明散热器片数/组数不够，需要增加散热器。

热负荷发生变化的隐含条件（注意下列$t_{n,2}$为系统可达到的室内温度）：

$$\frac{Q_1}{Q_2}=\frac{F\alpha(t_{pj,1}-t_{n,1})^{1+b}}{F\alpha(t_{pj,2}-t_{n,2})^{1+b}}=\left(\frac{t_{pj,1}-t_{n,1}}{t_{pj,2}-t_{n,2}}\right)^{1+b}$$

对供水量的影响的隐含条件：

$$\frac{Q_1}{Q_2}=\frac{G_1c_p\Delta t_1}{G_2c_p\Delta t_2}=\frac{G_1}{G_2}\times\frac{\Delta t_1}{\Delta t_2}$$

散热器供热量与热负荷相等的成立条件：

散热量计算时的室内设计温度与热负荷计算的室内计算温度相等。当散热器计算温度

为 A，所需热负荷为 B 温度时，散热器散热量只能达到计算温度为 A 的热负荷。此时，可以按照下式计算散热器供热量与 B 温度下热负荷的比值：

$$\frac{Q_{散,A}}{Q_B}=\frac{A-t_w}{B-t_w}$$

3. 散热器系统形式

《民规》第 5.3.2 条：

居住建筑：垂直双管、公用立管分户独立循环双管、垂直单管跨越式；

公共建筑：双管系统，也可单管跨越式系统；

《既有居住建筑节能改造技术规程》JGJ/T 129—2012 第 5.3.4 条：

室内垂直单管顺流→垂直双管、垂直单管跨越式；

不宜分户独立循环。

4. 恒温控制阀设置要求（《民规》第 5.10.4 条）

垂直或水平双管→供水支管设高阻阀；

5 层以上垂直双管→设有预设阻力调节能力的恒温控制阀；

单管跨越式→低阻两通或三通恒温控制阀；

有罩散热器→温包外置式恒温控制阀；

低温热水地面辐射→热点控制阀、自力式恒温阀；

分环控制：分集水路，分路设阀；

总体控制：分集水器供回水干管设阀。

热计量室内变流量系统：不应设自力式流量控制阀。

8.12　全面辐射供暖与局部辐射供暖比较

局部供暖与全面供暖局部散热的概念区分（见表 8-9）：

局部供暖：是指在一个有限的大空间内，只对其中的某一个部分进行供暖，而其余的部分无供暖要求。

全面供暖：是指整个空间都有供暖要求，只是受到实际条件的限制只能在局部区域采取供暖方式。

全面辐射供暖与局部辐射供暖对比　　**表 8-9**

比较	全面辐射供暖	局部辐射供暖
适用建筑	一般为民用建筑	一般为工业厂房和车间
供暖要求	保证整个房间温度要求（不管盘管是不是全部面积敷设）	只保证房间内局部区域温度要求（如工人工作点），耗能比全面供暖低
附加系数	无需附加	考虑与非供暖区域的热量传递，需考虑附加系数：《工规》第 5.2.10 条、《复习教材》P43、《辐射供暖供冷技术规程》JGJ142—2012 第 3.3.3 条
面积取值	仅敷设面积（如扣除固定家具部分）（《复习教材》P43）	局部敷设面积

例如：

（1）一间办公室，地热盘管只能布置50%的面积，另外一半有固定设施，这种情况就是全面供暖局部散热。负荷仍然为办公室的总负荷。

（2）一个车间，中间为人员操作区，占车间面积的50%，这部分有供暖要求，而其余50%的面积，没有人员，可以不供暖。这种情况就属于局部供暖，只对操作区供暖。负荷应该按照《辐射供暖供冷技术规程》JGJ 142—2012 表 3.3.3 在车间总负荷上乘以一个系数。由于局部供暖区域与不供暖区域的空气是流通的，局部供暖区与不供暖区存在热对流，所以这个系数是比局部供暖区占房间面积的比高一些。

8.13　辐射换热相关计算问题总结

1. 辐射供暖供冷房间所需单位地面面积向上供热量或供冷量（参照《辐射供暖供冷技术规程》JGJ 142—2012 第 3.4.5 条）

$$q_x=\beta\frac{Q_1}{F_r}$$

式中　β——考虑家具等遮挡的安全系数；

Q_1——房间所需地面向上的供热量或供冷量 $Q_1=Q-Q_2$，W；

F_r——房间内敷设供热供冷部件的地面面积，m；

Q——房间热负荷或冷负荷，W；

Q_2——自上层房间地面向下传热量，W。

2. 辐射供热/供冷设计校验（《辐射供暖供冷技术规程》JGJ 142—2012 第 3.4.6 条，第 3.4.7 条）

辐射供热地表平均温度验算：$t_{pj}=t_n+9.82\times\left(\frac{q}{100}\right)^{0.969}$

辐射供冷顶棚平均温度验算：$t_{pj}=t_n-0.175\times q^{0.976}$

辐射供冷地面平均温度验算：$t_{pj}=t_n-0.171\times q^{0.989}$

用上式计算后，对照《辐射供暖供冷技术规程》JGJ 142—2012 表 3.1.3 及表 3.1.4，不满足要求则重新设计。

3. 热水辐射供暖系统供热量计算（参见《辐射供暖供冷技术规程》JGJ 142—2012 第 3.3.7 条文说明）

热负荷计算时需考虑间歇供暖附加值和户间传热负荷

$$Q=\alpha\cdot Q_j+q_h\cdot M$$

式中　Q_j——房间热负荷；

α——间歇供暖修正系数，见《辐射供暖供冷技术规程》JGJ 142—2012 第 3.3.7 条表 3；

q_h——单位面积平均户间传热，7W/m²；

M——房间使用面积。

4.《辐射供暖供冷技术规程》JGJ 142—2012 第 4 章材料与第 5 章施工要点

（1）绝热层、填充层、水管材料的选择。

（2）分集水器及阀件的材料，宜铜质。连接方式，宜采用卡套式、卡压式、滑紧卡套冷扩式。

（3）分集水器安装，分水器在上，分集水器中心距 200mm，集水器距地不应小于 300mm。

（4）加热管敷设的弯曲半径、墙面间距、外露套管高度、固定装置间距。

（5）填充层内的加热供冷管及输配管不应有接头。

（6）混凝土填充层施工时，加热管内应保持不低于 0.6MPa；养护过程中，不应低于 0.4MPa。

（7）伸缩缝的设置要求（第 5.4.14 条、第 5.8.1-2 条）。盘管不宜穿越填充层内的，必须穿越时，伸缩缝处应设长度不小于 200mm 的柔性套管。

（8）卫生间应做两层隔离层（楼板上方、填充层上方）。

（9）地面辐射供暖地面构造示意图见图 8-3。

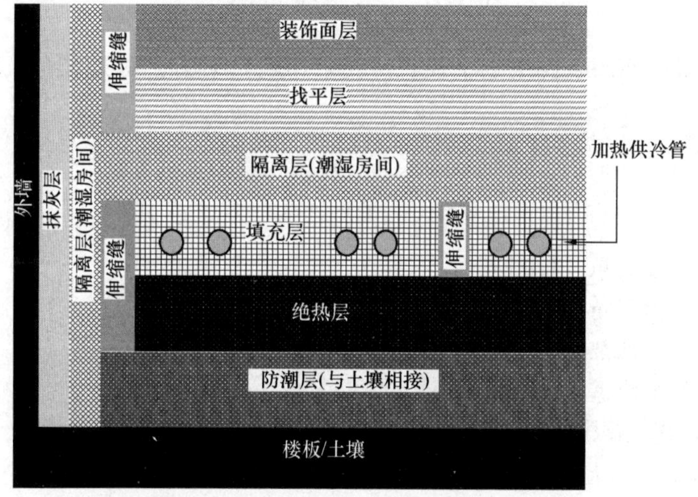

图 8-3　地面辐射供暖地面构造示意图

（10）系统接管与阀门示意图见图 8-4。

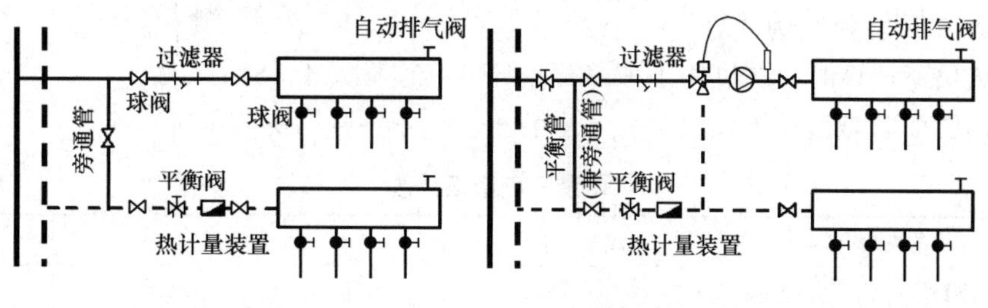

图 8-4　系统接管与阀门示意图

5.《辐射供暖供冷技术规程》JGJ 142—2012 附录的用法

（1）附录 B 单位面积散热量

根据加热管间距、平均水温$\left(\frac{t_g+t_h}{2}\right)$以及要求的室内空气温度确定供热量。

管道供热量=向上供热量+向下传热量

室内热负荷=本层向上供热量+上层向下传热量（注：顶层没有上一层向下传热量）

地表温度面积核算，只采用表中查取的向上供热量。

（2）附录C管材选择

1）管道内径计算

$$d_{内径}=\sqrt{\frac{Q}{c_p \cdot \rho \cdot \Delta t \cdot v} \cdot \frac{4}{\pi}}\ (\mathrm{m})$$

注意：根据管道材质、设计压力等查取管道壁厚。$d_{外径}=d_{内径}+2\times\delta_{壁厚}$；管径壁厚不应小于2mm，热熔焊接壁厚不小于1.9mm；流速可以查取附录D。

2）最大允许工作压力计算

$$PPMS=\frac{\sigma_D \cdot 2e_n}{d_n-e_n}\ (\mathrm{MPa})$$

注意：σ_D为对应使用条件级别下设计应力，MPa；d_n为公称外径，mm；e_n为公称壁厚，mm。

（3）附录D管道水力计算表

$$G=\frac{3600Q}{c_p\Delta t}\quad (\mathrm{kg/h})$$

式中　G——设计水流量，kg/h；

Q——盘管供热量，kW；

c_p——水定压比热，4.18kJ/（kg·℃）；

Δt——供回水温差，℃。

确定管径时，先根据供热量及设计供回水温差计算设计水流量，再根据此设计流量及所选的管径确定管内流速，该流速不应低于0.25m/s。

8.14　工业建筑辐射供暖

1. 热水吊顶辐射案例计算

（1）热负荷计算时，高度附加取（H−4）%，且不大于15%。

（2）辐射板散热量=供暖热负荷×安装角度修正系数（见表8-10）

安装角度修正系数　　**表8-10**

辐射板与水平面的夹角	0	10	20	30	40
修正系数	1	1.022	1.043	1.066	1.088

（3）管内流速应为紊流，非紊流时乘以0.85～0.9的修正系数（《工规》第5.4.15条第（2）款）。

【案例】北京某厂房，面积为500m^2，层高为6m，室内设计温度为18℃。采用110℃/70℃的热水吊顶辐射供暖，为配合精装造型，辐射板倾斜30°安装。已知该房间围护结构耗热量为30kW，门窗缝隙渗入冷空气耗热量为5kW，则所需辐射板面积为下列何

项？（辐射板标准散热量 0.5kW/m²，最小流量 0.8t/h）

（A）73～77m²　　（B）68～72m²

（C）78～82m²　　（D）83～87m²

【答案】 D

【解析】 根据《工规》第 5.4.8-1 条，热水吊顶辐射板倾斜 30°安装，安装角度修正系数为 1.066。

假设辐射板满足最小流量要求，则有效散热量应为（题目给出的围护结构耗热量，已经考虑过各种附加，不必重新进行高度附加）：

$$Q=(30+5)\times 1.066=37.31\text{kW}$$

辐射板流量：

$$G=\frac{Q}{c_{\text{p}}\Delta t}=\frac{37.31}{4.2\times(110-70)}=0.222\text{kg/s}=0.799\text{t/h}<0.8\text{t/h}$$

辐射板达不到最小流量，需要考虑流量修正，计算所需辐射板面积：

$$F=\frac{Q}{(0.85\sim 0.90)\times q}=\frac{37.31}{(0.85\sim 0.90)\times 0.5}=83\sim 88\text{m}^2$$

2. 燃气红外线辐射（《工规》第 5.5 节）

（1）系统设备的布置要求

1）发生器与其下游弯头需保持一定距离。

2）合理设置调节风量阀（设置位置：公共尾管前的系统分支末端，公共尾管与真空泵之间）。

3）系统运行时，必须先启动真空泵保证系统真空度，再启动发生器。

4）系统可根据实际需要选择定温控制、定时控制或定区域控制。

5）燃气红外线辐射供暖严禁用于甲乙类生产厂房和仓库。经技术经济比较合理时，可用于无线电气防爆要求的场所，易燃物质可出现的最高浓度不超过爆炸下限 10%时，燃烧器宜布置在室外。

6）辐射器安装高度，除工艺特殊要求外，不应低于 3m。

（2）连续式燃气红外线辐射供暖案例计算

1）供热量计算（详见《复习教材》第 1.4.3 节）

$$Q_{\text{f}}=\frac{Q}{1+R}$$

式中 $R=\dfrac{Q}{\dfrac{CA}{\eta}(t_{\text{sh}}-t_{\text{w}})}$；

$\eta=\varepsilon\eta_1\eta_2$；

Q——围护结构耗热量（比对流低 2～3℃）；

$C=11$；

A——供暖面积；

t_{sh}——舒适温度，15～20℃。

2）发生器所需最小空气量计算

$$L = \frac{Q}{293} \cdot K$$

式中　Q——总辐射热量；

K——常数（天然气取 6.4m³/h，液化石油气取 7.7m³/h）。

计算空气量小于 0.5h^{-1}房间换气次数时，可采用自然补风。超过 0.5h^{-1}时，应设置室外空气供给系统。

3. 室内排风量计算

室内排风量按 20～30m³/(h·kW) 计算。房间净高小于 6m 时，尚应满足不小于 0.5h^{-1}的换气次数。

8.15　暖风机计算总结

1. 热风供暖设计总结

设计要求：送风温度 35～70℃，可以独立设置。

热媒：0.1～0.4MPa 高压蒸汽，90℃以上热水。

安装位置：区分送风口中心高度与暖风机安装标高；

送风口中心高度 $h = f(H)$；

暖风机安装标高：

小型暖风机：$v \leqslant 5$m/s，2.5～3.5m；

$v > 5$m/s，4～4.5m；

落地式大暖风机出口高度 $H \leqslant 8$m，3.5～6m；

$H > 8$m，5～7m。

送风速度：房间上部 5～15m/s，离地不高处 0.3～0.7m/s。

2. 暖风机计算

《复习教材》式（1.5-18）和式（1.5-19），根据《复习教材》所列参数说明带入计算即可。注意 n 值计算若为非整数，只进位，不舍尾数。

台数计算：$n = \dfrac{Q}{Q_d \cdot \eta}$

室内设计温度改变后，暖风机供热量的折算：$\dfrac{Q_1}{Q_2} = \dfrac{t_{pj} - t_1}{t_{pj} - t_2}$

暖风机实际散热量：$\dfrac{Q_d}{Q_0} = \dfrac{t_{pj} - t_n}{t_{pj} - 15}$

3. 热风供暖气流组织计算（见表 8-11 和图 8-5）

热风供暖气流组织计算　　**表 8-11**

计算参数	平行送风射流	扇形送风射流
射流有效作用长度（m）	$h \geqslant 0.7H$ 时，$l_x = \dfrac{X}{a}\sqrt{A_h}$ $h = 0.5H$ 时，$l_x = \dfrac{0.7X}{a}\sqrt{A_h}$	$R_x = \left(\dfrac{X_1}{\alpha}\right)^2 H$

续表

计算参数	平行送风射流	扇形送风射流
换气次数	$n=\frac{380v_1^2}{l_x}=\frac{5950v_1^2}{v_0 l_x}$	$n=\frac{18.8v_1^2}{X_1^2R_x}=\frac{294v_1^2}{X_1^2v_0R_x}$
每股射流的空气量 (m^3/s)	$L=\frac{nV}{3600\cdot m_pm_c}$	$L=\frac{nV}{3600\cdot m}$
送风口直径 (m)	$d_0=\frac{0.88L}{v_1\sqrt{A_h}}$	$d_0=6.25\frac{aL}{v_1H}$
送风口出风速度	$v_0=1.27\frac{L}{d_0^2}$	

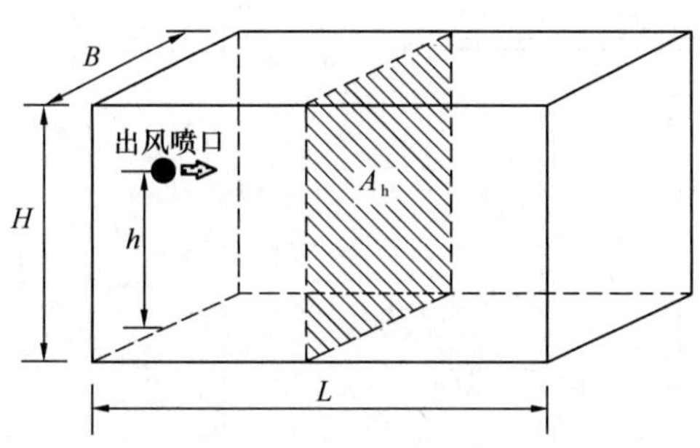

图 8-5　热风供暖计算参数示意图

8.16　换热器计算

换热器内传热关系：

$$Q_{换热}=Q_{高温}=Q_{低温}$$

$$KFB\Delta t_{pj}=G_{高温}c_p(t'_1-t''_1)=G_{低温}c_p(t'_2-t''_2)$$

换热器面积的确定

换热器面积需要在采用热负荷计算所需的基本换热面积后，考虑供热附加系数和安全保证率两方面问题。根据《民规》表 8.11.3，供暖及空调供热需要考虑 1.1～1.5 的换热器附加系数；同时一台换热器停止工作后，剩余换热器的设计换热量需要保证供热量的要求，即寒冷地区不低于设计供热量的 65%，严寒地区不低于设计供热量的 70%。若换热器台数为 N，则单台换热器面积 F_1需要满足下述计算要求：

$$\begin{cases}F=\frac{Q}{K\cdot B\cdot\Delta t_{pj}}\\F_1\geqslant\frac{(1.1\sim1.15)F}{N}\\F_1\geqslant\frac{(65\%\sim70\%)F}{(N-1)}\end{cases}$$

说明：

(1) 当题目未给出水程换热方式时，可以由进出口温度进行判断，如无法判断，则一般换热器优先考虑为“逆流”。

(2) 当 $\Delta t_a/\Delta t_b \leqslant 2$ 时，加热器内换热流体之间的对数平均温度差，可简化为按算术平均温差计算，即 $\Delta t_{pj}=(\Delta t_a+\Delta t_b)/2$，这时误差$<4\%$。

(3) 容积式水换热器，用算术平均温差（见《建筑给水排水设计标准》GB 50015—2019 第6.5.8条）。

(4) 汽水换热时，$t'_1=t''_1=$蒸汽饱和温度。

(5) 换热器对数平均温差（见图8-6）。

$$\Delta t_{pj}=\frac{\Delta t_a-\Delta t_b}{\ln\dfrac{\Delta t_a}{\Delta t_b}}$$

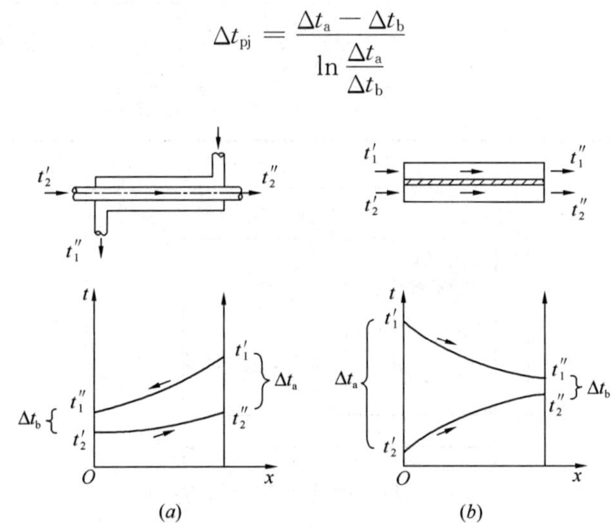

图8-6　换热器中流体温度沿程变化示意图

(a) 逆流换热器中流体温度沿程变化；(b) 顺流换热器中流体温度沿程变化

8.17　供暖系统平衡阀的设置要求

(1) 热力站和建筑入口均应根据要求考虑是否设置平衡阀，两者是不同的热量结算点，是否设置应独立考虑。

(2) 热力站

1) 当室外管网水力平衡计算达不到上述要求时，应在热力站和建筑物热力入口处设静态水力平衡阀（《严寒和寒冷地区居住建筑节能设计标准》JGJ 26—2018 第5.2.10条条文说明）。

2) 出口总管，不应串联设置自力式流量控制阀；多个分环路时，分环总管根据水力平衡设置静态水力平衡阀（《严寒和寒冷地区居住建筑节能设计标准》JGJ 26—2018 第5.2.9条）。

3) 热力网供、回水总管上应设阀门。当供暖系统采用质调节时，宜在热力网供水或回水总管上装设自动流量调节阀；当供暖系统采用变流量调节时宜装设自力式压差调节阀（《城镇供热管网设计规范》CJJ 34—2010 第10.3.13条）。

(3) 建筑热力入口

1) 静态水力平衡阀：

①当室外管网水力平衡计算达不到上述要求时，应在热力站和建筑物热力入口处设静态水力平衡阀（《严寒和寒冷地区居住建筑节能设计标准》JGJ 26—2018 第 5.2.10 条条文说明）。

②集中供热系统中，建筑热力入口应安装静态水力平衡阀，并应对系统进行水力平衡调试（《供热计量技术规程》JGJ 173—2009 第 5.2.2 条）。

2）根据水力平衡要求和室内调节要求，决定是否采用自力式流量控制阀、自力式压差控制阀或其他（《严寒和寒冷地区居住建筑节能设计标准》JGJ 26—2018 第 5.2.9 条，《公建节能 2015》第 4.3.2 条）。

3）定流量系统：按规定设置静态水力平衡阀，或自力式流量控制阀（《严寒和寒冷地区居住建筑节能设计标准》JGJ 26—2018 第 5.2.9-2 条）。

4）变流量系统：应根据水力平衡的要求和系统总体控制设置情况，设置压差控制阀，但不应设置自力式定流量阀（《严寒和寒冷地区居住建筑节能设计标准》JGJ 26—2018 第 5.2.9-3 条）是否设置自力式压差控制阀应通过计算热力入口的压差变化幅度确定（《供热计量技术规程》JGJ 173—2009 第 5.2.3 条，《民规》第 5.10.6 条）。

（4）选型与安装：

1）平衡阀的选型要求（《严寒和寒冷地区居住建筑节能设计标准》JGJ 26—2018 第 5.2.10 条）。

2）阀前直管段不应小于 5 倍管径，阀后直管段长度不应小于 2 倍管径(《供热计量技术规程》JGJ 173—2009 第 5.2.4 条，《民规》第 5.9.16 条)。

8.18　其他供暖系统附件相关计算

1. 减压阀

（1）流量计算

减压比 $m=\frac{p_2}{p_1}$

临界压力 $\beta_L=\frac{p_L}{p_1}$，饱和蒸汽 $\beta_L=0.577$，过热蒸汽 $\beta_L=0.546$。

减压阀减压比大于临界压力比（$m>\beta_L$）：

饱和蒸汽　$q=462\sqrt{\frac{10p_1}{V_1}\left[\left(\frac{p_2}{p_1}\right)^{1.76}-\left(\frac{p_2}{p_1}\right)^{1.88}\right]}$

过热蒸汽　$q=332\sqrt{\frac{10p_1}{V_1}\left[\left(\frac{p_2}{p_1}\right)^{1.54}-\left(\frac{p_2}{p_1}\right)^{1.77}\right]}$

减压阀减压比小于等于临界压力比（$m\leqslant\beta_L$）：

饱和蒸汽　$q=71\sqrt{\frac{10p_1}{V_1}}$

过热蒸汽　$q=75\sqrt{\frac{10p_1}{V_1}}$

（2）减压阀阀孔面积（cm^2）

$$A=\frac{q_m}{\mu q}$$

式中 μ ——流量系数，0.45～0.6；

q ——减压阀计算流量，kg/（cm^2·h），见《复习教材》第1.8.2节；

q_m——通过减压阀的蒸汽流量，kg/h。

2. 安全阀喉部面积计算

饱和蒸汽 $A=\frac{q_m}{490.3P_1}$

过热蒸汽 $A=\frac{q_m}{490.3\phi \cdot P_1}$

水 $A=\frac{q_m}{102.1\sqrt{p_1}}$

式中 A——喉部面积，cm^2；

q_m——安全阀额定排量，kg/h；

p_1——排放压力，MPa；

ϕ ——过热蒸汽矫正系数，0.8～0.88。

3. 疏水阀凝结水排量计算

（1）安装在锅炉分气缸时（C 安全系数取 1.5）

$$G_{sh}=G\cdot C\cdot 10\%$$

（2）安装在蒸汽主管及主管末端，安装在管提升处、各类阀门之前及膨胀管或弯管之前

$$G_{sh}=\frac{F\cdot K(t_1-t_2)C\cdot E}{H}$$

式中 C——安全系数，一般取2，末端取3；

F——蒸汽管外表面面积，m^2；

t_1——蒸汽温度,℃；

t_2——空气温度,℃。

（3）安装在蒸汽伴热管线（安全系数 C 取 2，Δt 为蒸汽与空气的温差）

$$G_{sh}=\frac{L\cdot K\cdot \Delta t\cdot E\cdot C}{P\cdot H}$$

（4）安装在管壳式热交换器（安全系数 C 取 2，Δt 为水侧温差）

$$G_{sh}=\frac{m\cdot \Delta t\cdot C_g\cdot \rho_g\cdot C}{H}$$

其中，G_{sh}—排除凝结水流量，kg/h；$E=0.25=1-$保温效率；K—管道传热系数，kJ/(m^2·℃·h)；H—蒸汽潜热，kJ/kg；Δt—温差,℃；L—伴热管上疏水阀间管线长度，m；P—管道单位外表面积的线性长度，m/m^2；m—被加热流体流量，m^3/h；C_g—液体比热，kJ/(kg·℃)；ρ_g—液体密度，kg/m^3。

4. 调压装置计算

(1) 调压板孔径（建筑入口供水干管，$p<1000\text{kPa}=1\text{MPa}$)

$$d=\sqrt{\frac{GD^2}{f}}$$

$$f=23.21\times10^{-4}D^2\sqrt{\rho H}+0.812G$$

其中，d—调压板孔径，mm；D—管道内径，mm；H—消耗压头，Pa；G—热水流量，kg/h；ρ—热水密度，kg/m^3。

(2) 调压用截止阀内径（系统不大时采用）

$$d=16.3\sqrt[4]{\xi}\sqrt{\frac{G^2}{\Delta p}}$$

其中，d—截止阀内径，mm；G—用户入口流量，m^3/h；Δp—用户入口压力差，kPa；ξ—局部阻力系数。

5. 管线热膨胀量计算

$$\Delta X=0.012(t_1-t_2)L$$

其中，ΔX—管线热伸长量，mm；t_1—热媒温度，℃；t_2—管道安装温度，一般取0～5℃，架空室外时取供暖室外计算温度；L—计算管道长度，m。

6. 阀门阻力系数计算

$$K_v=\alpha\frac{G}{\sqrt{\Delta p}}$$

其中，G—通过流量（平衡阀设计流量），m^3/h；Δp—阀门前后压力差，MPa；α—系数。

说明：

(1) 平衡阀应根据阀门系数 K_v 选择符合要求的平衡阀，而非按管径选型。

(2) 恒温控制阀一般可按管道公称直径直接选择口径，再用阀门系数校核压力降。采用公称直径直接选择恒温控制阀的说法是错误的，公称直径仅能确定口径。

8.19 关于热量计量相关问题的总结

1. 设置热计量表是否属于运行节能的问题

《民规》第5.10.1条条文说明提到：设置热量表是主观行为节能，实际运行节能的措施是设置室温控制装置。采用热计量，是行为节能，不是运行节能。

2. 关于热量表的安装位置总结：

(1)《复习教材》第1.9.7节：从计量原理上讲，热量计安装在供、回水管上均可以达到计量的目的，有关规范规定流量传感器宜安装在回水管上，原因是流量传感器安装在回水管上，有利于降低仪表所处环境温度，延长电池寿命和改善仪表使用工况。而温度传感器应安装在进出户的供回水管路上。

(2)《供热计量技术规程》JGJ 173—2009 第3.0.6.2条：热量表的流量传感器的安装位置应符合仪表安装要求，且宜安装在回水管上。流量传感器安装在回水管上，有利于降低仪表所处环境温度，延长电池寿命和改善仪表使用工况。

第4.1.2条水一水热力站的热量测量装置的流量传感器应安装在一次管网的回水管上。

(3)《民规》第5.10.3条：用于热量结算的热量表的流量传感器应符合仪表安装要求，且宜安装在回水管上。

条文解释说明中提到热源、换热机房热量计量装置的流量传感器应安装在一次管网的回水管上。因为一次管网温差大、流量小、管径较小，流量传感器安装在一次管网上可以节省计量设备投资；考虑到回水温度较低，建议流量传感器安装在回水管路上。如果计量结算有具体要求，应按照需要选择计量位置。

3. 热计量方式适用性总结（见表8-12）

热计量方式适用性总结 **表8-12**

计量方法	适合系统	不适合系统	特点
热分配计法	适用新建改建各种散热器系统特别适合室内垂直单管顺流改造为垂直单管跨越式系统	地面辐射供暖	仅用于散热器
流量温度法	垂直单管跨越式 水平单管跨越式共用立管分户循环		
通断时间面积法	共用立管分户循环 分户循环的水平串联式系统 水平单管跨越式和地板辐射供暖系统		户内为一个独立的水平串联式系统；无法分室或分区温控
户用热量表法	分户独立室内供暖 分户地面辐射供暖	传统垂直系统 既有建筑改造	适用范围广
温度面积法	新建建筑的各种系统改造建筑		
户用热水表法	温度较小的分户地面辐射		

注：本表参考《民规》第5.10.2条、《供热计量技术规程》JGJ 173—2009第6.1.2条、《09技术措施》第2.5.8条。

8.20 热网与水压图问题总结

1. 热网年耗热量（见表8-13）

热网年耗热量计算公式 **表8-13**

供暖全年耗热量	$Q_h^a = 0.0864NQ_h \dfrac{t_i - t_a}{t_i - t_{o,h}}$
供暖期通风耗热量	$Q_v^a = 0.0036T_vNQ_v \dfrac{t_i - t_a}{t_i - t_{o,v}}$
空调供暖耗热量	$Q_a^a = 0.0036T_aNQ_a \dfrac{t_i - t_a}{t_i - t_{o,a}}$
供冷期制冷耗热量	$Q_c^a = 0.0036Q_cT_{c,max}$
生活热水全年耗热量	$Q_w^a = 30.24Q_{w,a}$

说明：

（1）上述全年耗热量计算时，注意带入数值的正误，t_i为室内计算温度，$t_{o,x}$为对应方式室外计算温度，t_a为供暖期室外平均温度。

（2）关于供暖期室外平均温度及供暖期天数一般情况题目将直接给出；若未给出，一般可按照《民用建筑热工设计规范》GB 50176—2016 附录 A.0.1 查取。但是，当题目给出供暖期条件（一般为室外温度低于5℃或低于8℃）时，按此条件查取《民规》附录A表“设计计算用供暖期天数及其平均温度”中的平均温度和天数。

（3）全年耗热量 Q_a（单位 GJ）与热负荷不同 Q（单位 kW），锅炉选型时采用热负荷 Q 计算，锅炉房计算容量按下式计算［《复习教材》式（1.11-3）］

$$Q = K_0[Q_h + (0.7 \sim 1.0)(Q_v + Q_a) + (0.7 \sim 0.9)Q_{生产} + (0.5 \sim 0.8)Q_{生活}]$$

2. 热网水力计算

热网水力计算主要根据题意列出管网流量计算式及阻力计算式。求解的关键是基于管路开闭前后，未动作管段阻抗不变。

热网水力工况分析可直接参考《复习教材》第1.10.7节相关内容。

基本关系式：

流量与供热量　　$Q=G \cdot c_p \cdot \rho(t_g - t_h)$

流量与阻力/扬程　$P=S \cdot G^2$

其他计算关系式见表8-14。

热网水力计算主要关系式列表　　**表 8-14**

串联关系	并联关系
$G = G_1 = G_2 = G_i$ $P = P_1 + P_2 + \Lambda + P_i$ $S = S_1 + S_2 + \Lambda + S_i$ $\frac{P_1}{S_1} = \frac{P_2}{S_2}$	$G = G_1 + G_2 + \Lambda + G_i$ $P = P_1 = P_2 = P_i$ $\frac{1}{\sqrt{S}} = \frac{1}{\sqrt{S_1}} + \frac{1}{\sqrt{S_2}} + \Lambda + \frac{1}{\sqrt{S_i}}$ $S_1 G_1^2 = S_2 G_2^2$
水力失调度　$x = \frac{V_s}{v_g}$ 水力稳定度　$y = \frac{V_g}{V_{max}} = \frac{1}{x_{max}}$	

3. 混水装置的设计流量（《复习教材》第1.10.5节）

混水泵设计流量按下式计算：

$$G'_h = \mu G_h$$

其中，$\mu = \frac{t_1 - \theta_1}{\theta_1 - t_2}$，各参数具体见图8-7。

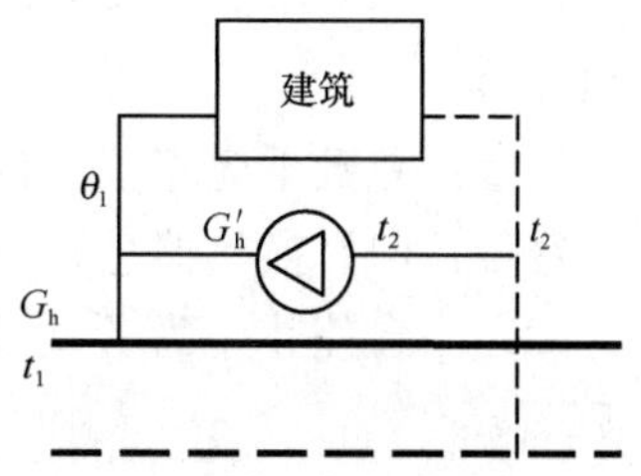

图8-7　混水泵参数示意图

4. 热网水压图（见图8-8）

热网连接基本原则（《复习教材》第1.10.6节）：不超压（检验回水压力）、不倒空（静水压线）、不汽化（顶层供水压力）、有富余（30～50kPa）。

热网水压图校核要点见表8-15。

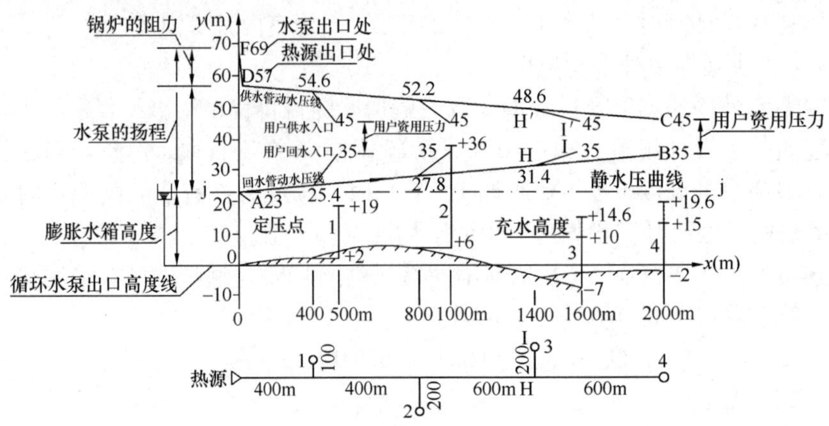

图8-8　热网水压图

热网水压图校核要点列表　　**表8-15**

考点	校核要点
静水压线	满足不超压、不汽化、不倒空、有富裕的要求： $H_{J,max}=H_{最低}+$承压 $H_{直连,高温}=H_{J,max}-$气化压力$-$富余压力 $H_{直连,低温}=H_{J,max}-$富余压力
不汽化、有富裕	验算供水压力在建筑物最高处高于对应水温下的汽化压力，且留有裕量： 供水压力－气化压力－富余压力>0； 100℃及以下水温仅需留有裕量： 供水压力 －富余压力>0
不超压	验算回水管在用户入口处的压力不超过设备允许承压： 回水压力－入口标高<承压

8.21　锅炉房与换热站常考问题总结

1. 换热器

选型：热泵空调，应采用板式换热器；水—水换热器宜采用板式换热器（《民规》第8.11.2条）。

配置：总数不应多于4台；全年不应少于2台；非全年不宜少于2台。

容量：(1) 换热器总容量＝设计热负荷×附加系数（《民规》表8.11.3）；

(2) 一台停止，寒冷地区剩余换热器换热量不低于65%供热量，严寒地区不低于70%。

2. 锅炉房容量

配置：全年使用不应少于2台，非全年不宜少于2台，中小型建筑单台能满足负荷和检修可设1台。

容量：(1) 锅炉房设计容量由系统综合最大热负荷确定[《复习教材》式(1.11-3)]：

$$Q = K_0(K_1Q_1 + K_2Q_2 + K_3Q_3 + K_4Q_4)$$

此计算式确定锅炉房设计容量，锅炉房实际总容量不小于 Q；

(2) 单台实际运行负荷率不宜低于 50%；

(3) 一台停止，寒冷地区剩余锅炉供热量不低于 65%供热量，严寒地区不低于 70%。

额定热效率：《公建节能》第 4.2.5 条（锅炉热效率：每小时送进锅炉的燃料所能产生的热量被用来产生蒸汽或加热水的百分率。）

3. 与锅炉热效率有关的计算

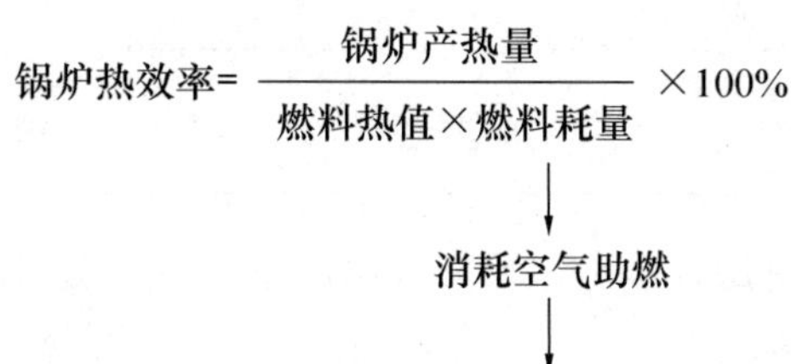

4. 锅炉房通风与消防

(1) 火灾危险分类

详见第 9.15 节中“常用的建筑火灾危险性等级列举”。

(2) 锅炉房防爆的泄压面积不小于锅炉间占地面积 10%

可计入泄压面积的部分：玻璃窗、天窗、质量小于或等于 120kg/m^{3}的轻质屋顶和薄弱墙等。

5. 小区进行节能改造后，锅炉房还可负担多少供暖面积

这类题的解题核心在于：供热面积指标仅用于计算户内热负荷，总热负荷与锅炉容量间相差一个室外管网输送效率（《严寒和寒冷地区居住建筑节能设计标准》JGJ 26—2010 第 5.2.5 条）。因此，应采用下式计算锅炉容量：

$$Q = k_0 \times (A_{改造}q_{改造} + A_{新建}q_{新建})$$

$$= \frac{A_{改造}q_{改造} + A_{新建}q_{新建}}{\eta}$$

$$= (1+a)(A_{改造}q_{改造} + A_{新建}q_{新建})$$

式中　Q——热源装机容量；

$q_{改造}$、$q_{新建}$——热负荷；

η——管网输送效率；

$1+a$——锅炉自用系数。

6. 锅炉房的通风，如表 8-16 所示。

锅炉房通风量要求　　**表 8-16**

设置位置		平时通风	事故通风
首层	燃油锅炉	$3h^{-1}$	$6h^{-1}$
	燃气锅炉	$6h^{-1}$	$12h^{-1}$

续表

<table>
<tr><th colspan="3">设置位置</th><th>平时通风</th><th>事故通风</th></tr>
<tr><td>半地下或半地下室</td><td rowspan="2">地下一层</td><td rowspan="2">不得采用相对密度大于 0.75 的可燃气体燃料</td><td>$6h^{-1}$</td><td>$12h^{-1}$</td></tr>
<tr><td>地下或地下室</td><td>$12h^{-1}$</td><td>$12h^{-1}$</td></tr>
<tr><td colspan="2" rowspan="3">常（负）压燃油锅炉
常（负）压燃气锅炉</td><td>首层</td><td colspan="2" rowspan="3">同上</td></tr>
<tr><td>地下一层、地下二层</td></tr>
<tr><td>屋顶，距离安全出口不应小于 6m</td></tr>
<tr><td colspan="3">燃气调压间等爆炸危险房间</td><td>$3h^{-1}$</td><td>$12h^{-1}$</td></tr>
<tr><td colspan="3">燃油泵房（按 4m 高计算）</td><td>$12h^{-1}$</td><td>$12h^{-1}$</td></tr>
<tr><td colspan="3">油库（按 4m 高计算）</td><td>$6h^{-1}$</td><td>$12h^{-1}$</td></tr>
</table>

说明：(1) 锅炉房应设置在首层或地下一层靠外墙部位，不应贴邻人员密集场所。

(2) 送排风设备应采用“防爆型”。

(3) 主要参考《锅炉房设计标准》GB 50041—2020 第 15 章，《建规 2014》第 9.3.16 条。

锅炉房新风量>$3h^{-1}$（不包括锅炉房燃烧空气量）；

控制室新风量>最大班操作人员新风量。

7.《严寒和寒冷地区居住建筑节能设计标准》JGJ 26—2010 与《公建节能》有关关于管网热损失是否计入问题的说明

由《严寒和寒冷地区居住建筑节能设计标准》JGJ 26—2010 第 5.2.5 条条文说明，管网损失包括：

(1) 管网向外散热造成散热损失；

(2) 管网上附件及设备漏水和用户防水而导致的补水耗热损失；

(3) 通过管网送到各热用户的热量由于管路失调而导致的各处室温不等造成的多余热损失。

《公建节能》第 4.2.4 条条文说明提及“灯光等得热远大于管道热损失，所以确定锅炉房容量时无需计入管道热损失”，实际表明远大于“散热损失”，管网损失仍需计入。另外，本条为条文说明，没有执行力，因此对于管网损失，仍需在装机容量中考虑。

8.22 户用燃气炉相关问题总结

1. 适用性问题

不适合直接作地热供暖热源（会导致热效率下降，烟气结露腐蚀系统）；

宜采用混水罐的热水供暖（《复习教材》第 1.12.2 节），宜采用混水的方式调节（《民规》第 5.7.4 条）；

居住建筑利用燃气供暖，宜采用户式燃气炉（可免去管网损失，输送能耗）（《民规》第 5.7.1 条）。

2. 设计要点

(1) 热负荷

采用一般性热负荷计算，还需考虑生活习惯、建筑特点、间歇运行等附加（《民规》第5.7.2条）。

供暖负荷应包括户间传热，且可再留有余量（《严寒和寒冷地区居住建筑节能设计标准》JGJ 26－2018第5.2.3条条文说明）。

（2）相关设备选型

应选用全封闭、平衡式，强制排烟系统（《民规》第5.7.3条，强条）；

宜采用节能环保壁挂冷凝式燃气锅炉（《复习教材》第1.12.2节，《民规》第5.7.4条）；

户式燃气炉额定热效率按照《家用燃气快速热水器和燃气采暖热水炉能效限定值及能效等级》GB 20665—2015规定：壁挂冷凝式燃气锅炉供暖，可提供达到1级能效的产品。（《复习教材》第1.12.2节）：

1级：$\eta_1=99\%$，$\eta_2=95\%$；

2级：$\eta_1=89\%$，$\eta_2=85\%$；

3级：$\eta_1=86\%$，$\eta_2=82\%$；

其中，η_1—供暖额定热负荷下的热效率值，η_2—30%供暖额定热负荷下的热效率值。

末端与供回水温应匹配，散热器与地面供暖等均可采用（《民规》第5.7.4条条文说明、第5.7.7条）。

（3）高层中的要求

有条件采用集中供热或楼内集中设燃气热水器机组的高层中，不宜采用户式燃气炉（《严寒和寒冷地区居住建筑节能设计标准》JGJ 26－2018第5.2.13条）。

高层中采用户式燃气炉，应满足下列要求：

1）应设专用进气及排气通道；

2）自身有自动安全装置；

3）具有自调燃气量、空气量的功能，有室温控制器；

4）循环水泵参数，应与供暖系统匹配。

3. 运行与保养

运行：排烟温度不宜过低，排烟口应保持畅通，远离人群和新风口（《民规》第5.7.5条）。

保养：为了保证可靠运行，应定期清洗保养（防水垢）（《复习教材》第1.12.2节）；应具有防冻保护、室温调控功能，并应设置排气泄水装置（《民规》第5.7.8条）。

8.23 《建筑给水排水及采暖工程施工质量验收规范》GB 50242—2002压力试验小结

《建筑给水排水及采暖工程施工质量验收规范》GB 50242—2002压力试验小结

对象	实验类别	试验压力	检验方法	条文
阀门	强度试验	公称压力的1.5倍	试验压力在试验持续时间内应保持不变，且壳体填料及阀瓣密封面无渗漏	3.2.5
	严密性试验	公称压力的1.1倍		

续表

<table>
<tr><th colspan="2">对象</th><th>实验类别</th><th>试验压力</th><th>检验方法</th><th>条文</th></tr>
<tr><td colspan="2">散热器</td><td>水压试验</td><td>工作压力的1.5倍，但不小于0.6MPa</td><td>试验时间为2～3min，压力不降且不渗、不漏</td><td>8.3.1</td></tr>
<tr><td colspan="2">辐射板</td><td>水压试验</td><td>工作压力的1.5倍，但不得小于0.6MPa</td><td>试验压力下2～3min压力不降且不渗、不漏</td><td>8.4.1</td></tr>
<tr><td colspan="2">盘管</td><td>水压试验</td><td>工作压力的1.5倍，但不小于0.6MPa</td><td>稳压1h内压力降不大于0.05MPa且不渗、不漏</td><td>8.5.2</td></tr>
<tr><td rowspan="3">供暖系统</td><td>蒸汽、热水供暖系统</td><td>水压试验</td><td>系统顶点工作压力加0.1MPa，同时在系统顶点的试验压力不小于0.3MPa</td><td rowspan="3">使用钢管及复合管的供暖系统应在试验压力下10min内压力降不大于0.02MPa，降至工作压力后检查，不渗、不漏。
使用塑料管的供暖系统应在试验压力下1h内压力降不大于0.05MPa，然后降至工作压力的1.15倍，稳压2h，压力降不大于0.03MPa，同时各连接处不渗、不漏</td><td rowspan="3">8.6.1</td></tr>
<tr><td>高温热水供暖系统</td><td>水压试验</td><td>系统顶点工作压力加0.4MPa</td></tr>
<tr><td>使用塑料管及复合管的热水供暖系统</td><td>水压试验</td><td>系统顶点工作压力加0.2MPa，同时在系统顶点的试验压力不小于0.4MPa</td></tr>
<tr><td colspan="2">供热管道</td><td>水压试验</td><td>工作压力的1.5倍，但不得小于0.6MPa</td><td>在试验压力下10min内压力降不大于0.05MPa，然后降至工作压力下检查，不渗、不漏</td><td>11.3.1</td></tr>
<tr><td rowspan="5">锅炉</td><td rowspan="3">锅炉本体</td><td rowspan="3">水压试验</td><td>工作压力$P<0.59$MPa时，试验压力为$1.5P$但不小于0.2MPa</td><td rowspan="5">在试验压力下10min内压力降不超过0.02MPa；然后降至工作压力进行检查，压力不降，不渗、不漏；
观察检查，不得有残余变形，受压元件金属壁和焊缝上不得有水珠和水雾</td><td rowspan="5">13.2.6</td></tr>
<tr><td>工作压力$0.59 \leqslant P \leqslant 1.18$MPa时，试验压力为$P+0.3$MPa</td></tr>
<tr><td>工作压力$P>1.18$MPa时，试验压力为$1.25P$</td></tr>
<tr><td>可分式省煤器</td><td>水压试验</td><td>$1.25P+0.5$MPa</td></tr>
<tr><td>非承压锅炉</td><td>水压试验</td><td>0.2MPa</td></tr>
<tr><td colspan="2">分气缸（分水器、集水器）</td><td>水压试验</td><td>工作压力的1.5倍，但不得小于0.6MPa</td><td>试验压力下10min内无压降、无渗漏</td><td>13.3.3</td></tr>
<tr><td colspan="2">敞口箱、罐</td><td>满水试验</td><td>—</td><td>满水后静置24h不渗不漏</td><td rowspan="2">13.3.4</td></tr>
<tr><td colspan="2">密闭箱、罐</td><td>水压试验</td><td>工作压力的1.5倍，但不得小于0.4MPa</td><td>试验压力下10min内无压降，不渗、不漏</td></tr>
<tr><td colspan="2">地下直埋油罐</td><td>气密性试验</td><td>不应小于0.03MPa</td><td>试验压力下观察30min不渗、不漏，无压降</td><td>13.3.5</td></tr>
</table>

续表

对象	实验类别	试验压力	检验方法	条文
连接锅炉及辅助设备的工艺管道	水压试验	系统中最大工作压力的 1.5 倍	在试验压力 10min 内压力降不超过 0.05MPa，然后降至工作压力进行检查，不渗不漏	13.3.6
热交换器	水压试验	应以最大工作压力的 1.5 倍作水压试验，蒸汽部分应不低于蒸汽供气压力加 0.3MPa；热水部分应不低于 0.4MPa	在试验压力下，保持 10min 压力不降	13.6.1

第9章　通风知识点总结

9.1 环　境　问　题

1. 大气污染排放

大气污染排放内容主要参考《大气污染物综合排放标准》GB 16297—1996，是考试热点内容。其中第3节、第7节以及附录A—C应重点学习。

注意的问题：

（1）一些基本的概念要学习该规范的第3节；

（2）分清既有排气筒（表1）和新建排气筒（表2），所用表格不同；

（3）排气筒高度的限制（第7.1条、第7.4条），下列情况排放速率还应再严格50%：

1）（既有和新建）排气筒无法高出周围200m半径范围的建筑5m以上时；

2）新污染源排气筒高度低于15m时。

（4）氯气、氰化氢、光气的既有和新建排气筒，均不得低于25m。

（5）等效排气筒：当2个排气筒排放同一种污染物，其距离小于两个排气筒高度之和时，应以一个等效排气筒代表这两个排气筒进行评价。允许限值为等效排气筒高度对应限值。等效排气筒排放速率：

$$Q=Q_1+Q_2$$

等效排气筒高度：

$$h=\sqrt{\frac{1}{2}(h_1^2+h_2^2)}$$

2. 空气质量指数AQI（《复习教材》第2.1.1节）

（1）定义

AQI：空气质量指数（现行参数）；

API：空气污染指数（不再使用）。

（2）两者区别

AQI评价6项污染物，增加PM2.5，按“小时均值（1h 1次）＋日报”进行发布，增加了小时均值；

API评价5项污染物，按“日均值（1天1次）”进行发布。

（3）空气质量指数级别

AQI分一～六级的六个指数等级，指数级别越大，污染越严重（《复习教材》表2.1-4及表2.1-5）。

9.2　消除有害物所需通风量

对于消除有害物所需通风量计算，要参考《工业企业设计卫生标准》GBZ 1—2019 以及《工作场所有害因素职业接触限值　第 1 部分：化学有害因素》GBZ 2.1—2019 的规定。

（1）当数种溶剂（苯及其同系物、醇类或醋酸酯类）蒸汽或数种刺激性气体同时放散空气中时，应按各种气体分别稀释至规定的接触限值所需要的空气量的总和计算全面通风换气量。

常见刺激性气体：氯气、氨气、光气、双光气、二氧化硫、三氧化硫、氮氧化物、甲醛、硫酸二甲酯、氯化氢、氟化氢、溴化氢、氨、臭氧、松节油、丙酮。

刺激性气体种类举例：

1）酸：硫酸、盐酸、硝酸、铬酸；

2）氧化物：二氧化硫、三氧化硫、二氧化氮、臭氧、环氧氯丙烷；

3）氢化物：氯化氢、氟化氢、溴化氢、氨；

4）卤族元素：氟、氯、溴、碘；

5）无机氯化物：光气、二氯化砜、三氯化磷、三氯化硼；

6）卤烃类：溴甲烷、氯化苦；

7）酯类：硫酸二甲酯、二异氰酸甲苯酯、甲酸甲酯；

8）醛类：甲醛、乙醛、丙烯醛；

9）金属化合物：氧化镉、硒化氢、羟基镍。

（2）PC-TWA 以及 PC-STEL：

关于有害物限值的计算是历年常考题，建议务必熟悉《工作场所有害因素职业接触限值　第 1 部分：化学有害因素》GBZ 2.1-2019，特别是其附录。

（3）参数定义：

PC-TWA：时间加权平均允许浓度，以时间为权数规定的 8h 工作日，40h 工作周的平均允许接触浓度。计算值 C_{TWA}不应大于表列 PC-TWA。

平均容许浓度（TWA）计算式：

$$C_{TWA} = \frac{\sum C_i T_i}{8}$$

PC-STEL：短时间接触容许浓度，在遵守 PC-TWA 前提下，允许短时间（15min）接触的浓度。

MAC：最高允许浓度，工作地点、在一个工作日内、任何时间有毒化学物质均不应超过的浓度。

对于劳动者接触，同时规定有 PC-TWA 和 PC-STEL 的化学有害因素时，实际测得的当日时间加权平均接触浓度不得超过该因素对应的 PC-TWA 值，同时一个工作日期间任何短时间的接触浓度不得超过其对应的 PC-STEL 值。

劳动者接触仅制定有 PC-TWA 但尚未制定 PC-STEL 的化学有害因素时，实际测得的当日 CTWA 不得超过其对应的 PC-TWA 值；同时，劳动者接触水平瞬时超出 PC-TWA 值 3 倍的接触每次不得超过 15min，一个工作日期间不得超过 4 次，相继间隔不短于1h，且在任何情况下都不能超过PC-TWA值的5倍。

多种有毒物质共同作用限值，应满足下式：

$$\Sigma \frac{C_i}{L_i} \leqslant 1$$

（4）单位换算：

在标准状态下，质量浓度和体积浓度可按下式进行换算：

$$Y=\frac{MC}{22.4}$$

其中，Y—污染气体的质量浓度；M—污染气体的摩尔质量，即分子量；C—污染气体的体积浓度。计算时经常会用到ppm，ml/m^3，mg/m^{3}等单位。单位换算时注意使用《复习教材》式（2.6-1）。另外，关于这个公式的计算，有体积质量比和体积质量流量两套单位，这里给出计算单位的对照表，如表9-1和表9-2所示。

关于质量浓度和体积浓度换算公式的单位的对照表 **表9-1**

参数	单位系列1	单位系列2
Y	mg/m^3	mg/s
C	mL/m^3（= ppm）	mL/s

常用化学物质分子量列表 **表9-2**

物质名称	化学式	分子量	元素	代号	分子量
二氧化硫	SO_2	64	氢	H	1
三氧化硫	SO_3	80	炭	C	12
一氧化碳	CO	28	氮	N	14
二氧化碳	CO_2	44	氧	O	16
硫化氢	H_2S	34	硫	S	32
氨气	NH_3	17			

例：在标准状态下，换算10ppm的二氧化硫的质量浓度。

$$Y=\frac{MC}{22.4}=\frac{64\times 10}{22.4}=28.5\text{mg/m}^3$$

9.3 通风热平衡计算

热平衡计算按《复习教材》式（2.2-6）进行：

$$\Sigma Q_\text{h}+G_\text{p}\rho_\text{n}t_\text{n}=\Sigma Q_\text{f}+G_\text{jj}\rho_\text{jj}t_\text{jj}+G_\text{zj}\rho_\text{zj}t_\text{w}+G_\text{xh}\rho_\text{n}(t_\text{s}-t_\text{n})$$

此计算式控制体为建筑内部环境，如图9-1所示灰色区域。

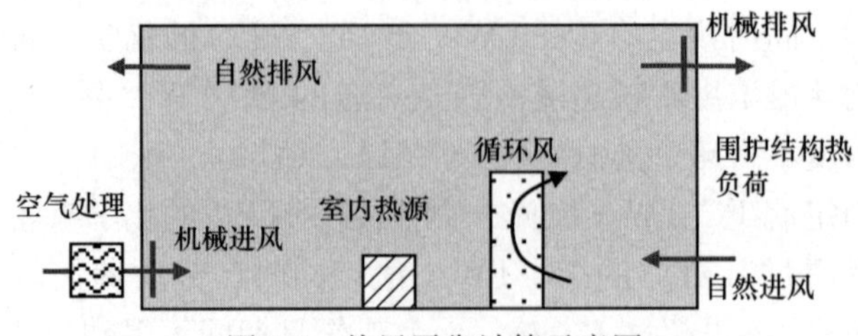

图9-1 热风平衡计算示意图

注意：控制体外部情况不考虑其中，机械进风过程中空气处理环节与热平衡计算无关（无论是经过热回收还是空气加热器，机械进风 t_{jj} 仅表示进入室内时的温度），相关温度参数仅考虑从围护结构处进出室内的空气参数以及室内热源和循环风参数。

室外计算参数取值见表 9-3。

机械送风系统室外计算参数　　表 9-3

季节	冬季		夏季	
用途	计算通风耗热量	计算消除余热、余湿通风量	计算消除余热，或计算通风系统新风冷却的通风量	计算消除余湿的通风量
计算参数	冬季供暖室外计算温度	冬季通风室外计算温度	宜采用夏季通风室外计算温度①	宜采用夏季通风室外计算干球温度和夏季通风室外计算相对湿度②

① 室内最高温度限值要求较严格，可采用夏季空调室外计算温度；

② 室内最高湿度限值要求较严格，可采用夏季空调室外计算温度和夏季空调室外湿球温度。

9.4　通风防爆问题总结

1. 防爆相关规范

防爆相关规范中，因为工业建筑的特殊性，《工规》是最主要的规范。相比较而言，《民规》相关要求较少。另外，防爆与消防息息相关，因此《建规 2014》有很多与防爆有关的要求。

(1)《工规》

第 6.3.2、6.3.11、6.6.9、7.2.9 条、第 6.4 节、第 6.9 节。

(2)《民规》

第 6.3.2-4、6.3.9、6.5.9、6.5.10、6.6.16 条。

(3)《工业企业设计卫生标准》GBZ 1—2010

第 6.1 节 防尘、防毒。

(4)《建规 2014》

第 9.1.2、9.1.3、9.1.4、9.2.3、9.3.2、9.3.4、9.3.5、9.3.6、9.3.7、9.3.8、9.3.9 条。

2. 常考问题

(1) 关于空气中各类物质的浓度限值

此考点考查极为频繁，比较简单，但是核心考点主要为《工规》第 6.9.2 条、第 6.9.5 条及第 6.9.15 条，且为条文正文。

第 6.9.2 条　凡属下列情况之一时，不得采用循环空气：

1　甲、乙类厂房或仓库；

2　空气中含有爆炸危险粉尘、纤维，且含尘浓度大于或等于其爆炸下限的 25%的丙类厂房或仓库；

3　空气中含有易燃易爆气体，且气体浓度大于或等于其爆炸下限值的 10%的其他厂房或仓库。

4 建筑物内的甲、乙类火灾危险性的房间。

第6.9.5条 排除有爆炸危险的气体、蒸汽和粉尘的局部排风系统，其风量应按在正常运行和事故情况下，风管内有爆炸危险的气体、蒸汽或粉尘的浓度不大于爆炸下限的50%计算。

第6.9.15条 在下列任一情况下，供暖、通风与空调设备均应采用防爆型：

1 直接布置在爆炸危险性区域内时；

2 排除、输送或处理有甲、乙类物质，其浓度为爆炸下限10%及以上时；

3 排除、输送或处理含有燃烧或爆炸危险的粉尘、纤维等物质，其含尘浓度为其爆炸下限的25%及以上时。

注意事项：

1）分清楚具体要求为“爆炸下限的25%”、“爆炸下限的50%”，还是“爆炸下限10%”；

2）注意计算限制浓度时所对应的是“工作区容许浓度”还是“爆炸下限”。

3）上述所列甲乙类物质可通过《建规2014》查取。

(2) 对风系统及设备的要求

循环空气：《工规》第6.9.2条。

风系统划分：《工规》第6.9.3、7.1.3、6.9.16条；

《建规2014》第9.3.11条。

9.5 自然通风公式总结

1. 自然通风量计算

(1) 全面换气量法 $G=\dfrac{Q}{c_p\cdot(t_p-t_w)}$

(2) 按照进风窗计算 $G=\mu_a F_a\sqrt{2h_1 g(\rho_w-\rho_{np})\rho_w}$

(3) 按照排风窗计算 $G=\mu_b F_b\sqrt{2h_2 g(\rho_w-\rho_{np})\rho_p}$

流量系数 $\mu=\dfrac{1}{\sqrt{\delta}}$

2. 各种自然通风计算相关温度

排风温度

(1) 允许温度差法（特定车间）$t_p=t_w+\Delta t$

(2) 温度梯度法（高度不大于15m，室内散热均匀，散热量不大于116W/m³）$t_p=t_n+a(h-2)$

说明：按房间高度查梯度，按排风口中心高度计算排风温度。查取表格时采用房间高度查取a值，带入公式时采用排风口中心高度带入h。例，室内散热量为30W/m³，室内温度为20℃，房间高度为10m，排风窗中心高度为8m，按房间高度10m查得$a=0.6$，则排风温度为$t_p=20+0.6\times(8-2)=23.6$℃。

(3) 有效热量系数法（有强烈热源车间）$t_p=t_w+\dfrac{t_n-t_w}{m}$

室内平均温度　$t_{np}=\dfrac{t_n+t_p}{2}$

3. 有关热压、风压、余压相关问题

（1）窗孔 c 的余压计算

$$\Delta p_{cx}=g(h_c-h_{中和})(\rho_w-\rho_{np})$$

式中　h_c——窗孔 c 距离地面的高度；

$h_{中和}$——中和面距离地面高度；

ρ_w——室外空气温度对应密度；

ρ_{np}——车间平均温度对应密度。

（2）建筑外某一点风压

$$\Delta p_f=K\frac{v_w^2}{2}\rho_w$$

式中　K——空气动力系数（有正负）；

v_w——室外风速；

ρ_w——室外空气温度对应密度。

（3）窗孔内外压差计算

1）仅考虑热压作用

$$\Delta p_i=\Delta p_{xi}=g(H_i-H_{zh})(\rho_w-\rho_n)$$

2）考虑热压、风压联合作用

$$\Delta p_i=g(H_i-H_{zh})(\rho_w-\rho_n)-K_i\frac{v_w^2}{2}\rho_w$$

式中　Δp_i——窗孔的内外压差；

H_i——窗孔中心距地面高度；

H_{zh}——中和面距地面高度；

Δp_{xi}——窗孔的热压，即余压；

K_i——空气动力系数（有正负）；

v_w——室外风速；

ρ_w——室外空气温度对应密度。

（4）自然通风计算基本原理

$$G=\mu F\sqrt{2\Delta p\rho_w}$$

式中　Δp——窗孔的内外压差；

ρ_w——室外空气温度对应密度。

《复习教材》中有关进排风量的计算是以此公式为基础推倒而来。当无法使用《复习教材》式（2.3-14）及式（2.3-15）时，可从此基本公式入手分析问题。

4. 窗面积与距中和面位置

窗面积与距中和面位置有如下关系$\left(流量系数\ \mu=\dfrac{1}{\sqrt{\xi}}，密度计算\ \rho_t=\dfrac{353}{273+t}\right)$

$$\left(\frac{F_{排}}{F_{进}}\right)^2 = \frac{h_{进}\ \rho_w \mu_{进}^2}{h_{排}\ \rho_p \mu_{排}^2}$$

特别的，若近似认为 $\mu_{进} = \mu_{排}$，$\rho_w = \rho_p$，则有：

$$\left(\frac{F_{排}}{F_{进}}\right)^2 = \frac{h_{进}}{h_{排}}$$

5. 建筑物周围气流流型

风吹向和流经建筑物时，按在其屋顶和四周形成的气流流形及空气动力特性不同可分为稳定气流区、正压区、空气动力阴影区以及尾流区 4 个区域。另外，对于静压低于稳定气流区静压的区域被称为负压区（通常指动力阴影区和尾流区，见图 9-2 和图 9-3）。

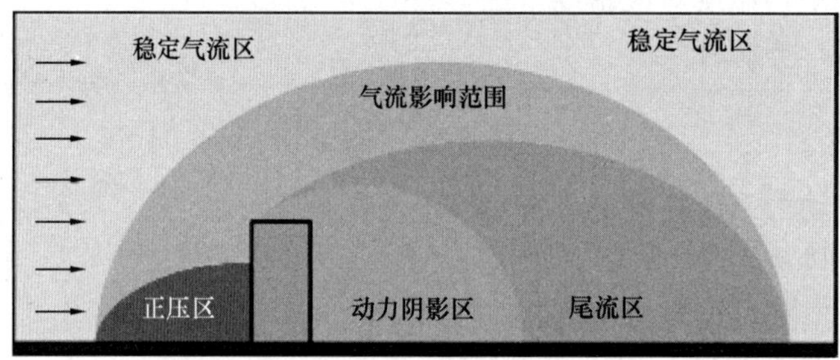

图 9-2　建筑周围气流区示意图

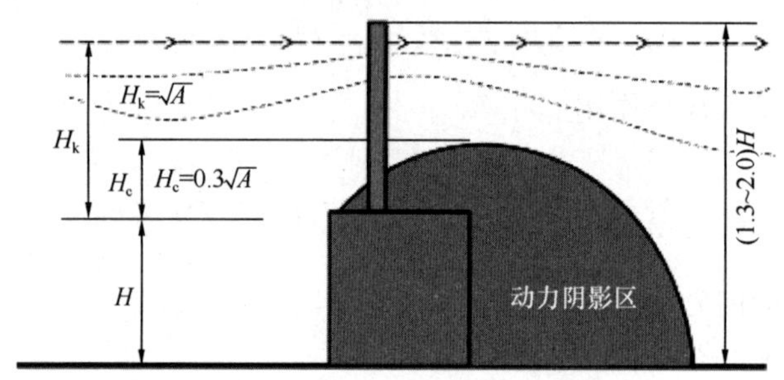

图 9-3　建筑周围气流区计算图示

注：H_c——空气动力阴影区最大高度；H_k——屋顶上方受建筑影响气流最大高度。

排除有剧毒物质排风系统高度宜为 $1.3H \sim 2.0H$（H 为建筑高度）。

排风口不得朝室外空气动力阴影区和正压区。

6. 各种风帽适用情况总结

（1）常见的避风风帽有筒形风帽、锥形风帽，伞形风貌不具有避风性。

（2）排除粉尘或有害气体的机械通风排风口采用锥形风帽或防雨风帽。

（3）禁止风帽布置在正压区内或窝风地带。

排风装置要点见表 9-4。

排风装置要点列表　　**表 9-4**

排风装置	要点
屋顶通风器	①全避风型新型自然通风装置； ②不通电，局部阻力小，尤其适合高大工业建筑

续表

排风装置	要点
天窗	① 不适用于散发大量余热、粉尘和有害气体的车间使用，适用于以采光为主的清洁厂房； ② 阻力系数大，流量系数小，开启关闭繁琐； ③ 易产生倒灌； ④ 无挡风板（与避风天窗的区别）
避风天窗	① 空气动力性能良好，天窗排风口不受风向影响，均处于负压状态； ② 能稳定排风，防止倒灌
	采用避风天窗或屋顶通风器： ① 夏热冬冷，夏热冬暖地区：室内散热量大于 $23W/m^3$ 时； ② 其他地区：室内散热量大于 $35W/m^3$ 时； ③ 不允许气流倒灌时
	可不设避风天窗： ① 利用天窗能稳定排风时； ② 夏季室外平均风速小于或等于 1m/s
	多跨厂房的相邻天窗或天窗两侧与建筑物邻接，且处于负压时，无挡风板的天窗可视为避风天窗。当建筑物一侧与较离建筑物相邻接时，应防止避风天窗或风帽倒灌。避风天窗或建筑物的相关尺寸应符合规定，详见《工规》P38
避风风帽	① 在自然排风的出口装设避风风帽可以增大系统的抽力； ② 用于自然排风系统，有时风帽也装在屋顶上，进行全面排风； ③ 适合自然通风系统，不适合用在机械排风系统
筒形风帽	① 自然通风的一种避风风帽；既可安装在具有热压作用的室内（如浴室），或装在有热烟气产生的炉口或炉子上（如加热炉、锻炉等），亦可装在没有热压作用房间（如库房）； ② 禁止风帽布置在正压区内或窝风地带，防止风帽产生倒灌； ③ 用于保证通风环境（不应设阀门），适用于工业和民用建筑自然通风，属于避风风帽的一种 筒形风帽选择计算： $L = 2827d^2 \cdot A/\sqrt{1.2+\sum\xi+0.02l/d}$ $A = \sqrt{0.4v_w^2+1.63(\Delta p_g+\Delta p_{ch})}$ $\Delta p_g = gh(\rho_w-\rho_{np})$ 其中，d 为风帽直径，m；$\sum\xi$ 为风貌前的风管局部阻力系数之和，无风管时取 0.5；l 为竖风道或风帽连接管的长度；v_w 为室外计算风速；Δp_{ch} 为室内送排风形成的室内外压差，即室内相对室外的压力；ρ_w 为室外空气密度；ρ_{np} 为室内空气的平均密度，若风帽用管道连接到排风罩上，则为管道内空气密度的平均值
锥形风帽	适用于除尘系统和有毒有害气体高空排放，宜与风管同材质
伞形风帽	适用无毒无害气体机械通风系统（无粉尘）

9.6　密闭罩、通风柜、吸气罩及接受罩的相关总结

1. 接入风管系统的排风罩计算（《复习教材》第 2.9.5 节）

接入风管排风罩流量　$L = v_1F = \mu F\sqrt{\dfrac{2\left|p_j'\right|}{\rho}}$　(m^3/s)

流量系数　$\mu=\dfrac{1}{\sqrt{1+\xi}}$

注意：该公式中流量系数 μ 的计算与自然通风的不同（两者流体力学基本模型不同）。

2. 排气罩适用情况

密闭罩：运输机卸粉状物料处、局部排风；

通风柜：金属热处理、金属电镀、涂料或溶解油漆、使用粉尘材料的生产过程；

外部吸气罩：槽内液体蒸发、气体或烟外溢、喷漆、倾倒尘屑物料、焊接、快速装袋、运输器给料、磨削、重破碎、滚筒清理；

槽边排风罩：不影响人员操作；

吹吸式排风罩：抗干扰墙，不影响工艺操作；

接受式排风罩：高温热源上部气流、砂轮磨削抛出的磨屑、大颗粒粉尘诱导的气流。

3. 密闭罩排风量计算（《复习教材》第2.4.3节）

排风量＝物料下落带入罩内诱导空气量＋从孔口或不严密缝隙吸入的空气量＋因工艺需要鼓入罩内空气量＋生产过程增加的空气量＝$V \cdot F$

4. 通风柜

通风柜设置要求：

冷过程应将排风口设在通风柜下部；

热过程应在上部排风；

发热不稳定过程应上下均设排风；

温湿度和供暖有要求房间内可用送风式通风柜。

送排风量计算参考《复习教材》第2.4.3节：

排风量　$L = L_1 + vF\beta$；

补风量　$L_{补} = 70\% L$。

5. 吸气罩计算相关问题说明

（1）控制风速

这一参数的选取参考《复习教材》表2.4-3和表2.4-4。

（2）矩形吸气口速度计算

根据《复习教材》图2.4-15，可以对应查得矩形排风罩吸气口的速度与控制点速度的比值。注意最下面一条线为圆形。

（3）关于 a 和 b 的取值。

《复习教材》图2.4-15中 b/a，a 表示长边，b 表示短边。对于 $A \times B$ 的排风罩，A 表示高，B 表示宽。

（4）关于何时考虑为假想罩

若题目未提及任何放置方式，则不考虑假想罩；若题目提及工作台上的某吸气罩，不论是否说明是侧吸罩，均建议按照假想大排风罩进行计算。

（5）排风量计算

$$L = v_0 F$$

《复习教材》给出了计算实际排风量的方法，可以通过吸入口风速计算也可以用控制点风速进行计算。但是，实际操作中，这两种方法计算的结果经常是不一致的。《复习教材》（第二版）以及《工业通风》给出的例题均采用吸入口风速进行计算的。因此，2013

年以前的教材，其中包含侧吸罩的例题，采用的是图解法。现在的教材已经删除了例题，考试为了避免歧义会直接要求采用图解法或公式法，具体需以实际考试表述为准。

6. 槽边排风罩

(1) 槽边排风罩是吸气罩的一种，控制风速 v_0 若题目未给，可参考《复习教材》表 2.4-3。

(2) 形式区分

单侧双侧：$B \leqslant 700$mm 单侧；$B > 700$mm 双侧。$B > 1200$mm 双侧吹吸（吹吸类无法考案例）；

高低截面：吸风口高度 $E < 250$mm 为低截面；$E \geqslant 250$mm 为高截面。

(3) 案例计算

条风口高度计算（《复习教材》式 2.4-10）：

$$h=\frac{L}{3600 v_0 l}$$

排风量计算，《复习教材》式（2.4-11）～式（2.4-16），注意计算结果为总风量，即双侧时是两侧风量之和。

槽边排风罩阻力［《复习教材》式（2.4-17)］：

$$\Delta p=\xi \frac{v_0^2}{2} \rho$$

7. 接受罩

关于接受罩排风量计算需要注意的问题：

(1) 收缩断面是热气流上升时的一个特征面，这个断面以下气流以微角度向上收缩（近似认为断面面积不变）；这个断面以上，气流截面迅速扩大。如此就有了形象化的收缩断面，如图 9-4 所示。

(2) 热源对流散热量计算：

$$\begin{aligned} Q &= \alpha \cdot \Delta t \cdot F = (A \cdot \Delta t^{1/3}) \cdot \Delta t \cdot F \\ &= A \cdot \Delta t^{4/3} \pi \cdot B^2 / 4 (\mathrm{J/s}) \end{aligned}$$

（注意此处 Q 的单位为 W，$J/S=$W）

其中，水平散热面 $A=1.7$，垂直散热面 $A=1.13$。

(3) 高悬罩排风量计算。收缩断面以上热流流动过程中会吸引周边气流一同向上运动，所以应采用《复习教材》式（2.4-21）计算 L_z，并且用式（2.4-23）计算对应罩口高度热射流直径，从而利用式（2.4-31）计算高悬罩排风量。

(4) 低悬罩排风量计算。上升气流还未充分发展到理论的收缩断面，但是在气流收缩过程中，热射流整体流量不变，因此采用理论上的收缩断面流量式（2.4-24）计算罩口热流断面流量。同时，由于收缩断面下气流以微角度收缩，近似认为罩口热射流直径为热源直径，从而利用式（2.4-31）计算高悬罩排风量。

(5) 高低罩判别只采用 $1.5\sqrt{A_p}=1.5\sqrt{\frac{\pi B^2}{4}}$ 或 1m。

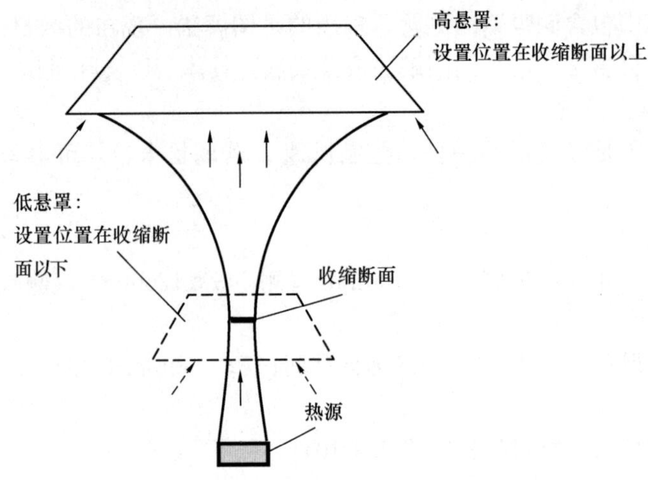

图9-4　接受罩下热气流流动原理图示

计算排风量：$L=L_Z+v'F'=L_Z+(0.5\sim0.75)\cdot F'$，具体如表9-5所示，区分计算。

接受罩排风量计算　**表9-5**

参数	低悬罩 $H\leqslant1.5\sqrt{A_p}$	高悬罩 $1.5\sqrt{A_p}<H$
L_Z	收缩断面计算公式	罩口断面计算公式
F'	罩口面积－热源面积	罩口面积－热射流面积

收缩断面［式（2.4-24）］$L_0=0.167Q^{1/3}B^{3/2}$（注意Q的单位为kW）

热射流断面［式（2.4-21）］$L_Z=0.04Q^{1/3}Z^{3/2}$（注意Q的单位为kW）

热射流断面直径［式（2.4-23）］$D_Z=0.36H+B$

（6）关于接受罩罩口尺寸设计：

1）低悬罩

横向气流影响较小时，排风罩口断面直径：

$$D_1=B+(0.15\sim0.2)\ (\text{m})$$

横向气流影响较大时，罩口尺寸按《复习教材》式（2.4-27）～式（2.4-29）计算。

圆形　$D_1=B+0.5H$　(m)

矩形　$A_1=a+0.5H$　(m)

$B_1=b+0.5H$　(m)

2）高悬罩

高悬排风罩口断面直径

$$\begin{aligned}D&=D_Z+0.8H\\&=(0.36H+B)+0.8H\\&=1.16H+B(\text{m})\end{aligned}$$

9.7　几种标准状态定义总结

一般情况，排放到室外空气的标准状态为大气压 $B=101.3$kPa，空气温度为 0℃（273K）；送入室内空气的标准状态及室内所用设备标准状态为 $B=101.3$kPa，空气干球温度为 20℃，相对湿度为 65%。具体标准状态定义如下：

（1）《锅炉大气污染物排放标准》GB 13271—2014、《环境空气质量标准》GB 3095—2012 规定：标准状态是指锅炉烟气在温度为 273K，压力为 101325Pa 时的状态，简称标态。

（2）《环境空气质量标准》GB 3095—2012 第 3.14 条：标准状态指温度为 273K，压力为 101.325kPa 时的状态。

（3）《复习教材》第 2.8.1 节"2. 通风机性能参数"：通风机样本或铭牌实验测试数据标准状态指：大气压力 $B=101.3$kPa、空气温度 $t=20$℃、空气密度为 $\rho=1.2\text{kg/m}^3$。对于锅炉引风机的实验测试条件为：大气压力 $B=101.3$kPa、空气温度 $t=200$℃。

（4）《风机盘管机组》GB/T 19232—2019 规定：标准状态空气指大气压力为 101.3kPa、温度为 20℃、密度为 1.2kg/m^3 条件下的空气。

（5）《组合式空调机组》GB/T 14294—2008 规定：标准空气状态指温度 20℃、相对湿度 65%、大气压力 101.3kPa、密度 1.2kg/m^3 的空气状态。

（6）《风管送风式空调（热泵）机组》GB/T 18836—2017 第 3.8 条：风量是指在制造厂规定的机外静压送风运行时，空调机单位时间内向封闭空间、房间或区域送入的空气量。该风量应换算成 20℃、101kPa、相对湿度 65%的状态下的数值，单位：m^3/h。

（7）《建筑防烟排烟系统技术标准》GB 51251—2017 第 3.8 条，每个防烟分区排烟量计算公式中环境温度下通常取：温度为 293.15K、密度为 1.2kg/m^3 条件。

（8）《城镇燃气工程基本术语标准》GB/T 50680—2012 第 2.2.1 条（可用于相对密度计算和燃气附加压力计算），燃气计算的标准压力和指定温度构成的标准状态采用 101.3kPa、0℃。

9.8　除尘器分级效率计算

1. 符号含义

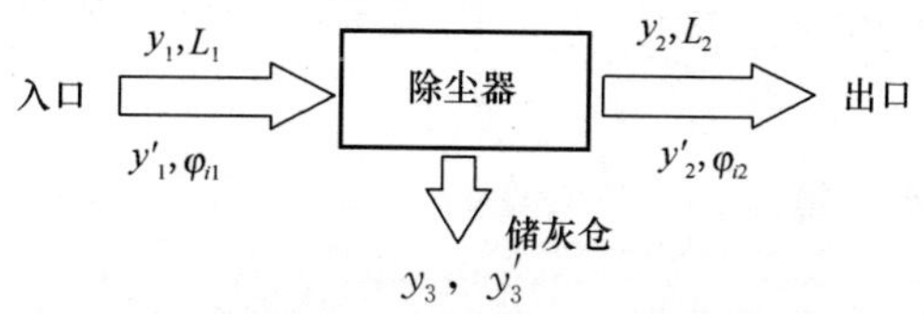

参数	入口	出口	储灰仓
通风量	L_1	L_2	—
颗粒质量流量	y_1	y_2	$y_3=y_1-y_2$

续表

参数	入口	出口	储灰仓
颗粒分级质量流量	y_1'	y_2'	$y_3'=y_1'-y_2'$
颗粒分级质量分数	$\varphi_{i1}=\frac{y'_1}{y_1}$	$\varphi_{i2}=\frac{y'_2}{y_2}$	$\varphi_{i3}=\frac{y'_3}{y_3}$

注：通常除尘器位于风机进风段（或称谓负压段），若除尘器漏风率为 ε，则除尘器进出口通风量存在计算关系 $L_2=L_1(1+\varepsilon)$。

2. 相关计算

（1）总除尘效率

$$\eta=\frac{y_1-y_2}{y'_1}=\frac{y_3}{y_1}=1-P$$

（2）通过入口及出口参数表达分级效率

$$\eta_i=\frac{y'_1-y'_2}{y'_1}=\frac{y_1\times\varphi_{i1}-y_2\times\varphi_{i2}}{y_1\times\varphi_{i1}}=1-P_i$$

（3）通过入口与储灰仓参数表达分级效率

$$\eta_i=\frac{y'_3}{y'_1}=\frac{y_3\times\varphi_{i3}}{y_1\times\varphi_{i1}}=\eta\times\frac{\varphi_{i3}}{\varphi_{i1}}$$

说明：

（1）除尘器的过滤效率是描述粉尘质量流量变化程度的参数，不可简单地采用通风量或者粉尘浓度进行计算。

（2）分级质量分数 φ_i，用于描述在一定粒径区间范围内粉尘的质量占全部粉尘质量的百分比。

9.9 各类除尘器特点及计算总结

1. 标准状态浓度 C_N转换

$$C_N=\frac{1.293C_0}{\rho}\qquad(\mathrm{mg/m^3})$$

其中，ρ 为密度，kg/m³，$\rho_t=\frac{353}{273+t}$；C_0是非标准状态质量浓度（体积浓度与质量浓度换算参见第9.2节）。

2. 各过滤器过滤效率计算

（1）过滤器串联

$$\eta_t=1-(1-\eta_1)(1-\eta_2)\cdots(1-\eta_n)$$

（2）重力除尘器过滤效率［《复习教材》式（2.5-12)］

$$\eta=\frac{y}{H}=\frac{Lv_s}{Hv}=\frac{LWv_s}{Q}$$

式中　L——沉降室长度，m；

W——沉降室宽度，m；

v_s——沉降速度，m/s；

Q——沉降室空气流量，m³/s；

H——沉降室高度，m；

v——气流速度，m/s。

重力沉降室尺寸示意如图9-5所示。

最小捕集粒径（%）[《复习教材》式（2.5-13）]

$$d_{\min}=\sqrt{\frac{18\mu vH}{g\rho_p L}}=\sqrt{\frac{18\mu Q}{g\rho_p LW}}$$

式中　$d_{\min}$——最小捕集粒径，m；

μ——空气动力黏度，Pa·s；

H——沉降室高度，m；

v——气流速度，m/s；

ρ_p——尘粒密度，kg/m³；

L——沉降室长度，m；

W——沉降室宽度，m；

Q——沉降室空气流量，m³/s。

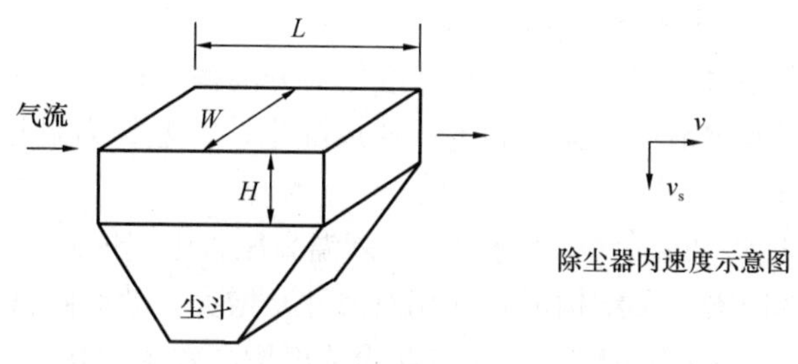

图9-5　重力沉降室尺寸示意图

（3）袋式除尘器

袋式除尘器的过滤清灰时间[由《复习教材》式（2.5-24）、式（2.5-25）计算]

$$t=\frac{m}{C_i v_i}=\frac{\Delta p_d}{\alpha\mu C_i v_i^2}(\min)$$

式中　t——过滤清灰时间，min；

m——滤料上的粉尘负荷，kg/m²；

C_i——入口含尘浓度，kg/m³；

v_i——入口过滤风速，v_i=气流量/60滤料总面积，m/min；

Δp_d——过滤层预定压力损失，《复习教材》表2.5-5，Pa；

α——比阻力，m/kg；

μ——气体黏性系数，Pa·min。

（4）静电除尘器[《复习教材》式（2.5-27）]

$$\eta = 1 - \exp\left(-\frac{A}{L}\omega_e\right)$$

式中 A——集尘极板总面积，m^2；

ω_e——电除尘器有效驱进速度，m/s；

L——除尘器处理风量，m^3/s，$L=vF$，其中 v 为电场风速，m/s，F 为电除尘器横断面积，m^2。

（5）除尘系统耗电量

$$N = N_{风机} + N_{除尘器} = \frac{L(P_{管路} + P_{除尘})}{3600\eta_b\eta_m} + N_{除尘器}$$

3. 各种形式除尘器比较

（1）重力沉降室（过滤 50μm 以上）

1）原理：利用重力作用使粉尘自然沉降；

2）使用条件：密度大、颗粒粗，特别是耐磨性强的粉尘；

3）除尘效率：效率低，不大于 50%；

4）压力损失：50～150Pa；

5）改善效率途径：降低室内气流速度、降低沉降室高度、增长沉降室长度；

6）优点：结构简单，投资少，维护管理容易，压力损失小一般；

7）缺点：占地面积大，除尘效率低。

（2）旋风除尘器（过滤 20～40μm）

1）原理：借助离心力作用将粉尘颗粒从空气中分离捕集；

2）使用条件：工业炉窑烟气除尘和工厂通风除尘；工业气力输送系统气固两相分离与物料气力烘干回收；

3）除尘效率：60%～85%（不大于 450℃高温高压含尘气体）；

4）影响过滤效率因素：①结构形式（相对尺寸）增大，效率降低；②提高入口流速，效率提高，过高会返混，效率下降；③入口含尘浓度增高效率增高；气体温度提高和黏性系数增大，效率下降；④灰斗气密性对效率影响大；

5）过滤速度：面风速 3～5m/s；入口流速 12～25m/s，不小于 10m/s；

6）压力损失：800～1000Pa（《工规》800～1500Pa）；

7）优点：结构简单，造价便宜，维护管理方便，适用面宽；

8）缺点：高温高压含尘气体，常作为预除尘。

（3）袋式除尘器（过滤 0.1μm 以上）

1）原理：利用多孔袋状过滤元件从含尘气体中捕集粉尘；

2）使用条件：对各类性质的粉尘都有很高的除尘效率，不受比电阻等性质影响（250℃以下，设备运行温度下限应高于露点温度 15～20℃）；

3）除尘效率：>1μm，99.5%；<1μm 的尘粒中，0.2～0.4μm 除尘效率最低；

4）影响过滤效率因素：粉尘特性、滤料特性、滤袋上堆积粉尘负荷、过滤风速等；过滤风速增大 1 倍，粉尘通过率可能增大 2 倍；

5）过滤速度：脉冲清灰过滤风速不宜大于 1.2m/min，其他清灰，过滤风速不宜大于0.6m/min；

6）压力损失：运行阻力宜1200～2000Pa，过滤层压损700～1700Pa；

7）优点：除尘效果好，适应性强，规格多样，应用灵活，便于回收干物料，随所用滤料耐温性能不同；

8）缺点：捕集黏性强及吸湿性强的粉尘，或处理露点很高的烟气时，滤袋宜被堵塞，须采取保温或加热防范措施；压力损失大；设备庞大；滤袋宜坏，换袋困难。

（4）滤筒式除尘；

1）使用条件：粒径小、低浓度含尘气体，某些回风含尘浓度较高的工业空调系统应用，如卷烟厂；

2）除尘效率：≥99%；

3）过滤速度：过滤风速0.3～1.2m/min，PM2.5过滤检验时，过滤风速1.0±0.05m/min；

4）压力损失：设备阻力1300～1900Pa；

5）优点：滤筒面积较大，除尘效率高，易于更换减轻工人劳动；

6）缺点：净化粘结性颗粒物时，滤筒式除尘器要谨慎使用。

（5）静电除尘器（1～2μm）

1）原理：利用静电将气体中粉尘分离；

2）使用条件：适用于大型烟气或含尘气体净化系统（350℃以下）；

3）除尘效率：1～2μm以上效率98%～99%；0.1～1μm为最难捕集范围；

4）影响过滤效率因素：粉尘比电阻；入口含尘浓度高，粉尘越细，形成电晕闭塞，效率下降；风场风速过大，易二次扬尘，效率下降，电场风速1.5～2m/s，除尘效率要求高不宜大于1m/s；除尘效率大于99%时长高比不小于1～1.5；

5）压力损失：本体阻力100～200Pa；

6）优点：适用于微粒控制；本体阻力低，仅100～200Pa；处理气体温度高（350℃以下）；

7）缺点：一次投资高，钢材消耗多，管理维护相对复杂，并要求较高的安装精度；对净化的粉尘比电阻有一定要求，通常最适宜的范围是10^4～10^{11}Ω·cm；《工规》7.2.8条与《复习教材》不同，注意根据考题内容定位。

（6）湿式除尘器

1）原理：含尘气体与液滴或液膜的相对高速运动时的相互作用；

2）使用条件：同时进行有害气体净化；

3）除尘效率：水浴85%～95%；冲激式，5μm以上效率95%；旋风水膜85%～95%；

4）过滤速度：旋风水膜气流入口速度16～20m/s；

5）压力损失：水浴500～800Pa，冲激式1000～1600Pa，旋风水膜600～900Pa，文丘里设备阻力4000～10000Pa；

6）优点：结构简单，投资低，占地面积小，除尘效率高，同时进行有害气体净化；

7）缺点：干物料不能回收，泥浆处理比较困难，有时要设置专门的废水处理系统。

各种纤维的特性如表9-6所示。

各种纤维的特性　　　**表 9-6**

<table>
<tr><th rowspan="2">品名</th><th rowspan="2">化学类别</th><th rowspan="2">受拉强度
[g/(m·m²)]</th><th colspan="2">耐酸、碱性能</th><th rowspan="2">抗虫及
细菌性能</th><th colspan="2">耐温性能（℃）</th><th rowspan="2">吸水率
(%)</th></tr>
<tr><th>酸</th><th>碱</th><th>经常</th><th>最高</th></tr>
<tr><td>棉</td><td>天然纤维</td><td>35～76.6</td><td>差</td><td>良</td><td>未经处理时差</td><td>75～85</td><td>95</td><td>8.0～9.0</td></tr>
<tr><td>麻</td><td>天然纤维</td><td>35</td><td>—</td><td>—</td><td>未经处理时差</td><td>80</td><td>—</td><td>—</td></tr>
<tr><td>蚕丝</td><td>天然纤维</td><td>44</td><td>—</td><td>—</td><td>未经处理时差</td><td>80～90</td><td>100</td><td>—</td></tr>
<tr><td>羊毛</td><td>天然纤维</td><td>14.1～25</td><td>弱酸、低温时良</td><td>差</td><td>未经处理时差</td><td>80～90</td><td>100</td><td>10～15</td></tr>
<tr><td>玻璃</td><td>矿物纤维
（有机硅处理）</td><td>100～300</td><td>良</td><td>良</td><td>不受侵蚀</td><td>260</td><td>350</td><td>0</td></tr>
<tr><td>维纶</td><td>聚酸乙烯基
Vinyl 类</td><td>—</td><td>良</td><td>良</td><td>优</td><td>40～50</td><td>65</td><td>0</td></tr>
<tr><td>尼龙
PA</td><td>聚酰胺</td><td>51.3～84</td><td>冷：良
热：差
不耐浓酸</td><td>良
耐碱</td><td>优</td><td>75～85</td><td>90～95
极限使用温度</td><td>4.0～4.5</td></tr>
<tr><td>芳纶</td><td>芳香族聚酰胺</td><td>—</td><td>良</td><td>良</td><td>优</td><td>≤200</td><td>230</td><td>5.0</td></tr>
<tr><td rowspan="2">腈纶</td><td>（纯）聚丙烯腈</td><td>30～65</td><td>良</td><td>弱质：可</td><td>优</td><td>≤120</td><td>130</td><td>2.0</td></tr>
<tr><td>聚丙烯腈与聚胺混合聚合物</td><td>—</td><td>良</td><td>弱质：可</td><td>成</td><td>≤120</td><td>130</td><td>1.0</td></tr>
<tr><td>涤纶
PET</td><td>聚酯</td><td>—</td><td>良</td><td>良</td><td>优</td><td>≤100</td><td>130 不耐高温</td><td>0.40</td></tr>
<tr><td>PTFE</td><td>聚四氟乙烯</td><td>33</td><td>优</td><td>优</td><td>不受侵蚀</td><td>200～250</td><td>瞬间耐温
300 熔点 327</td><td>0</td></tr>
<tr><td>PPS</td><td>聚苯硫醚</td><td>—</td><td>优</td><td>优</td><td>优</td><td>120～160</td><td>190</td><td>0.60</td></tr>
<tr><td>PI</td><td>聚酰亚胺</td><td>—</td><td>优</td><td>良</td><td>优</td><td>260</td><td>—</td><td>—</td></tr>
<tr><td>美塔斯</td><td>芳香族聚酰胺</td><td>—</td><td>—</td><td>—</td><td>—</td><td>200 干燥条件连续运行</td><td>—</td><td>—</td></tr>
<tr><td>丙纶
PP</td><td>聚丙烯</td><td>—</td><td>—</td><td>—</td><td>—</td><td>90 下潮湿环境连续运行</td><td>—</td><td>—</td></tr>
<tr><td>亚克力
PAC</td><td>聚丙烯腈均聚体</td><td>—</td><td>—</td><td>—</td><td>—</td><td>125 对有机溶剂、氧化剂、无机及有机酸具有良好抵抗力</td><td>—</td><td>不会水解</td></tr>
<tr><td>PPS</td><td>聚苯硫醚
Ryon</td><td>—</td><td>耐酸</td><td>耐碱</td><td>—</td><td>190</td><td>瞬间耐温
230 熔点 285</td><td>不会水解</td></tr>
</table>

续表

品名	化学类别	受拉强度 [g/(m·m²)]	耐酸、碱性能		抗虫及细菌性能	耐温性能（℃）		吸水率（%）
			酸	碱		经常	最高	
P84	聚亚酰胺	—	—	—	—	260 连续运行	瞬间耐温 280	不耐水解
GLS	玻璃纤维	很高	耐腐蚀（除氟氢酸外）	不耐强碱及高温下的中碱	—	280 连续工作	—	不耐水解
	金属纤维	—	非常好的抗化学腐蚀能力，使用寿命长		—	非常好的耐热性能	耐温 500	—
	硅酸盐纤维	—	耐化学腐蚀性好		—	耐温 800～1000	—	—

9.10　吸附量计算

建议参考《工业通风》（第四版）的相关公式，《复习教材》的计算方法可以略过。

$$t=\frac{10^6\times S\times W\times E}{\eta\times L\times y_1}$$

其中，W—最小装碳量，kg；t—吸附剂连续工作时间，h；S—平衡保持量；η—吸附效率，通常取 1；L—通风量，m^3/h；y_1—吸附器进口处有害气体浓度，mg/m^3；E—动活性与静活性之比，近似取 $E=0.8\sim0.9$（若采用 0.8～0.9 无答案，则按《工业通风》取值为 1）。

9.11　通风机等设备的风量、风压等参数的附加系数总结

1. 工业建筑

（1）《工规》第 6.8.2 条：选择通风机时，应按下列因素确定：

1）通风机风量：系统计算总风量上附加风管和设备漏风率

系统漏风率：非除尘系统　不宜超过 5%；

除尘系统　不宜超过 3%。

排烟风机，按照《防排烟规》第 4.6.1 条，排风量应考虑 20%漏风量。

2）通风机风压：系统计算的压力损失上附加 10%～15%。

3）通风机配电机功率：

定转速风机：按工况参数确定；

变频通风机：按工况参数计算确定，且应在 100%转速计算值上再附加 15%～20%。

4）风机的选用设计工况效率，不应低于风机最高效率的 90%。

（2）《工规》第 6.7.5 条：通风、除尘、空气调节系统各环路的压力损失应进行水力

平衡计算。各并联环路压力损失的相对差额宜符合下列规定。

非除尘系统，不宜超过15%；

除尘系统，不宜超过10%。

2. 民用建筑

(1)《民规》第6.5.1条：通风机应根据管路特性曲线和风机性能曲线进行选择，并应符合下列规定：

1）通风机风量应附加风管和设备的漏风量：

送、排风系统　可附加5%～10%；

排烟兼排风系统　应附加20%。

2）通风机风压：

通风机采用定速时：在计算系统压力损失上宜附加10%～15%；

通风机采用变速时：以计算系统总压力损失作为额定压力。

3）通风机设计效率：不应低于其最高效率的90%。

4）通风机性能参数的确定：

通风机的实际工况与名义工况不一致时，风量不变（体积风量），风压按空气密度修正，功率根据上述情况确定风量与风压进行校验计算。

计算工况下的空气密度：

$$\rho = 1.293 \times \frac{273}{273+t} \times \frac{B}{101.3}$$

式中　t——空气的温度，℃；

B——大气压力，hPa。

修正后的风压：

$$P = P_{\mathrm{N}} \times \frac{\rho}{1.2}$$

式中　P_{N}——标准状态系统压力损失，Pa；

P——实际工况系统压力损失，Pa。

当通风机输送过程中空气密度、风机转速或叶轮直径发生变化时，通风机的风量、风压、功率变化如表9-7所示进行折算。风机效率不随空气密度、叶轮直径以及风机转速改变而改变。

通风机的性能发生变化的关系式　　**表9-7**

	空气密度变化	叶轮直径变化	风机转速变化	空气密度、叶轮直径、风机转速同时变化
风量	$L_2 = L_1$	$L_2 = L_1\left(\frac{D_2}{D_1}\right)^3$	$L_2 = L_1\frac{n_2}{n_1}$	$L_2 = L_1\frac{n_2}{n_1}\left(\frac{D_2}{D_1}\right)^3$
风压	$P_2 = P_1\frac{\rho_2}{\rho_1}$	$P_2 = P_1\left(\frac{D_2}{D_1}\right)^2$	$P_2 = P_1\left(\frac{n_2}{n_1}\right)^2$	$P_2 = P_1\left(\frac{n_2}{n_1}\right)^2\left(\frac{D_2}{D_1}\right)^2$
功率	$N_2 = N_1\frac{\rho_2}{\rho_1}$	$N_2 = N_1\left(\frac{D_2}{D_1}\right)^5$	$N_2 = N_1\left(\frac{n_2}{n_1}\right)^3$	$N_2 = N_1\left(\frac{n_2}{n_1}\right)^3\left(\frac{D_2}{D_1}\right)^5$

注：下角标“1”“2”表示变化前、后相应参数。

(2)《民规》第6.6.6条：通风与空调系统各环路的压力损失应进行水力平衡计算。各并联环路压力损失的相对差额，不宜超过15%。

9.12　通风机与水泵问题总结

《复习教材》式（2.8-3）中给出了通风机电机功率，但并未具体给出所提及的轴功率公式，这里对通风机与水泵功率计算相关公式进行总结（见图 9-6）。

通风机的性能（水泵类比）：有效功率→风机轴功率→耗电（电机轴功率）→配电机功率。

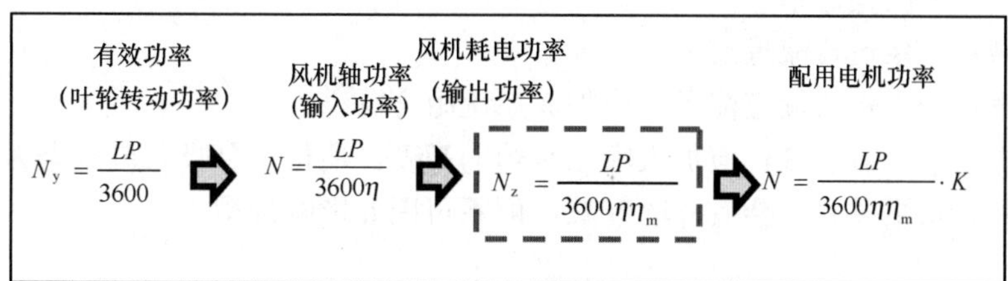

图 9-6　通风机（水泵）各中关系示意图

（1）有效功率，N_y

风机　$N_y=L\cdot p/3600$　（W）

水泵　$N_y=G\cdot H\cdot/367.3$　（kW）

（2）通风机的耗电功率（$N_Z=N_y/y\cdot y_m$）

$$N=\frac{Lp}{\eta\cdot 3600\cdot\eta_m}\quad\text{(W)}$$

其中，L—通风机的风量，m^3/h；p—通风机风压，Pa；η—全压效率；η_m—机械效率。

（3）水泵的耗电功率，N_Z（《红宝书》P1177）：$N_Z=N_y/\eta_m\eta$

$$N=\frac{\rho LH}{\eta_m\cdot\eta}=\frac{GH}{367.3\eta_m\cdot\eta}\quad\text{(kW)}$$

其中，ρ—密度，kg/m^3；L—秒体积流量，m^3/s；H—扬程，mH_2O；G—小时体积流量，m^3/h，$G=0.86Q/\Delta t$；Q—冷量，kW；Δt—供回水温差，℃；η—余压效率；η_m—机械效率。

说明：当 $\eta_m=0.88$ 时，水泵耗电功率可写成 $N_Z=\frac{GH}{323\eta}$。

（4）通风机/水泵的电机功率——与运行能耗无关：

$$N'=N\cdot K$$

其中，K—电机容量安全系数，一般取 1.15～1.5，根据轴功率不同取值不同。

（5）对于风机水泵变工况问题

1）风机/水泵变速调节时，各变量满足下列关系：

$$\frac{n_1}{n_2}=\frac{Q_1}{Q_2}=\left(\frac{H_1}{H_2}\right)^{1/2}=\left(\frac{N_1}{N_2}\right)^{1/3}$$

其中，Q—流量；H—水泵扬程；N—水泵功率。

2）对于已经与系统匹配的风机/水泵，应考虑实际系统中的流量与扬程，此时应计算系统阻抗，进而导出其他参量变化情况：

$$P=SG^2$$

其中，P—系统阻力，相当于水泵扬程；S—系统阻抗，为不变量；G—系统流量，相当于水泵水量。

（6）水泵常见问题总结

水泵超载：水泵运行流量过大。

解决方案：增大水泵额定流量，或加大系统阻力。

水泵喘振：水泵有进气，应加大膨胀水箱的高度，使得水泵吸入口压力为正压。

水泵并联：水泵并联后会有并联衰减，但不可因此影响选型。

9.13　风管材料及连接形式

风管材料及连接形式如表9-8所示。

风管材料及连接形式　　**表9-8**

<table>
<tr><th colspan="2">风管类型</th><th>材质要求</th><th>连接形式</th></tr>
<tr><td colspan="2" rowspan="2">风管板材</td><td>拼接方法（按类型、板厚）详见《通风与空调工程施工规范》GB 50738—2011第4.2.4条</td><td></td></tr>
<tr><td>当咬口连接时，咬口连接形式适用《通风与空调工程施工规范》GB 50738—2011第4.2.6条</td><td></td></tr>
<tr><td rowspan="6">风管连接</td><td>焊接</td><td>当焊接时，应符合《通风与空调工程施工规范》GB 50738—2011第4.2.7条</td><td></td></tr>
<tr><td rowspan="5">法兰连接</td><td>圆风管与扁钢法兰连接参见《通风与空调工程施工规范》GB 50738—2011第4.2.9条</td><td>应采用直接翻边</td></tr>
<tr><td>≤1.2mm的风管与角钢法兰</td><td>应采用翻边铆接</td></tr>
<tr><td>>1.2mm的风管与角钢法兰</td><td>可采用间断焊或连接焊</td></tr>
<tr><td>不锈钢风管与法兰铆接时法兰及连接螺栓为碳素钢时，其表面应采用镀铬或镀锌等防腐措施</td><td>应采用不锈钢铆钉</td></tr>
<tr><td>铝板风管与法兰连接法兰为碳素钢时，其表面应按设计做防腐处理</td><td>宜采用铝铆钉</td></tr>
</table>

续表

风管类型		材质要求	连接形式
风管连接	薄钢板法兰	连接参见《通风与空调工程施工规范》GB 50738—2011 第 4.2.10 条	宜采用冲压连续或铆接
	无法兰	采用 C 形平插条、S 形平插条连接的风管边长不应大于 630mm（《通风与空调工程施工规范》GB 50738—2011 第 4.2.12 条）； C 形直角插条可用于支管与主干管连接； 采用 C 形立插条、S 形立插条连接的风管边长不宜大于 1250mm； 铝板矩形风管不宜采用 C 形、S 形平插条连接	
	圆形风管		连接形式适用范围参见《通风与空调工程施工规范》GB 50738—2011 第 4.2.14 条
非金属风管与复合风管		密度、厚度、强度及适用范围参见《通风与空调工程施工规范》GB 50738—2011 第 5.1.2 条	连接形式及适用范围参见《通风与空调工程施工规范》GB 50738—2011 第 5.1.4 条
有酸性腐蚀作用的通风系统		硬聚氯乙烯塑料板（《复习教材》P247）	
卫生间潮湿		玻镁复合风管［2012-1-49］	
除尘系统		一般有薄钢板、硬氯乙烯塑料板、纤维板、矿渣石膏板、砖及混凝土等［2012-1-49］	宜采用内侧满焊、外侧间断焊形式，风管端面距法兰接口平面不应小于 5mm（《通风与空调工程施工质量验收规范》GB 50243—2016 第 4.3.2 条）； 宜垂直或倾斜敷设，与水平夹角宜大于或等于 45°，小坡度和水平管应尽量短（《通风与空调工程施工质量验收规范》GB 50243—2016 第 6.3.3 条）
洁净空调系统		宜选用优质镀锌钢板、不锈钢板、铝合金板、复合钢板等（《通风与空调工程施工规范》GB 50738—2011 第 4.1.3 条）	1～5 级不应采用按扣式咬口连接铆接时不应采用抽芯铆钉
厨房锅灶排烟罩		应采用不易锈蚀材料制作，其下部集水槽应严密不漏水（《通风与空调工程施工质量验收规范》GB 50243—2016 第 5.3.6 条）	

注：1. 镀锌钢板镀锌层不耐磨，一般只用在普通通风系统中。

2. 锌的熔点温度为 420℃，在温度达到 225℃后，将会剧烈氧化。不适用于排除高温。

9.14 关于进、排风口等距离的规范条文小结

有关规范条文如表 9-9 所示。

进、排风口等距离的规范条文 **表 9-9**

规范名	条文号	条文内容
《民规》	6.2.3	夏季自然通风用的进风口，其下缘距室内地面的高度不宜大于 1.2m。 自然通风进风口应远离污染源 3m 以上；冬季自然通风用的进风口，当其下缘距室内地面的高度小于 4m 时，宜采取防止冷风吹向人员活动区的措施
	6.3.1	机械送风系统进风口的位置，应符合下列规定： 进风口的下缘距室外地坪不宜小于 2m，当设在绿化地带时，不宜小于 1m
	6.3.2	建筑物全面排风系统吸风口的布置，应符合下列规定： 位于房间上部区域的吸风口，除用于排除氢气与空气混合物时，吸风口上缘至顶棚平面或屋顶的距离不大于 0.4m； 用于排除氢气与空气混合物时，吸风口上缘至顶棚平面或屋顶的距离不大于 0.1m； 用于排出密度大于空气的有害气体时，位于房间下部区域的排风口，其下缘至地板距离不大于 0.3m
	6.3.7	制冷机房的通风应符合下列规定： 氟制冷机房……事故排风口上沿距室内地坪的距离不应大于 1.2m
	6.3.9	事故排风的室外排风口应符合下列规定： 排风口与机械送风系统的进风口的水平距离不应小于 20m；当水平距离不足 20m 时，排风口应高出进风口，并不宜小于 6m； 当排气中含有可燃气体时，事故通风系统排风口应远离火源 30m 以上，距可能火花溅落地点应大于 20m
	6.4.4	高度大于 15m 的大空间采用复合通风系统时，宜考虑温度分层等问题
	6.6.7	风管与通风机及空气处理机组等振动设备的连接处，应装设柔性接头，其长度宜为 150～300mm
	6.6.11	矩形风管采取内外同心弧形弯管时，曲率半径宜大于 1.5 倍的平面边长；当平面边长大于 500mm，且曲率半径小于 1.5 倍的平面边长时，应设置弯管导流叶片
	6.6.15	当风管内设有电加热器时，电加热器前后各 800mm 范围内的风管和穿过设有火源等容易起火房间的风管及其保温材料均应采用不燃材料
《工规》	6.2.6	夏季自然通风用的进风口，其下缘距室内地面的高度不应大于 1.2m； 冬季自然通风用的进风口，当其下缘距室内地面的高度小于 4m 时，应采取防止冷风吹向工作地点的措施
	6.2.11	挡风板与天窗中间，以及作为避风天窗的多跨厂房相邻天窗之间，其端部均应封闭。 当天窗较长时，应设置横向隔板，其间距不应大于挡风板上缘至地坪高度的 3 倍，且不应大于 50m。 在挡风板或封闭物上应设置检查门。 挡风板下缘至屋面的距离宜为 0.1～0.3m

续表

规范名	条文号	条文内容
《工规》	6.3.5	机械送风系统进风口的位置应符合以下要求： 进风口的下缘距室外地坪不宜小于2m，当设在绿化地带时，不宜小于1m
	6.3.10	排除氢气与空气混合物时，建筑物全面排风系统室内吸风口的布置应符合下列规定： 吸风口上缘至顶棚平面或屋顶的距离不大于0.1m； 因建筑构造形成的有爆炸危险气体排出的死角处应设置导流设施
	6.4.5	事故排风的排风口，应符合下列规定： 排风口与机械送风系统的进风口的水平距离不应小于20m；当水平距离不足20m时，排风口应高出进风口，并不得小于6m； 当排气中含有可燃气体时，事故通风系统排风口距可能火花溅落地点应大于20m
	6.9.29	输入温度高于80℃的空气或气体混合物的非保温风管、烟道，与输送由爆炸危险的风管及管道应有安全距离，当管道互为上下布置时，表面温度较高者应布置在上面； 应与建筑可燃或难燃结构之间保持不小于150mm的安全距离，或采用厚度不小于50mm的不燃材料隔热
	6.9.31	当风管内设有电加热器时，电加热器前、后各800mm范围内的风管和穿过设有火源等容易起火房间的风管及其保温材料均应采用不燃材料
《人民防空工程设计防火规范》GB 50098—2009	6.2.2	避难走道的前室宜设置条缝送风口，并应靠近前室入口门，且通向避难走道的前室两侧宽度均应大于门洞宽度0.1m
	6.2.7	机械加压送风系统和排烟补风系统应采用室外新风，采风口与排烟口的水平距离宜大于15m，并宜低于排烟口。当采风口与排烟口垂直布置时，宜低于排烟口3m
	6.4.2	排烟口宜在该防烟分区内均匀布置，并应与疏散出口的水平距离大于2m，且与该分区内最远点的水平距离不应大于30m
	6.5.2	排烟管道与可燃物的距离不应小于0.15m，或应采取隔热防火措施
	6.7.3	通风、空气调节系统……穿过防火分区前、后0.2m范围内的钢板通风管道，其厚度不应小于2mm
	6.7.9	当通风系统中设置电加热器时，通风机应与电加热器连锁；电加热器前、后0.8m范围内，不应设置消声器、过滤器等设备
《人民防空地下室设计规范》GB 50038—2005	3.4.2	室外进风口宜设置在排风口和柴油机排烟口的上风侧。进风口与排风口之间的水平距离不宜小于10m；进风口与柴油机排烟口之间的水平距离不宜小于15m，或高差不宜小于6m。位于倒塌范围以外的室外进风口，其下缘距室外地平面的高度不宜小于0.50m；位于倒塌范围以内的室外进风口，其下缘距室外地平面的高度不宜小于1.00m

续表

规范名	条文号	条文内容
《汽车库、修车库、停车场设计防火规范》GB 50067－2014	8.1.6	风管的保温材料应采用不燃烧材料制作，且不应穿过防火墙、防火隔墙，当必须穿过时，除应符合本规范第5.2.5条的规定外，尚应符合下列规定： 应在穿过处设置防火阀，防火阀的动作温度宜为70℃； 位于防火墙、防火隔墙两侧各2m范围内的风管绝热材料应为不燃材料
	8.2.4	当采用自然方式时，可采用手动排烟窗、自动排烟窗、孔洞等作为自然排烟口，并应符合下列规定： 自然排烟口的总面积不应小于室内地面面积的2%； 自然排烟口应设置在外墙上方或屋顶上，并应设置方便开启的装置； 房间外墙上的排烟口（窗）宜沿外墙周长方向均匀分布，排烟口（窗）的下沿不应低于室内净高的1/2，并应沿气流方向开启
	8.2.6	每个防烟分区应设置排烟口，排烟口宜设在顶棚或靠近顶棚的墙面上。排烟口距该防烟分区内最远点的水平距离不应大于30m
《建规2014》	9.2.5	供暖管道与可燃物之间应保持一定距离。当供暖管道的表面温度大于100℃时，不应小于100mm或采用不燃材料隔热；当供暖管道的表面温度小于或等于100℃时，不应小于50mm或采用不燃材料隔热
	9.3.7	处理有爆炸危险粉尘的干式除尘器和过滤器宜布置在厂房外的独立建筑中。建筑外墙与所属厂房的防火间距不应小于10m
	9.3.10	排除和输送温度超过80℃的空气或其他气体以及易燃碎屑的管道，与可燃或难燃物体之间应保持不小于150mm的间隙，或采用厚度不小于50mm的不燃材料隔热；当管道上下布置时，表面温度较高者应布置在上面
	9.3.13	防火阀的设置应符合下列规定： 在防火阀两侧各2.0m范围内的风管及其绝热材料应采用不燃材料
	9.3.15	电加热器前后各0.8m范围内的风管和穿过有高温、火源等容易起火房间的风管，均应采用不燃材料
《防排烟规》	3.3.5	机械加压送风风机宜采用轴流风机或中、低压离心风机，其设置应符合下列规定： 送风机的进风口不应与排烟风机的出风口设在同一面上。当确有困难时，送风机的进风口与排烟风机的出风口应分开布置，且竖向布置时，送风机的进风口应设置在排烟出口的下方，其两者边缘最小垂直距离不应小于6.0m；水平布置时，两者边缘最小水平距离不应小于20.0m
	4.4.12	排烟口宜设置在顶棚或靠近顶棚的墙面上； 排烟口应设在储烟仓内，但走道、室内空间净高不大于3m的区域，排烟口可设置在其净空高度的1/2以上；当设置在侧墙时，吊顶与其最近的边缘的距离不应大于0.5m； 排烟口的设置宜使烟流方向与人员疏散方向相反，排烟口与附近安全出口相邻边缘之间的水平距离不应小于1.5m
	4.5.4	补风口与排烟口设置在同一空间内相邻的防烟分区时，补风口位置不限；当补风口与排烟口位置设置在同一防烟分区时，补风口应设在储烟仓下沿以下；补风口与排烟口水平距离不应少于5m

9.15　防排烟系统相关问题总结

《建筑防烟排烟系统技术标准》GB 51251—2017 为 2019 年考试新增规范。此规范考点繁多，应认真研读，但是注意，此规范实施时间较短，实际问题较多，作为考生尽量减少条文间穿插理解，尽可能以某条条文为选项的考察依据。

1. 防排烟设置场所（见表 9-10 和表 9-11）

防排烟场所设置　　**表 9-10**

<table>
<tr><th colspan="3">设置防排烟设施部位</th><th>面积要求</th><th>其他要求</th><th>说明</th></tr>
<tr><td colspan="3">封闭楼梯间</td><td>—</td><td>不能自然通风或自然通风不能满足要求</td><td>《建规 2014》第 6.4.2.1 条</td></tr>
<tr><td colspan="3">防烟楼梯间及其前室</td><td>—</td><td></td><td rowspan="3">《建规 2014》第 8.5.1 条防烟楼梯间可不设防烟系统的条件：（1）前室或合用前室采用敞开的阳台、凹廊；（2）前室或合用前室具有不同朝向的可开启外窗，且可开启外窗的面积满足自然排烟。
《防排烟规》第 3 章给出防烟系统的设置要求</td></tr>
<tr><td colspan="3">消防电梯间前室</td><td>—</td><td></td></tr>
<tr><td colspan="3">防烟楼梯间与消防电梯间合用前室</td><td>—</td><td></td></tr>
<tr><td colspan="3">避难走道的前室、层（间）</td><td>—</td><td></td><td>《建规 2014》第 8.5.1 条</td></tr>
<tr><td rowspan="5">工业厂房与仓库</td><td>丙类厂房</td><td>地上房间的建筑面积</td><td>>300m²</td><td>且经常有人停留或可燃物较多</td><td rowspan="11">1. 厂房危险等级分类（《建规 2014》条文说明 P179，表 1）
洁净厂房、电子、纺织、造纸厂房、钢铁与汽车制造厂房。
2. 人员密集场所
营业厅、观众厅，礼堂、电影院、剧院和体育场馆的观众厅，公共娱乐场所中出入大厅、舞厅、候机厅及医院的门诊大厅等面积较大、同一时间聚集人数较多的场所。
3. 歌舞娱乐放映游艺场所
歌厅、舞厅、录像厅、夜总会、卡拉 OK 厅和具有卡拉 OK 功能的餐厅或包房、各类游艺厅、桑拿浴室的休息室和具有桑拿服务功能的客房、网吧等场所，不包括电影院和剧场的观众厅</td></tr>
<tr><td>丁类生产车间</td><td>建筑面积</td><td>>5000m²</td><td></td></tr>
<tr><td>丙类仓库</td><td>占地面积</td><td>>1000m²</td><td></td></tr>
<tr><td rowspan="2">疏散走道</td><td>高度大于 32m 的高层厂房（仓库）</td><td>>20m</td><td></td></tr>
<tr><td>其他厂房（仓库）</td><td>>40m</td><td></td></tr>
<tr><td rowspan="6">民用建筑</td><td rowspan="2">公共建筑</td><td>地上房间且经常有人停留</td><td>>100m²</td><td></td></tr>
<tr><td>地上房间且可燃物较多</td><td>>300m²</td><td></td></tr>
<tr><td colspan="2">中庭</td><td></td><td></td></tr>
<tr><td colspan="2">疏散走道</td><td>>20m</td><td></td></tr>
<tr><td rowspan="2">歌舞娱乐放映游艺场所</td><td>房间设在一～三层，房间建筑面积</td><td>>100m²</td><td></td></tr>
<tr><td>四层及以上楼层地下、半地下</td><td></td><td></td></tr>
</table>

续表

<table>
<tr><th colspan="2">设置防排烟设施部位</th><th>面积要求</th><th>其他要求</th><th>说明</th></tr>
<tr><td colspan="2">地下或半地下建筑（室）
地上建筑无窗房间</td><td>总建筑面积＞$200m^2$或房间面积＞$50m^2$</td><td>且经常有人停留或可燃物较多</td><td>应设置排烟设施</td></tr>
<tr><td colspan="4">避难层</td><td>应设独立防烟</td></tr>
<tr><td rowspan="7">人防工程</td><td colspan="3">防烟楼梯间及其前室或合用前室</td><td rowspan="2">应设机械加压送风</td></tr>
<tr><td>避难走道的前室</td><td colspan="2"></td></tr>
<tr><td>总面积</td><td colspan="2">＞$200m^2$</td><td rowspan="5">应设机械排烟</td></tr>
<tr><td>单个房间</td><td>＞$50m^2$</td><td>且经常有人停留或可燃物较多</td></tr>
<tr><td>疏散走道</td><td colspan="2">＞20m</td></tr>
<tr><td colspan="3">歌舞娱乐放映游艺场所</td></tr>
<tr><td colspan="3">中庭</td></tr>
<tr><td colspan="2" rowspan="2">汽车库、修车库</td><td colspan="2">地下一层，面积＜$1000m^2$或开敞式汽车库</td><td>可不设置排烟系统</td></tr>
<tr><td colspan="2">＞$1000m^2$</td><td>应设置排烟设施</td></tr>
</table>

注：1. 本表主要根据《建规 2014》，《汽车库、修车库、停车场设计防火规范》GB 50067—2014，《人民防空工程设计防火规范》GB 50098—2009 编制。

2. 防烟设施包括自然通风防烟和机械加压送风，排烟设施包括自然排烟和机械排烟。

3. 疏散走道≠内走道。内走道与疏散走道概念上是相互独立事件的关系，对于内走道设置或不设置排烟的论断均是错误的！但部分考题没有区分这个概念，因为从使用上，特别是民用建筑，一般的内走道都会作为疏散走道。建议：当题目选项发生争议时，考虑区分疏散走道与内走道。

常用的建筑火灾危险性等级列举　　表 9-11

<table>
<tr><th colspan="2">房间功能</th><th>火灾危险性等级</th></tr>
<tr><td rowspan="3">锅炉房</td><td>锅炉间</td><td>丁类生产厂房</td></tr>
<tr><td>重油油箱间、油泵间、油加热器及轻柴油的油箱间、油泵间</td><td>丙类生产厂房</td></tr>
<tr><td>燃气调压间</td><td>甲类生产厂房</td></tr>
<tr><td rowspan="2">能源站</td><td>主机间</td><td>丁类生产厂房</td></tr>
<tr><td>燃气增压间、调压间</td><td>甲类生产厂房</td></tr>
<tr><td colspan="2">氨制冷站</td><td>乙类生产厂房</td></tr>
<tr><td colspan="2">氟利昂制冷站</td><td>戊类生产厂房</td></tr>
</table>

注：本表主要参考依据：《建规 2014》表 1，《锅炉房设计标准》GB 50041—2020 第 15.1.1 条，《燃气冷热电三联供技术规程》CJJ 145—2010 第 4.1.2 条，《冷库设计规范》GB 50072—2010 第 4.7.1 条。

2. 防烟系统的设计

(1) 防烟系统的设计逻辑

建筑高度大于 50m 的公共建筑、工业建筑和建筑高度大于 100m 的住宅建筑，其防烟楼梯间、独立前室、共用前室、合用前室及消防电梯前室应采用机械加压送风系统。

建筑高度未达到上述要求的建筑，可采用自然通风系统或机械加压送风系统，系统的设置逻辑根据《防排烟规》第 3.1 节相关内容，整理如表 9-12 所示。

防烟系统的设计逻辑　　**表 9-12**

序号	前室	楼梯间
1	全敞开、两面外窗	不设防烟
2	满足自然通风条件	自然或机械加压
3	无自然通风条件，采用机械加压送风	具体方式与前室有关： （1）前室加压送风口未设置在前室的顶部或正对前室入口墙面时，楼梯间应采用机械加压送风系统； （2）独立前室且仅有一个门与走道或房间相同，可仅在楼梯间设置机械加压送风系统
4	特殊情况	（1）建筑高度为 50m 的公共建筑、工业建筑和建筑高度不大于 100m 的住宅建筑，当采用独立前室且仅有一个门与走道或房间相通，可仅在楼梯间设置机械加压送风系统； （2）地下、半地下的封闭楼梯间不与地上楼梯间共用且地下仅为一层时，可不设置机械加压送风系统，但首层应设置有效面积不小于 1.2m² 的可开启外窗，或有直通室外的疏散门

（2）自然通风设施（见表 9-13）

自然通风设施的设置要求　　**表 9-13**

位置		做法
封闭楼梯间、防烟楼梯间	建筑高度不大于 10m	最高部位设置开窗面积不小于 1m²
	建筑高度大于 10m	每 5 层总开窗面积不小于 2m² 开窗间隔不大于 3 层 最高部位设置开窗面积不小于 1m²
独立前室、消防电梯前室	无自然通风条件，采用机械加压送风	不小于 2m²
共用前室、合用前室		不小于 3m²
避难层、避难间		有不同朝向的可开启外窗 总有效面积不小于地面面积 2% 每个朝向的开启面积不应小于 2m²

（3）机械加压送风量的计算

机械加压送风量按下式计算：

$$L_{楼梯间} = L_1 + L_2$$

$$L_{前室} = L_1 + L_3$$

系统负担高度不大于 24m 时，上述计算风量即为系统计算风量。系统负担高度大于 24m

时，应按计算值与《防排烟规》表 3.4.2-1～表 3.4.2-4 值中的较大值确定（见表 9-14）。设计送风机风量不小于该较大值的 1.2 倍。

当采用直灌式机械加压送风系统时，计算风量为上述较大值的 1.2 倍，其送风机在此基础上再考虑 1.2 倍。

《防排烟规》表 3.4.2-1～表 3.4.2-4 值的整理汇集　　表 9-14

系统负担高度（m）	消防电梯前室（m^3/h）	楼梯间自然通风，独立前室、合用前室加压送风（m^3/h）	前室不送风，楼梯间加压送风（m^3/h）	楼梯间、前室均加压送风（m^3/h）	
				楼梯间	前室
$24<h\leqslant50$	35400～36900	42400～44700	36100～39200	25300～27500	24800～25800
$50<h\leqslant100$	37100～40200	45000～48600	39600～45800	27800～32200	26000～28100

注：1. 当采用单扇门时，其风量可以乘以系数 0.75 计算。
2. 风机风量需按计算风量和表列风量之间取较大值后乘以 1.2 倍。

L_1 表示门开启时达到规定风速值所需的送风量（见表 9-15）：

$$L_1 = A_k \cdot v \cdot N_1$$

门开启时达到规定风速值所需送风量（L_1）的计算参数　　表 9-15

参数	楼梯间	前室
A_k	一层内进入楼梯间的门面积 住宅可按一个门取值	一层内进入前室的门面积； 前室进入楼梯间的门不计入； 电梯门不计入； 住宅可按一个门取值
N_1	地下楼梯间，$N_1=1$ 地上楼梯间，24m 以下，$N_1=2$ 地上楼梯间，24m 及以上，$N_1=3$	$N_1=3$ 前室数少于 3 时，按实际前室数取 N_1
v	门洞断面风速取值表（见下表）	

门洞断面风速取值表

前室	楼梯间	v（m/s）
送风	送风	0.7
不送	送风	1
消防电梯前室	—	1
送风	自然	$0.6\times(A_{楼梯}/A_{前室}+1)$

L_2 表示门开启时规定风速值下的其他门漏风总量：

$$L_2 = 0.827 \times A \times \Delta P^{\frac{1}{n}} \times 1.25N_2$$

式中 A——疏散门的有效漏风面积，$A=\Sigma L\times\delta$，ΣL 为门缝长度，δ 为门缝宽度，取 0.002～0.004m；

ΔP——平均压力差，取值见下表：

开启门洞处风速 v	平均压力差，ΔP
0.7m/s	6Pa
1.0m/s	12Pa
1.2m/s	17Pa

n——指数，$n=2$；

N_2——漏风疏散门数量，N_2＝楼梯间总门数$-N_1$。

L_3 表示未开启的常闭阀的漏风总量：

$$L_3 = 0.083 \times A_f \times N_3$$

式中　A_f——单个送风阀门的面积，一般初选时阀门面积未知，A_f 需经过试算确定。

N_3——漏风阀门的数量，N_3＝楼层数$-N_1$。

（4）余压阀的计算原则

加压送风系统的压力控制方式可采用机械余压阀泄压，也可采用风机旁通阀泄压。当采用余压阀泄压时，需要根据疏散门关闭时所需泄压风量对余压阀进行选型；当采用风机旁通阀泄压时，余压阀的泄压风量均由旁通风管承担。需要注意的是，采用旁通风管泄压时，其泄压风量为加压送风系统总泄压风量，旁通风管上的旁通风阀应考虑阀门的压力特性，类似于空调水系统的压差旁通阀的选型。

1）楼梯间泄压风量 L_{yu} 的确定

当楼梯间形成正压时，根据 L_2 的计算公式可计算满足压差控制要求的进入楼梯间门缝漏风量。需要注意因为 N_1 个门对应前室内有正压送风，不考虑 N_1 个门的漏风，因此总允许漏风量 L_{gb1} 计算时对应门的个数按 N_2。当加压送风量大于 L_{gb1} 时，楼梯间形成超压，多余的部分即为超压余量。

$$L_{yu} = L_0 - L_{gb}$$

$$L_{gb_1} = 0.827 \times A \times \Delta P^{1/n} \times 1.25 N_2$$

其中，L_{yu} 为超压泄压风量；L_0 为送入楼梯间的正压送风量；L_{gb_1} 为压力控制条件下楼梯间门缝渗最大透风量；A 为从前室进入楼梯间的门缝面积；n 取 2；ΔP 为进入楼梯间的门两侧的最大允许压差，防烟楼梯间与前室之间一般控制为 25Pa，封闭楼梯间一般控制为 50Pa。

因楼梯间为一个整体连通空间，故采用余压阀或采用风机旁通泄压的泄压风量均为 L_{yu}。

2）前室泄压风量 $L_{yu,1}$ 的确定

当前室形成正压时，根据 L_2 的计算公式可计算满足压差控制要求的进入前室门缝漏风量。漏风量考虑的门缝包括进入前室的门，不考虑从前室进入楼梯间的门。加压送风量大于 L_{gb2} 时，前室形成超压，多余的部分即为超压余量。

$$L_{yu,1} = A_k v_1 - L_{gb_2}$$

$$L_{gb_2} = 0.827 \times A \times \Delta P^{1/n} \times 1.25$$

其中，$L_{yu,1}$ 为单个前室超压所需泄压风量；A_k 为进入前室的门洞总面积；v_1 为设计条

件下的门洞风速；L_{gb2_2} 为压力控制条件下前室门缝渗最大透风量；A 为进入前室的疏散门的门缝面积，不含进入楼梯间的门；n 取 2；ΔP 为进入楼梯间的门两侧的最大允许压差，防烟楼梯间与走道之间一般控制为 25Pa。

采用余压阀对前室泄压时，余压阀设置于前室与走道之间的隔墙上，且每个前室均需设置余压阀，余压阀按 $L_{yu,1}$ 选型。采用风机干管旁通泄压进行压力控制时，旁通管流量按 $L_{yu,1}N_1$ 考虑。

3. 排烟系统的组成与相关概念间的关系（见图 9-7）

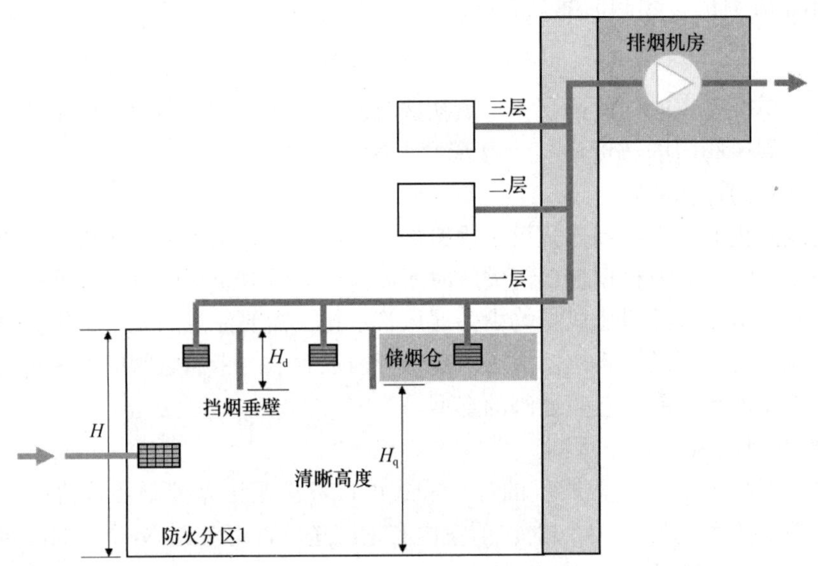

图 9-7 排烟系统的组成与相关概念间的关系示意图

4. 排烟系统排烟量计算

《防排烟规》第 4.6 节具体给出了排烟量计算方法，注意排烟系统设计风量（即风机风量）不应小于系统计算风量的 1.2 倍，但是车库和人防地下室因有专用的防火规范，按其专用规范实施。

（1）自然排烟与机械排烟的选择原则

采用何种排烟方式由烟气是否出现“层化”现象决定。即当烟层与周围空气温差小于 15℃时应采用机械排烟方式，不得采用自然排烟；当烟层与周围空气温差大于 15℃时，不会出现“层化”现象，可采用自然排烟方式，也可采用机械排烟方式。

（2）防烟分区排烟量计算（见表 9-16）

防烟分区的排烟量 **表 9-16**

防烟分区		机械排烟	自然排烟
一般场所	净高小于或等于 6m	$60m^3/(h \cdot m^2)$ 且不小于 $15000m^3/h$	不小于建筑面积的 2%
	净高大于 6m	按热释放速率计算排烟量且不小于《防排烟规》表 4.6.3	

续表

防烟分区		机械排烟	自然排烟
走道	仅走道或回廊设置排烟	不小于 13000m³/h	两端（侧）均设置面积不小于 2m² 的排烟窗且两侧排烟窗距离不小于走道长度的 2/3
	房间与走道均设置排烟	60m³/(h·m²) 且不小于 13000m³/h	不小于建筑面积的 2%
中庭	周围场所设置排烟设施	周围场所防烟分区最大排烟量的 2 倍且不小于 107000m³/h	按机械排烟的排烟量，且自然排烟窗风速不大于 0.5m/s
	周围场所未设置排烟设施	排烟量不小于 40000m³/h	排烟量不小于 40000m³/h，且自然排烟窗风速不大于 0.4m/s

注：本表参考《防排烟规》第 4.6.3 条、第 4.6.5 条编写。

（3）排烟系统排烟量计算

净高不大于 6m 的场所，按同一防火分区中任意两个相邻防烟分区的排烟量之和的最大值计算。

例 1：如下图所示防火分区 1，空间净高均为 5m，ABCD 四个防烟分区计算排烟量分别为 18000m³/h，15000m³/h，24000m³/h，15000m³/h。相邻防烟分区有 AB、BC、CD，可计算 BC 及 CD 排烟量相等且均为最大排烟量，即 39000m³/h。因此，防火分区 1 排烟量为 39000m³/h。

A	B	C	D
300m²	200m²	400m²	100m²

防火分区 1

净高大于 6m 的场所，应按排烟量最大的一个防烟分区的排烟量计算。

例 2：防火分区 2 空间净高为 8m，其中防烟分区 A 为 500m² 展览厅，防烟分区 B 为 100m² 仓库，防烟分区 C 为 200m² 办公室。若防火分区 2 设有喷淋，根据《防排烟规》表 4.6.3 可知，A 的排烟量为 10.6×10^4 m³/h，B 的排烟量为 12.4×10^4 m³/h，C 的排烟量为 7.4×10^4 m³/h。防火分区 2 的排烟量为 ABC 三者最大值 B，12.4×10^4 m³/h。

当系统负担具有不同净高场所时，应采用上述方法对系统每个场所所需的排烟量进行计算，并取其中的最大值作为系统排烟量。

说明：先分别处理每个防火分区的排烟量，然后取各个防火分区排烟量的最大值为系统排烟量。

（4）人防地下室排烟量

负担 1 个或 2 个防烟分区：G=全部分区面积×60，单位为 m³/h。

负担 3 个或 3 个以上防烟分区：G=最大分区面积×120，单位为 m³/h。

（5）车库排烟量

根据《汽车库、修车库、停车场设计防火规范》GB 50067—2014 表 8.2.5，按车库净高查取最小排烟量，不再采用换气次数法。表9-17中查取的数值即为排烟风机排烟量，不必乘以1.2倍。

汽车库、修车库内每个防烟分区排烟风机的排烟量 表9-17

汽车库、修车库的净高（m）	汽车库、修车库的排烟量（m^3/h）	汽车库、修车库的净高（m）	汽车库、修车库的排烟量（m^3/h）
3.0及以下	30000	7.0	36000
4.0	31500	8.0	37500
5.0	33000	9.0	39000
6.0	34500	9.0以上	40500

注：建筑空间净高位于表中两个高度之间的，按线性插值法取值。

5. 防火阀、排烟防火阀、排烟口、送风口总结（见表9-18）

防火阀、排烟防火阀、排烟口、送风口总结 表9-18

风管类型	阀门	状态	动作温度
空调	防火阀	常开	70℃
通风	防火阀	常开	70℃
排油烟	防火阀	常开	150℃
正压送风	防火阀	常开	70℃
	加压送风阀（口）	常闭（指电动的，联动正压送风及开启）	70℃（若需要）
消防补风	防火阀	常开	70℃
消防排烟	排烟防火阀	常开	280℃（风机入口总管上的联动排烟风机关闭）
	排烟阀（口）	常闭	联动排烟风机打开，阀无动作温度，排烟口可设置280℃动作温度

6. 防排烟系统设计注意事项

（1）机械加压送风系统、机械排烟系统应采用管道送排风，且不应采用土建风道。送风和排烟管道应采用不燃材料制作且内壁应光滑。当内壁为金属时，管道设计风速不应大于20m/s；内壁为非金属时，管道设计风速不应大于15m/s。

（2）固定窗的设计：

设计机械加压送风系统的封闭楼梯间、防烟楼梯间，尚应在其顶部设置不小于1m^2的固定窗。靠外墙的防烟楼梯间，尚应在其外墙上每5层内设置总面积不小于2m^2的固定窗。

大型公共建筑（商业、展览等）、工业厂房（仓库）等建筑，当设置机械排烟系统时，尚应设置固定窗。固定窗的设置既可为人员疏散提供安全环境，又可在排烟过程中导出热量。

固定窗不能作为火灾初期保证人员安全疏散的排烟窗。

（3）关于储烟仓：

储烟仓时位于建筑空间顶部，由挡烟垂壁、梁或隔墙等形成的用于蓄积火灾烟气的空间。

储烟仓高度即设计烟层厚度。

对于有吊顶的空间，当吊顶开孔不均匀或开孔率小于或等于25%时，吊顶内空间高度不得计入储烟仓厚度。

储烟仓厚度不应小于500mm，且自然排烟时不应小于空间净高20%，机械排烟时不应小于空间净高10%，同时储烟仓底部到地面的距离应大于最小清晰高度。

自然排烟窗和机械排烟口均应设置在储烟仓内，但走道、室内净高不大于3m的区域可设置在净高1/2以上。

（4）防排烟系统耐火极限的要求如表9-19所示。

防排烟系统耐火极限的要求　**表9-19**

部位	情况	耐火极限
加压送风风管	加压送风管未设置在管井内或与其他管道合用管道井	应≥1.00h
	设置在吊顶内	应≥0.50h
	未设置在吊顶内	应≥1.00h
排烟管道	设置在独立管道井内	应≥0.50h
	设置在吊顶内（非走道）	应≥0.50h
	直接设置在室内	应≥1.00h
	设置在走道吊顶内	应≥1.00h
	穿越防火分区	应≥1.00h
	设备用房和汽车库内	可≥0.50h
机械加压送风管道井		应≥1.00h，乙级防火门
排烟管道管道井		应≥1.00h，乙级防火门

（5）防排烟系统运行及控制如表9-20所示。

防排烟系统运行及控制　**表9-20**

系统	启动方式	15s内联动	30s内联动	60s内联动
防烟系统	现场手动启动 自动报警系统自动启动 消防控制室手动启动 常闭加压送风口开启，联动风机自动启动	开启常闭加压送风口和送风机 开启该防火分区楼梯间全部加压送风机 开启该防火分区内找火车及相邻上下层前室及合用前室常闭送风口，同时开启加压送风机		

续表

系统	启动方式	15s内联动	30s内联动	60s内联动
排烟系统	现场手动启动 自动报警系统自动启动 消防控制室手动启动 系统任意排烟阀或排烟口开启时，排烟风机、补风机自动启动			
常闭排烟阀、排烟口	现场手动启动 自动报警系统自动启动 消防控制室手动启动 开启信号与排烟风机联动	开启相应防烟分区的全部排烟阀、排烟口、排烟风机、补风设施	自动关闭与排烟无关的通风、空调系统	
活动挡烟垂壁	现场手动启动 自动报警系统自动启动	相应防烟分区的全部活动挡烟垂壁		挡烟垂壁应开启到位
自动排烟窗	自动报警系统联动			60s内或小于烟气充满储烟仓时间内开启完毕
	带有温控功能			

9.16 绝热材料的防火性能

1. 建筑材料燃烧性能分级（见表9-21）

建筑材料燃烧性能分级 **表9-21**

燃烧性能分级	A	B1	B2	B3
燃烧性能要求	不燃材料(制品)	难燃材料(制品)	可燃材料(制品)	易燃材料(制品)

说明：分级依据《建筑材料及制品燃烧性能分级》GB 8624—2012第4条。

2. 关于绝热材料及制品燃烧性能等级的规定

《工业设备及管道绝热工程设计规范》GB 50264—2013第4.1.6条（强制性条文）：关于设备或管道绝热保温材料的燃烧性能等级规定。

《建规2014》中有关建筑材料燃烧性能的要求：

第9.2.5条：供暖管道与可燃物的间距规定及无法保证间距要求时保温材料的燃烧性能要求；

第 9.2.6 条：供暖管道及设备绝热材料的燃烧性能要求；

第 9.3.10 条：排除输送温度超过 80℃空气或其他气体及易燃碎屑管道与可燃物的间距规定及无法保证间距要求时保温材料的燃烧性能要求，管道上下布置原则；

第 9.3.13-3 条：防火阀两侧 2m 范围内风管及绝热材料应采用不燃材料；

第 9.3.14 条：通风、空气调节系统风管材料燃烧等级的要求（除特殊情况外，应采用不燃材料）；

第 9.3.15 条：绝热材料、加湿材料、消声材料及其胶粘剂的燃烧性能等级要求；电加热器前后 0.8m 范围内风管和穿过有高温、火源等容易起火房间的风管，均应采用不燃材料。

3. 保温材料燃烧性能列举（见表 9-22）

部分建筑保温材料燃烧性能列举　　表 9-22

材料名称	燃烧性能等级	材料名称	燃烧性能等级
岩棉	A	胶粉聚苯颗粒浆料	B1
矿棉	A	酚醛树脂板	B1
泡沫玻璃	A	EPS 板模塑聚苯	B2
加气混凝土	A	XPS 板挤塑聚苯	B2
玻璃棉	A	PU 聚氨酯	B2
玻化微珠	A	PE 聚乙烯	B2
无机保温砂浆	A		

9.17　《人民防空地下室设计规范》GB 50038—2005 相关总结

1. 人防相关计算

（1）人防地下室滤毒通风时新风量（第 5.2.7 条）取下列两者大值：

掩蔽人员新风量　$L_R = L_2 \cdot n$

保持室内超压所需新风量　$L_H = V_F \cdot K_H + L_F$

（2）超压排风风量

$$L_{DP} = L_D - L_F$$

（3）最小防毒通道的换气次数

$$K_H = \frac{L_H - L_F}{V_F}$$

（4）隔绝防护时间（第 5.2.5 条）

$$\tau = \frac{1000V_0(C - C_0)}{nC_1}$$

注意：1）C 与 C_0 均为体积浓度，计算时应带入百分号，且表 5.2.5 查得的 C_0 是百分数，即表中 0.13 表示 0.13%；2）C_1 不是体积浓度，而是人均 CO_2 呼出量；3）计算 C_0 时需要查取隔绝防护前的新风量，相当于清洁通风的新风量，新风量可由表 5.2.2 查得或由题目给定，代入时 C_0 可根据新风量进行线性插值。

2. 人防相关通风风量的要求总结

人防通风整体分为平时通风与战时通风，战时通风应有清洁通风、滤毒通风和隔绝通风三种通风形式，只有战时为物资库的防空地下室可不设置滤毒通风（第5.2.1-2条）。隔绝通风阶段是全回风方式，即无新风的通风。

（1）新风量

平时新风量：通风时不应小于 $30m^3/(P \cdot h)$，空调时有具体规定，详见第5.3.9条。

战时新风量：清洁通风时满足人员新风量，见第5.2.2条。

滤毒通风时，根据第5.2.7条取人员新风量和超压所需新风量两者最大值。

（2）人防设施设备风量要求

过滤吸收器：过滤吸收器额定风量严禁小于（必须大于）通过该过滤器的风量（第5.2.16条）；

滤毒进风量不超过滤毒通风管路上过滤吸收器的额定风量（第5.2.8条）。

防爆活波门：额定风量不小于战时清洁通风量（第5.2.10条）。

防爆超压自动排气活门：根据排风口的设计压力值和滤毒通风排风量确定（第5.2.14条）。

自动排气活门：应根据滤毒通风时的排风量确定（第5.2.15条）。

（3）平时与战时通风系统风量要求

1）平时战时合用通风系统（第5.3.3条）

最大计算新风量→选用清洁通风风管管径、粗过滤器、密闭阀门、通风机等设备；

清洁通风新风量→选用门式防爆活波门，且按门扇开启时平时通风量进行核算；

滤毒通风新风量→选用滤毒进（排）风管路上的过滤吸收器、滤毒风机、滤毒通风管及密闭阀门；

2）平时和战时分设通风系统（第5.3.4条）

平时通风新风量→选用平时的通风管、通风机及其他设备；

清洁通风新风量→选用防爆波活门、战时通风管、密闭阀门、通风机等；

滤毒通风量→选用滤毒通风管路上的设备。

3. 测压管与取样管总结

（1）平时战时合用进风系统，设增压管，用于防治染毒空气沿清洁通风管进入工程内，采用 *DN*25 热镀锌钢管，应设铜球阀（图5.2.8a）。

（2）防化通信值班室设置的测压管应采用 *DN*15 热镀锌钢管，一端在防化通信值班室通过铜球阀、橡胶软管与倾斜式微压计连接室外空气零压点，且管口向下（第5.2.17条）。

（3）尾气监测取样管采用 *DN*15 热镀锌钢管，管末端应设截止阀（第5.2.18-1条）。

（4）放射性监测取样管采用 *DN*32 热镀锌钢管，取样口应位于风管中心，且末端应设球阀（第5.2.18-2条）。

（5）压差测量管采用 *DN*15 热镀锌钢管，末端应设球阀（第5.2.18-3条）。

（6）气密测量管采用 *DN*50 热镀锌钢管，管两端战时应有防护、密闭措施（管帽、丝堵或盖板）（第5.2.19条）。

9.18　关于平时通风和事故通风换气次数的一些规定

《工规》第 6.4.3 条对于事故排风的风量计算增加了计算要求，即“房间高度小于或等于 6m 时，应按房间实际体积计算；当房间高度大于 6m 时，应按 6m 的空间体积计算。”此要求在《民规》中没有体现，因此民用建筑不必考虑高度对算法的影响。相关规定如表 9-23所示。

关于平时通风和事故通风换气次数的一些规定　　表 9-23

<table>
<tr><th colspan="2">场所与设备</th><th>平时通风</th><th>事故排风</th><th>参考规范</th></tr>
<tr><td colspan="2">同时放散热、蒸汽和有害气体，或仅放散密度比空气小的有害气体的厂房，除应设置局部排风外的上部自然或机械排风</td><td>当车间高度≤6m时，不应小于按 $1h^{-1}$；当车间高度>6m时，按 $6m^3/(h\cdot m^2)$ 计算</td><td>不应小于 $12h^{-1}$。当房间高度≤6m时，应按房间实际体积计算，当房间高度>6m时，应按6m的空间体积计算</td><td>《工规》第 6.3.8 条、第 6.4.3 条</td></tr>
<tr><td colspan="2">氨制冷机房①</td><td>严禁明火供暖
不应小于 $3h^{-1}$</td><td>不小于 $183m^3/(m^2\cdot h)$ 且最小排风量不小于 $34000m^3/h$</td><td>《民规》第 6.3.7-2 条，《民规》第 8.10.3-3 条，《冷库设计规范》GB 50072—2010 第 9.0.2 条</td></tr>
<tr><td colspan="2">氟制冷机房</td><td>4～$6h^{-1}$</td><td>不应小于 $12h^{-1}$</td><td>《工规》第 6.4.3 条，《民规》第 6.3.7-2 条，《冷库设计规范》GB 50072—2010 第 9.0.2 条</td></tr>
<tr><td colspan="2">燃气直燃溴化锂制冷机房</td><td>不应小于 $6h^{-1}$</td><td>不应小于 $12h^{-1}$</td><td rowspan="2">《工规》第 6.4.3 条，《民规》第 6.3.7-2 条</td></tr>
<tr><td colspan="2">燃油直燃溴化锂制冷机房</td><td>不应小于 $3h^{-1}$</td><td>不应小于 $6h^{-1}$</td></tr>
<tr><td rowspan="2">首层</td><td>燃油锅炉①</td><td>不应小于 $3h^{-1}$</td><td>不应小于 $6h^{-1}$</td><td rowspan="2">《工规》第 6.4.3 条，《锅炉房设计标准》GB 50041—2020 第 15.3.7 条，《建规 2014》第 9.3.16 条</td></tr>
<tr><td>燃气锅炉①</td><td>不应小于 $6h^{-1}$</td><td>不应小于 $12h^{-1}$</td></tr>
<tr><td colspan="2">半地下或半地下室锅炉房①</td><td>不应小于 $6h^{-1}$</td><td>不应小于 $12h^{-1}$</td><td rowspan="4">《工规》第 6.4.3 条，《锅炉房设计标准》GB 50041—2020 第 15.3.7 条</td></tr>
<tr><td colspan="2">地下或地下室锅炉房①</td><td colspan="2">不应小于 $12h^{-1}$</td></tr>
<tr><td colspan="2">锅炉房新风总量①</td><td>必须大于 $3h^{-1}$</td><td></td></tr>
<tr><td colspan="2">锅炉控制室新风量①</td><td>按照最大班操作人员数计算</td><td></td></tr>
</table>

续表

场所与设备		平时通风	事故排风	参考规范
地下室、半地下室或地上封闭房间商业用气①（除液化石油气）		不应小于 $6h^{-1}$	不应小于 $12h^{-1}$ 不工作时，不应小于 $3h^{-1}$	《工规》第6.4.3条，《城镇燃气设计规范》GB 50028—2006(2020版) 第10.5.3条
燃油泵房①		不应小于 $12h^{-1}$		《锅炉房设计标准》GB 50041—2020第15.3.9条，房间高度按4m计算
油库①		不小于 $6h^{-1}$		
汽车库	单层车库	稀释法或排风不小于 $6h^{-1}$ 送风不小于 $5h^{-1}$	—	《民规》第6.3.8条 稀释法计算时，送风量取80%～90%排风量 换气次数法计算时，按照不超过3m的层高计算通风量
	双/多层车库	稀释法		

① 此标示的通风设备应采用“防爆型”。

注：1. 变配电室、热力机房、中水处理机房、电梯机房等采用机械通风的换气次数见《民规》第6.3.7条规定。

2. 锅炉房通风的有关规定详见“扩展15-21 锅炉房与换热站常考问题总结”。

3.《工规》第6.4.3条对于按 $12h^{-1}$ 事故排风的风量计算增加了计算要求，即“房间高度小于或等于6m时，应按房间实际体积计算；当房间高度大于6m时，应按6m的空间体积计算。”此要求在《民规》中没有体现，因此民用建筑不必考虑高度对算法的影响，但《工规》中新变化的部分应引起注意。

9.19 局部送风计算

《工规》附录J提供了局部送风计算方法（见表9-24、表9-25）。

局部送风计算 **表9-24**

计算内容	计算公式	参数说明
工作地点的气流宽度 d_s (m)	$d_s=\begin{cases}6.8(as+0.145d_0)\\6.8(as+0.164\sqrt{AB})\end{cases}$	a 为送风口的紊流系数，圆形送风口取0.076，旋转送风口取0.087；s 为送风口至工作地点的距离（m）；d_0 为圆形送风口的直径，案例题中应计算确定；AB 为矩形截面送风口的边长（m）
送风量 L (m^3/h)	$L=3600F_0v_0$	F_0 为送风口的有效截面积（m^2）
送风口的出口风速 v_0 (m/s)	$v_0=\frac{v_g}{b}\left(\frac{as}{d_0}\right)+0.145$	v_g 为工作地点的平均风速（m/s），按表9-25取值；计算系数 b 按图9-7查得
送风口的出口温度 t_0 (℃)	$t_0=t_n-\frac{t_0-t_g}{c}\left(\frac{as}{d_0}0.145\right)$	t_n 为工作地点周围的室内温度（℃）；t_g 为工作地点温度（℃），按表9-25确定；计算系数 c 按图9-8查得

工作地点的温度和平均风速（热辐射强度较高的作业场所采用局部送风系统时）　　表 9-25

辐射照度（W/m²）	冬季		夏季	
	温度（℃）	风速（m/s）	温度（℃）	风速（m/s）
350～700	20～25	1～2	26～31	1.5～3
701～1400	20～25	1～3	26～30	2～4
1401～2100	18～22	2～3	25～29	3～5
2101～2800	18～22	3～4	24～28	4～6

注：1. 轻劳动时，温度宜采用表中较高值，风速宜采用较低值；重劳动时，温度宜采用较低值，风速宜采用较高值；中劳动时，其数据可按插入法确定。

2. 表中夏季工作地点的温度，对于夏热冬冷或夏热冬暖地区可提高 2℃；对于累年最热月平均温度（《工规》附录 A. 0. 1-2 查得）小于 25℃的地区可降低 2℃。

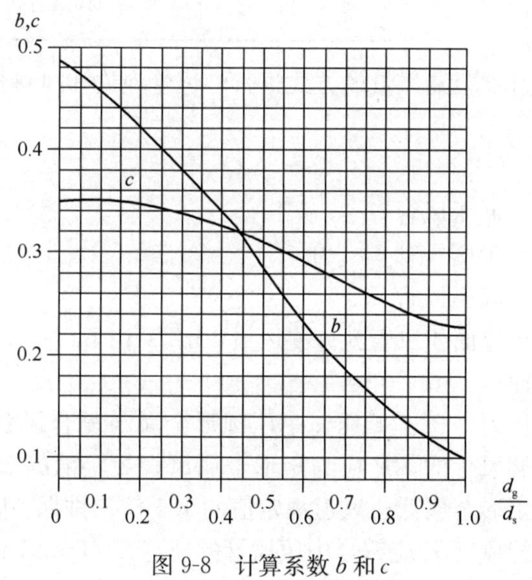

图 9-8　计算系数 b 和 c

9.20　通风管道的严密性试验与强度试验

《通风与空调工程施工质量验收规范》GB 50243—2016 第 4.1.4 条、第 4.2.1 条及附录 C 规定了通风管道的压力等级、严密性试验及强度试验。风管的压力等级详见表 9-26，风管严密性抗渗透性能检验详见表 9-27。

风管类别　　表 9-26

类别	风管系统工作压力 P（Pa）		密封要求	强度试验的试验压力
	管内正压	管内负压		
微压	$P\leqslant125$	$P\geqslant-125$	接缝及接管连接处应严密	无强度试验
低压	$125<P\leqslant500$	$-500\leqslant P<-125$	接缝及接管连接处应严密，密封面宜设在风管的正压侧	1.5 倍工作压力

续表

类别	风管系统工作压力 P（Pa）		密封要求	强度试验的试验压力
	管内正压	管内负压		
中压	$500<P\leqslant1500$	$-1000\leqslant P<-500$	接缝及接管连接处应加设密封措施	1.2倍工作压力且不低于750Pa
高压	$1500<P\leqslant2500$	$-2000\leqslant P<-1000$	所有的拼接缝及接管连接处均应采取密封措施	1.2倍工作压力，保持5min及上

风管严密性抗渗透性能检验 **表9-27**

方法	适用范围	合格标准
观感质量检验	微压风管及其他压力风管工艺质量的检验	结构严密、无明显穿透的缝隙和孔洞
漏风量检测	高压、空气洁净度等级为1级～5级（按高压风管检测）	规定工作压力下，漏风量不大于规定值

风管严密性试验通过检验漏风量的方式进行，风管允许漏风量按下式计算，微压系统不进行漏风量验证试验。

$$Q=A_{\mathrm{f}}Q_i$$

$$Q_i=\begin{cases}0.1056P^{0.65} & \text{低压风管}\\0.0352P^{0.65} & \text{中压风管}\\0.0117P^{0.65} & \text{高压风管}\end{cases}$$

式中 Q_i——矩形风管单位面积风管允许漏风量，$m^3/(h\cdot m^2)$；

A_{f}——风管外表面积，m^2；

P——风管工作压力，Pa。低压、中压圆形金属与复合风管，以及采用非法兰形式的非金属风管的，P应为矩形金属风管规定值的50%；砖混凝土风道P不应大于矩形金属低压风道规定值的1.5倍；排烟、除尘、低温送风及变风量空调系统风管P应符合中压风管的规定；N1～N5级净化空调系统风管P应符合高压风管的规定。

漏风量监测时，应在工作压力下测定风管漏风量。若在非工作压力下进行漏风量测量时，需要按下式对测量的结果进行修正。

$$Q_0=Q\left(\frac{P_0}{P}\right)^{0.65}$$

式中 Q_0——规定压力下的漏风量，$[m^3/(h\cdot m^2)]$；

Q——测试的漏风量，$m^3/(h\cdot m^2)$；

P_0——风管系统测试的规定工作压力，Pa；

P——测试的压力，Pa。

【例】某800mm×320mm新风管道，新风量为$4000m^3/h$，风压为350Pa，若风管长50m，试计算此段风管的允许漏风量，并折算漏风率。

【解析】工作压力为350Pa的矩形风管属于低压风管，工作压力下的单位面积允许漏风量为：

$$Q_{\mathrm{m}}\leqslant0.0352P^{0.65}=0.0352\times350^{0.65}=1.59m^3/(h\cdot m^2)$$

此风管单位长度的外表面积为：

$$A_f = [(0.8 + 0.32) \times 2] \times 50 = 112m^2$$

此段风管单位长度允许漏风量为：

$$L' = 1.59 \times 112 = 178m^3/h$$

折算漏风率为

$$\varepsilon = 178/4000 = 4.5\%$$

漏风量检测时，风管式采用孔板计量，风室式采用喷嘴计量。风机的风量和风压宜为被测定系统或设备的规定试验压力及最大允许漏风量的 1.2 倍以上。压力测定采用分辨率为 1.0Pa 的微压计。通过调整风机转速和制节流装置开度对试验压力进行调节。具体漏风量检测内容详见表 9-28。

漏风量检测　**表 9-28**

测试装置	方法	漏风量计算公式
风管式	正压：孔板至前、后整流栅的直管段距离应分别大于或等于 10 倍和 5 倍风管直径 负压：孔板 10D 整流栅置于迎风端	$Q = 3600\varepsilon \times \alpha \times A_n \sqrt{\frac{2\Delta P}{\rho}}$ 其中，Q—漏风量（m^3/h）；ε—空气流束膨胀系数；α—孔板流量系数；A_n—孔板开口面积（m^3/h）；ρ—空气密度（kg/m^3）；ΔP—孔板压差（Pa）
风室式	过风断面平均风速应不小于或等于 0.75m/s；通过喉部风速应控制在 15m/s～35m/s	$Q_n = 3600\, C_d \times \alpha \times A_d \sqrt{\frac{2\Delta P}{\rho}}$ 其中，Q_n—单个喷嘴漏风量（m^3/h）；C_d—喷嘴流量系数，按《工规》表 C. 2. 7 查得；A_d—喷嘴的喉部面积（m^2）；ΔP—喷嘴前后的静压差（Pa）。 多个喷嘴的风量：$Q = \sum Q_n$

9.21　通风管路水力计算

1. 均匀送风设计

均匀送风采用静压复得法对送风口和风管尺寸进行计算。送风管尺寸由动压产生的速度确定，送风口尺寸可由静压差产生的速度、孔口实际流速或孔口平均速度确定（见表 9-29）。

均匀送风设计计算　**表 9-29**

	静压差产生的速度	孔口实际流速	孔口平均速度
速度计算	$v_j = \sqrt{2P_j/\rho}$	$v = v_j/\sin\alpha$	$v_0 = \mu v_j$
送风量计算	$L_0 = 3600\mu v_j f_0$	$L_0 = 3600\mu v f_0 \sin\alpha$	$L_0 = 3600 v_0 f_0$
计算参数示意图	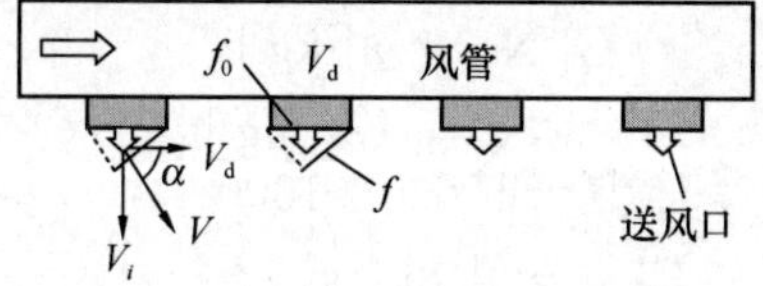		
其中，α 为出流角，f_0为孔口面积，f 为孔口在气流垂直方向上的投影面积。			

续表

	静压差产生的速度	孔口实际流速	孔口平均速度

送风风管尺寸计算

$$D=\sqrt{\frac{4L}{\pi v_d}}$$

$$v_d=\sqrt{2P_d/\rho}$$

其中，L 为某段风管内的风量，v_d 为动压差产生的速度，P_d 为风管内的动压。

风管尺寸求解流程
(1) 初始条件→断面1动压→根据断面1-2压降确定断面2动压→断面2风管直径；
(2) 断面1-2压降＝开口局部阻力损失＋沿程阻力损失

实现均匀送风的基本条件：

(1) 保持各侧孔静压相等，$\Delta P_{12}=P_{d1}-P_{d2}$。

(2) 保持各侧孔流量系数相等。对于锐边孔口一般可近似认为 $\mu\approx0.6$。

(3) 增大出流角。要求 $P_j/P_d\geqslant3$，即 $v_j/v_d\geqslant1.73$。对于要求高的工程，可在孔口处安装垂直于侧壁的挡板，或把孔口改成短管。

2. 接支风管风口风量

风管内的静压与动压均可求解风量，常在风管处设置调节阀，实现风管内静压调节，此时局部阻力系数由调节阀及风口组成。具体风量按下式计算。

$$L=\mu F\sqrt{\frac{2|P_j|}{\rho}}=F\sqrt{\frac{2|P_d|}{\rho}}$$

式中 P_j ——支风管内的静压，Pa；

P_d ——支风管内的动压，Pa；

F ——风口面积；

ρ ——风管内空气温度下的密度；

μ ——流量系数，$\mu=\sqrt{\frac{1}{1+\Sigma\xi}}$，$\Sigma\xi$ 为支风管的局部阻力系数。

9.22 暖通空调系统、燃气系统的抗震设计要点

1.《建筑机电工程抗震设计规范》GB 50981—2014 强条

抗震设防烈度为6度及6度以上地区的建筑机电工程必须进行抗震设计。

防排烟风道、事故通风风道及相关设备应采用抗震支吊架。

2. 抗震支吊架相关

重力不大于1.8kN的设备或吊杆计算长度不大于300mm的吊杆悬挂管道，可不设防护。

重量与质量换算：

$$G[\text{N}]=m[\text{kg}]g$$

$$G[\text{kN}]=\frac{m[\text{kg}]g}{1000}$$

$$g=9.8\text{m/s}^2$$

超过下列情况，应设抗震支吊架：

（1）设备 183kg、水管 $DN65$、矩形风管 0.38m^2，圆风管直径 0.7m；

（2）燃气内径 $DN25$。

3. 对管材的要求

高层建筑及 9 度地区的供暖、空调水管，应采用金属管道。

防排烟、事故通风风道：

（1）8 度及 8 度以下的多层，宜采用钢板或镀锌钢板；

（2）高层及 9 度地区，应采用钢板或热镀锌钢板；

（3）燃气管道，宜采用焊接钢管或无缝钢管。

第 10 章 空调知识点总结

10.1 焓湿图的相关问题总结

(1) 空调计算中假定空气密度不变，均为 1.2 kg/m^3。等温线为近似平行线、等焓线为近似等湿球温度线、水蒸气分压力线与等含湿量线重合。在给定的一张焓湿图上，任意的两个独立参数即可确定一个状态点及其他参数。

(2) 由湿空气的压力、干球温度、含湿量、相对湿度、焓、水蒸气压力即可确定一张焓湿图。一张做好的焓湿图与图上的热湿比尺一一对应，当图上单位长度大小或相间角(等含湿量线与等焓线夹角) 不同的焓湿图其热湿比尺不同。因此一些软件做出的焓湿图与教材的焓湿图看起来不同。

(3) 湿球温度：空气状态点沿等焓线与 100%相对湿度饱和线的交点即为该状态点；

露点温度：空气状态点沿等含湿量线与 100%相对湿度饱和线的交点即为该状态点，露点温度是判断湿空气是否结露的判据。

(4) 焓湿图上风量 G_A的状态点 A (t_A，h_A) 与风量 G_B的状态点 B (t_B，h_B) 的混合后风量 G_C与状态点 C 的求解：

$$G_C = G_A + G_B$$

$$t_C = \frac{G_A t_A + G_B t_B}{G_C}$$

$$h_C = \frac{G_A h_A + G_B h_B}{G_C}$$

(5) 焓值与热湿比计算 (注意：计算时，d、Δd 单位需换算为 kg/kg)

焓定义式 $h = 1.01t + d(2500 + 1.84t)$(kJ/kg)

焓差计算公式 $\Delta h = 1.01\Delta t + 2500\Delta d$

热湿比定义式 $\varepsilon = \frac{Q}{W} = \frac{\Delta h}{\Delta d}$ (kJ/kg)

注：Q 为余热，有正负之分；W 为余湿，恒为正。

热湿比推导

$$\begin{aligned}\varepsilon &= \frac{\Delta h}{\Delta d} = \frac{1.01\Delta t + 2500\Delta d + 1.84\Delta(td)}{\Delta d} \\ &= \frac{1.01\Delta t}{\Delta d} + 2500 + \frac{1.84\Delta(td)}{\Delta d} \\ &\approx \frac{Q_{显}}{W} + 2500\end{aligned}$$

(6) 热湿比线的做法：

1) 直接利用焓湿图中的热湿比尺，借助直尺三角板做平行线；

2）采用硫酸纸打印常用热湿比及过万热湿比尺，则可将其放与焓湿图上绘制热湿比线；

3）利用热湿比定义式换算热湿比。如绘制 20000kJ/kg 热湿比，相当于处理过程含湿量差 1g/kg，焓差 20kJ/kg。因此，只需要做与原状态点 A 间距 20kJ/kg 的等焓线和间距 1g/kg 的等含湿量线，得到的交点 B，连接 AB 后的直线就是热湿比 20000kJ/kg 的热湿比线，以此类推。

利用定义过定点绘制任意热湿比

$$\varepsilon=\frac{\Delta h}{\Delta d}=\frac{h_1-h_2}{d_1-d_2}$$

$$12000=\frac{12\text{kJ/kg}}{0.001\text{kg/kg}}=\frac{12\text{kJ/kg}}{1\text{g/kg}}=\frac{24\text{kJ/kg}}{2\text{g/kg}}$$

$$=\frac{-24\text{kJ/kg}}{-2\text{g/kg}}$$

$$-12000=\frac{-12\text{kJ/kg}}{0.001\text{kg/kg}}=\frac{-12\text{kJ/kg}}{1\text{g/kg}}=\frac{-24\text{kJ/kg}}{2\text{g/kg}}=\frac{24\text{kJ/kg}}{-2\text{g/kg}}$$

（7）基本焓湿图

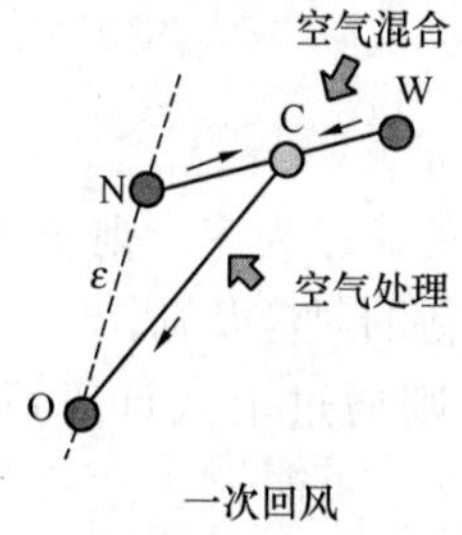

一次回风

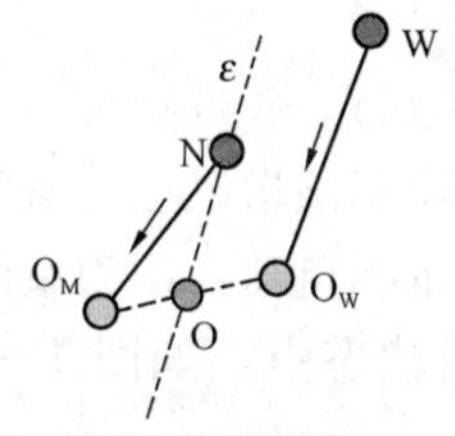

风机盘管加新风

核心：①焓湿图与处理段相对应；
②确定状态点，确定处理过程

特殊问题：
①新风系统＋一次回风→新风热回收；
②温升问题＝干加热空气处理；
③冬季空调预热问题→加湿量有限

核心：①确定状态点，确定处理过程；
②按终状态混合计算总风量和风量比

（8）送风温差的要求（《民规》第 7.4.10 条），工艺性空调≠工业用空调。

第 7.4.10 条　上送风方式的夏季送风温差，应根据送风口类型、安装高度、气流射程长度以及是否帖附等确定，并宜符合下列规定：

1　在满足舒适、工艺要求的条件下，宜加大送风温差；

2　舒适性空调，宜按下表采用：

舒适性空调的送风温差

送风口高度（m）	送风温差（℃）
≤5.0	5～10
>5.0	10～15

注：表中所列的送风温差不适用于低温送风空调系统以及置换通风采用上送风方式

3　工艺性空调，宜按下表采用：

工艺性空调的送风温差

送风口高度（m）	送风温差（℃）
＞±1.0	≤15
±1.0	6～9
±0.5	3～6
±0.1～0.2	2～3

10.2　空调系统承担负荷问题总结

（1）对于承担负荷问题，都是基于假定送风状态不变的前提进行计算，是系统集中参数分析方法。真题中常见的风机盘管加新风系统负荷承担问题，2014 年新增的焓值与热湿比计算问题，以及温湿度独立控制负荷问题等，均可利用这一原理解决。承担各类负荷为通过下式计算（核心原理）：

显热负荷　$Q_{显}=G\cdot c_{p}(t_{N}-t_{O})=1.01G\cdot(t_{N}-t_{O})$

全热负荷　$Q_{全}=G\cdot(h_{N}-h_{O})$

潜热负荷　$Q_{潜}=Q_{全}-Q_{显}$

湿负荷　　$W=G\cdot(d_{N}-d_{O})$

说明：若计算结果为正，则说明该送风点为室内承担了负荷；为零，则表明未承担负荷；为负，则表明送风点不仅未承担负荷，还为室内带来了新的对应负荷。

（2）假设有七类空气处理后状态点，如图 10-1 所示，则通过上式计算可汇集，如表 10-1所示。

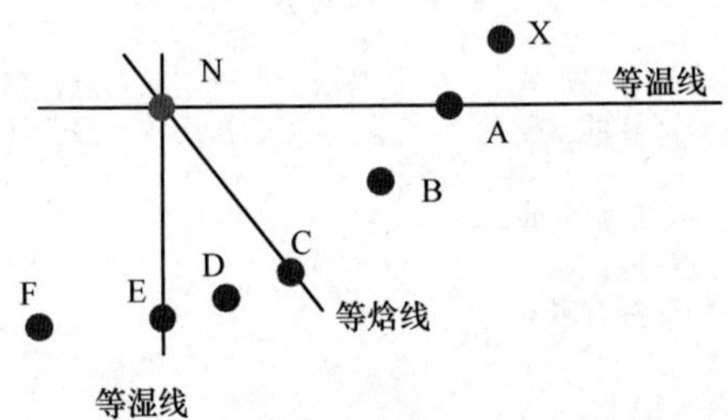

图 10-1　七类空气处理状态示意图

七类空气处理状态的负荷承担情况　　**表 10-1**

负荷类型	特征状态点						
	X	A	B	C	D	E	F
		等温线		等焓线		等湿线	
室内显热	—	0	+	+	+	+	+
室内全热	—	—	—	0	+	+	+
室内潜热	—	—	—	—	—	0	+
室内湿负荷	—	—	—	—	—	0	+

结论：

1）等温线是承担室内显热的分界点。空调系统处理至等温线或高于等温线时（$t_{g,o} \geqslant t_n$），不承担室内显热冷负荷；处理至等温线以下时（$t_{g,o} < t_n$），将承担一部分室内显热冷负荷。

2）等焓线为承担室内全热冷负荷的分界点。处理至等焓线或高于等焓线时（$h_o \geqslant h_n$，$t_{s,o} \geqslant t_{s,n}$），不承担室内全热冷负荷；处理至等焓线以下时（$h_o < h_n$，$t_{s,o} < t_{s,n}$），将承担一部分室内全热冷负荷。

3）等湿线为承担室内湿负荷或潜热负荷的分界点。处理至等湿线时或高于等湿线（$d_o \geqslant d_n$），不承担室内湿负荷或潜热冷负荷；处理至等湿线以下时（$d_o < d_n$），将承担一部分室内湿负荷或一部分潜热冷负荷。

4）负荷如何承担，主要分析送风系统送风状态与室内状态的温差、焓差、含湿量差的正负。

5）对于风机盘管加新风空调系统，新风系统与室内状态的温差、焓差、含湿量差为正时，这些正值对应的负荷将被风机盘管所承担。具体如表 10-2 所示。

风机盘管加新风系统不同处理方式承担的相应负荷　　表 10-2

<table>
<tr><th>处理状态</th><th>设备</th><th>室内显热负荷</th><th>室内潜热负荷</th><th>室内冷负荷</th><th>新风显热负荷</th><th>新风潜热负荷</th><th>新风冷负荷</th><th colspan="2">备　注</th><th>《复习教材》表 3.4-3</th></tr>
<tr><td rowspan="2">新风处理到室内等焓线</td><td>新风机组</td><td>部分</td><td>—</td><td>—</td><td>全部</td><td>部分</td><td>全部</td><td>新风冷水温度 12.5～14.5℃</td><td rowspan="2">风机盘管承担的部分室内显热负荷和新风机组承担的部分新风潜热负荷等量抵消</td><td rowspan="2">第一个图</td></tr>
<tr><td>风机盘管</td><td>部分</td><td>全部</td><td>全部</td><td>—</td><td>部分</td><td>—</td><td>FCU 为湿工况</td></tr>
<tr><td rowspan="2">新风处理到小于室内等焓线</td><td>新风机组</td><td>部分</td><td>—</td><td>部分</td><td>全部</td><td>部分</td><td>全部</td><td colspan="2"></td><td rowspan="2"></td></tr>
<tr><td>风机盘管</td><td>部分</td><td>全部</td><td>部分</td><td>—</td><td>部分</td><td>—</td><td colspan="2">FCU 为湿工况</td></tr>
<tr><td rowspan="2">新风处理到室内等湿线</td><td>新风机组</td><td>部分</td><td>—</td><td>部分</td><td>全部</td><td>全部</td><td>全部</td><td colspan="2">新风冷水温度 7～9℃</td><td rowspan="2">第二个图</td></tr>
<tr><td>风机盘管</td><td>部分</td><td>全部</td><td>部分</td><td>—</td><td>—</td><td>—</td><td colspan="2">FCU 为湿工况</td></tr>
<tr><td rowspan="2">新风处理到小于室内等湿线</td><td>新风机组</td><td>部分</td><td>全部</td><td>部分</td><td>全部</td><td>全部</td><td>全部</td><td colspan="2">新风处理焓差大，冷水温度要求 5℃以下</td><td rowspan="2">第三个图</td></tr>
<tr><td>风机盘管</td><td>部分</td><td>—</td><td>部分</td><td>—</td><td>—</td><td>—</td><td colspan="2">FCU 为干工况，等湿冷却</td></tr>
<tr><td rowspan="2">新风处理到室内等温线</td><td>新风机组</td><td>—</td><td>—</td><td>—</td><td>全部</td><td>部分</td><td>部分</td><td colspan="2"></td><td rowspan="2">第四个图</td></tr>
<tr><td>风机盘管</td><td>全部</td><td>全部</td><td>全部</td><td>—</td><td>部分</td><td>部分</td><td colspan="2">FCU 负担的负荷很大，不建议采用此方式</td></tr>
<tr><td rowspan="2">新风处理到大于室内等温线</td><td>新风机组</td><td>—</td><td>—</td><td>—</td><td>部分</td><td>部分</td><td>部分</td><td colspan="2"></td><td rowspan="2"></td></tr>
<tr><td>风机盘管</td><td>全部</td><td>全部</td><td>全部</td><td>部分</td><td>部分</td><td>部分</td><td colspan="2">FCU 负担的负荷很大，不建议采用此方式</td></tr>
</table>

10.3 空气热湿处理

喷水室：升温加湿、等温加湿、降温升焓、绝热加湿、减焓加湿、等湿冷却、减湿冷却。

表面式空气换热器：等湿加热、等湿冷却、减湿冷却。

溶液除湿：(三甘油（基本被取代)、溴化锂溶液、氯化锂溶液、氯化钙溶液、乙二醇溶液）处理过程与溶液的温度有关，可处理等焓除湿、等温除湿、降温除湿。

等温加湿：干式蒸汽加湿器、低压饱和蒸汽直接混合、电极式加湿器、电热式加湿器。

等焓加湿：循环水喷淋、高压喷雾加湿器、离心加湿器、超声波加湿器、表面蒸发式加湿器、湿膜加湿器。

冷却减湿：表面式冷却器、喷低于露点温度水的喷水室、冷冻去湿机。

等焓减湿：转轮除湿（干式除湿)，固体吸附减湿（$CaCl_2$，LiCl)。

表面式空气冷却器热工过程焓湿图如图 10-2 所示。

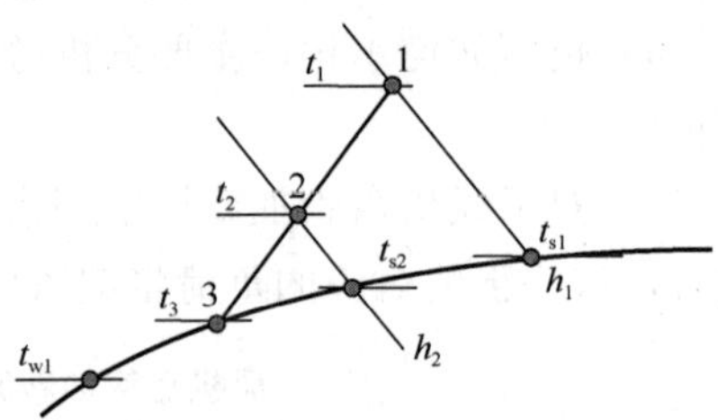

图 10-2 表面式空气冷却器热工过程焓湿图示意

表冷器析湿系数： $\xi=\dfrac{h_1-h_2}{c_p(t_1-t_2)}$

热交换系数： $\varepsilon_1=\dfrac{t_1-t_2}{t_1-t_{w1}}$

接触系数： $\varepsilon_2=\dfrac{t_1-t_2}{t_1-t_3}$

加湿器饱和效率：

$$加湿器饱和效率=\frac{加湿前空气干球温度-加湿后空气干球温度}{加湿前空气干球温度-饱和空气湿球温度}\times100\%$$

10.4 风机温升、管道温升等附加冷负荷计算

(1) 空调系统的计算冷负荷，综合考虑下列各附加冷负荷，通过焓湿图分析和计算确定：

1) 系统所服务的空调建筑的计算冷负荷；

2) 该空调建筑的新风计算冷负荷；

3) 风系统由于风机、风管产生温升以及系统漏风等引起的附加冷负荷；

4) 水系统由于水泵、水管、水箱产生温升以及系统补水引起的附加冷负荷；

5) 当空气处理过程产生冷、热抵消现象时，尚应考虑由此引起的附加冷负荷。

(2) 温升负荷实际为风机或水泵无效功率转化为热而对冷水或送风的加热量，故风机温升负荷数值上等于风机轴功率，水泵附加冷负荷数值上等于水泵轴功率，再通过一定的效率系数进行折算。

（3）空气通过风机时的温升［《红宝书》P1497及《复习教材》式（3.4-3）］

$$\Delta t=\frac{0.0008H\cdot\eta}{\eta_1\cdot\eta_2}$$

其中，H—风机全压；η_1—风机全压效率；η_2—电动机效率；η—电动机安装位置修正系数，当电动机安装在气流内时，$\eta=1$，当电动机安装在气流外时，$\eta=\eta_2$。

（4）冷水通过水泵后水的温升

1）基本原理，水泵功率＝水泵单位时间发热量（焦耳定律）：

$$\Delta t=\frac{N}{\frac{G}{3600}\rho c_{\mathrm{p}}}=\frac{1}{\rho c_{\mathrm{p}}}\cdot\frac{3600H}{367.3\eta\cdot\eta_{\mathrm{m}}}$$

2）也可按下式计算（《红宝书》P 1498）：

$$\Delta t=\frac{0.0023\cdot H}{\eta_{\mathrm{s}}}$$

其中，H—水泵扬程，mH_2O；η_s—水泵的效率。

（5）通过风管内空气的温升（降）（《红宝书》P1496及《空气调节设计手册》（第二版）P178）：

$$\Delta t=\frac{3.6u\cdot K\cdot l}{c\cdot\rho\cdot L}(t_1-t_2)$$

$$K=\frac{1}{1/\alpha_{\mathrm{n}}+\delta/\lambda+1/\alpha_{\mathrm{s}}}$$

其中，Δt—介质通过管道的温降（升），正值为温降，负值为温升,℃；c—空气的比热容，一般取$c=1.01$kJ/（kg·℃）；u—风管的周长，m；l—风管的长度，m；L—空气流量，m^3/h；ρ—空气的密度，一般取$\rho=1.2kg/m^3$；t_1—风管外空气的温度,℃；t_2—风管内空气的温度，当管道为钢质材料时，可视作为管道表面温度,℃；K—绝热管道的管壁和绝热层的传热系数，W/(m^2·K)；δ—绝热层厚度，m；λ—绝热材料在平均设计温度下的导热系数；α_s—绝热层外表面向周围环境的放热系数，防烫和防结露计算中可取8.14W/(m^2·K)。

（6）通过冷水管道壁传热而引起的温升，可按下式计算：

$$\Delta t=\frac{q_l\cdot L}{1.16\cdot W}$$

$$q_l=\frac{t_1-t_2}{\frac{1}{2\pi\cdot\lambda}\ln\frac{D}{d}+\frac{1}{\alpha\cdot\pi\cdot D}}$$

其中，q_l—单位长度冷水管道的冷损失，W/m；L—冷水管的长度，m；W—冷水流量，kg/h；λ—绝热层材料的导热系数，W/(m·℃)；α—表面换热系数，W/(m^2·℃)；d—管道外径，m；D—管道加绝热层以后的外径，m；t_1—管内冷水的温度,℃；t_2—管外的空气温度,℃。

10.5 新风量计算

新风一般是为保证室内卫生、保证生产、保证人员呼吸所用新鲜空气而设置的。

1. 设计最小新风量——《民规》第3.0.6条

(1) 公共建筑每人最小新风量（办公室、客房、大堂、四季厅）；

(2) 居住建筑新风系统换气次数（与人均居住面积有关）；

(3) 医院建筑最小换气次数；

(4) 高密人群建筑每人最小新风量（与人员密度有关）；

(5) 工业建筑保证每人不小于30m^3/h新风量（《工规》第4.1.9条）。

2. 空调区、空调系统新风量——《民规》第7.3.19条

空调区新风量按下列三者最大值确定：

(1) 人员新风量；

(2) 补偿排风和保持压差新风量之和；

(3) 除湿所需新风量。

1) 全空气空调系统服务多个空调区，系统新风比按《公建节能》第4.3.12条确定。

对于全空气系统，系统新风比不是各个房间所需新风量之和，而是要经过计算确定。具体参考《公建节能》第4.3.12条以及《民规》第7.3.19条。

$$Y=\frac{X}{1+X-Z}$$

式中　Y——修正后系统新风比；

X——未修正系统的新风比；

Z——新风比需求最大房间的新风比，通过对比统一系统内各房间新风比，新风比最大的房间为新风比需求最大房间。

说明：《公建节能》第4.3.12条已经明确Z为新风比最大的房间。

2) 新风系统新风量，按服务空调区或系统新风量的累计值确定。

3. 关于稀释污染物在新风量计算中的应用

参见第9.2节。

10.6 风机盘管加新风系统相关规范内容及运行分析总结

(1) 风机盘管加新风系统的设置要求如表10-3所示。

风机盘管加新风系统的设置要求　　**表10-3**

规范	条文内容
《民规》	第7.3.9条　空调区较多，建筑层高较低且各区温度要求独立控制时，宜采用风机盘管加新风空调系统；空调区的空气质量、温湿度波动要求严格或空气中含有较多油烟时，不宜采用风机盘管加新风系统

续表

规范	条文内容
《工规》	第 8.3.8 条　空气调节区较多、各空气调节区要求单独调节，且层高较低的建筑物宜采用风机盘管加新风系统，经处理的新风应直接送入室内。 当空气调节区空气质量和温、湿度波动范围要求严格或空气中含有较多油烟等有害物质时，不宜采用风机盘管
《09 技术措施》	第 5.3.3-3 条 空调房间较多、房间内人员密度不大，建筑层高较低，各房间温度需单独调节时，可采用风机盘管加新风系统。厨房灯空气中含有较多油烟的房间，不宜采用风机盘管

（2）新风系统配置方式相关要求如表 10-4 所示。

新风系统配置方式相关要求　　表 10-4

规范	条文内容
《民规》	第 7.3.10 条　风机盘管加新风空调系统设计，应符合下列规定： 新风宜直接送入人员活动区； 空气质量标准要求高时，新风宜承担空调区全部的散湿量。低温新风系统设计，应符合本规范第 7.3.13 条规定的要求； 宜选用出口余压低的风机盘管机组。 早期余压只有 0Pa 和 12Pa 两种形式。常规风机盘管机组的换热盘管位于送风机出风侧，余压高会导致机组漏风严重以及噪声、能耗增加，故不宜选择高出余压的风机盘管机组
《公建节能》	第 4.3.16 条　风机盘管加新风空调系统的新风宜直接送入各空气调节区，不宜经过风机盘管机组后再送出。 条文说明：如果新风经过风机盘管后送出，风机盘管的运行与否对新风量的变化有较大影响，易造成能源浪费或新风不足

（3）温度控制方式相关要求如表 10-5 所示。

温度控制方式相关要求　　表 10-5

规范	条文内容
《民规》	第 9.4.5 条　新风机组的控制应符合下列规定： 新风机组水路电动阀的设置应符合 8.5.6 条要求，宜采用模拟量调节阀； 水路电动阀的控制和调节应保证需要的送风温度设定值，送风温度设定值应根据新风承担室内负荷情况进行确定； 当新风系统进行加湿处理时，加湿量的控制和调节可根据加湿精度要求，采用送风湿度恒定或室内湿度恒定的控制方式； 配合风机盘管等末端的新风系统，不承担冷热负荷时，室温由风机盘管控制，新风控制送风温度恒定即可； 新风承担房间主要或全部冷负荷时，机组送风温度应根据室内温度进行调节； 新风承担室内潜热负荷（湿负荷）时，送风温度根据室内湿度设计值确定
	第 9.4.6 条　风机盘管水路电动阀的设置应符合第 8.5.6 条的要求，并宜设置常闭式电动通断阀； 自动控制方式：采用带风机三速开关、可冬夏转换的室温控制器，联动水路两通电动阀的自动控制装置。可实现整个水系统变水量调节； 采用常闭式水阀有利于水系统运行节能； 不采用带风机三速选择开关，可冬夏转换的室温控制器连动风机开停的自动控制配置。舒适性和节能不完善，不利于水系统稳定运行
	第 8.5.6 条　空调水系统自控阀门的设置应符合下列规定： 除定流量一级泵系统外，空调末端装置应设置水路两通阀（可使系统实时改变流量，按水量需求供应）

续表

规范	条文内容
《工规》	第11.6.5条 新风机组的控制应符合下列规定： 送风温度应根据新风负担室内负荷确定，并应在水系统设调节阀； 当新风系统需要加湿时，加湿量应满足室内湿度要求； 对于湿热地区的全新风系统，水路阀宜采用模拟量调节阀
	第11.6.6条 风机盘管水路控制阀宜为常闭式通断阀，控制阀开启与关闭应分别与风机启动与停止连锁
《公建节能》	第4.5.9条 风机盘管应采用电动水阀和风速相结合的控制方式，宜设置常闭式电动通断阀。公共区域风机盘管的控制应符合下列规定： 应能对室内温度设定值范围进行限制； 应能按使用时间进行定时启停控制，宜对启停时间进行优化调整

(4) 风机盘管加新风系统运行分析汇集

1) 风机盘管出风量不足：查验通风通道是否阻塞。

2) 新风对风盘风量的影响：

新风单独接入：风盘风量不受新风影响；

新风通过风盘送出：新风接至风机盘管送风管/风机盘管回风口。

3) 室内温度偏高/偏低：

① 夏季室温高于设计值：

供回水温度偏高；

风机盘管风量偏低（风盘外静压不足）；

冷水供水流量偏小。

② 冬季室温低于设计值：

风机盘管风量偏低（风盘空气过滤器未清洗）；

热水供水量不足（水过滤器未及时清洗）。

③ 其他因素：新风负荷偏大。

当新风处理后的焓值不等于室内焓值时，若实际送风时新风送风量偏大或新风焓值偏高，均导致夏季室内温度偏高；冬季相反。当新风处理后的焓值等于室内焓值，则新风负荷对室内没有影响。

10.7 温湿度独立控制系统

温湿度独立控制系统不是一类空调，而是一种控制思路，求解这个问题相关的焓湿图直接参照“风机盘管加新风系统”即可，只需注意各类空气处理设备的空气处理过程。

(1) 温湿度独立控制系统常用末端形式：

温度控制末端：干式风机盘管、辐射板；

湿度控制末端：新风系统。

(2) 干式风机盘管与风机盘管干工况是不同的概念。

10.8 气流组织计算有关总结

有关当量直径的选取若考题无要求，按照下面原则选取：

（1）有关 Ar 原理计算的当量直径先参考题目所给要求，或根据题目情况求解 d_0，上述两者均无法确定 d_0 时，可采用的水力当量直径 $d_0=\frac{4AB}{2(A+B)}$，即《复习教材》式（2.7-7）。

（2）侧送风当量直径未明确，应采用《复习教材》图 3.5-19 与图 3.5-20 确定，或采用风量折算：

$$L=\frac{\pi d_0^2}{4}v_0 N\cdot 3600$$

（3）散流器送风当量直径参考《复习教材》式（3.5-21），采用阿基米德数 Ar 水力当量直径［详见《复习教材》式（3.5-5）］：

$$Ar=\frac{gd_0(t_0-t_n)}{v_0^2 T_n}=11.1\frac{\Delta t_0\sqrt{F_n}}{v_0^2 T_n}$$

（4）孔板送风的当量直径按面积当量直径，详见《复习教材》式（3.5-28）参数说明：

$$D=\sqrt{\frac{4f}{\pi}}$$

（5）大空间集中送风（喷口送风）当量直径采用喷口直径 d_0。

（6）流量当量直径［《复习教材》式（2.7-8）］：

$$D_L=1.3\frac{(ab)^{0.625}}{(a+b)^{0.625}}$$

10.9 空调水系统

1. 机组与阀门设置要求（《民规》第 8.5 节）：

（1）定流量一级泵：应有室内温度控制或其他自动控制措施。

（2）一级泵变流量（系统阻力小，各环阻力相差不大，宜用一次泵）；

系统末端宜采用两通调节阀，系统总供回水管设压差控制的旁通阀；

流量可通过负荷对台数控制。

关于旁通调节阀设计流量：

冷水机组定流量方式运行，取容量最大单台冷水机组额定流量，设压差旁通阀；

冷水机组变流量方式运行，取各冷水机组允许的最小流量的最大值，设压差旁通阀。

关于变速变频：

变频调速不可使原处于低效区域运行进入高效区；

变频工况对提高电网功率因素有作用；

受到最小流量的限制，压差旁通阀控制仍是必需的控制措施；

变流量系统，一级泵机组变流量，水泵应采用变速泵。

（3）二级泵系统（阻力较大，应采用二次泵）：

二级泵可采用变速变流量运行，水泵应采用变速泵；

通过台数控制二次泵流量，在各二级泵供回水管间设压差控制旁通阀；

盈亏管不设任何阀门，管径不小于总供回水管管径。

2. 一次泵与二次泵水系统设置（见表10-6）

一次泵与二次泵水系统设置　**表10-6**

水系统类型		设置条件
一级泵	定流量	只用于设置一台冷水机组的小型工程
	变流量	冷水水温和供回水温度要求一致； 且各区域管路压力损失相差不大的中小型工程（总长500m以内）
变流量二级泵		系统作用半径较大、设计水流阻力较高的大型工程： 各环设计水温一致，且水流阻力接近（<0.05MPa），二级泵集中设置； 水路阻力相差较大，或各级水温或温差要求不同，二级泵按区域或系统分别设置
多级泵		冷源设备集中； 且用户分散的区域供冷的大规模空调冷水系统

3. 空调水系统的控制（《民规》第9.5节）

（1）末端阀门：应设水路电动两通阀（定流量一级泵可用三通）。

（2）变流量一级泵：

机组总供回水管间旁通调节阀：

冷水机组定流量：应压差控制；

冷水机组变流量：流量、温差、压差控制均可。

压差旁通控制：压差升高、水需求量下降、加大旁通阀、减少供水量。

（3）水泵控制：

水泵台数控制，宜流量控制；

水泵变速控制，宜压差控制；

水泵变频控制：压差升高，降低输出频率，降低转速，减少供水量。

（4）冷却水系统：

冷却塔风机控制：台数或转速控制，宜由冷却塔出水温度控制；

冷却水总供回水管压差旁通阀，应根据最低冷却水温度调节旁通水量（电压缩机组，若停开风机满足要求，可不设旁通）。

（5）冷水机组：

根据系统冷量变化控制运行台数，传感器设在负荷侧供回水总管。

机组能量调节，机组自身控制；机组台数控制、启停顺序监控、参数连续监控。

4. 关于三通阀在水系统运行中的作用

（1）除了只设一台机组的小型机组，末端均应采用两通阀。

（2）系统运行状态由用户侧总干管流量描述，采用三通阀，用户侧总干管为定流量运行，故系统为定流量系统。

（3）对于三通阀连通的末端回路，依靠三通阀的分流调节作用，末端回路为变流量。

空调水系统控制方式相关规范条文如表 10-7 所示。

空调水系统控制方式相关规范条文汇集　表 10-7

规范	条文内容
《公建节能》	第 4.5.7-4 条：二级泵应能进行自动变速控制，宜根据管道压差控制转速，且压差宜能优化调节。 条文说明：压差点选择方案：（1）取水泵出口主供、回水管道的压力信号，此法易于实施，但采用定压差控制则与水泵定速运行相似；（2）取二级泵环路中最不利末端回路支管上的压差信号，此法节能效果好，但要有可靠的信号传输技术保证
《民规》	第 9.5.5 条：变流量一级泵系统冷水机组定流量运行时，空调水系统总供、回水管之间的旁通调节阀采用压差控制
	第 9.5.7 条：变流量一级泵系统冷水机组变流量运行时，空调水系统总供、回水管之间的旁通调节阀可采用流量、温差或压差控制。 冷水温差在 5℃时，蒸发器内水流速在 2.4～2.8m/s 之间，冷机效率和水泵耗功都达到较佳值。一般蒸发器内最小流速控制在 1.45m/s 左右，相当于最小流速为额定流量的 50%～60%左右。蒸发器内水流速过缓可能出现局部冰冻。从使用上看，蒸发器流量过大会对管道造成冲刷侵蚀，过小会使传热管内液态变成层流而影响冷机性能并有可能增加结垢速度。另一方面流量过小会导致制冷机和水泵的效率下降，从而抵消了部分水泵变频节约的能耗，使整个系统节能效果不明显甚至不节能。
	①常用的水泵定流量控制方式：一次泵定流量控制方式为冷源侧定流量、负荷侧变流量，通过恒定负荷侧供、回水压差，调节供、回水干管之间的压差控制阀的开度，从而使负荷侧的压差始终保持恒定，水泵的流量及压力始终处在设计工况点。 ②压差控制变流量：保持供、回水干管压差恒定。当泵转速下降至工频转速的限定值时，系统转换为定流量控制方式（冷机最小流量限制）。 ③负荷侧压差控制变流量：保持负荷侧供、回水干管压差恒定。 ④最不利环路末端压差控制变流量：保持最不利环路末端压差恒定。应用最为广泛。 ⑤温差控制变流量：保持供、回水干管温差恒定。适用于末端全为风机盘管，且不设调节阀的系统，其部分负荷下系统阻抗不变或变化很小。 ⑥最小阻力控制变流量：保证空调系统的最小阻力。节能性最好，要求末端全部使用比例型调节阀，并对每个调节阀开度信号进行实时监测。 一次泵冷机侧定流量：采用压差控制阀，保证冷机流量恒定和冷水泵流量恒定，此时压差传感器设在机房供、回水干管，且采用直线特性的双阀座压差控制阀。 一次泵冷机侧变流量：冷机和冷水泵变流量运行，可以在机房供、回水干管，也可在末端设置压差传感器保证冷机最小安全流量，也可以设置流量控制、温差控制等。 二级泵用户侧分台数控制和变频控制：台数控制：压差传感器与一级泵冷源侧定流量的控制方法相同。变频控制：与一级泵冷源变流量的控制方法相同，在末端设置压差控制比在供、回水干管设置压差控制要节能

10.10　水系统运行问题分析

（1）水泵噪声大：水系统进气，定压不足，应提高膨胀水箱高度或保证水泵入口压力为正。

（2）水泵过载：水泵扬程过大，应换小扬程水泵或增大阻力。

（3）水泵节能：阀门调节最不节能。

（4）无法补水：补水泵扬程不足，应高于补水点压力30～50kPa。

（5）单机运行供水量不足：局部短路，未运行机组阀门未关闭，未运行水泵止回阀未关闭。

（6）冷却塔出水温度过高：循环水量过大，风机风量不足，布水不均匀，冷却水出水管保温不足。

10.11　循环水泵输热比（EC（H）R，EHR）

《民规》及《公建节能》针对空调系统及供热系统，分别给出了各自的水泵耗电输热比计算公式。其中集中供暖系统见《民规》第8.11.13条和《公建节能》第4.3.3条，空调冷热水系统见《民规》第8.5.12条和《公建节能》第4.3.9条（见表10-8）。具体使用时，应根据题意采用正确的公式。从计算方法上，两个公式是相同的，但是所用参数有区别。为了方便论述，下文采用统一的公式说明各个参数的取值。另外，《严寒和寒冷地区居住建筑节能设计标准》JGJ 26－2018第5.2.11条也给出了一组*EHR*计算方法，此公式主要适用于如住宅小区换热站等严寒和寒冷地区居住建筑的供热系统热水循环泵选型，此公式并未被《公建节能》第4.3.3条替代，注意区分对待（两者的区别请读者自行对比《严寒和寒冷地区居住建筑节能设计标准》JGJ 26—2018第1.0.2条条文说明与《公建节能》第1.0.2条条文说明有关居住建筑和公共建筑的范围）。

$$EC(H)R=\frac{0.003096\Sigma(GH/\eta_b)}{\Sigma Q}\leqslant\frac{A(B+\alpha\Sigma L)}{\Delta T}$$

循环水泵输热比计算　　**表10-8**

符号	《公建节能》第4.3.9条（空调）	《公建节能》第4.3.3条（供暖）
G	每台运行水泵的设计流量，m^3/h	
H	每台运行水泵对应的设计扬程，mH_2O	
η_b	每台水泵对应的设计工作点效率	公共建筑： 每台水泵对应的设计工作点效率。 严寒寒冷居住建筑： 热负荷＜2000kW： 直连方式，0.87； 联轴器连接方式，0.85； 热负荷≥2000kW： 直连方式，0.89； 联轴器连接方式，0.87

续表

<table>
<tr><th>符号</th><th>《公建节能》第 4.3.9 条（空调）</th><th>《公建节能》
第 4.3.3 条（供暖）</th></tr>
<tr><td>Q</td><td>设计冷（热）负荷，kW</td><td>设计热负荷，kW</td></tr>
<tr><td>ΔT</td><td>规定供回水温差，℃
<table>
<tr><td rowspan="2">冷水系统</td><td colspan="4">热水系统</td></tr>
<tr><td>严寒</td><td>寒冷</td><td>夏热冬冷</td><td>夏热冬暖</td></tr>
<tr><td>5</td><td>15</td><td>15</td><td>10</td><td>5</td></tr>
</table>
空气源热泵、溴化锂机组、水源热泵，热水供回水温差按机组实际参数计算；
直接提供高温冷水机组，冷水供回水温差按照实际参数计算；
注意区分冷水系统与热水系统</td><td>设计供回水温差</td></tr>
<tr><td>$\sum L$</td><td>从机房出口至系统最远用户供回水管道总长；
大面积单层或多层建筑式用户为风机盘管时，$\sum L$ 应减去 100m（《公建节能》对减去 100m 的说明）</td><td>公共建筑：热力站至供暖末端（散热器或辐射供暖分集水器）供回水管道的总长度，m；
严寒寒冷居住建筑：
室外主干线（包括供回水管）总长度，m</td></tr>
<tr><td>A</td><td>与水泵流量有关系数
<table>
<tr><td>设计水泵流量</td><td><60m³/h</td><td>60～200m³/h</td><td>>200m³/h</td></tr>
<tr><td>A</td><td>0.004225</td><td>0.003858</td><td>0.003749</td></tr>
</table>
多台水泵并联，按照较大流量取值</td><td>公共建筑：同“左边”。
严寒寒冷居住建筑：
热负荷<2000kW，A=0.0062；
热负荷≥2000kW，A=0.0054</td></tr>
<tr><td>B</td><td>与机房及用户水阻力有关计算系数
<table>
<tr><td colspan="2">系统组成</td><td>四管制（单冷、单热）两管制冷水</td><td>两管制热水</td></tr>
<tr><td rowspan="2">一级泵</td><td>冷水系统</td><td>28</td><td>/</td></tr>
<tr><td>热水系统</td><td>22</td><td>21</td></tr>
<tr><td rowspan="2">二级泵</td><td>冷水系统</td><td>33</td><td>/</td></tr>
<tr><td>热水系统</td><td>27</td><td>25</td></tr>
</table>
多级泵冷水，每增加一级泵，B 增加 5；
多级泵热水，每增加一级泵，B 增加 4</td><td>公共建筑：
一级泵系统，B=17；
二级泵系统，B=21。
《民规》第 8.11.13 条：
一级泵系统，B=20.4；
二级泵系统，B=24.4</td></tr>
</table>

续表

<table>
<tr><th>符号</th><th>《公建节能》第4.3.9条（空调）</th><th>《公建节能》
第4.3.3条（供暖）</th></tr>
<tr><td>α</td><td>
与ΣL相关的计算系数
四管制（冷水、热水）
<table>
<tr><td rowspan="2">系统</td><td colspan="3">管道长度范围</td></tr>
<tr><td><400m</td><td>400～1000m</td><td>>1000m</td></tr>
<tr><td>冷水</td><td>0.02</td><td>$0.016+\frac{1.6}{\Sigma L}$</td><td>$0.013+\frac{4.6}{\Sigma L}$</td></tr>
<tr><td>热水</td><td>0.014</td><td>$0.0125+\frac{0.6}{\Sigma L}$</td><td>$0.009+\frac{4.1}{\Sigma L}$</td></tr>
</table>
两管制冷水、热水
<table>
<tr><td rowspan="2">系统</td><td rowspan="2">地区</td><td colspan="3">管道长度范围</td></tr>
<tr><td><400m</td><td>400～1000m</td><td>>1000m</td></tr>
<tr><td colspan="2">冷水</td><td>0.02</td><td>$0.016+\frac{1.6}{\Sigma L}$</td><td>$0.013+\frac{4.6}{\Sigma L}$</td></tr>
<tr><td rowspan="3">热水</td><td>严寒</td><td>0.009</td><td>$0.0072+\frac{0.72}{\Sigma L}$</td><td>$0.0059+\frac{2.02}{\Sigma L}$</td></tr>
<tr><td>寒冷
夏热冬冷</td><td>0.0024</td><td>$0.002+\frac{0.16}{\Sigma L}$</td><td>$0.0016+\frac{0.56}{\Sigma L}$</td></tr>
<tr><td>夏热冬暖</td><td>0.0032</td><td>$0.0026+\frac{0.24}{\Sigma L}$</td><td>$0.0021+\frac{0.74}{\Sigma L}$</td></tr>
</table>
</td><td>
$\Sigma L\leqslant400$m，取0.0115（《民规》应勘误）；
$400<\Sigma L<1000$m：$0.003833+\frac{3.067}{\Sigma L}$；
$\Sigma L\geqslant1000$m，取0.0069；
《民规》表8.5.12-5：两管制冷水系统a计算式与表8.5.13-4四管制冷水系统相同
</td></tr>
</table>

10.12　空调系统节能

1. 风道系统单位风机耗功率（W_s）

风量大于10000m^3/h的空调系统和通风系统需要考虑单位风量耗功率。

$$W_s=\frac{P}{3600\times\eta_{CD}\times\eta_F}$$

说明：1）本公式可以通过W_s反向确定最大允许的风机风压P；

2）W_s计算式中η_{CD}为规定条件的电机及传动效率，实际条件电机及传动效率可与其不同；

3）W_s限值见表10-9。

风道系统单位风量耗功率 W_s　　　　**表 10-9**

系统形式	机械通风	新风系统	办公建筑		商业、酒店全空气系统
			定风量	变风量	
W_s 限值 [W/(m³ · h)]	0.27	0.24	0.27	0.29	0.30

2. 通风热回收计算

风量及热量计算参考《复习教材》第 3.11.5 节；热回收设置要求参考《07 节能专篇》P16。严寒地区、寒冷地区宜用显热回收；其他地区尤其夏热冬冷地区宜用全热回收。室内空气品质要求高，宜用全热或显热回收。潜热大，可全热回收。有人长期停留（3h）房间可设置带回热的双向换气（会议室非此类房间）。热回收计算如表 10-10所示。

热回收计算　　　　**表 10-10**

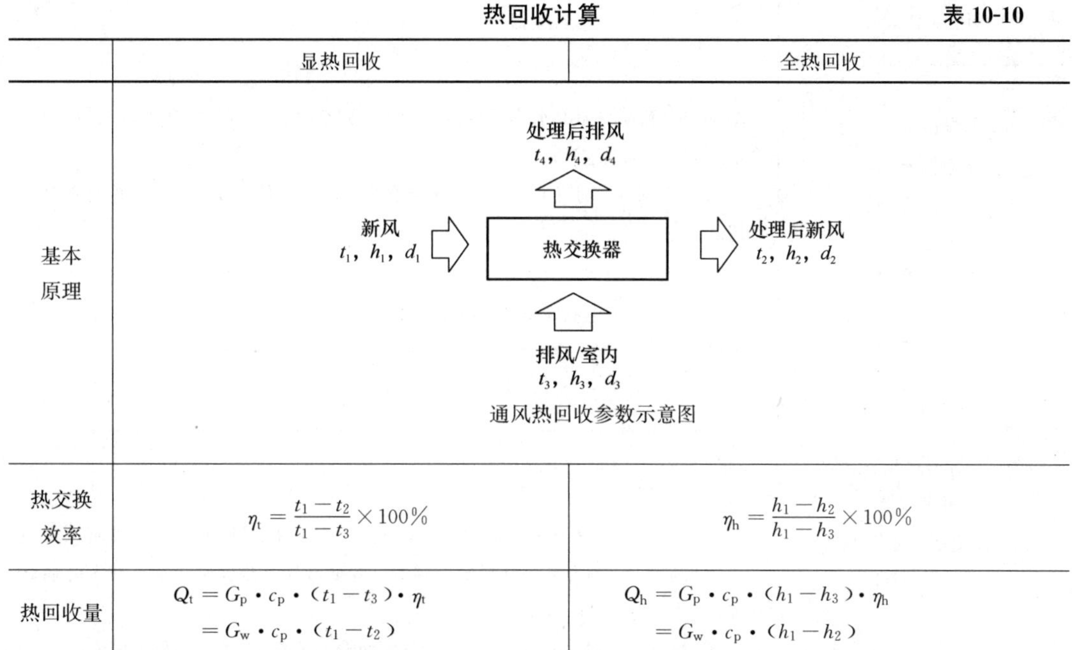

	显热回收	全热回收
基本原理	处理后排风 t_4，h_4，d_4 新风 t_1，h_1，d_1 → 热交换器 → 处理后新风 t_2，h_2，d_2 排风/室内 t_3，h_3，d_3 通风热回收参数示意图	
热交换效率	$\eta_t = \frac{t_1 - t_2}{t_1 - t_3} \times 100\%$	$\eta_h = \frac{h_1 - h_2}{h_1 - h_3} \times 100\%$
热回收量	$Q_t = G_p \cdot c_p \cdot (t_1 - t_3) \cdot \eta_t = G_w \cdot c_p \cdot (t_1 - t_2)$	$Q_h = G_p \cdot c_p \cdot (h_1 - h_3) \cdot \eta_h = G_w \cdot c_p \cdot (h_1 - h_2)$

10.13　洁净室洁净度计算

1. 由测试浓度判别满足洁净度等级

对于给出测试颗粒浓度用来判别满足何种洁净度，需要保证测试浓度不大于洁净度允许浓度。因此，如果按照测试浓度计算为 4.05 级，那么能满足的洁净度等级为 4.1 级。

2. 由洁净度等级计算允许颗粒数

按公式计算允许颗粒数，结果进行四舍五入，然后保留不超过 3 位有效数字。

10.14　空调冷水系统要点

参考《复习教材》第3.7.2节和第3.7.4节；《民规》第8.5，8.6，9.5节；《工规》第9.9，9.10，11.7节；《公建节能》第4.5.7条，如表10-11所示。

空调冷水系统要点　表10-11

<table>
<tr><td rowspan="2">一级泵定流量
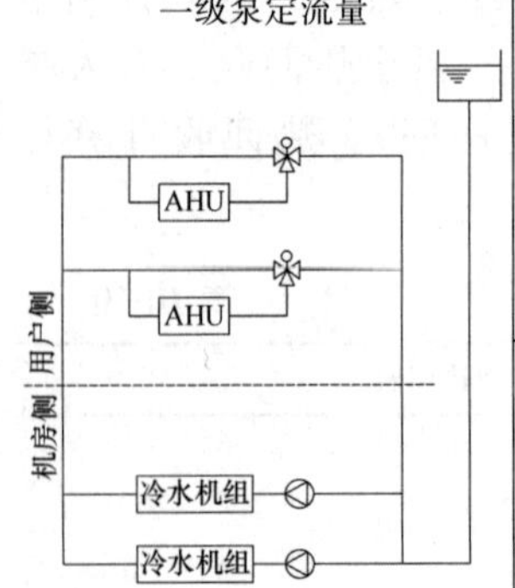</td><td>房间温度控制：
① 改变末端装置的风量或风机启停；
② 通过三通阀改变进入末端的水量，由房间温度自动控制通过末端装置和旁流支路的流量比例来实现（理论上通过三通阀的总流量恒定，实际上三通阀存在流量波动，波动情况与三通阀直流支路和旁流支路的工作特性以及三通阀阀权度有关，波动范围在0.9～1.05之间）</td></tr>
<tr><td>系统缺点：
① 末端负荷减少与冷水机组负荷减少不一致会使冷量需求大的末端供冷不足，冷量需求小的末端过冷；
② 多台水泵时，随着负荷减小，机组和水泵运行台数减少，易发生单台水泵运行超载</td></tr>
<tr><td rowspan="2">一级泵压差旁通控制变流量系统（主机定流量）、
一级泵变频变流量系统（主机变流量）
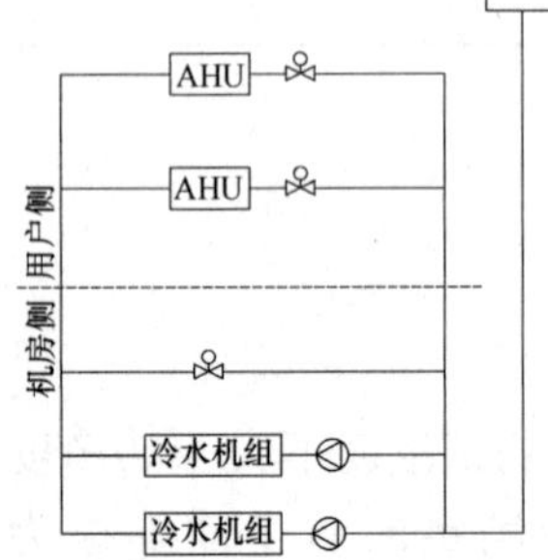</td><td>旁通管设置（安装在总供回水管之间）：
主机定流量：取最大单台冷水机组的额定流量；
主机变流量：取各台冷水机组允许最小流量中的最大值</td></tr>
<tr><td>系统运行控制：
① 水泵台数的控制宜采用流量控制，水泵变速的控制宜采用压差控制（也适用于二级泵）；压差升高，降低输出频率，降低转速，减少供水量，加大旁通阀开度；
② a：恒压差控制：压差测点设在旁通阀两端，保持供回水干管压差恒定；
b：变压差控制：压差测点设在最不利环路靠近末端的干管上，需要在各末端设置压力传感器（更优）；
③ 主机定流量：总供回水管间有压差旁通阀，应压差控制；
主机变流量：总供回水管有压差旁通阀，流量、温差（供回水干管温度恒定，适用于末端全为风机盘管，且不设调节阀）、压差控制均可；
④ 定流量系统时，只有当负荷侧流量低于最大单台冷水机组的额定流量时，控制阀才打开；变流量系统时，只有当负荷侧流量低于单台冷水机组允许的最小流量的最大值时控制阀才打开；
⑤ 温差控制法比压差控制法反应慢，不适用于特大型空调系统；
⑥ 常见的集中空调冷水系统的主要特点参考《复习教材》P482</td></tr>
</table>

续表

<table>
<tr>
<td rowspan="3">一级泵压差旁通控制变流量系统
（主机定流量）
一级泵变频变流量系统
（主机变流量）
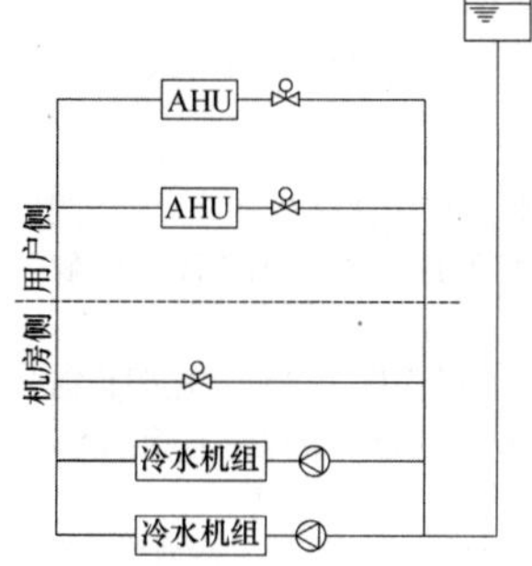
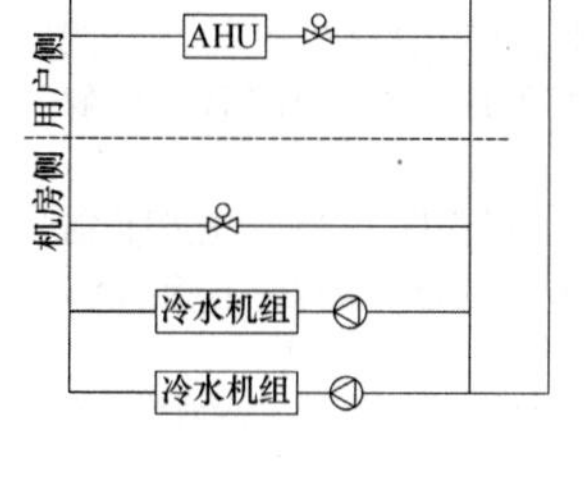
</td>
<td>水泵与机组连接：
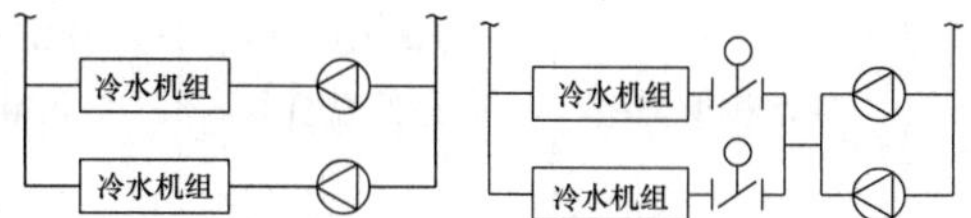

① 水泵和机组台数与流量应一一对应，宜一对一连接（左上图）；
② 当水泵和机组采用共用集管连接时，每台机组进水管或出水管道上应装与对应的机组、水泵连锁开关的电动二通阀；大小机组搭配方式不宜采用（右上图）</td>
</tr>
<tr>
<td>冷水机组要求：
① 应选择允许水流量变化范围大、适应冷水流量快速变化（机组允许的每分钟流量变化率不低于 10%）、具有减少出水温度波动的控制功能的冷水机组；
② 冷水机组对最小允许的冷水流量有限制，在水泵变频调速过程中，必须保证其供水量不低于冷水机组的最低允许值，通常采取的措施是对水泵转速的最低值进行限制；
③ 应考虑蒸发器最大许可的水压降和水流对蒸发器管束的侵蚀因素，确定冷水机组的最大流量；冷水机组的最小流量不应影响到蒸发器换热效果和运行安全性；
④ 多台冷水机组应选在设计流量下，蒸发器水压降相同或相近的机组</td>
</tr>
<tr>
<td>系统优缺点：
① 主机定流量：在末端负荷变化不同步时，可以较好地实现各用户“按需供应”，但除了依靠水泵运行台数变化改变能耗外，不能做到实时降低能耗；
② 主机变流量：
a. 当冷负荷需求很少时，为保证冷水机组的安全运行，冷水泵仍需“全速”运行，冷水机组供回水温差将随着空调冷负荷的变小而越来越小，冷水泵所做的“功”，被冷水机组自身消耗的比例也越来越大；
b. 由于蒸发器流量减少，冷水机组制冷效率会有所下降，使冷水机组的能耗可能有些增大，但系统全年运行的总体能耗依然会下降；
c. 水泵变频工况对提高电网功率因素有作用，但不可使低效率区域运行进入高效区；
d. 受到水泵最小流量限制，压差旁通阀仍是必要的设置的自控环节</td>
</tr>
<tr>
<td rowspan="3">二级泵变流量系统
（主机定流量）
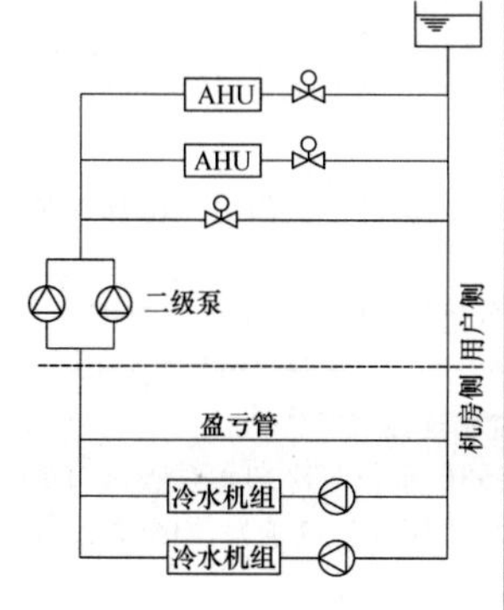
</td>
<td>平衡管设置：
① 在供回水总管之间冷源侧和负荷侧分界处设平衡管，平衡管宜设置在冷源机房内；
② 平衡管流量不超过最大单台制冷机的额定流量；管径不宜小于总供回水管管径；
③ 平衡管上不能装任何阀门；
平衡管内严禁发生“倒流”（原因是二级泵扬程过大）</td>
</tr>
<tr>
<td>二级泵设置：
① 二级泵采用定数台数变流量控制时，根据旁通管压差开启旁通阀，当旁通阀流量为单台水泵流量时，可以停一台泵；旁通管最大设计流量按照一台二级泵设计流量确定；
② 二级泵采用变频变流量控制时，根据压差调节泵的转速，压差测点设在最不利环路干管靠近末端处；当减到最后一台水泵变频至最小允许流量时，压差旁通阀开启；压差旁通阀最大设计流量按照一台二级泵最小允许流量确定（优选）；
③ 二级泵采用变速泵</td>
</tr>
<tr>
<td>系统优缺点：
可能会比一级泵压差旁通控制系统节约一部分二级泵的运行能耗（前提：二级泵变速控制，系统压差控制）</td>
</tr>
</table>

续表

冷却水系统

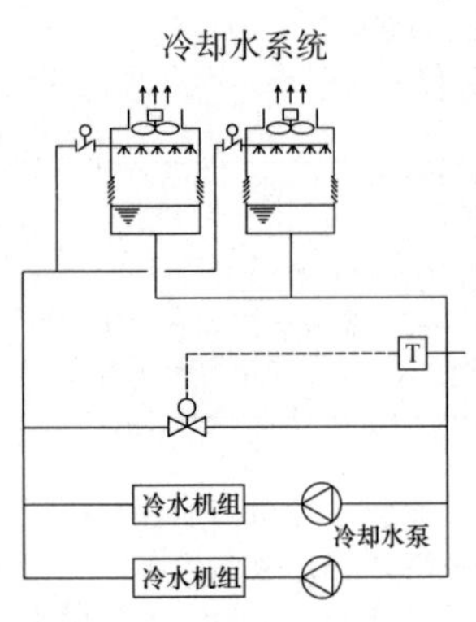

冷却水进口水温及温差：

冷水机组类型	冷却水进口最低温差（℃）	冷却水进口最高温差（℃）	名义工况冷却水进出口温差（℃）
电动压缩式	15.5	33	5
直燃型吸收式	—	—	5～5.5
蒸汽单效型吸收式	24	34	5～7

冷却水温度不能过低，过低会造成压缩式制冷机组高低压差过低，润滑系统运行不良；吸收式冷水机组出现结晶事故等

冷却塔水温控制：

① 冷却塔出水温度＝夏季空气调节室外计算湿球温度＋(4～5℃)；

② a. 风机控制法，冷却塔出水温度由塔风机台数和风机转速来控制；（《工规》4.5.7.5：冷却塔风机台数控制，根据室外气象参数进行变速控制；《民规》9.5.8.1：冷却塔风机开启台数或转速宜根据冷却塔出水温度控制）；

b. 旁通控制法，室外气温很低，即使停开风机冷却水温仍低于最低温度限值时，通过旁通阀调节保证冷却水温高于最低限值（冷却水供回水管间设置旁通管＋旁通调节阀）

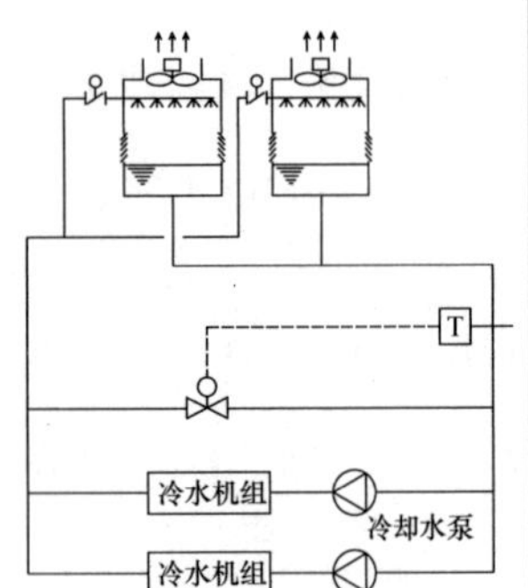

选择冷却塔时应考虑的因素：

① 冷却塔标准工况与冷水机组的额定工况冷却水温通常有差异，因此在选择冷却塔时应进行修正；

② 影响冷却塔冷却能力的主要因素：

a. 室外空气的湿球温度；

b. 冷却塔出口水温度及温差；

c. 冷却水循环量；

③ 对进口水压有要求的冷却塔的台数，应与冷却水泵台数相对应；

④ 供暖室外计算温度在0℃以下的地区，冬季运行的冷却塔应采取防冻措施，冬季不运行的冷却塔及室外管道应泄空；

⑤ 冷却塔应采用阻燃型材料制作；

⑥ 对于双工况制冷机组，若机组在两种工况下对于冷却水温的参数要求有所不同，应分别进行两种工况下冷却塔热工性能的复核计算；

⑦ 冷却塔应能进行自动排污控制

冷却塔进塔水压：

① 进塔水压包括冷却塔水位差以及布水器等冷却塔的全部水流阻力（冷却水泵扬程＝系统阻力＋系统高差＋布水器进塔水压）；

② 有进塔水压要求的冷却塔的台数应与冷却水泵台数相对应，否则可以合用

冷水机组、冷却水泵、冷却塔或集水箱之间的位置和连接规定：

① 冷却水泵应自灌吸水，冷却塔集水盘或集水箱最低水位与冷却水泵吸水口的高差应大于管道、管件、设备的阻力（防止水泵入口负压产生气蚀）；如果高差较小时，应把冷水机组连接在冷却水泵的出水管端；

② 多台水泵与冷却塔采用集管连接时，每台冷却塔进水管和回水管上宜设与水泵连锁的电动阀；

续表

<table>
<tr><td rowspan="2">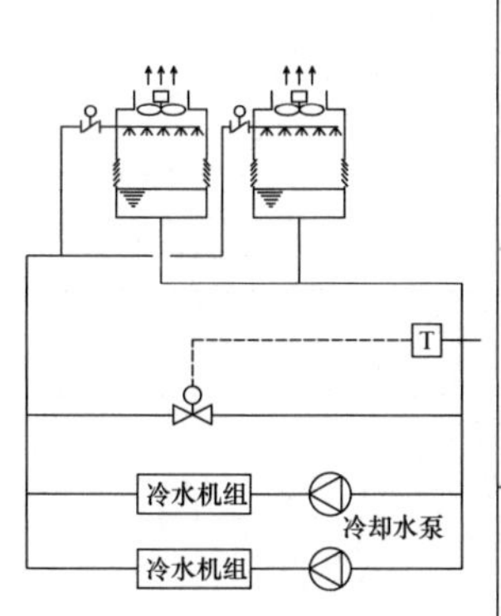
</td><td>③ 当每台冷却塔进水管上设置电动阀时，除设置集水箱或冷却塔底部为共用集水盘的情况外，每台冷却塔出水管上也应设置与冷却水泵连锁开闭的电动阀；
④ 多台冷却塔与冷却水泵或冷水机组之间通过共用集管连接时应使各台冷却塔并联环路的压力损失大致相同；
⑤ 冷却塔防止抽空措施：提高安装高度或加深存水盘（存水盘的设计水位与总管顶部的高差大于最不利环路冷却塔回水至最有利冷却塔回水支管与总管接口处的设计水流阻力）；设置连通管（在每个冷却塔底部设置专门的连通管，将各冷却塔存水盘连通）；
⑥ 当采用开式冷却塔时，冷却塔存水盘的水面高度必须大于冷却水系统内最高点的高度</td></tr>
<tr><td>集水箱安装位置：
当集水箱必须布置在室内时，集水箱宜设在冷却塔的下一层，且冷却塔布水器与集水箱设计水位之间不应超过 8m</td></tr>
</table>

10.15　空调水系统调节阀调节特性总结

1. 流通能力与阀权度计算

阀门流通能力：

$$C = \frac{316G}{\sqrt{\Delta P}}$$

其中，G——流体流量，m^3/h；ΔP——调节阀两端压差，Pa。计算压差旁通阀流通能力时，一级泵变流量机组定流量系统，按最大的单台冷水机组的额定流量取 G 值；一级泵变流量机组变流量系统，按各台冷水机组允许的最小流量中的最大值确定 G 值。

阀权度计算：

$$P_v = \frac{\Delta P_v}{\Delta P} = \frac{\Delta P_v}{\Delta P_b + \Delta P_v}$$

其中，ΔP 为系统总压降，ΔP_v 为阀门压降，ΔP_b 为串联调节设备压降。一般阀权度控制在 0.3～0.7。阀权度表明调节阀工作特性偏离理想特性的程度。

2. 调节阀控工作特性的选取

（1）蒸汽换热器，理想特性采用直线特性调节阀（当阀权度小于 0.6 时，控制阀应采用等百分比；当阀权度较大时，宜采用直线型阀门）。

（2）水换热器（水—水换热器、水—空气换热器：表冷器、冷热盘管）为非线性，采用等百分比型阀门（两通阀＋表冷器的组合尽可能实现线性调节）。

（3）蒸汽加湿控制阀：双位控制时—双位调节阀；比例控制—直线特性阀。

（4）压差旁通阀：工作特性与理想特性非常接近或者完全相同，所以压差旁通阀采用直线特性阀门。

10.16　空调系统的控制策略

1. 通风空调检测控制要求

通风和空调系统常用监测点及其要求如表10-12所示。

通风和空调系统常用监测点及其要求　　**表 10-12**

检测位置	信息点	参数要求
环境参数新风、室内、室外	温度	AI
	湿度	AI
室内	室内静压	AI
	有害气体浓度报警开关	DI
风阀（新风、回风、排风）	阀位反馈	AI
	开度调节	AO
	状态反馈	DI
	通断控制	DO
二次回风阀	阀位反馈	AI
	开度调节	AO
机组风道	排风温度	AI
	盘管后空气温度	AI
	盘管后空气湿度	AI
	风道末端压力	AI
	加热后空气温度	AI
	粗效过滤器压差	DI
	中效过滤器压差	DI
	风机压差	DI
	盘管温度防冻开关	DI
盘管	水阀阀位反馈	AI
	水阀开度调节	AO
加湿器（通断型）	状态反馈	DI
	通断控制	DO
加湿器（调节型）	阀位反馈	AI
	阀门开度调节	AO

检测位置	信息点	参数要求
风机（工频）	手/自动状态反馈	DI
	运行状态反馈	DI
	故障状态反馈	DI
	启停控制	DO
	用电量	AI
风机（变频）	手/自动状态反馈	DI
	运行状态反馈	DI
	故障状态反馈	DI
	启停控制	DO
	变频器状态反馈	DI
	变频器故障反馈	DI
	变频器自动控制	DO
	变频器转速反馈	AI
	变频器转速调节	AO
	用电量	AI
双速风机	手/自动状态反馈	DI
	低速运行状态反馈	DI
	高速运行状态反馈	DI
	低速故障状态反馈	DI
	高速故障状态反馈	DI
	低速启停控制	DO
	高速启停控制	DO
	用电量	AI
排风排烟风机	手/自动状态反馈	DI
	低速运行状态反馈	DI
	低速故障状态反馈	DI
	低速启停控制	DO
	用电量	AI

说明：本表引自国家标准图集《暖通空调系统的检测与监控（通风空调系统分册）》17K803。

2. 变风量空调系统常见控制策略

(1) 变风量空调系统的风量

变风量空调系统一般涉及4个风量：新风量W、回风量R、变风量空调系统送风量

O、变风量末端装置的一次风风量 O_i。上述风量的关系如图 10-3 所示，其中新风可以直引室外新风也可单设新风机组处理后接入变风量空调机组。

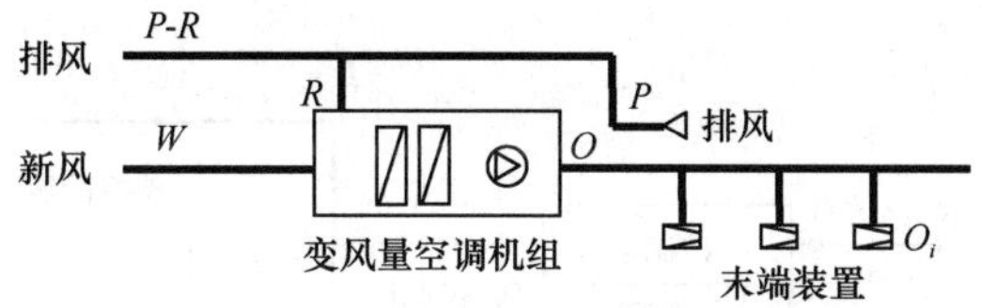

图 10-3　变风量空调系统组成以及风量示意图

系统送风量的范围：最大送风量根据系统逐时冷负荷综合最大值确定；最小送风量不小于系统最小新风量、气流组织要求的最小风量、末端装置风量调节范围最小值以及风机调速范围最小值（《变风量空调系统工程技术规程》JGJ 343—2014 第 3.4.4 条）。

变风量末端装置一次风风量范围：最大送风量根据空调区逐时显热负荷综合最大值和送风温差确定；最小值根据末端装置调节范围、控制区最小新风量以及气流组织要求确定。

（2）有关变风量末端的总结

变风量常见末端形式：单风道型 VAV 末端（见图 10-4）、风机动力型 VAV 末端。

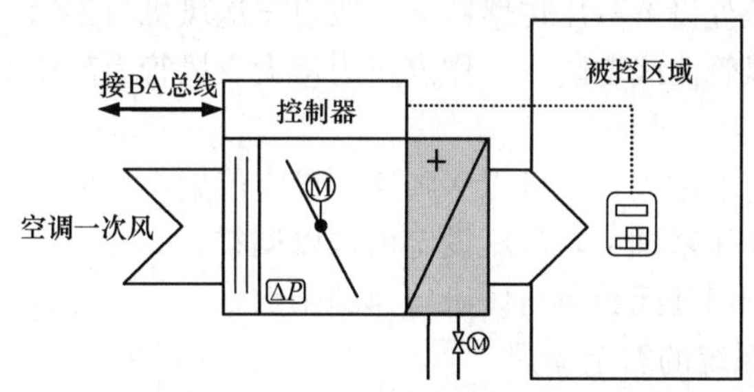

图 10-4　单风道 VAV 末端示意图

注：再热装置根据实际需要考虑是否增设，余同

单风道型 VAV 末端：实际为带有风速传感器和风量调节阀的调控装置，一般风阀开度可以反馈给楼宇控制系统风机动力型 VAV 末端：有串联型和并联型两种。

串联式风机末端：形式为变风量系统送风支管进入变风量末端后串联设置内置风机。运行时，无论何种工况内置风机始终运行，内置风机风量为系统一次风风量量与吊顶回风风量的和，且内置风机，总送风量恒定（见图 10-5）。

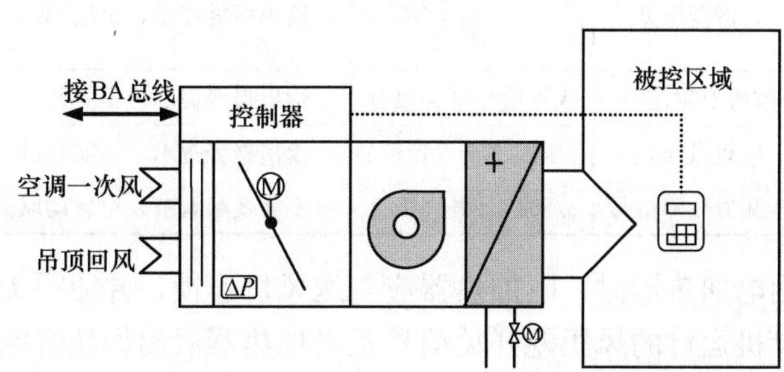

图 10-5　串联风机动力型 VAV 末端示意图

并联式风机末端：形式为变风量系统送风支管进入变风量末端后并联设置内置风机。运行时，内置风机仅在供冷小风量和供热时运行，供冷大风量时内置风机不运行，末端总送风量变化（见图10-6）。

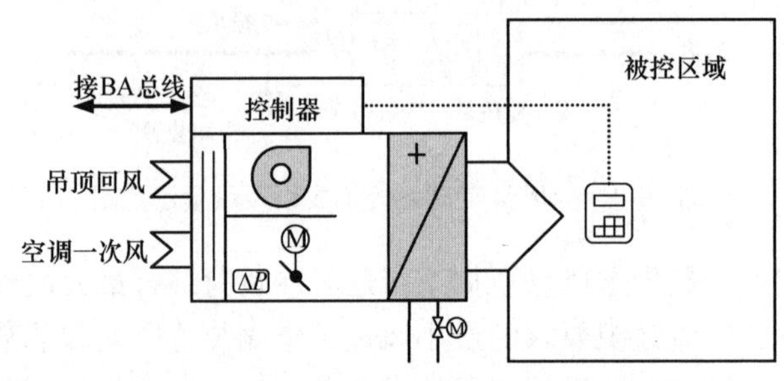

图10-6　并联风机动力型VAV末端示意图

（3）变风量空调系统的控制

变风量空调系统主要有定静压法、变定静压法、总风量法三种风量控制策略。

定静压法：

在送风管最低静压处设置静压传感器（一般设于送风机与最远末端装置间75%）。

末端阀门关闭→风管曲线变陡→工作点压力增大→风管内静压增大→达到设定值→降低转速。

缺点：若静压设定值过大，风机无法降速；设定值偏小，风机始终低速运行。

变静压法：在定静压基础上，静压设定值可以调整。

总风量法：设定阀门开闭数量与风机转速的函数。

3. 有关通风空调系统的安全保护

常用安全保护包括：盘管防冻保护、空气过滤器阻塞保护、风机故障报警与保护、风机丢转报警与保护、变频器故障报警与保护、电加热器保护。具体安全保护措施如表10-13所示。

通风空调系统常见安全保护　　表10-13

保护名称	信息点	触发条件	功能操作
盘管防冻保护	盘管温度	冬季工况，温度≤5℃	停止风机，关闭新风阀，热水阀全开并给出警报提示，可人工或自动恢复
空气过滤器阻塞保护	过滤器压差	压差≥2倍初阻力	给出报警提示，机组仍运行
风机故障报警与保护	风机故障信号	故障信号开关吸合	给出报警提示，不能开机
风机丢转报警与保护	风机风压差	压差小于设定值	给出报警提示，不能开机
变频器故障报警与保护	变频器故障信号	故障信号开关吸合	不能变频调节，可启动风机定速运行

空调系统中采用电加热器时，电加热器应与送风机连锁，并应设无风断电、超温断电保护装置（用监视风机运行的风压差开关信号及电加热器后面设超温断电信号与风机启停连锁）；电加热器必须采取接地及剩余电流保护措施，避免漏电造成触电类事故（《民规》第9.4.9条）。

10.17　气压罐的选型计算

1. 气压罐定压但不容纳膨胀水量的补水系统设计流程

（1）确定补水泵启动压力 P_1（《09 技术措施》第 6.9.7-2-3）条）

$$P_1 = H + A + 10\ (\text{kPa})$$

式中　H——补水箱与系统最高点间的高差，kPa；1kPa=9.8×mH_2O；

A——60℃<t≤90℃时取 10kPa，t≤60℃时取 5kPa。

（2）确定安全阀开启压力 P_4，取最高点允许工作压力，kPa（《09 技术措施》第 C.1.3 条）。

（3）系统膨胀水量开始流回补水箱时的压力，即电磁阀开启压力 P_3（《09 技术措施》第 6.9.7 条）。

$$P_3 = 0.9P_4\ (\text{kPa})$$

（4）补水泵停泵压力 P_2（《09 技术措施》第 6.9.7 条）：

$$P_2 = 0.9P_3\ (\text{kPa})$$

（5）由确定的 P_1 和 P_2 确定压力比 a_t（《09 技术措施》第 6.9.7-1 条）：

$$a_t = \frac{P_1 + 100}{P_2 + 100}$$

应综合考虑气压罐容积和系统的最高工作压力的因素，宜取 0.65～0.85。

（6）确定气压罐调节容积 V_t 或启停补水泵间维持水量（《09 技术措施》第 6.9.7-1 条）：

定速泵
$$V_t \geqslant G \times \frac{3}{60} \times 1000\ (\text{L})$$

变频泵
$$V_t \geqslant G \times \left(\frac{1}{4} : \frac{1}{4}\right) \times \frac{3}{60} \times 1000\ (\text{L})$$

式中　G——单台补水泵流量，m^3/h。

（7）确定系统最大膨胀水量 V_p（《09 技术措施》第 6.9.6 条）：

$$V_p = 1.1 \times \frac{\rho_1 - \rho_2}{\rho_2} \times 1000 \times V_C\ (\text{L})$$

其中，ρ_1 为水受热膨胀前的密度（kg/m^3，以题目为准，题目未提及时，供暖和空调热水加热前水温按 5℃计），ρ_2 为水受热膨胀后的密度（kg/m^3，供暖和空调热水加热后水温可按供回水温度算数平均值计算，空调冷水受热后按 30℃计），V_C 为系统水容量（可由《复习教材》表 1.8-8 确定）。

（8）补水泵选型：

水泵扬程确定（P 应高出系统补水点压力 30～50kPa）：

$$P = \frac{P_1 + P_2}{2}$$

水泵总流量为系统水容量的 5%，设置两台水泵，初期上水或事故补水保证总流量，平时补水运行 1 台水泵。

（9）气压罐最小总容积（《09技术措施》第6.9.7-1条）：

$$V \geqslant V_{\min} = \frac{\beta \times V_t}{1-a_t} \text{ (L)}$$

式中 $V_{\min}$——气压罐最小总容积，L。

2. 气压罐定压且容纳膨胀水量的补水系统设计流程

（1）确定补水泵启动压力 P_1 及无水时气压罐充气压力 P_0，与“不容纳膨胀水量”相同，$P_1=P_0$。

（2）确定安全阀开启压力 P_3，与“不容纳膨胀水量”的 P_4 相同。

（3）补水泵停泵压力 $P_{2,\max}$，与“不容纳膨胀水量”P_2 相同。

（4）确定气压罐调节容积 V_t，与“不容纳膨胀水量”V_t 相同。

（5）确定系统最大膨胀水量 V_p，与“不容纳膨胀水量”V_p 相同。

（6）确定气压罐能够吸纳的最小水容积 $V_{x\min}$（即启停补水泵间维持水量、系统最大膨胀量）：

$$V_{x\min} = V_t + V_p \text{ (L)}$$

（7）补水泵选型，与“不容纳膨胀水量”相同。

（8）气压罐最小总容积 $V_{z\min}$：

$$V_{z\min} = V_{x\min} \times \frac{P_{2,\max}+100}{P_{2,\max}-P_0}$$

（9）确定型号后复得实际设备的最小水容积 $V'_{x\min}$ 和实际调节容积 V'_t

气压罐实际能够吸纳的最小水容积：

$$V'_{x\min} = V_x = V'_{z\min} \times \frac{P_{2,\max}-P_0}{P_{2,\max}+100}$$

气压罐实际调节容积 V'_t：

$$V'_t = V'_{x\min} - V_p$$

例题：【2017-4-16】两管制空调水系统，设计供/回水温度：供热工况45℃/35℃、供冷工况7℃/12℃，在系统低位设置容纳膨胀水量的隔膜式气压罐定压（低位定压），补水泵平时运行流量为 $3m^2/h$，空调水系统最高位置高于定压点50m，系统安全阀开启压力设为0.8MPa，系统水容量 $V_c=5m^3$。假定系统膨胀的起始计算温度为20℃。问：气压罐最小总容积（m^3），最接近以下哪个选项？（不同温度时水的密度为：7℃，999.88kg/m^3；12℃，999.43kg/m^3；20℃，998.23kg/m^3；35℃，993.96kg/m^3；45℃，990.25kg/m^3）

(A) 0.6　　(B) 1.8　　(C) 3.0　　(D) 3.6

【解析】

确定已知条件，定速泵，$H=50m$，$G'=3m^3/h$，$P_3=0.8MPa=800kPa$，$V_c=50m^3$，$t_1=20℃$（起始温度），$t_2=45℃$（膨胀最大温度），对应的密度见题干。

确定气压罐调节容积 V_t：

$$V_t \geqslant G \times \frac{3}{60} \times 1000 = 3 \times \frac{3}{60} \times 1000 = 150L$$

确定系统最大膨胀水量 V_p：

$$V_p = 1.1 \times \frac{\rho_1 - \rho_2}{\rho_2} \times 1000 \times V_C$$

$$\Rightarrow V_p = 1.1 \times \frac{\rho_{20} - \rho_{30}}{\rho_{30}} \times 1000 \times V_C$$

$$\Rightarrow V_p = 1.1 \times \frac{998.23 - 992.1}{992.1} \times 1000 \times 50$$

$$\Rightarrow V_p = 339.56\text{L}$$

补水泵停泵压力 P_{2max}：

$$P_{2max} = 0.9P_3 = 0.9 \times 800 = 720\text{kPa}$$

确定无水时气压罐充气压力 P_0：

$$P_0 = 50 \times 9.8 + 5 = 495\text{kPa}$$

气压罐最小总容积 V_{zmin}：

$$V_{zmin} = V_{xmin} \times \frac{P_{2max} + 100}{P_{2max} - P_0} = (150 + 339.56) \times \frac{720 + 100}{720 - 495}$$

$$= 1784.2\text{L} \approx 1.8\text{m}^3$$

选 B。

第 11 章　制冷与热泵技术知识点总结

11.1　制冷性能系数总结

逆卡诺循环制冷效率：　$\varepsilon_c=\frac{T'_0}{T'_k-T'_0}$（注意 T 为开氏温度，K）

理论制冷效率：　$\varepsilon_{th}=\frac{\phi_0}{P_{th}}=\frac{q_0}{w_{th}}=\frac{h_1-h_4}{h_2-h_1}$

热泵循环：　$\varepsilon_h=\frac{\phi_h}{P}=\varepsilon_c+1$

性能系数：　$COP=\frac{\phi_0}{P_e}=\frac{M_{蒸发器}\cdot\Delta h}{\left(\Sigma\frac{M_i\omega_i}{\eta_i\eta_m}\right)_{全部压缩机}}$

一般蒸汽压缩制冷循环：$COP=\frac{M_{蒸发器}\cdot\Delta h}{M_{压缩机}\cdot\omega}=\frac{\Delta h}{\omega}$

基本制冷循环过程（见图 11-1～图 11-3）：

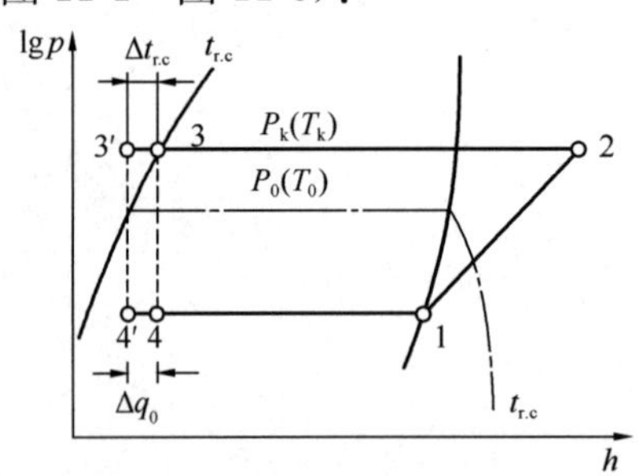

图 11-1　带过热过程的一级压缩循环

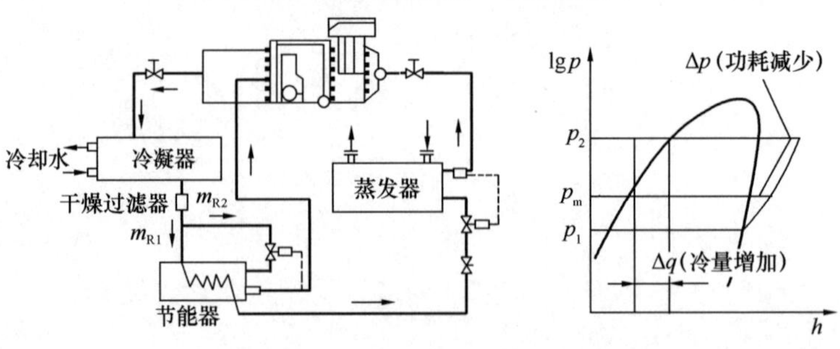

图 11-2　带节能器的一级压缩循环

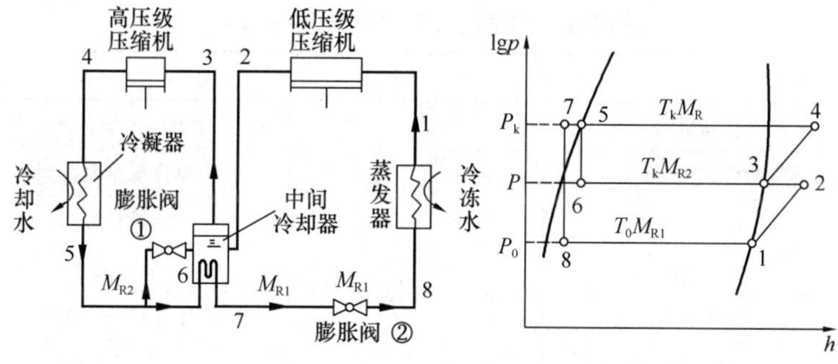

图 11-3　双级压缩循环

一级完全中间冷却：高级压缩机进口冷媒从中间冷却器直接进入。

一级不完全中间冷却：高级压缩机进口冷媒为低级压缩机出口与中间冷却器出口冷媒的混合。

一级节流与二级节流以工质自冷凝器出口至压缩机入口经过几个串联膨胀阀进行区分，一个膨胀阀为一级节流，串联两个为二级节流，并联两个膨胀阀依然为一级节流。

11.2　制冷热泵循环分析

此类分析的前提要看好题设变化的是蒸发温度还是冷凝温度，蒸发温度直接影响压缩比和吸气压力，冷凝温度一般只影响制冷系数（见图 11-4）。

1. 热工参数变化趋势（图 11-5 箭头方向为参数数值增大方向）

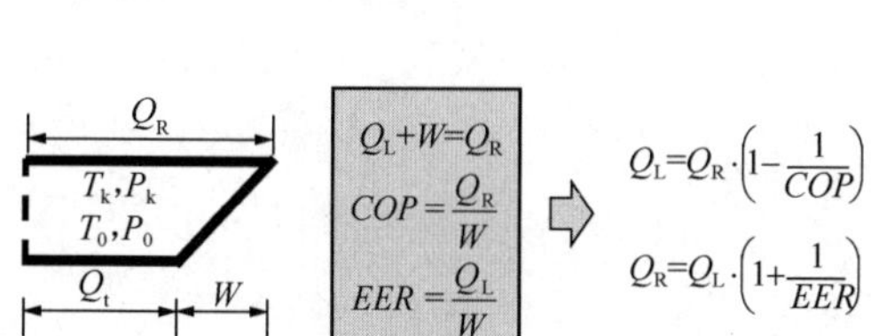

图 11-4　常用对应关系：（部分题目求解，根据题意可直接取等）

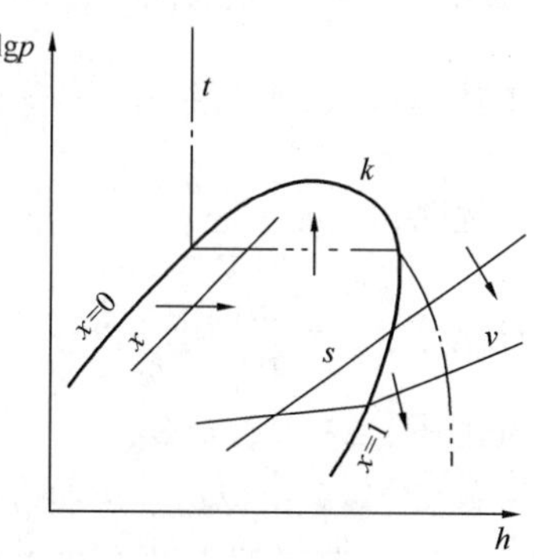

图 11-5　热工参数变化趋势

2. 冷凝温度和蒸发温度的影响因素（见表 11-1 和表 11-2）

冷凝温度和蒸发温度的影响因素　**表 11-1**

影响因素		冷凝温度变化	影响因素		蒸发温度变化
冷凝器	冷却水温度↑	↑	蒸发器	冷水温度↑	↑
	冷凝器结垢	↑		蒸发器结垢	↓
制冷剂	不凝性气体	↑	制冷剂	不凝性气体	↓
	制冷剂充注量↑	↑		制冷剂充注量↑	↓

注：1. 直接影响冷凝温度和蒸发温度的参数，只有冷却水/冷冻水参数和制冷剂情况；

2. 但凡是能影响到冷却水/冷冻水和制冷剂的情况，也都会影响到冷凝温度和蒸发温度。

冷凝温度和蒸发温度变化导致的影响　表 11-2

因素		变化	因素		变化
蒸发温度↓	比容（压缩机入口）	↑	冷凝温度↑	比容（压缩机入口）	—
	单位质量制冷量	↓		单位质量制冷量	↓
	压缩机耗功	↑		压缩机耗功	↑
	质量流量	↓		质量流量	—
	压缩机吸气温度	↓		压缩机排气温度	↑
	总制冷量	↓		总制冷量	↓
	制冷性能系数	↓		制冷性能系数	↓
	压缩比	↑		压缩比	↑

注：参考《复习教材》图 4.1-4、图 4.1-8。

3. 冷水机组制冷性能系数分析依据

$$\varepsilon=\frac{T_0}{T_k-T_0}$$

4. 热泵机组制热性能系数分析依据

$$\varepsilon_h=\frac{T_k}{T_k-T_0}$$

11.3　溴化锂吸收式制冷热泵机组相关总结

1. 溴化锂吸收式制冷四大性能系数

最大热力系数：$\xi_{max}=\frac{T_0}{T_e-T_0}\cdot\frac{T_g-T_e}{T_g}=\varepsilon_c\cdot\eta_c$（注意 T 为开氏温度，K）

热力完善度：$\eta_d=\frac{\xi}{\xi_{max}}$

循环倍率：$f=\frac{m_3}{m_7}=\frac{\xi_s}{\xi_s-\zeta_w}$

放气范围：$\Delta\xi=\xi_s-\xi_w$

热平衡：$Q_{冷凝器}+Q_{吸收器}=Q_{蒸发器}+Q_{发生器}$

其中，T_0—蒸发器中被冷却物的温度，K；T_g—发生器中热媒的温度，K；T_e—环境温度，K；m_7—制冷剂水蒸气流量；m_4—饱和浓溶液流量；m_3—稀溶液流量，$m_3=m_7+m_4$；ξ_s—稀溶液/吸收器出口浓度；ξ_w—饱和浓溶液/发生器出口浓度。

2. 溴化锂吸收式制冷热泵机组相关概念

（1）吸收式制冷机组与蒸汽压缩制冷机组可对照联想。吸收式机组的吸收器和发生器组成溶液浓度换热过程，替代了压缩时机组的压缩机。对于冷凝温度和蒸发温度对系统运行的影响可对照联想。

（2）单效型吸收式制冷机与双效型吸收式制冷机的差别，可对照单级压缩与双极压缩冷水机组的差别。

（3）溴化锂吸收式热泵分为第一类热泵与第二类热泵（见图 11-6、图 11-7），其区别除《复习教材》表 4.5-1 之外，原理上的区别在于加热热水的位置。第一类热泵加热热水由冷凝器和吸收器共同组成，第二类热泵加热热水仅在吸收器内。一类、二类吸收式热泵对比分析如表 11-3 所示。

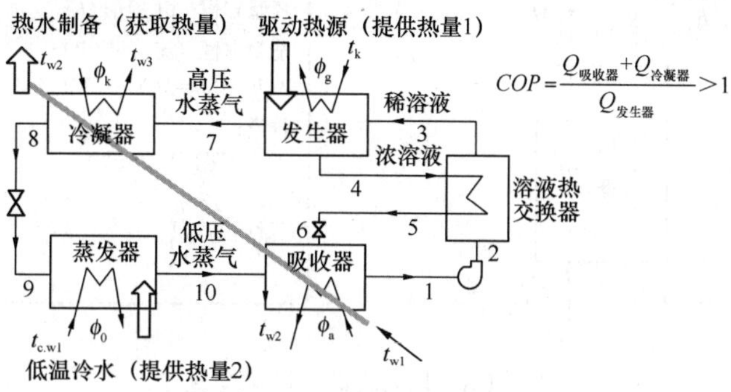

图 11-6 第一类吸收式热泵

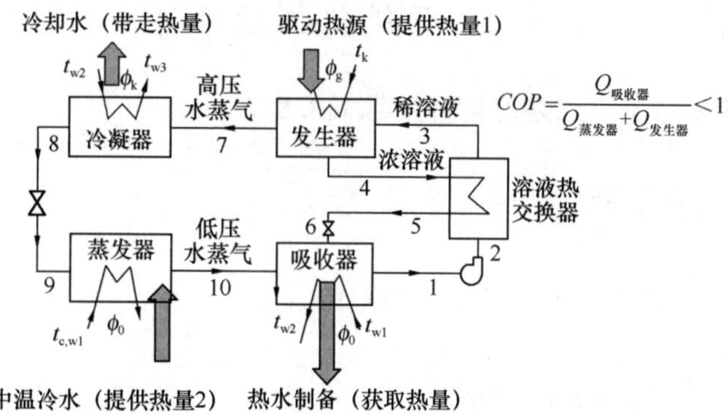

图 11-7 第二类吸收式热泵（升温型）

一类、二类吸收式热泵对比分析 **表 11-3**

序号	二类吸收式热泵	一类吸收式热泵
1	蒸发器和吸收器处在相对高压区，中温余热均进入	蒸发器和吸收器处在相对低压区，低温余热只进蒸发器，高温驱动热源仅进发生器
2	蒸发器吸收中低温度热使制冷剂蒸发	蒸发器可以利用低温余热使制冷剂蒸发
3	在吸收器中放出高温吸收热，可重新被利用	在冷凝器中凝结，将热量传给外部加以利用
4	吸收器与冷凝器进出管路分设，冷凝水进出水温在合适范围内科作为空调冷水使用	吸收器与冷凝器进出管路串联
5	$COP=\frac{Q_a}{Q_g+Q_0}<1$	$COP=\frac{Q_a+Q_k}{Q_g}>1$

11.4 回热器计算

回热器计算详见图 11-8。

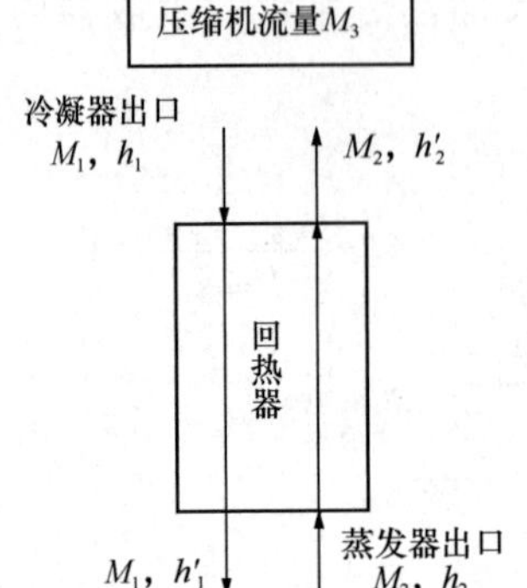

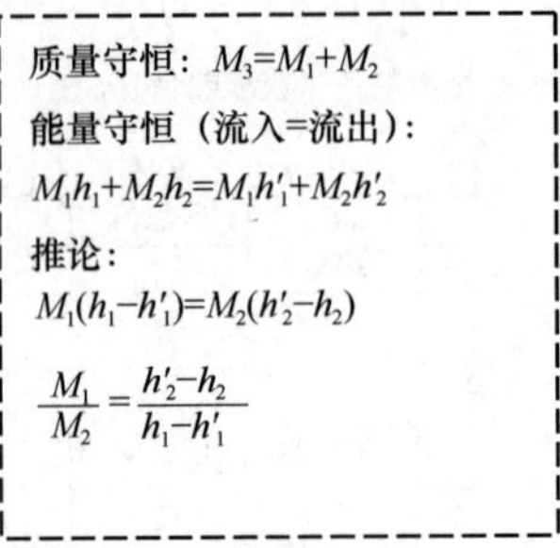

图 11-8 热回收器计算示意图

11.5 压缩机性能计算

1. 压缩机理论输气量（《复习教材》第 4.3.3 节）

活塞式：$V_h=\frac{\pi}{240}D^2SnZ \quad (m^3/s)$

转子式：$V_h=\frac{\pi}{60}n(R^2-r^2)LZ \quad (cm^3/s)$

螺杆式：$V_h=\frac{1}{60}C_nC_\varphi DLn \quad (m^3/s)$

涡旋式：$V_h=\frac{1}{30}n\pi P_hH(P_h-2\delta)\left(2N-1-\frac{\theta^*}{\pi}\right) \quad (m^3/s)$

2. 压缩机实际输气量

压缩机实际输气量

$$V_R=\eta_v\cdot V_h$$

压缩机质量流量：$M_R=\frac{\eta_v\cdot V_h}{\nu_2}$

容积效率：$\eta_v=0.94-0.085\left[\left(\frac{p_2}{p_1}\right)^{\frac{1}{m}}-1\right]$

其中，m 是多变指数，氨取 1.28，R22 取 1.18。

3. 压缩机耗功率（《复习教材》P614）

制冷设备各种功率关系如图 11-9 所示。

2016 年开始，《复习教材》已经取消了有关开式和闭式的差异计算，现在统一除以压缩机轴功率 P_e。

4. 压缩机制冷装置性能调节（见表 11-4）

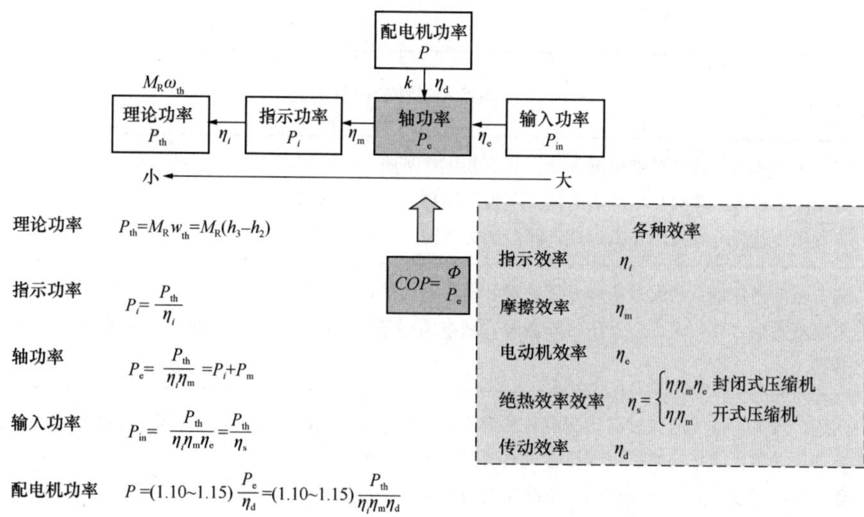

图 11-9　制冷设备各种功率关系图

压缩机制冷装置性能调节　　**表 11-4**

<table>
<tr><th>压缩机类型</th><th colspan="3">制冷装置性能调节方式</th></tr>
<tr><td rowspan="6">容积式制冷压缩机</td><td colspan="3">转速调节</td></tr>
<tr><td rowspan="5">容量调节</td><td>台数控制</td><td>用于控温精度不高场所</td></tr>
<tr><td>吸气节流</td><td>压缩机吸气管设调节阀，降低吸气压力增大吸气比容，减小制冷剂质量流量，改变制冷量。经济性差，适合制冷量较小的系统</td></tr>
<tr><td>排气旁通</td><td>压缩机进、排气管之间设旁通管，并设调节阀。减小系统制冷剂质量流量，降低制冷量。但是对蒸发器回油不利，且压缩机排气温度高</td></tr>
<tr><td>可变行程</td><td>常用于汽车空调，实现容量调节</td></tr>
<tr><td>吸气旁通</td><td>用于滚动转子式、螺杆式和涡旋式压缩机。减少压缩机制冷剂流量。相当于可变行程容量调节</td></tr>
<tr><td>离心式制冷压缩机</td><td colspan="3">叶轮入口导叶阀转角调节；
压缩机转速调节；
叶轮出口扩压器宽度调节；
热气旁通阀调节</td></tr>
<tr><td rowspan="2">冷凝压力调节</td><td colspan="3">冷凝压力/冷凝温度偏高：压缩比增大，容积效率减小，制冷量减小，耗功率增大，排气温度升高。
冷凝压力下降过低：导致膨胀阀供液动力不足，制冷量下降，系统回油困难</td></tr>
<tr><td colspan="3">冷却剂流量的调节：
水冷式冷凝器：水量调节阀；
风冷式冷凝器：风量调节（变转速、调节冷凝风扇台数、进出风口设调节阀）。
冷凝器传热面积调节（用于多联机，应设置足够大的高压贮液器）</td></tr>
</table>

续表

压缩机类型	制冷装置性能调节方式
蒸发压力调节	蒸发压力波动：被控对象精度降低，系统稳定性下降； 蒸发压力过低：导致系统能效降低，蒸发器结霜，冷冻水冻结； 蒸发压力过高：导致压缩机过载，除湿能力下降
	调节蒸发器容量：增大被冷却介质流量及蒸发器传热面积，使蒸发压力升高；反之，降低； 采用蒸发压力调节阀：蒸发压力降低时，减小阀门开度，使制冷剂流量减小，蒸发压力回升；反之，使之升高
制冷装置自动保护	问题：液击，排气压力过高，润滑油供应不足，蒸发器内制冷剂冻结，压缩机电动机过载。 高低压开关：防止压缩机排气压力过高及吸气压力过低； 油压差控制器：防止油压过低，压缩机润滑不良； 温度控制器：设在冷冻水管，防止冷冻水冻结；设在压缩机排气腔或排气管，防止排气温度过高，润滑恶化（控制压缩机降容或停机，回温后恢复正常运行）； 水流开关：设在进出水管间，当冷冻水/冷却水流量过低时停机保护，防止蒸发器冻结或冷凝压力过高； 吸气压力调节阀：设在压缩机吸气管，通过调节吸气流量，增大吸气比容，减小制冷剂循环量，防止吸气压力过高，压缩机过载； 给液管设电磁阀与压缩机联动（小型冷库）：防止压缩机停机后，高压侧液体进入蒸发器；防止压缩机启动过载

11.6 地源热泵系统适应性总结

1. 地源热泵适宜性总结（见表 11-5）

地源热泵适宜性研究 **表 11-5**

热泵形式			气候区				
			严寒 A	严寒 B	寒冷	夏热冬冷	夏热冬暖
地埋管地源热泵	办公建筑	单一式地源热泵	不适宜	较适宜	适宜	一般适宜	不适宜
		地埋管＋其他冷源	一般适宜	较适宜	适宜	较适宜	不适宜
	居住建筑	地埋管＋其他冷源	不适宜	不适宜	适宜	较适宜	不适宜
地下水源热泵	公共建筑		勉强适宜	较适宜	适宜	一般适宜	不适宜
	居住建筑		勉强适宜	一般适宜	适宜	较适宜	不适宜
江河湖水源热泵			技术经济分析			适宜	一般适宜
海水源地源热泵					南部适宜北部可以使用	南部较适宜北部一般适宜	—

说明：本表参考《民用建筑供暖通风与空气调节设计规范技术指南》。

2. 地埋管地源热泵热量平衡

按下式分别计算全年释热量和全年吸热量：

全年释热量：

$$E_1 = T_{制冷} \cdot Q_{释热量}$$

$$= T_{制冷} \cdot \left[Q_{冷水系统冷负荷} \times \left(1 + \frac{1}{EER}\right) + Q_{输送得热} + Q_{冷却水泵释热} \right]$$

全年吸热量：

$$E_2 = T_{制热} \cdot Q_{吸热量}$$

$$= T_{制热} \cdot \left[Q_{热水系统热冷负荷} \times \left(1 - \frac{1}{COP}\right) + Q_{输送失热} - Q_{换热水泵释热} \right]$$

其中，系统负荷包括空调冷热水系统中围护结构负荷、冷热水系统输送负荷和冷热水系统输送损失；输送得/失热表示制冷冷却水及制热冷冻水输送水管的损失。

地埋管长度计算：

(1) 当全年释热量和全年吸热量之比在 0.8～1.25 时，认为两者基本平衡；

(2) 两者平衡时，按照最大释热量和最大吸热量较大者，作为地埋管换热器长度；

(3) 两者不平衡时，取计算长度较小者为地埋管换热器长度，并增设辅助冷(热)源。

3. 案例计算图

(1) 制冷工况下计算图如图 11-10 所示。

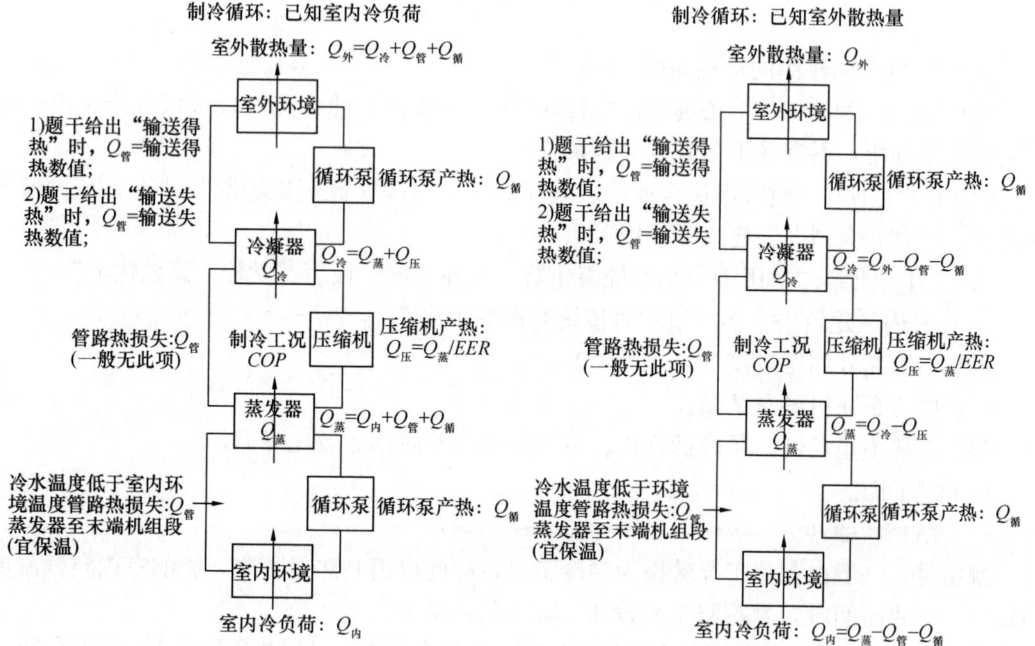

图 11-10　制冷工况下地埋管地源热泵计算图

（2）制热工况下计算图如图11-11所示。

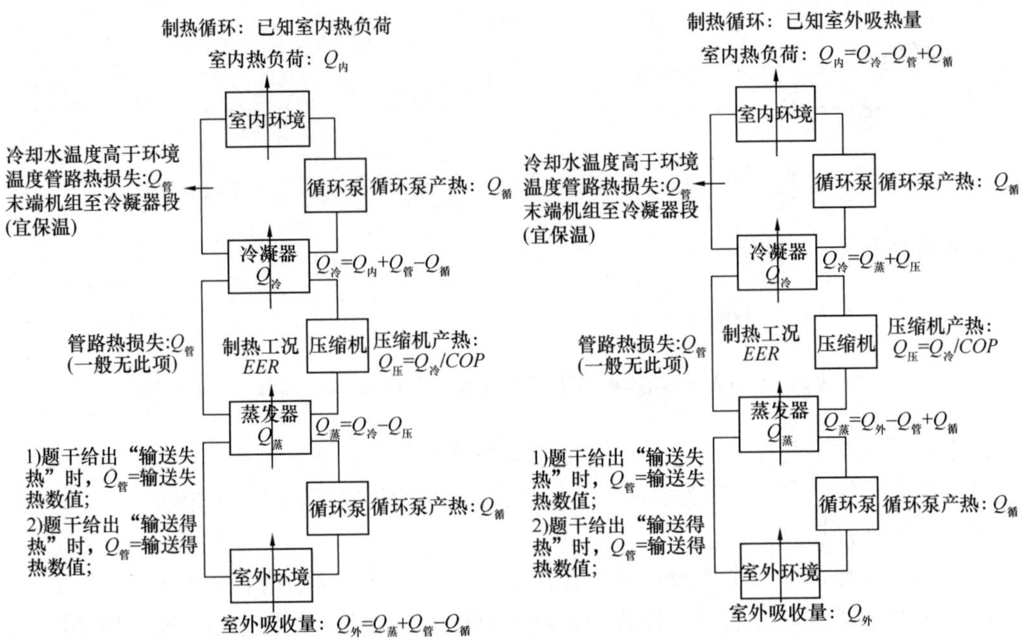

图11-11　制热工况下地埋管地源热泵计算图

11.7　多联式空调系统相关问题总结

1. 多联机空调机组的适用条件：

（1）《民规》第7.3.11条规定：“空调区内震动较大、油污蒸汽较多以及产生电磁波或高频波等场所，不宜采用多联机空调系统”。

（2）《红宝书》：“通常不适合商场、展厅、候车室等人员密集场所”，“不宜在大型公共建筑，特别是大型办公建筑中采用”。

（3）《红宝书》：“适用于中小型规模建筑，如办公楼、饭店、学校、高档住宅”。

2. 在有内区建筑中，多联机相对传统空调的劣势

（1）不能充分利用过渡季自然风降温。

（2）风冷多联机冬季结霜。

（3）制热不稳定性、制冷剂管长、室内外机高差使得能效比降低。

3. 常考问题

（1）结霜问题（空气源热泵冬季运行共性问题）

融霜时，一般由制热工况转换为制冷工况，如此机组制热量下降，影响室内空气温度稳定性。融霜时间段，融霜修正系数高（实际制热量越大）。

产生原因：换热盘管低于露点温度时，翅片上就会结霜（《民规》第8.3.1条文说明）。

（2）配管长度与室内外机高差

《多联机空调系统工程技术规程》JGJ 174—2010第3.4.2条：

基本要求：配管长度可以保证制冷工况下满负荷性能系数不低于 2.8；

最低要求：技术参数无法满足要求时，冷媒管等效长度不宜超过 70m。

《公建节能》第 4.2.18 条：除具有热回收功能型或低温热泵型多联机系统外，多联机空调系统的制冷剂连接管等效长度应满足对应制冷工况下满负荷时的能效比（*EER*）不低于 2.8 的要求。

11.8　有关 *COP*、*SCOP* 及 *IPLV* 的总结

1. *COP* 的正确认识

《民规》第 8.2.3 条：冷水机组的选型应采用名义工况制冷性能系数（*COP*）较高的产品，并同时考虑满负荷和部分负荷因素。

不可单一表述为"应选用 *COP* 较高的设备"，只能表述为"选用 *COP* 较高并考虑 *IPLV* 值"

2. 空调系统的电冷源综合制冷性能系数（*SCOP*）的计算

《公建节能》第 4.2.12 条中对空调系统提出了"空调系统的电冷源综合制冷性能系数（*SCOP*）"的要求，*SCOP* 是电驱动的制冷量与制冷机、冷却水泵及冷却塔净输入能量之比，反映了冷源系统效率的高低（《公建节能》第 2.0.10 条及条文说明）。

制冷机组机组选型相同时，限值不应低于《公建节能》表 4.2.12。*SCOP* 按下式计算：

$$SCOP=\frac{Q_c}{E_e}$$

其中，Q_c—冷源设计供冷量，kW；E_e—冷源设计耗电功率，见表 11-6。

不同机组类型的冷源设计耗电功率计算　　表 11-6

机组类型	冷源设计耗电功率
水冷式机组 （离心式、螺杆式、涡旋/活塞式）	E_e=冷水机组+冷却水泵+冷却塔
风冷式机组	E_e=冷水机组+冷却水泵+冷却塔+放热侧冷却风机电功率
蒸发冷却式机组	E_e=冷水机组+冷却水泵+冷却塔+放热侧冷却风机电功率+水泵+风机

注：E_e 不包括"冷冻水循环泵"的耗功率；所有参数均为名义工况下的参数。

制冷机组选型不同时，应按制冷量加权计算，如下式：

$$SCOP=\Sigma(Q_i/P_i)\geqslant\Sigma(\omega_i\cdot SCOP_i)$$

其中，Q_i—第 i 台电制冷机组的名义制冷量，kW；P_i—第 i 台电制冷机组名义工况下的耗电功率和配套冷却水泵和冷却水塔的总耗电量，kW；$SCOP_i$—查《公建节能》表 4.2.12，取对应制冷机组的电冷源综合制冷性能系数；ω_i—第 i 台电制冷机组的权重，$\omega_i=Q_i/\Sigma Q_i$

说明：(1) 不等式左边为设计的 *SCOP*，右边为最低限制。

(2) Q_i应采用名义工况运行条件下的技术参数，当设计与此不一致时，应修正。一般情况下题目会直接给出名义工况的制冷量和耗电功率。

（3）机组耗电功率可采用名义制冷量除以名义性能系数(*COP*)获得。

（4）冷却塔风机配置电功率，按实际参与冷却塔的电机配置功率计入。

（5）冷却水泵的耗电功率按设计水泵流量、扬程和水泵效率计算，当给出设备表时直接按设备表选取。

$$P=\frac{G\cdot H}{367.3\eta_b\eta_m}$$

其中，G—设计要求水泵流量，m^3/h；H—水泵扬程，mH_2O；η_b—水泵效率，%。

（6）*SCOP*太低，系统能效必然低，但是实际运行不是*SCOP*越高，系统能效一定越好。

（7）*SCOP*的目的是督促重视节能，但是*SCOP*数值的高低不能直接判别机组选项和配置是否合理。

（8）*SCOP*计算没有冷冻水泵。

（9）*SCOP*不适用地表水、地下水或地埋管等循环水通过换热器换得冷却水的冷源系统。

案例求解关键性步骤说明：

（1）关于水泵公式：η_b表示水泵样本效率，m表示机械效率，题目未给出机械效率时可按1考虑。

$$N=\frac{GH}{367.3\eta}=\frac{GH}{367.3\times\eta_m\times\eta_b}$$

（2）*SCOP*是针对冷源侧的能耗问题，因此*SCOP*中不计入空调水水泵能耗。

考虑能耗包括：机组能耗、冷却水水泵能耗、冷却塔能耗。

（3）关于*SCOP*限值的冷量平均。

$$SCOP_b=\frac{Q_1SCOP_{b.1}+Q_2SCOP_{b.2}+Q_3SCOP_{b.3}}{Q_1+Q_2+Q_3}$$

（4）判别：实际冷机系统的*SCOP*应大于或等于规定系统的*SCOP*限值。

【*SCOP*参考例题】

（1）某商业综合体空调冷源采用一台螺杆式冷水机组1408kW和三台离心式冷水机组3164kW，空调冷水泵、冷却水系统的冷却水泵与冷却塔与制冷机组一一对应，具体参数如表11-7所示。试计算该综合体空调系统的电冷源综合制冷性能系数为下列何项？(电机效率与传动效率为0.88)

设备参数表 **表11-7**

制冷主机				空调水泵			
压缩机类型	额定制冷量(kW)	性能系数(*COP*)	台数	设计流量(m^3/h)	设计扬程(mH_2O)	水泵效率	台数
螺杆式	1408	5.71	1	245	35	75%	1
离心式	3164	5.93	3	545	35	75%	3

续表

制冷主机		冷却水泵				冷却水塔		
压缩机类型	台数	设计流量（m^3/h）	设计扬程（mH_2O）	水泵效率（%）	台数	名义工况下冷却水量（m^3/h）	样本风机配置功率（kW）	台数
螺杆式	1	285	30	75	1	350	15	1
离心式	3	636	32	75	3	800	30	3

(A) 4.34　　(B) 4.49　　(C) 4.87　　(D) 5.90

【参考答案】C

【解析】冷源设计供冷冷量为：$Q_C = 1408 + 3164 \times 3 = 10900\text{kW}$。

螺杆机和离心机冷却水泵耗功率分别为：

$$N_1 = \frac{G_1 H_1}{367.3\eta_1} = \frac{285 \times 30}{367.3 \times 0.88 \times 0.75} = 35.3\text{kW}$$

$$N_2 = \frac{G_2 H_2}{367.3\eta_2} = \frac{636 \times 32}{367.3 \times 0.88 \times 0.75} = 84\text{kW}$$

冷源设计耗电功率为：$E_C = \frac{1408}{5.71} + \frac{3164 \times 3}{5.93} + 35.3 + 84 \times 3 + 15 + 30 \times 3 = 2239.6\text{kW}$。

根据《公建节能》第 2.0.11 条及条文说明，有：

$$SCOP = \frac{Q_C}{E_C} = \frac{10900}{2239.6} = 4.87$$

选项 C 正确。

(2) 接上题，若该商业综合体位于北京市，试计算电冷源综合制冷性能系数限值并判断该空调系统是否满足相关节能标准要求？

(A) 4.49，不满足节能要求　　(B) 4.49，满足节能要求

(C) 4.57，不满足节能要求　　(D) 4.57，满足节能要求

【参考答案】B

【解析】北京属于寒冷地区，根据《公建节能》第 4.2.12 条，螺杆机 *SCOP* 限值为 4.4，离心机 *SCOP* 限值为 4.5，按照冷量加权，系统限值为：

$$SCOP_0 = \frac{1408}{10900} \times 4.4 + \frac{3164 \times 3}{10900} \times 4.5 = 4.49 < 4.87$$

满足节能要求，选项 B 正确。

3. 综合部分负荷性能系数（*IPLV*）的计算

《公建节能》第 4.2.13 条重新定义了 *IPLV* 计算式：

$$IPLV = 1.2\% \times A + 32.8\% \times B + 39.7\% \times C + 26.3\% \times D$$

其中，A、B、C、D 对应负荷率和相关参数如表 11-8 所示。

综合部分负荷性能系数的计算参数和相关参数　　**表 11-8**

性能系数	对应负荷率	冷却水进水温度	冷凝器进气干球温度
A	100%	30℃	35℃
B	75%	26℃	31.5℃
C	50%	23℃	28℃
D	25%	19℃	24.5℃

IPLV 的适用范围：

（1）*IPLV* 只能用于评价单台冷水机组在名义工况下的综合部分负荷性能水平。

（2）*IPLV* 不能用于评价单台冷水机组实际运行工况下的运行水平，不能用于计算单台冷水机组的实际运行能耗。

（3）*IPLV* 不能用于评价多台冷水机组综合部分负荷性能水平。

关于 *IPLV* 使用和理解的误区的说明：

（1）*IPLV* 的 4 个部分负荷工况权重系数，不是 4 个部分负荷对应的运行时间百分比。

（2）不能用于 *IPLV* 计算冷水机组全年能耗，或用 *IPLV* 进行实际项目中冷水机组的能耗分析。

（3）不能用 *IPLV* 评价多台冷水机组系统中单台或冷机系统的实际运行能效水平。

当机组样本只给出设计工况（非名义工况）的 *NPLV* 及 COP_n 值时，需要折算回 *IPLV* 和标准工况的 *COP* 进行评判，其中水冷离心式机组可按照《公建节能》第 4.2.11 条条文说明公式（2）～（8）折算 *IPLV* 和标准工况的 *COP*。此组公式仅适用于水冷离心式机组。

4. 各种冷热源能效限值要求情况总结（见表 11-9）

各种冷热源能效限值要求情况总结　　**表 11-9**

冷热源	限值参数	规范条文
锅炉	热效率	《公建节能》第 4.2.5 条
电机驱动的蒸汽压缩循环冷水（热泵）机组	性能系数①②（*COP*） 综合部分负荷性能系数②（*IPLV*）	《公建节能》第 4.2.10 条、第 4.2.11 条
空调系统	电冷源综合制冷性能系数①（*SCOP*）	《公建节能》第 4.2.12 条
单元式空气调节机（Q>7.1kW 电机驱动，风管式送风，屋顶式）	能效比 *EER*①	《公建节能》第 4.2.14 条
多联式空调（热泵）机组	制冷综合性能系数 *IPLV*（C）①	《公建节能》第 4.2.17 条
直燃型溴化锂吸收式冷（温）水机组	性能系数①	《公建节能》第 4.2.19 条

① 在名义制冷工况和规定条件下计算。

② 水冷变频离心式和水冷变频螺杆式机组的 *COP* 与 *IPLV*，注意相关性能系数的限值需按表列值乘以系数，详见相关条文。

11.9　各类制冷压缩机的特性对比

各类制冷压缩机的特性对比如表 11-10 所示。

各类制冷压缩机的特性对比　　**表 11-10**

	活塞式压缩机	滚动转子式压缩机	螺杆式压缩机	涡旋式压缩机	离心式压缩机
类型	容积型—往复式	容积型—回转式			速度型
单机功率	0.1～150kW	0.3～20kW	三转子 1055～1913kW	0.75～22kW	最大可达 30MW
封闭方式	开启、半封闭、全封闭		开启、半封闭、全封闭		开启、半封闭、全封闭
余隙容积	有	有	无	无	无
容量调节方式	气缸数量调节	变频调节； 吸气旁通； 间断停开	滑阀调节 10%～100%连续调节； 柱塞阀调节（半封闭常用）； 变频调节	变频调节（电机变速）； 直流变速，更好； 交流变频； 数码涡旋（机械调节）	进口导流叶片调节； 出口扩压管宽度可调； 变频调节； 热气旁通调节
吸气阀	有	无	无	无	无
排气阀	有	有	无	无	无
经济器	无	无	双螺杆，可设	可设	多级压缩，可设
润滑方式	飞溅润滑 压差供油		压差供油 油泵供油	数码涡旋 无需油分离器	磁悬浮＋变频机型 无需润滑油
密封要求及精度要求	半封闭：螺栓连接密封（不完全消除泄漏）； 全封闭：焊接密封，装配要求高	气缸密封要求高 精度高，需大批量生产条件	双转子：压缩腔内喷油密封（开启式体积大，精度高）； 单转子：树脂材料制作精度高； 三转子：精度高，前景好	轴向和径向柔性密封； 高精度加工及装配条件	结构复杂，装配难度大； 精度高，要求严
压缩比与容积效率	压缩比≤8～10 容积效率低	压缩比较大时，容积效率和等熵效率比活塞式高	压缩比为 20 时，容积效率变化不大 容积效率较高，无液击危险	容积效率高 可以带液运行	见《09 技措》P130 各类型机组比较表，P133～134 离心和螺杆机组比较表

续表

	活塞式压缩机	滚动转子式压缩机	螺杆式压缩机	涡旋式压缩机	离心式压缩机
其他	惯性大	720°回转，减少了流动损失	无往复惯性，变工况时用可变容积比压缩机。单螺杆在50%～100%部分负荷下节能	数码涡旋可以再10%～100%范围内连续调节	低负荷下易喘振。磁悬浮和防喘振离心机可在10%低负荷下客服喘振

容积效率：螺杆式＞涡旋式＞滚动转子＞活塞式。

等熵效率：涡旋式＞滚动转子＞活塞式（压缩比大于3时）。

11.10 离心机喘振原因总结

离心式压缩机在低负荷下运行时（额定负荷的25%以下），容易发生喘振，造成周期性的增大噪声和振动。但磁悬浮型离心式压缩机以及有防喘振专利技术的离心式压缩机，克服发生喘振的能力好，低负荷可为额定负荷的10%。

“喘振”为离心机的固有特性，其他机组没有！产生喘振的原因：

（1）主要是由于制冷剂的“倒灌”产生的！产生倒灌的内部原因是负荷过低（制冷剂流量突然变低，导致突变失速，离心机出口瞬时压力变低，而冷凝器中的压力还没反应过来，这样导致制冷剂从冷凝器中倒灌进入压缩机）和冷凝压力过高（冷凝压力过高，超过压缩机出口排气压力，冷凝器中制冷剂气体会倒灌进入压缩机）。

（2）冷凝器积垢导致的喘振：冷凝器换热管内表水质积垢（开式循环的冷却水系统最容易积垢），而导致传热热阻增大，换热效果降低，使冷凝温度升高或蒸发温度降低，另外，由于水质未经处理和维护不善，同样造成换热管内表面沉积砂土、杂质、藻类等物，造成冷凝压力升高而导致离心机喘振发生。

（3）制冷系统有空气导致的喘振：当离心机组运行时，由于蒸发器和低压管路都处于真空状态，所以连接处极容易渗入空气，另外空气属不凝性气体，绝热指数很高（为1.4），当空气凝聚在冷凝器上部时，造成冷凝压力和冷凝温度升高，而导致离心机喘振发生。

（4）冷却塔冷却水循环量不足，进水温度过高等。由于冷却塔冷却效果不佳而造成冷凝压力过高，而导致喘振发生。

（5）蒸发器蒸发温度过低：由于系统制冷剂不足、制冷量负荷减小，球阀开启度过小，造成蒸发压力过低而喘振。

（6）关机时未关小导叶角度和降低离心机排气口压力。当离心机停机时，由于增压突然消失，蜗壳及冷凝器中的高压制冷剂蒸气倒灌，容易喘振。

11.11 制冷设备及管道坡向坡度总结

制冷设备及管道坡向坡度总结如表11-11所示。

制冷设备及管道坡向坡度总结　　**表 11-11**

管道名称		坡度方向	坡度参考值
氟利昂	压缩机进气/吸气水平管	压缩机	≥0.01
	压缩机排气管	油分离器或冷凝器	≥0.01
氨	压缩机进气水平管	蒸发器	≥0.003
	压缩机吸气管	液体分离器或低压循环贮液器	≥0.003
	压缩机吸气管	蒸发器	≥0.003
	压缩机排气	油分离器或冷凝器	≥0.01
	压缩机至油分离器的排气管	油分离器	0.003～0.005
	冷凝器至贮液器的出液管	贮液器	0.001～0.005
	与安装在室外冷凝器相连接的排气管	冷凝器	0.003～0.005
	液体分配站至蒸发器（排管）的供液管	蒸发器（排管）	0.001～0.003
	蒸发器（排管）至气体分配站的回气管	蒸发器（排管）	0.001～0.003
R22	压缩机吸气管	压缩机	≥0.02
	压缩机排气管	油分离器或冷凝器	≥0.01
	壳管式冷凝器至储液器的排液管	储液器	≥0.01
其他①	压缩机排气水平管	油分离器	≥0.01
	冷凝器水平供液管	贮液器	0.001～0.003
	冷凝器贮液器的水平供液管	贮液器	0.001～0.003
	油分离器至冷凝器的水平管	油分离器	0.003～0.005
	机器间调节站的供液管	调节站	0.001～0.003
	调节站至机器间的加气管	调节站	0.001～0.003

① 表示氟利昂、氨、R22 的管道类型中未包含的部分，参见“其他”。

11.12　制冷装置常见故障及其排除方法

制冷装置常见故障及其排除方法如表 11-12 所示。

制冷装置常见故障机及其排除方法　　**表 11-12**

故障情况	主要原因	排除方法
吸气压力过低而吸气温度过高	膨胀阀或过滤干燥器堵塞，制冷剂循环量不足	清洗膨胀阀或过滤干燥器
	分液器部分管路堵塞	拆下分液器，通气试验
	制冷剂充加量过少或已泄漏	寻找泄漏点，补足制冷剂
	膨胀阀容量过小或失控	更换合适的膨胀阀
吸气压力和吸气温度均过低	蒸发器面积过小	增大蒸发器面积
	蒸发器结霜或积灰过厚	清除蒸发器表面的结霜与积灰
	温度继电器失控，被冷却介质低于设计温度	检修或更换温度继电器

续表

故障情况	主要原因	排除方法
吸气压力和吸气温度均过高	低压吸气阀片损坏	更换吸气阀片
	冷负荷过大	适当减少冷负荷。如果仍不能降低吸气压力和温度，可能是由于选用的制冷装置冷量过小
排气压力过高	冷却水或风量不足	增大水量或风量
	冷却水温或风温过高	检查原因，降低水温或风温
	冷凝器传热面积过小	适当增大传热面积或更换冷凝器
	冷凝器传热面积被污染	清洗传热面积
	制冷系统内有空气	按操作要求排出空气
	制冷剂充加量过多	回收部分制冷剂
	冷负荷过大	适当减少冷负荷
	油分离器部分堵塞	排除堵塞
排气压力过低	冷却水量或风量过大	适当调小水量或风量
	冷却水温或风温过低	适当调小水量或风量
	制冷剂循环量过少	检查膨胀阀，过滤干燥器是否堵塞，或者制冷剂泄漏
	高压或低压吸气阀片损坏	更换阀片

11.13　空调系统的经济运行

描述空调系统、制冷系统的节能问题有各种限值参数。已知的 *ECHR*、*COP*、*SCOP*、*IPLV* 等参数可以直接从《公共建筑节能设计标准》查取。但如制冷系统能效、冷却水输送系数等概念，从注册考试的角度，只有《空气调节系统经济运行》GB/T 17981—2007 附录 1 给出的规定，考试中应以此定义为标准进行计算。实际工程和研究中，还有其他各种描述方式，不建议将非规范规定的内容纳入考试的范围。

对于各部分能效评价和相关限值如何考虑机组、冷水、冷却水以及末端电量的问题，参考图 11-12，具体计算方法请直接查阅《空气调节系统经济运行》GB/T 17981—2007 有关内容。

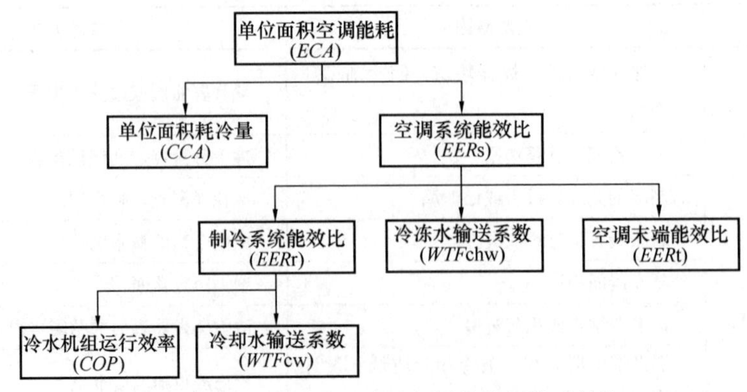

图 11-12　空调系统经济运行评价指标体系结构

上述空调系统经济运行评价体系完全适合电驱动水冷式冷水机组的空调系统。当系统冷源不同时，部分指标不适用，具体如表 11-13 所示。

空调系统经济运行评价指标的适用范围（针对不同的冷源）　表 11-13

指标名称	电驱动冷水机组		吸收式冷水机组
	水冷式	风冷式	
ECA	适用	适用	适用
CCA	适用	适用	适用
*EER*s	适用	适用	不适用
*EER*r	适用	适用	不适用
*EER*t	适用	适用	适用
*WTF*chw	适用	适用	适用
*WTF*cw	适用	不适用	适用
COP	适用	不适用	适用

11.14　冷热电三联供系统相关总结

冷热电三联供热量转移示意图如图 11-13 所示。

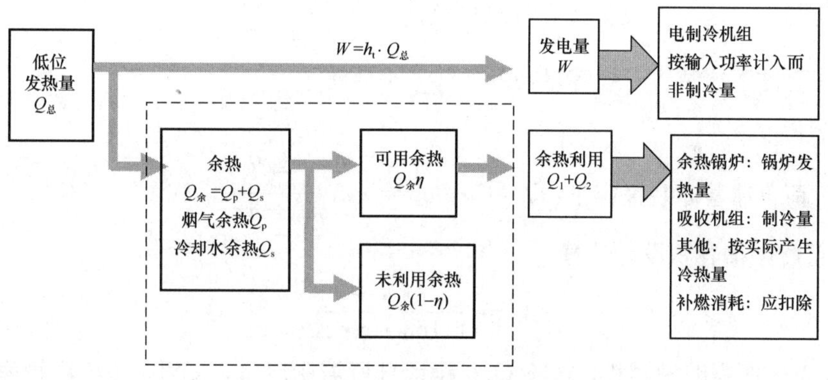

图 11-13　冷热电三联供热量转移示意图

（1）年平均能源综合利用率

$$\nu=\frac{W+Q_1+Q_2}{Q_{总}}\times 100\%$$

$$=\frac{W+((Q_{余}\ \eta)k_{吸收}-Q_{1.补})+((Q_{余}\ \eta)\eta_{2.锅炉}-Q_{2.补})}{Q_{总}}\times 100\%$$

（2）年平均余热利用率

$$\mu=\frac{Q_1+Q_2}{Q_p+Q_s}\times 100\%$$

（3）发电量 W 与发热量 Q 的单位为 MJ，是能量单位，非功率单位。1kWh=3.6MJ。

11.15 蓄冷相关问题总结

1. 蓄冷系统对比

水蓄冷年制冷用电低，供水温度高，适用于利用已有消防水池的已有建筑，维护费用更低，投资回收期短。

冰蓄冷蓄冷密度大，蓄冷储槽小，冷损耗小，供水温度（冷冻水温度）低，节费不节能。

2. 冰蓄冷特点

削峰填谷，减低运行费用，初投资高；

机载制冷剂：有固定稳定冷负荷，设置机载制冷剂；

串并联系统：降低供水温度，可并联系统；

节能计算与其他制冷技术不同。

3. 水蓄冷特点

绝热处理：保证由底部传入的热量必须小于从侧壁传入的热量。

4. 冰蓄冷计算

参考《复习教材》第4.7.1节第3条“蓄冷系统的基本运行方式”，区分全负荷蓄冰与部分负荷蓄冰。注意区分《复习教材》式（4.7-1）和式（4.7-2）中“Q——设备选用日总冷负荷”与“Q_d——设备计算日总冷负荷”。

全负荷蓄冰蓄冰装置有效容量：$Q_s=\sum_{i=1}^{24}q_i=n_ic_fq_c$

部分负荷蓄冰蓄冰装置容量：$Q_s=n_ic_fq_c=n_ic_f\dfrac{\sum_{i=1}^{24}q_i}{n_2+n_ic_f}$

5. 水蓄冷贮槽容积设计计算

$$V=\frac{Q_s\cdot P}{1.163\cdot\eta\cdot\Delta t}$$

其中，V—所需贮槽容积，m^3；Q_s—设计日所需制冷量，kWh；P—容积率，一般为1.08～1.30；η—蓄冷槽效率，见《复习教材》式（4.7-11）、表4.7-8；Δt—蓄冷槽可利用进出水温差，一般为5～8℃。

11.16 冷 库

1. 冷库热工

计算方法，参考《复习教材》第3.10节保温与保冷计算相关内容。

注意冷库问题温度选取（《复习教材》第4.8.7节第1条，《冷库设计规范》GB 50072—2010第3.0.7条）：

计算围护结构热流量：室外温度—夏季空调室外计算温度日平均值，t_{wp}；

计算围护结构最小热阻：室外相对湿度取最热月平均相对湿度；

计算开门热流量/通风换气流量：室外计算温度采用夏季通风室外计算温度；

室外相对湿度采用夏季通风室外计算相对湿度；

计算内墙和楼面：围护结构外侧温度取邻室室温（冷却间 10℃，冻结间－10℃）；

地面隔热层外侧温度：有加热装置，取 1～2℃；

无加热装置/架空层，外侧采用夏季空调日平均温度，t_{wp}。

2. 冷库工艺

冷库大小（计算吨位），计算见《复习教材》第 4.8.3 节，《冷库设计规范》GB 50072－2010 第 3.0.2 条。

$$G = \sum V_i \rho_s \eta / 1000 \qquad (吨, t)$$

进货量计算见《复习教材》第 4.9.1 节，《冷库设计规范》GB 50072－2010 第 6.1.5 条。

果蔬冷藏间　$m \leqslant 10\% G$

鲜蛋冷藏间　$m \leqslant 5\% G$

有外调冻结物冷藏间　$m \leqslant (5\% \sim 15\%) G$

无外调冻结物冷藏间：进货热流量不大于 $5\% G$，按照每日冻结加工量计算（参考冷加工能力，《复习教材》第 4.8.4 节）；

大于 $5\% G$，则　$m \leqslant (5\% \sim 10\%) G$。

冷加工能力见《复习教材》第 4.8.4 节，吊挂式（《冷库设计规范》GB 50072－2010 第 6.2.1 条）与搁架排管式（《冷库设计规范》GB 50072－2010 第 6.2.4 条）。

第 12 章　其他知识点总结

12.1　水燃气部分《复习教材》公式与规范条文对照表

水燃气部分《复习教材》公式与规范条文对照如表 12-1 所示。

水燃气部分《复习教材》公式与规范条文对照表　　**表 12-1**

《建筑给水排水设计标准》GB 50015—2019	
最高日用水量	式（6.1-1）
最大小时用水量	式（6.1-2）
计算管段给水设计秒流量	式（6.1-3）→第 3.7.5-3 条
宿舍（居室内设卫生间）等生活给水设计秒流量	式（6.1-4）→第 3.7.6 条
宿舍（设公用盥洗卫生间）等生活给水设计秒流量	式（6.1-5）→第 3.7.8 条
全日供应热水供应系统设计小时耗热量	式（6.1-6）→第 6.4.1-2 条
定时供应热水供应系统设计小时耗热量	式（6.1-7）→第 6.4.1-3 条
设计小时热水量	式（6.1-8）→第 6.4.2 条
导流型容积式水加热器设计小时供热量	式（6.1-9）→第 6.4.3-1 条
水源热泵热水机设计小时供热量	式（6.1-10）→第 6.6.7-1 条
贮热水箱（罐）溶剂	式（6.1-11）→第 6.6.7-2 条
宿舍（居室内设卫生间）等计算管段排水设计秒流量	式（6.2-1）→第 4.5.2 条
宿舍（设公用盥洗卫生间）等计算管段排水设计秒流量	式（6.2-2）→第 4.5.3 条
《城镇燃气设计规范》GB 50028—2006（2020 版）	
燃气的高差附加压力	式（6.3-1）→第 10.2.13 条，注意 ρ_k=1.293kg/m^3
居民生活用燃气计算流量	式（6.3-2）→第 10.2.9 条
燃气小时计算流量·估算	式（6.3-3）→第 6.2.2 条

12.2　《公建节能》考点总结

本考点总结主要针对规范变化和可能涉及的新考点内容进行梳理，具体内容请读者自行翻阅规范。

1. 公共建筑围护结构节能限值及权衡判断方法修改（见图 12-1）

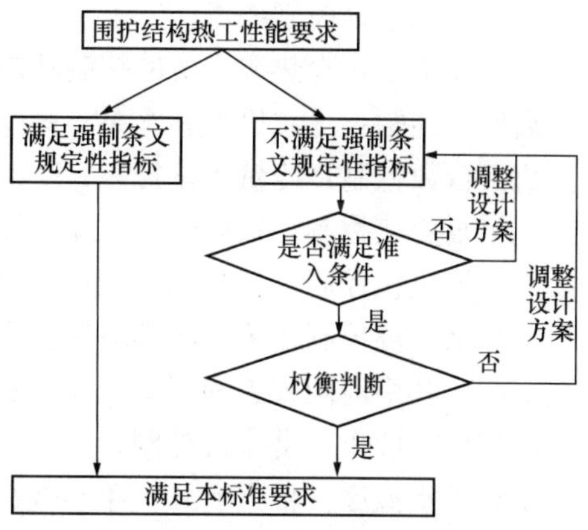

图 12-1　围护结构热工性能权衡判断框架图

围护结构热工性能权衡判断基本条件总结

（1）基本条件仅针对屋面、外墙、非透光幕墙、窗墙比不小于 0.4 的窗，四种情况。其他热工限值一旦超标则进行权衡判断。

（2）对于窗，若窗墙比小于 0.4，则一旦热工性能超过限值，就要权衡判断。

（3）依据第 3.4.1 条。不满足基本条件的应先采取措施提高热工参数满足基本条件。

2. 遮阳问题参数变化

采用太阳得热系数 *SHGC* 规定遮阳。根据条文说明，可以有两个思路计算 *SHGC*。

（1）利用遮阳系数（*SC*）计算

$$SHGC = 0.87 \cdot SC$$

（2）利用条文说明公式计算

$$SHGC = \frac{\sum g \cdot A_g + \sum \rho \cdot \frac{K}{\alpha_e} A_f}{A_w}$$

注意各个参数在条文说明中均已给出，完全可以出案例题。

3. 机组能效指标修改

（1）*IPLV* 计算公式改变（详见第 11.8 节）。

（2）*COP* 及 *IPLV* 限值区分定流量与变流量。《公建节能》对变频机组提出了修正要求，但是注意仅对“水冷变频”有修正，对于风冷和蒸发冷却的，直接对应表格值。另外，题目可能会隐含除表列限值以外的问题，对于这种问题，首先应将所有限值均校对一遍，随后注意题设中数值的特殊性，是否单独提到了温差、计算空调冷负荷等问题，若提到要小心对待。如《公建节能》第 4.2.8 条，冷机装机容量与冷负荷的比不得大于 1∶1，当题目给出系统冷负荷时，注意判别此强条。

4. 新增能效指标 *SCOP*

（详见“扩展 18-8”）

5. 输配系统节能指标 *EC*（*H*）*R* 及 W_s

（1）注意供暖 *ECR* 查《公建节能》第 4.3.3 条，而空调查第 4.3.9 条。

（2）空调 *EC*（*H*）*R* 与《民规》一致，《公建节能》第 4.3.9 条中表 4.3.9-5 以《民规》为准，对应勘误。

（3）风道系统单位风量耗功率 W_s 修改。修改后，此限制仅针对风量大于 10000m^3/h 的空调风系统和风量大于 10000m^3/h 的通风系统，风量小于 10000m^3/h 的不约定限值。同时，耗功率修正并未直接给出余压或风压限制要求，具体风压和余压限制应计算确定；在已知风量的情况下，可按照 $P = L \times W_s$ 计算限制的风机耗功率。

6. 公共建筑节能控制要求

（1）第 4.5.5 条，锅炉房和换热机房的控制设计规定：供水温度应根据室外温度进行调节，供水流量应根据末端需求进行调节，水泵台数和转速宜根据末端需求进行控制。

(2) 空调系统控制要求：

第 4.5.7 条，冷热源机房的控制功能要点：

启停与连锁：冷水机组、水泵、阀门、冷却塔；

机组台数控制：冷量优化控制；

二级泵变速控制：根据管道压差控制转速，压差宜能优化调节；

冷却塔风机控制：应能进行台数控制，同时宜根据室外气候参数进行变速控制；

冷却水水温控制措施：冷却塔风机台数调节、冷却塔风机转速调节、供回水总管设旁通电动阀，其中前两种有利于降低风机总能耗；

冷却塔：应由自动排污控制；

机组供水温度：根据室外气象参数和末端需求进行优化调节。

第 4.5.8 条，全空气空调系统控制要求要点：

启停与连锁：风机、风阀和水阀；

风机控制：变风量系统，风机应变速控制；

室内温度：宜根据室外气象参数优化调节室内温度；

控制：全新风系统末端宜设人离延时关闭控制。

第 4.5.9 条，风机盘管控制要求：

阀门：电动水阀与风速相结合控制，宜设常闭式电动通断阀；

室温：应对室温调整范围进行限制；

启停：应能按使用时间进行启停控制。

7. 离心式冷水机组非标准工况与标准工况的 *COP* 及 *IPLV* 转换计算

《公建节能》第 4.2.10 条条文说明对水冷离心机组的当已知非规定工况 *COP* 和 *NPLV* 时，如何折算名义工况 *COP* 和 *IPLV* 的拟合公式。最终应按照名义工况 *COP* 和 *IPLV* 对应《公建节能》第 4.2.10 条和第 4.2.11 条限值。

$$\begin{cases} COP = \dfrac{COP_n}{K_a} \\ IPLV = \dfrac{NPLV}{K_a} \\ K_a = A \times B \end{cases}$$

其中 $A=f(LIFT)$，$B=g(LE)$。具体 A 与 B 的表达式请参见《公建节能》P111。$LIFT=L_C-L_E$。其中，L_C 为设计工况下冷凝器出口温度，L_E 为设计工况下蒸发器出口温度。

解题注意事项：注意题目是否强调如下两点：(1) 机组为水冷离心机组；(2) 设计工况下的 *COP*，设计工况与名义工况不同。若题目未如此强调，则不必考虑修正。

12.3 《工规》考点总结

1. 工业建筑与民用建筑的区分（参考第 7.1 节）

2. 工业建筑供暖热媒

第 5.1.7 条　集中供暖系统的热媒应根据建筑物的用途、供热情况和当地气候特点等条件，经技术经济比较确定，并应符合下列规定：

1 当厂区只有供暖用热或以供暖用热为主时，应采用热水作热媒；

2 当厂区供热以工艺用蒸汽为主时，生产厂房、仓库、公用辅助建筑可采用蒸汽做热媒，生活、行政辅助建筑物应采用热水做热媒；

3 利用余热或可再生能源供暖时，热媒及参数可根据具体情况确定；

4 热水辐射供暖系统热媒应负荷本规范第5.4节的规定。

3. 工业建筑辐射供暖

(1) 第5.4.6条，生产厂房、仓库、生产辅助建筑物采用地面辐射供暖时，地面承载力应满足建筑的需要。

(2) 热水吊顶辐射板面积计算（参考第8.14节）

(3) 燃气红外线辐射供暖注意《工规》与《民规》区别。考试时，首先参考《复习教材》原文，当考题4个选项都与《工规》对应时，考虑出题来自《工规》。

4. 工业建筑通风防爆要求（参考第9.4节）

强制性条文：6.9.2、6.9.3、6.9.9、6.9.12、6.9.13、6.9.15、6.9.19、6.9.31。

5. 局部送风

第6.5.7条 当局部送风系统的空气需要冷却处理时，其室外计算参数应采用夏季通风室外计算温度及相对湿度。

第6.5.8条 局部送风宜符合下列规定（详见规范）

附录J公式摘录（见表12-2和表12-3），具体符号请参见《工规》P297附录J。

附录J公式摘录 **表12-2**

计算内容	计算公式
气流宽度	$d_s=\begin{cases}6.8(as+0.145d_0) & \text{圆形风管}\\ 6.8(as+0.164\sqrt{AB}) & \text{矩形风管}\end{cases}$
送风口出风速度	$v_0=\frac{v_g}{b}\left(\frac{as}{d_0}+0.145\right)$
送风量	$L=3600F_0v_0$
送风口出风温度	$t_0=t_n-\frac{t_n-t_g}{c}\left(\frac{as}{d_0}+0.145\right)$

注：t_g——工作地点温度，按《工规》P8第4.1.7条取值。

工作地点温度和平均风速 **表12-3**

热辐射照度	冬季		夏季	
W/m²	温度（℃）	风速（m/s）	温度（℃）	风速（m/s）
350～700	20～25	1～2	26～31	1.5～3
701～1400	20～25	1～3	26～30	2～4
1401～2100	18～22	2～3	25～29	3～5
2101～2800	18～22	3～4	24～28	4～6

其中，轻劳动取高温度低风速，重劳动取低温度高风速。对夏热冬冷或夏热冬暖，夏季可提高2℃；而热平均温度小于25℃地区，夏季可降低2℃。

6. 事故通风风量计算变化

第6.4节，事故通风有关事故通风量计算，增加6m高度限制。即高度不大于6m的环境按实际高度计算风量，高度大于6m的按6m高度计算。

7. 风管有关变化内容

第6.7节，风管长宽比不应超过10，风管壁厚规定焊接不应小于1.5mm，漏风量规定提高要求。

12.4 规范要点总结

规范作答原则：出现两个规范相矛盾时，4个选项来自同一个规范；《复习教材》与规范相矛盾时，总原则是以规范为准，除非4个选项都出自《复习教材》。

1. 《建规2014》

何处设置排烟设施查该规范，总结详见第9.15节。

2. 《汽车库、修车库、停车场设计防火规范》GB 50067—2014

（1）自然排烟要求。

（2）单个排烟分区排烟风机风量按表要求分不同高度进行线性插值。

（3）机械排烟时，当防火分区内无直通室外汽车疏散出口时，应用时设补风系统，且补风量不宜小于排烟量的5%，见第8.2.10条。

3. 《公建节能》

详见第12.2节。

4. 《工业企业噪声控制设计规范》GB/T 50087—2013

环境噪声控制室本规范的考查重点，后面有关消声、隔振的要求过于理论，仅作为遇到相关问题的储备资料。

第3.0.1条 工业企业内各类工作场所噪声限值应符合表3.0.1的规定

表3.0.1 各类工作场所噪声限值

工作场所	噪声限值（dB（A））
生产车技	85
车价内值班室、观察室、休息室、办公室、实验室、设计室内背景噪声级	70
正常工作状态下精密装配线、精密加工车间、计算机房	70
主控室、集中控制室、通信室、电话总机室、消防值班室、一般办公室、会议室、设计室、实验室室内背景噪声级	60
医务室、教室、值班宿舍室内背景噪声级	55

注：1. 生产车间噪声限值为每周工作5d，每天工作8h等效声级；对于每周工作5d，每天工作时间不是8h，需计算8h等效声级；对于每周工作日不是5d，需计算40h等效声级。

2. 室内背景噪声级指室外传入室内的噪声级。

5. 《锅炉大气污染物排放标准》GB 13271—2014

（1）注意关于新建燃煤锅炉房烟囱的要求。燃煤锅炉房只能设一根烟囱，而燃油燃气锅炉没有一根烟囱限值要求。注意新建锅炉房烟囱周围半径200m有建筑时，烟囱应高出最高建筑物 3m 以上。燃油燃气锅炉烟囱高度按照环评文件确定。

第 4.5 条　每个新建燃煤锅炉房只能设一根烟囱，烟囱高度应根据锅炉房装机总容量，按表 4 规定执行，燃油、燃气锅炉房烟囱不低于 8m，锅炉烟囱的具体高度按复批的环境影响评价文件确定。新建锅炉房的烟囱周围半径 200m 距离内有建筑物时，其烟囱应高出建筑物 3m 以上。

表 4　燃煤锅炉房烟囱最低允许高度

锅炉房装机总容量	MW	＜0.7	0.7～＜1.4	1.4～＜2.8	2.8～＜7	7～＜1.4	≥14
	t/h	＜1	1～＜2	2～＜4	4～＜10	10～＜20	≥20
烟囱最低允许高度	m	20	25	30	35	40	45

(2) 规范中的表 1 与表 2 分别对应既有锅炉与新建锅炉排放浓度限值（见表 12-4、表 12-5），另外规定重点地区锅炉执行表 12-6。当题目给出实测氧含量时，需要折算至基准氧含量再比较限值。

在用锅炉大气污染物排放浓度限值（单位：mg/m^3）　**表 12-4**

污染物项目	限值			污染物排放监控位置
	燃煤锅炉	燃油锅炉	燃气锅炉	
颗粒物	80	60	30	烟囱或烟道
二氧化硫	440 550(1)	300	100	
氮氧化物	400	400	400	
汞及其化合物	0.05	—	—	
烟气黑度（林格曼黑度，级）	≤1 级			烟囱排放口

注：位于广西壮族自治区、重庆市、四川省和贵州省的燃煤锅炉执行该值。

新建锅炉大气污染物排放浓度限值（单位：mg/m^3）　**表 12-5**

污染物项目	限值			污染物排放监控位置
	燃煤锅炉	燃油锅炉	燃气锅炉	
颗粒物	50	30	20	烟囱或烟道
二氧化硫	300	200	50	
氮氧化物	300	250	200	
汞及其化合物	0.05	—	—	
烟气黑度（林格曼黑度，级）	≤1 级			烟囱排放口

重点地区大气污染物特别排放限值（单位：mg/m^3）　**表 12-6**

污染物项目	限值			污染物排放监控位置
	燃煤锅炉	燃油锅炉	燃气锅炉	
颗粒物	30	30	20	烟囱或烟道
二氧化硫	200	100	50	
氮氧化物	200	200	200	
汞及其化合物	0.05	—	—	
烟气黑度（林格曼黑度，级）	≤1 级			烟囱排放口

重点地区：根据环保要求需要严格控制大气污染物排放的地区，如果考到重点地区，

会直接说明此地区为重点地区。

氧含量：燃料燃烧后，烟气中含有的多余的自由氧，通常以干基容积百分数来表示。

第5.2条 实测的锅炉的颗粒物、SO_2、氮氧化物、汞及其化合物等排放浓度，应折算为基准氧含量排放浓度。

$$\rho=\rho'\times\frac{21-\varphi(O_2)}{21-\varphi'(O_2)}$$

其中，ρ—大气污染物基准氧含量排放浓度，mg/m^3；ρ'—实测浓度，mg/m^3；$\varphi'(O_2)$—实测氧含量；$\varphi(O_2)$—基准氧含量，见表12-7。

基准氧含量 **表12-7**

锅炉类型	基准氧含量（%）
燃煤锅炉	9
燃油、燃气锅炉	3.5

例：某既有燃煤锅炉，实测二氧化硫排放浓度250mg/m^3，实测氧含量为12%，试问该锅炉基准氧含量排放浓度为多少？

解：燃煤锅炉基准氧含量为9%，其基准氧含量排放浓度为：

$$\rho=250\times\frac{21-9}{21-12}=333.3mg/m^3$$

说明：关于基准氧含量的问题，需要注意题目是否给出氧含量浓度，如果给出，需要知道锅炉排放规范有这么一个折算公式。

6.《蒸汽和热水型溴化锂吸收式冷水机组》GB/T 18431—2014

本规范主要考察名义工况与变工况性能要求，注意第4.3.1条、第4.3.2条、第5.4节的要求。

7.《水（地）源热泵机组》GB/T 19409—2013

全年综合性能系数（*ACOP*）是本规范单独提出的一个概念，仅适用于水（地）源热泵机组，注意*ACOP*按照*EER*与*COP*进行线性计算。

全年综合性能系数（*ACOP*）：水（地）源热泵机组在额定制冷工况和额定制热工况下满负荷运行时的能效，与多个典型城市办公建筑按制冷、制热时间比例进行综合加权而来的全年性能系数。

$$ACOP=0.56EER+0.44COP$$

式中 *EER*——额定制冷工况下满负荷运行时的能效；

COP——额定制热工况下满负荷运行时的能效。

8.《工业建筑节能设计统一标准》GB 51245—2017对工业建筑的考点小结

（1）工业建筑节能设计分为一类和二类工业建筑。一类工业建筑环境控制及能耗方式为供暖、空调；二类工业建筑换进该控制及能耗方式为通风。

（2）节能限值。一类工业建筑围护结构热工性能对严寒、寒冷、夏热冬冷、夏热冬暖地区均有限值要求；二类工业建筑围护结构热工性能仅对严寒、寒冷地区有推荐值要求，注意非限值。

（3）工业建筑集中供热系统内的循环水泵应计算耗电输热比：

集中供热系统

$$EHR-h=\frac{0.003096\sum(GH/\eta_b)}{\Sigma Q}\leqslant\frac{A(B+\alpha\Sigma L)}{\Delta T}$$

计算参数见表12-8。

工业建筑集中供热系统内的循环水泵应计算耗电输热比计算参数 **表12-8**

热负荷 Q（kW）		<2000	≥2000
电机和传动部分的效率	直联方式	0.87	0.89
	联轴器连接方式	0.85	0.87
计算系数 A		0.0062	0.0054
计算系数 B		一级泵，17 二级泵，21	
室外管网供回水管道总长度 $\sum L$		$\sum L\leqslant 400$m，$\alpha=0.0115$ 400m$<\sum L<$1000m，$\alpha=0.003833+3.067/\sum L$ $\sum L\geqslant 1000$m，$\alpha=0.0069$	

空调冷（热）水系统计算公式及计算参数与《公建节能》相一致，详见扩展17-11循环水泵输热比（$EC(H)R$，EHR）。

9.《通风与空调工程施工质量验收规范》GB 50243—2016

（1）风管系统工作压力等级

2016版规范对于风管压力等级由原先的"低压、中压、高压"改为"微压、低压、中压、高压"。同时对各压力等级风管系统提出不同的密封要求（见表12-9，规范第4.1.4条）。注意正压和负压范围并非完全对称。

关于漏风量检查可详见第4.2.1条，其中对于微压风管，规范规定：风管系统工作压力绝对值不大于125Pa的微压风管，在外观和制造工艺检验合格的基础上，不应进行漏风量的验证试验。

强度试验要求发生变化：第4.2.1-1条，风管在试验压力保持5min及以上时，接缝处应无开裂，整体结构应无永久性的变形及损伤。试验压力与旧版不同，低压风管试验压力为1.5倍工作压力；中压风管应为1.2倍的工作压力，且不低于750Pa；高压风管应为1.2倍的工作压力。

风管类别 **表12-9**

类别	风管系统工作压力 P（Pa）		密封要求
	管内正压	管内负压	
微压	$P\leqslant125$	$P\geqslant-125$	接缝及接管连接处应严密
低压	$125<P\leqslant500$	$-500\leqslant P<-125$	接缝及接管连接处应严密，密封面宜设在风管的正压侧
中压	$500<P\leqslant1500$	$-1000\leqslant P<-500$	接缝及接管连接处应加设密封措施
高压	$1500<P\leqslant2500$	$-2000\leqslant P<-1000$	所有的拼接缝及接管连接处，均应采用密封措施

（2）限制了金属矩形薄钢板法兰风管的使用口径

按规范第4.3.1-2（2）条要求，薄钢板法兰弹簧夹连接风管，边长不宜大于

1500mm。对于法兰采取相应的加固措施时（相应加固措施：①在薄矩形薄钢板法兰翻边的近处加支撑；②风管法兰四角部位采取斜45°内支撑加固），风管变长不得大于2000m。条文说明指出，薄钢板法兰风管不得用于高压风管。

(3) 对多台水泵出口支管接入总管形式做出要求

第9.2.2-2条，并联水泵的出口管道进入总管应采用顺水流斜向插接的连接形式，夹角不应大于60°。

10.《工作场所有害因素职业接触限值 第1部分：化学有害因素》GBZ 2.1—2019

(1) 接触限值查取表1，其中增加了“临界不良健康效应”，对各种化学物质影响的器官部位进行了说明。

(2) 增加了生物因素职业接触限值（表3）和生物监测指标和职业接触生物限值（表4），相关参数和要求直接查表即可。

(3) 对于未规定 *PC-STEL* 的物质，取消超限倍数的概念，采用峰接触浓度概念进行描述。未规定 *PC-STEL* 的物质，短时间接触浓度需要满足下列要求：

1) 实际测得当日的 C_{TWA}（日平均接触值）不得超过对应的 *PC-TWA* 值

2) 劳动接触水平瞬时超过 *PC-TWA* 值3倍的接触每次不得超过15min，一个工作日不得超过4次，相继间隔不断于1h

3) 任何情况下不能超过 *PC-TWA* 值的5倍

(4) 每日工作时间超过8h或每周工作时间超过40h时，采用长时间工作 *OEL* 描述接触限值，即对 *PC-TWA* 值用折减因子（*RF*）进行修正

长时间工作 *OEL*=标准限值×折减因子（*RF*）

$$RF=\begin{cases}\dfrac{8}{h}\times\dfrac{24-h}{128} & \text{每天工作超过 8h}\\[2ex] \dfrac{40}{h}\times\dfrac{168-h}{128} & \text{每周工作超过 5d 或超过 40h}\end{cases}$$

11.《风机盘管机组》GB/T 19232—2019升版的主要变化

(1) 规范适用范围扩大为送风量不大于3400m³/h，出口静压不大于120Pa的机组。

(2) 高转速基本规格对于供热量增加供水温度为45℃时的规格，同时额定供热量分为两管制和四管制两种情况，四管制额定供热量同时适用仅用热水盘管供热的情况。

(3) 增加高静压机组在120Pa静压下的输入功率、噪声的要求，盘管水阻力分为两管制和四管制两种情况。

(4) 增加机组的能效限值要求，即供冷能效系数（*FCEER*）和供热能效系数（*FC-COP*）：

供冷能效系数（*FCEER*）：

$$FCEER=\frac{Q_L}{N_L+N_{ZL}}$$

$$N_{ZL}=\frac{\Delta P_L L_L}{\eta}$$

式中：Q_L——供冷量，W；

N_L——供冷模式下的输入功率，W；

N_{ZL}——水阻力折算的输入功率，W；

ΔP_L——供冷模式下的水阻，Pa；

L_L——供冷模式下的水流量，m^3/s；

η——水泵能效限值，取 0.75。

供热能效系数（$FCCOP$）：

$$FCCOP = \frac{Q_H}{N_H + N_{ZH}}$$

$$N_{ZL} = \frac{\Delta P_H L_H}{\eta}$$

式中　Q_H——供热量，W；

N_H——供热模式下的输入功率，W；

N_{ZH}——水阻力折算的输入功率，W；

ΔP_H——供热模式下的水阻，Pa；

L_H——供热模式下的水流量，m^3/s；

η——水泵能效限值，取 0.75。

（5）增加了永磁同步电机风机盘管、干式风机盘管、单供热风机盘管机组的规格参数和能效限值。

12.5 《通风与空调工程施工质量验收规范》GB 50243—2016 总结

1. 风管系统工作压力等级变化——新增“微压等级”

2016 版规范对于风管压力等级由原先的“低压、中压、高压”改为“微压、低压、中压、高压”。同时对各压力等级风管系统提出不同的密封要求（第 4.1.4 条），见表 12-10。注意正压和负压范围并非完全对称。

风管类别　　**表 12-10**

类别	风管系统工作压力 P（Pa）		密封要求
	管内正压	管内负压	
微压	$P \leqslant 125$	$P \geqslant -125$	接缝及接管连接处应严密
低压	$125 < P \leqslant 500$	$-500 \leqslant P < -125$	接缝及接管连接处应严密，密封面宜设在风管的正压侧
中压	$500 < P \leqslant 1500$	$-1000 \leqslant P < -500$	接缝及接管连接处应加设密封措施
高压	$1500 < P \leqslant 2500$	$-2000 \leqslant P < -1000$	所有的拼接缝及接管连接处，均应采用密封措施

关于漏风量检查可详见第 4.2.1 条，其中对于微压风管，规范规定：风管系统工作压力绝对值不大于 125Pa 的微压风管，在外观和制造工艺检验合格的基础上，不应进行漏风量的验证试验。

强度试验要求发生变化：第 4.2.1-1 条：风管在试验压力保持 5min 及以上时，接缝处应无开裂，整体结构应无永久性的变形及损伤。试验压力与 2004 版不同，低压风管试验压力为 1.5 倍工作压力；中压风管应为 1.2 倍的工作压力，且不低于 750Pa；高压风管应为 1.2 倍的工作压力。

2. 钢板风管板材厚度

钢板风管板材厚度发生改变（第4.2.3条），对于镀锌钢板镀锌层提出要求。“镀锌钢板的镀锌层厚度应负荷设计或合同的规定，当设计无规定时，不应采用低于80g/m^{2}板材”。

3. 限制了金属矩形薄钢板法兰风管的使用口径

按规范第4.3.1-2（2）条要求，薄钢板法兰弹簧夹连接风管，边长不宜大于1500mm。对于法兰采取相应的加固措施时，风管变长不得大于2000m［相应加固措施：1）在薄矩形薄钢板法兰翻边的近处加支撑；2）风管法兰四角部位采取斜45°内支撑加固］。条文说明指出，薄钢板法兰风管不得用于高压风管。

4. 对多台水泵出口支管接入总管形式做出要求

第9.2.2-2条，并联水泵的出口管道进入总管应采用顺水流斜向插接的连接形式，夹角不应大于60°。

5. 检验批质量验收抽样方案

2016版规范最大的改变是抽样方案更科学，将所有抽样检验方法统一为“第Ⅰ抽样方案”“第Ⅱ抽样方案”以及“全数检验方案”。

第Ⅰ抽样方案：适用于主控项目，产品合格率大于或等于95%的抽样评定方案。第Ⅱ抽样方案：适用于一般项目，产品合格率大于或等于85%的抽样评定方案。全数检验方案：强制性条款的检验应采用此方案，检验方案详见该规范附录B，其中表格中N表示检验批的产品数量，n为样本量，DQL为检验批总体不合格品数的上限值。下面给出《〈通风与空调工程施工质量验收规范〉GB 50243—2016实施指南》中的抽样程序使用示例，辅助认识。此部分不要理解，直接套用下方例题的方法。

【例1】某建筑工程中安装了45个通风系统，受检方声称风量不满足设计要求的系统数量不大于3个，试确定抽样方案。

答：系统风量为主控项目，使用表B.1确定抽样方案，由$N=45$，$DQL=3$，查表得到抽样方案为$(n, L)=(6, 1)$，即从45个通风系统中随机抽取6个系统进行风量检查，若没有或只有1个系统的风量小于设计风量，则判“检查通过”；否则判“检查总体不合格”。

【例2】某审批中由115台风机盘管机组，根据经验估计该批的风量合格率在95%以上，欲采用抽样方法确定该声称质量水平是否符合实际。

答：计算声称的不合格品数$DQL=115\times(1-0.95)=5$（向下取整）。风机盘管机组风量为主控项目，按表B.1确定抽样方案。$N=115$，介于110和120之间，查表按上限$N=120$，$DQL=5$，查表得到抽样方案$(n, L)=(10, 1)$。

【例3】某建筑的通风、空调、防排烟系统的中压风管面积总和为12500m^2，声称风管漏风量的质量水平为合格率95%以上。使用漏风仪抽查风管的漏风量是否满足规范的要求，漏风仪的风机风量适用于每次检验中压风管100m^2，试确定抽样方案。答：假定以100m^{2}风管为单位产品，需核查的产品批量$N=12500/100=125$，对应的不合格品数$DQL=125\times(1=0.95)=6$。中压风管漏风量为主控项目，使用表B.1确定抽样方案，查表取$N=130$，得到抽样方案$(n, L)=(8, 1)$。若为低压系统则为一般方案，按表B.2确定抽样方案，$DQL=125\times(1-0.85)=19$，得到抽样方案$(n, L)=(3, 1)$

12.6　设备安装总结

（1）机械式热量表流量传感器安装位置（超声波式无此限制）（见图 12-2）

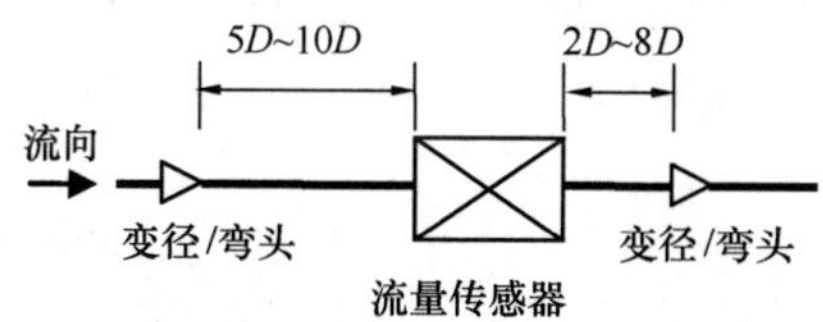

图 12-2　机械式流量表流量传感器安装位置示意图

（2）风管测定孔设置要求（《民规》第 6.6.12 条条文说明）

1）与前局部配件间距离保持大于或等于 $4D$，与后局部配件保持 $1.5D$。

2）与通风机进口保持 1.5 倍进口当量直径，与通风机出口保持 2 倍出口当量直径。

（3）漏风量测量（《通风空调工程施工质量验收规范》GB 50243—2006 第 C.2.6 条），见图 12-3 和图 12-4。

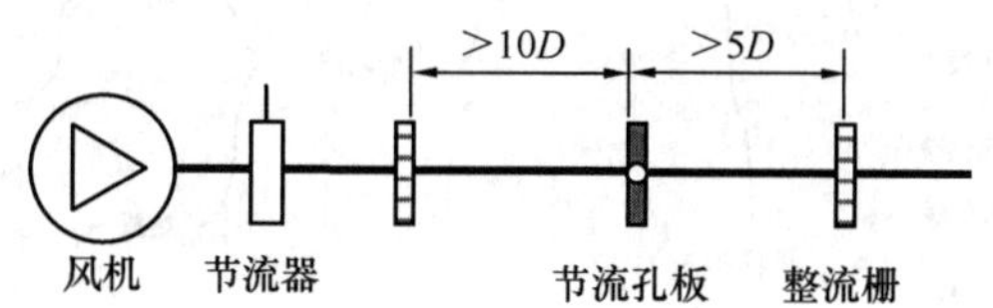

图 12-3　正压风管式漏风量测量

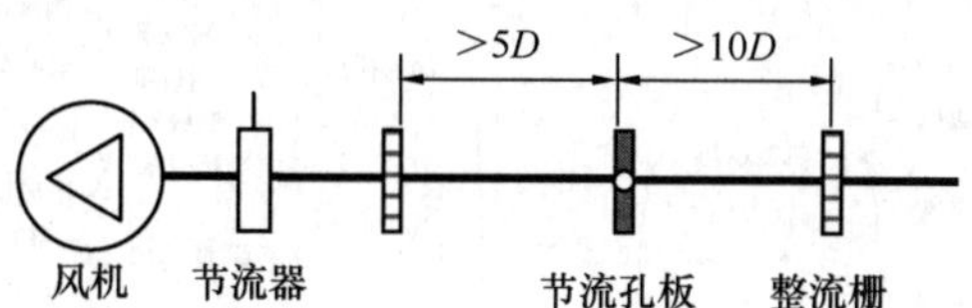

图 12-4　负压风管式漏风量测量

第13章 章节思维导图

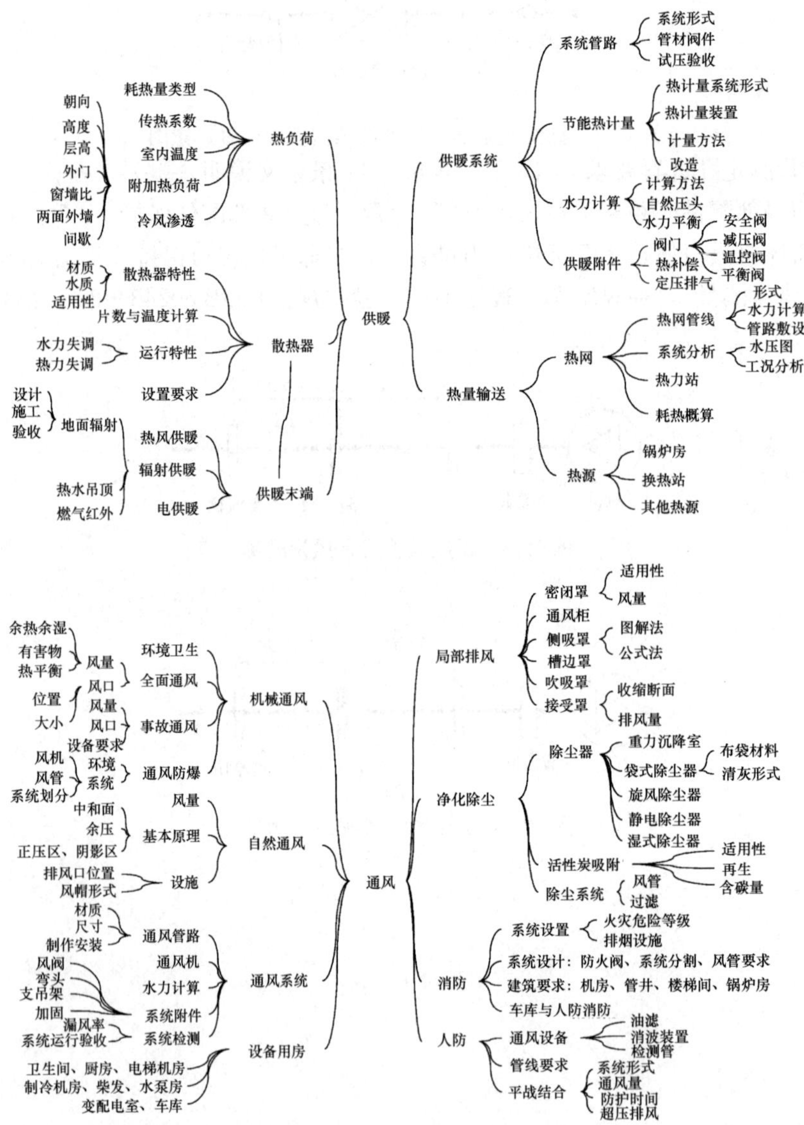

供暖及通风部分思维导图

注：仅供知识点回想梳理使用。

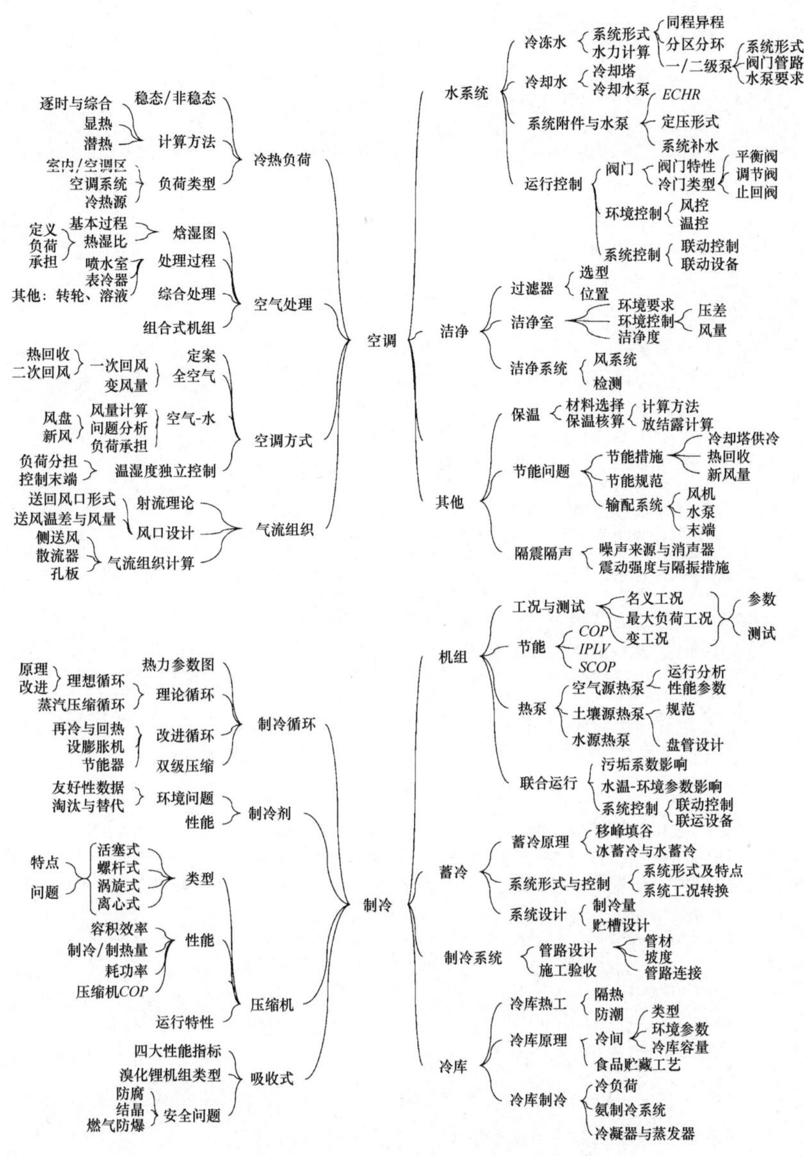

空调及制冷部分思维导图

注：仅供知识点回想梳理使用。

第 3 篇　技巧攻略与统计预测

第14章 考试技巧攻略

14.1 复习资料推荐

14.1.1 教材资料类

（1）全国勘察设计注册工程师公用设备专业管理委员会秘书处编，《全国勘察设计注册公用设备工程师暖通空调专业考试**复习教材**》，中国建筑工业出版社出版。

（2）全国勘察设计注册工程师公用设备专业管理委员会秘书处编，《全国勘察设计注册公用设备工程师暖通空调专业考试必备**规范精要选编**》。中国建筑工业出版社出版。

（3）房天宇主编，《全国勘察设计注册公用设备工程师暖通空调专业考试**全程实训手册**》，中国建筑工业出版社出版。

（4）林星春、房天宇主编，《全国勘察设计注册公用设备工程师暖通空调专业考试**备考应试指南**》，中国建筑工业出版社出版。

（5）林星春、房天宇主编，《全国勘察设计注册公用设备工程师暖通空调专业考试**考点精讲**》，中国建筑工业出版社出版。

（6）全国勘察设计注册公用设备工程师暖通空调专业考试**空白试卷**集及答案解析集。

14.1.2 规范清单类

每年《注册公用设备工程师（暖通空调）专业考试主要规范、标准、规程目录》预计于当年8月份左右考试报名时在住房和城乡建设部执业资格注册中心网站正式发布，规范清单共计72本，每年会有小调整，考生可根据上一年发布的清单进行预测调整后做复习准备，在当年规范清单正式发布时再做最终调整。目前关于规范目录的具体列表、重要性分类、增删改版、复习方法、与规范精编的关系处理等，可详见本书第14.8节“规范复习指导专篇”。

14.1.3 高分扩展类

（1）《民用建筑供暖通风与空气调节设计规范宣贯辅导教材》，中国建筑工业出版社，2015。

（2）《公共建筑节能设计标准实施指南 GB 50189—2015》，中国建筑工业出版社，2015。

（3）住房和城乡建设部工程质量安全监管司等编，《全国民用建筑工程设计技术措施暖通空调·动力2009》，中国计划出版社，2009。

（4）贺平等主编，《供热工程》（第四版），中国建筑工业出版社，2009。

（5）孙一坚等主编，《工业通风》（第四版），中国建筑工业出版社，2010。

（6）赵荣义等编，《空气调节》（第四版），中国建筑工业出版社，2009。

（7）彦启森等编，《空气调节用制冷技术》（第四版），中国建筑工业出版社，2010。

(8) 许仲麟等主编，《空气洁净技术原理》，同济大学出版社，1998。

(9) 陆耀庆主编，《实用供热空调设计手册》(第二版)，中国建筑工业出版社，2008。

(10) 孙一坚主编，《简明通风设计手册》，中国建筑工业出版社，1998。

(11) 电子部十院主编，《空气调节设计手册》(第二版)，中国建筑工业出版社，1995。

14.2 复习计划详细安排

本书编者在十几年助考指导的基础上，建议总体的科学合理的复习时间为**4个阶段8个月36周252天**(见图14-1)。随着复习的推进，对应、规范的4遍复习、真题的3遍复习。四个阶段复习时长不同、配合的资料不同、复习要求不同、复习目标不同、复习方法也不同。以《复习教材》为例，四个阶段的复习要求分别为：**基础、强化、精简、总结**，是一个将《复习教材》"从薄读到厚"，再"从厚读到薄"的过程，从**粗读到精读到提炼到回顾**的过程，更重要的是能够结合真题出题思路和知识点进行总结提升，除了《复习教材》的复习贯穿始终以外，规范的翻阅查找以及设计和工程经验的积累也是需要与备考紧密结合。在整个复习阶段，要融合古言今理(第14.3节)、价值箴言(第14.4节)、助考语录(第14.5节)、全程作业和各种技巧攻略，**站在战略的高度智慧地复习**才能达到**事半功倍**的效果，以花费最少的时间最快地通过考试。

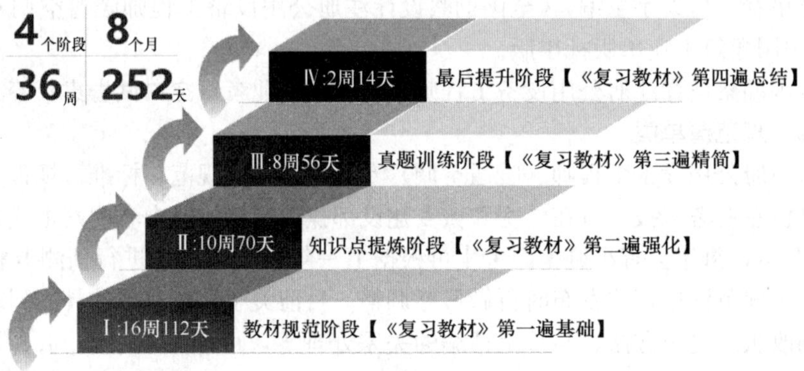

图14-1 复习计划安排

14.2.1 预复习及资料准备阶段

该阶段复习计划见表14-1。

预复习及资料准备阶段复习计划 表14-1

阶段0	备考预复习及资料准备阶段【即日起正式复习开始】
价值箴言	把握形势 明确目标 资料准备 全面精准
配合资料	《全国勘察设计注册公用设备工程师暖通空调专业考试复习教材》； 《全国勘察设计注册公用设备工程师暖通空调专业考试必备规范精要选编》+需配合规范精编准备的规范单行本； 全国勘察设计注册公用设备工程师暖通空调专业考试空白试卷(2012)

续表

阶段 0	备考预复习及资料准备阶段【即日起正式复习开始】
复习要求	《复习教材》粗读一遍，了解各小节有什么内容，形成《复习教材》体系脉络； 72 本规范粗翻一遍，了解各章节有什么内容，形成对规范的总体认识； 初识真题，了解真题题型和出题角度
作业 1	根据自身情况结合相关资料和课程制定属于自己的全程复习计划（至少具体到每一周）
作业 2	将所有规范和《复习教材》各章节内容相对应，做一个《复习教材》与规范对应表（具体到小节），并在整个复习过程中不断调整及补充，形成思维导图
作业 3	以 2012 年真题空白试卷和答案解析为例，初步认识真题进行摸底考，同时便于预测制定每个复习阶段的提升目标

14.2.2　《复习教材》与规范阶段

该阶段复习计划见表 14-2。

《复习教材》与规范阶段复习计划　表 14-2

阶段Ⅰ	Ⅰ.《复习教材》与规范阶段（16 周 112 天）（教材第一遍基础）						
价值箴言	复习计划　科学合理　教材规范　贯穿全程						
配合资料	《全国勘察设计注册公用设备工程师暖通空调专业考试复习教材》； 《全国勘察设计注册公用设备工程师暖通空调专业必备规范精选编》＋需配合规范精编准备的规范单行本； 《全国勘察设计注册公用设备工程师暖通空调专业考试全程实训手册》（专题实训篇）； 全国勘察设计注册公用设备工程师暖通空调专业考试空白试卷（2013）						
复习要求	学会并使用“《复习教材》四支笔复习法”精读教材和“规范重要性分级复习法”复习规范； 根据“《复习教材》各章节针对性复习法”，将《复习教材》结合规范“由薄看到厚”； 针对于《复习教材》各章节知识点利用《全程实训手册》专题实训篇进行题目熟悉						
作业 4	根据自身复习情况并结合作业 2，将阶段Ⅰ的配套资料（《复习教材》＋规范＋《实训手册》专题实训篇）合理细化安排到 112 天的每天复习进程中						
作业 5	完成新旧《复习教材》之间的互相眷移（针对于提前使用旧《复习教材》的考生），针对《复习教材》每一章节（尤其是针对于变动部分）自编单选题、多选题、案例题各不少于一题，注明答案和详细分析						
周次	周六	周日	周一	周二	周三	周四	周五
第 1 周～第 4 周	供暖（《复习教材》＋规范＋《实训手册》专题实训篇）（28 天）						
第 5 周～第 7 周	通风（《复习教材》＋规范＋《实训手册》专题实训篇）（21 天）						
第 8 周～第 11 周	空调与洁净（《复习教材》＋规范＋《实训手册》专题实训篇）（28 天）						
第 12 周～第 14 周	制冷于热泵技术（《复习教材》＋规范＋《实训手册》专题实训篇）（21 天）						
第 15 周	绿色建筑与民用建筑房屋卫生设备和燃气供应(《复习教材》＋规范＋《实训手册》专题实训篇)（7 天）						
第 16 周	第Ⅰ阶段小结（7 天，含 2013 年真题）						

14.2.3 知识点提炼阶段

该阶段复习计划见表14-3。

知识点提炼阶段复习计划 **表14-3**

<table>
<tr><td>阶段Ⅱ</td><td colspan="7">Ⅱ. 知识点提炼阶段（10周70天）（教材第二遍强化）</td></tr>
<tr><td>价值箴言</td><td colspan="7">真题分类　应对策略　坚持到底　力量无限</td></tr>
<tr><td>配合资料</td><td colspan="7">《全国勘察设计注册公用设备工程师暖通空调专业考试备考应试指南》；
《全国勘察设计注册公用设备工程师暖通空调专业考试全程实训手册》（阶段测试篇）；
《全国勘察设计注册公用设备工程师暖通空调专业考试复习教材》；
《全国勘察设计注册公用设备工程师暖通空调专业考试必备规范精要选编》＋需配合规范精编准备的规范单行本；
全国勘察设计注册公用设备工程师暖通空调专业考试空白试卷（2014）；
《全国勘察设计注册公用设备工程师暖通空调专业考试考点精讲》</td></tr>
<tr><td>复习要求</td><td colspan="7">学会并使用“做题四支笔复习法”并配合“分类真题空白卷”练习《备考应试指南》题目，并将所有解析回归到《复习教材》和规范出处，强化《复习教材》与规范知识点；
结合《备考应试指南》的历年真题归类，将《复习教材》与规范的知识点提炼出来，提纲挈领，将《复习教材》与规范“由厚看到薄”；
针对于《复习教材》各章利用《全程实训手册》阶段测试篇进行分章测试</td></tr>
<tr><td>作业6</td><td colspan="7">做题复习过程中用四支笔标注法在《备考应试指南》和《全程实训手册》中用不同符号标注出重要题、易错题及需加强题</td></tr>
<tr><td>作业2′</td><td colspan="7">在第一阶段《复习教材》与规范知识点对应表（或思维导图）的基础上，结合《备考应试指南》将历年真题题号对应进去，直观地显示每个知识点的权重性</td></tr>
<tr><td>周次</td><td>周六</td><td>周日</td><td>周一</td><td>周二</td><td>周三</td><td>周四</td><td>周五</td></tr>
<tr><td>第17周</td><td colspan="7" rowspan="2">供暖（《备考应试指南》第1章、第7章＋《复习教材》与规范＋《实训手册》阶段测试篇）（15天）</td></tr>
<tr><td>第18周</td></tr>
<tr><td>第19周</td><td>供暖</td><td colspan="6">通风</td></tr>
<tr><td>第20周</td><td colspan="7">通风（《备考应试指南》第2章、第8章＋《复习教材》与规范＋《实训手册》阶段测试篇（13天）</td></tr>
<tr><td>第21周</td><td colspan="7" rowspan="2">空调与洁净（《备考应试指南》第3章、第9章＋《复习教材》与规范＋《实训手册》阶段测试篇（17天）</td></tr>
<tr><td>第22周</td></tr>
<tr><td>第23周</td><td colspan="3">空调与洁净</td><td colspan="4">制冷</td></tr>
<tr><td>第24周</td><td colspan="7">制冷（《备考应试指南》第4章、第10章＋《复习教材》与规范＋《实训手册》阶段测试篇）（14天）</td></tr>
<tr><td>第25周</td><td colspan="3">制冷</td><td colspan="4">绿色建筑与民用建筑房屋卫生设备和燃气供应（《备考应试指南》第5章、第6章、第11章＋《复习教材》与规范＋《实训手册》阶段测试篇）（4天）</td></tr>
<tr><td>第26周</td><td colspan="7">第Ⅱ阶段小结（7天，含2014年真题）</td></tr>
<tr><td>作业7</td><td colspan="7">针对今年新规范清单中A类及变动的规范自编单选题、多选题、案例题各不少于一题，注明答案和详细分析</td></tr>
</table>

14.2.4　真题训练阶段

该阶段复习计划见表 14-4。

真题训练阶段复习计划　**表 14-4**

阶段Ⅲ	Ⅲ.真题训练阶段（8 周 56 天）（《复习教材》第三遍精简）						
价值箴言	群体讨论　分享互进　学会放弃　方能成功						
配合资料	全国勘察设计注册公用设备工程师暖通空调专业考试空白试卷集（2016～2022）； 《全国勘察设计注册公用设备工程师暖通空调专业考试备考应试指南》； 《全国勘察设计注册公用设备工程师暖通空调专业考试全程实训手册》（全真模拟篇）； 《全国勘察设计注册公用设备工程师暖通空调专业考试复习教材》； 《全国勘察设计注册公用设备工程师暖通空调专业考试必备规范精要选编》+需配合规范精编准备的规范单行本； 《全国勘察设计注册公用设备工程师暖通空调专业考试考点精讲》						
复习要求	应用“半点时间把控法”和“题号题眼标记法”坚持每周一套真题按实战训练； 在每周真题实战训练中熟练应用“七种题型分类应对法”“多选题十大技巧”和“专业案例通过技巧”； 每套试卷进行分数统计分析（所有题的解析第二遍回归《复习教材》与规范），提炼失分题并总结原因（错题本），每周保证得分进步						
作业 8	将每套试卷中做完的题、得分、单选题正确率、多选题正确率、“犯晕”错的题、完全不会的题、需要回顾复习的题进行统计分析						
周次	周六	周日	周一	周二	周三	周四	周五
第 27 周	2016 年试卷测试		2016 年试卷消化分析错题总结				
第 28 周	2017 年试卷测试		2017 年试卷消化分析错题总结				
第 29 周	2018 年试卷测试		2018 年试卷消化分析错题总结				
第 30 周	2019 年试卷测试		2019 年试卷消化分析错题总结				
第 31 周	2020 年试卷测试		2020 年试卷消化分析错题总结				
第 32 周	2021 年试卷测试		2021 年试卷消化分析错题总结				
第 33 周	2022 考前冲刺卷一		考前冲刺卷一消化分析错题总结				
第 34 周	2022 考前冲刺卷二		考前冲刺卷二消化分析错题总结				
作业 9	对 2012～2022 年共 11 套试卷的错题进行汇总总结，并整理出空白错题本						

14.2.5　最后提升阶段

该阶段复习计划见表 14-5。

最后提升阶段复习计划　**表 14-5**

阶段Ⅳ	Ⅳ.最后提升阶段（2 周 14 天）（《复习教材》第四遍总结）						
价值箴言	总结提升　高屋建瓴　放下包袱　拉上行李　成竹在胸　轻装上阵						
复习要求	总结并利用前三个阶段的总结、查漏补缺、考前强化记忆； 根据“考前两周总结提升复习法”进行每日内容复习						
作业 10	对 2019～2021 年的专业知识和专业案例题考点进行列表总结回顾						
作业 11	2022 年考点预测（可以是某个考点、知识点、规范条文、公式、总结等等），30～50 例						
周次	周六	周日	周一	周二	周三	周四	周五
第 35～36 周	在前三个阶段基础上的总结提升查漏补缺，按照每日复习任务进行复习						
周六周日考试							

14.2.6　各阶段复习目标制定

根据目标管理SMART原则，整个复习阶段总体目标为75%。在正式复习之前，考生进行摸底考来“知己”，了解自己的基础以及和总目标的差距，并将差距分解到每一个阶段，形成每一个阶段的小目标。四个阶段复习的成效不同，故在每一个阶段都安排相应的真题考卷来检验是否达到相应复习成果。表14-6中四个阶段的目标供考生参考，因每位考生摸底考的成绩不同，故每位考生应有自己的阶段目标，如是老考生，可以将上一年的考试成绩作为摸底考成绩，并且根据上一年的复习情况分析自己的弱势，调整各阶段的目标。

四个阶段的目标　　**表14-6**

阶段	阶段要求	测试套卷	阶段目标
备考预复习及资料准备阶段	摸底考	2012年空白卷	25%
教材规范阶段	拿基础分	2013年空白卷	40%
知识点提炼阶段	真题题感	2014年空白卷	55%
真题训练阶段	时间把控	8套空白卷	70%
最后提升阶段	考场状态	2022年考试	75%

14.3　古　言　今　理

1. 目标管理SMART原则

目标管理SMART原则由管理学大师Peter Drucker提出，首先出现于他的著作《管理实践》（The Practice of Management）一书中。SMART原则可以应用于本考试的目标管理（见表14-7）。

SMART原则　　**表14-7**

SMART原则	代表	目标管理
Specific	明确性	指目标管理要切中特定的具体的目的：经过复习准备以不低于60%的成绩通过全国勘察设计注册公用设备工程师暖通空调专业考试
Measurable	衡量性	指目标管理是数量化或者行为化的，最终是以四科考试的成绩衡量是否通过；复习的各个阶段也可以通过相应的测试卷来衡量当前的复习效果
Attainable	可实现性	指目标管理在付出努力的情况下可以实现，目的是60%通过考试，但平时的复习目标不能过高或过低；建议考生按照75%左右的复习目标进行复习准备
Relevant	相关性	指目标管理是与工作、生活、学习甚至其他目标是相关联的，需要处理好各方面的相互关系，尤其是考试和工作之间的关系
Time-bound	时限性	注重完成目标管理的特定期限。根据不同的目标期限制定不同的复习计划和复习方法，“一鼓作气再而衰三而竭”，建议考生按一年通过本考试作为本目标管理的期限

2. 知己知彼

“知己知彼”语出《孙子·谋攻篇》：“知彼知己，百战不殆；不知彼而知己，一胜一负；不知彼，不知己，每战必殆。”故本考试所有的计划、策略、方法都是围绕“知己”和“知彼”两个方面展开，“知己”和“知彼”互为条件、互相促进，通过对历年真题的熟悉题目类型、分析出题角度、总结解题方法，并且利用自编题复习法模拟，才能全方位了解“敌人”，制定行动计划和克敌制胜的策略；通过用真题对自己的摸底考、阶段测试和成绩分析、错题整理，找出和目标之间的差距，将目标分解到各阶段，同时分析自我的强弱势，对于各章节甚至具体考点的掌握程度做到自己心中有数（见表 14-8）。以此“知己”和“知彼”，方能运筹帷幄、决胜千里，否则必会毫无方向、毫无章法、临阵危乱、溃不成军。

“知己”与“知彼”的任务　**表 14-8**

知己	知彼
全程作业 3：2012 试卷摸底考◀	▶上一年考题知识点和考点预测回顾
当年各阶段提升目标确定◀	▶作业 5 和 7：自编题复习法
全程 10 套试卷模拟测试◀	▶各种真题总结专篇
作业 8：模拟测试成绩统计◀	▶作业 10：近三年考点总结回顾
作业 9：空白错题本整理与测试◀	▶作业 11：2021 年考点预测

3. 欲速则不达

语出《论语·子路》，“无欲速，无见小利。欲速则不达，见小利则大事不成。”凡事都要讲究循序渐进。有了量变的积累才会有质变的产生，不可急于求成，如果做事一味追求速度，结果反而会离目标更远。如果只想着要快速完成某件事，其只会大失所望。平均要花不少于一年的复习备考时间，注册考试已属于难度非常高的专业技术考试，而针对于注册设备工程师考试来说，内容繁多，《复习教材》800 多页，仅相关的规范就有 72 本，在往年通过的考生中，不乏三四年甚至五六年备考才最终通过考试的。虽然推荐大家的 8 个月四个阶段的科学合理的复习时间对于这个考试来说并不长，但是 8 个月每天坚持复习的备考对于考生来说就是一个挑战，几乎每位考生都会碰到“只看书不做题没有效果”“看了前面忘了后面”“做了许多题还是不会”“遇到复习瓶颈无法突破”等问题而想一蹴而就拼命加速，反而打乱步伐欲速则不达。针对于 8 个月的复习时间，建议大家做了各种阶段划分，每一个阶段制定了提升目标，要求完成《复习教材》与规范 4 遍、模拟题至少 1 遍、真题至少 2 遍的复习要求，尤其是第一阶段花一半的时间针对《复习教材》的复习，会枯燥且感觉毫无进展，但第一阶段的复习是基础，基础不扎实会严重影响后面三个阶段的做题训练，且到了后续阶段来补基础则会得不偿失。而第一阶段打好基础，虽然当时没有大量做题，看不出进步，但是在后续三个阶段就会稳步提升，而很多第一阶段就以做题为主的考生，反而在后三个阶段停滞不前。考生切勿急功近利，能走到最后的必定是稳重大志之人。故针对于第一阶段 4 个月的以《复习教材》为主的复习，我们提前布置了作业 4，要求大家把第一阶段的所有复习内容分解到每一天，即要求每天有小目标（比如每天复习多少页等），每天要盘点复习情况，如果任务没有分解，就很容易有“时间还够任务不多”的错觉。而每天有了任务每天就能衡量当天是否完成了任务，如果没有完成需要第二天补足，这样就不会影响整个复习计划，否则没有每天的任务紧迫感，未完成任务堆积到最后就会措手不及。针对第一阶段的复习，提出以下建议：

（1）以《复习教材》为主，根据考试大纲的要求和《复习教材》的内容并配合规范等，同时对于《复习教材》中不是很理解的地方也要进行相关的引申，有需要还可以参考大学教材、设计手册等相关资料。

（2）在这一过程中要行之有效地把《复习教材》四支笔复习法、《复习教材》各章节针对性复习法、规范重要性分级复习法利用起来。

（3）静下心、沉住气在《复习教材》与规范章节完毕后结合相应的课程（如有培训班）和专题实训进行巩固复习，把《复习教材》和规范的第一遍复习落到实处。

（4）在每章节复习完后，用《全程实训手册》或专题实训集中对应的题进行强化训练和知识点熟悉，体验做题感觉。

（5）做好归纳总结整理，结合作业2做好全程的《复习教材》与规范真题对应，理清知识点脉络，为第二阶段的复习打好坚实的基础。

4. 取乎其上 得乎其中

语出《论语》："取乎其上，得乎其中；取乎其中，得乎其下；取乎其下，则无所得矣"。《孙子兵法》也云："求其上，得其中；求其中，得其下，求其下，必败。"在目标管理SMART原则中谈到考试的目标是60%，复习的目标是75%，这就说明目的和目标是不同的，即75%目标对应"取乎其上"，60%目的对应"得乎其中"，也是对应了目标管理SMART原则的可实现性。如果目的是60%通过考试，复习目标也是60%，那考虑到考试题目大部分是新出的，以及考场上的各种状况，除非是临场超常发挥，否则正常情况下实际成绩会有一定的折扣，即"取乎其中，得乎其下"。故所有的复习计划和策略、复习方法和要求都是按照75%的总体复习目标来制定，同时包含其他各项目标，如：作业3制定的四阶段复习目标、知识点大纲复习目标75%、通风绿建水燃气得分目标85%、真题分类得分目标75%、单选题得分目标80%、多选题得分目标70%等。

5. 量腹面食 度身而衣

语出战国墨子《墨子·鲁问》："子观越王之志何若？意越王将听吾言，用我道，则翟将往，量腹面食，度身而衣，自比于群臣，奚能以封为哉？"说得通俗一点，就是"看菜吃饭、量体裁衣、对症下药、到什么山上唱什么歌、好钢用在刀刃上"，这也体现了实战攻略技巧的宗旨：站在战略的层次智慧地复习，以最少的代价最快地通过考试。方向性的错误是致命的，正如"不知己不知彼"一样，对于时间和精力的无目标、无价值使用也是一种方向性的偏离，在内容繁多、时间有限这个大前提下，制定四阶段循序渐进的复习计划、有效地选择培训班、75%的总体复习目标，后续小节的"复习资料 全面精准""《复习教材》各章节针对性复习法""规范重要性分级复习法""真题分类　应对策略""专业案例通过技巧"等都体现了"量腹面食 度身而衣"低碳经济策略。

6. PDCA循环复习

PDCA循环又称"戴明环"。PDCA循环分为4个阶段，P（Plan）：计划，确定复习计划、各阶段目标并分解；D（Do）：执行，实地去做，实现计划中的复习要求；C（Check）：检查，总结执行计划的结果，关注效果，找出问题；A（Action）：行动，对总结检查的结果进行分析，成功的部分后续保持；对经验教训加以总结，以免重现，未完成的内容或未解决的问题放到下一个 PDCA 循环。

整个复习阶段，从基础复习到知识点提炼到总结提升就是一个大的 PDCA 循环。而四个阶段就是四个阶段的 PDCA 循环，在前两个阶段，我们都安排了一周的总结分析阶段，用真题套卷测试本阶段复习成果，同时暴露本阶段这一循环未解决的问题，或者总结新出现的问题，为开展新一轮的 PDCA 循环提供依据，并转入下一个 PDCA 循环的第一步。第一复习阶段和第二复习阶段都按《复习教材》的编排顺序分解成了各自的章节小阶段，在各章节的小阶段中也安排了相应的章节阶段测试，以将 PDCA 的循环复习融入到每一个环节当中。

PDCA 循环的第一个特点是大环套小环，如果把整个备考历程的复习作为一个大的戴明循环，那么复习计划的各个大阶段、小阶段还有各自小的戴明循环，类同于项目管理的工作包分解原理，但又加入了各工作包之间的联系和促进，就像一个行星轮系一样，大环带动小环，一级带一级，有机地构成一个运转的体系，而任一小阶段未完整的执行都会对整个大循环产生一定的影响。

PDCA 循环的第一个特点是阶梯式上升，PDCA 循环不是在同一水平上循环，每循环一次，就解决一部分问题，取得一部分成果，成绩就前进一步，水平就提高一步。到了下一次循环，又有了新的目标和内容，更上一层楼。整个备考历程的复习对应的《复习教材》4 遍复习，但每一遍的复习目的、时间、要求、方法都是不一样的，并且是循环向上，由基础到强化到精简到总结四个逐步提升的过程，而整个阶段就是不断地制定目标、发现问题、解决问题循环螺旋上升直至胜利的终点的过程。

14.4　价　值　箴　言

笔者总结的复习备考过程的价值箴言见表 14-9。

复习备考过程的价值箴言　　**表 14-9**

复习月份	价值箴言	复习月份	价值箴言
1 月	把握形势　明确目标	7 月	群体讨论　分享互进
2 月	资料准备　全面精准	8 月	学会放弃　方能成功
3 月	复习计划　科学合理　教材规范　贯穿全程	9 月	总结提升　高屋建瓴
4 月	真题分类　应对策略	10 月	放下包袱　拉上行李　成竹在胸　轻装上阵
5～6 月	坚持到底 力量无限		

1. 把握形势　明确目标

自 2005 年实行考试制度以及 2010 年实行注册制度以来，注册公用设备工程师（暖通空调专业）注册的约为 1 万人。在建筑行业，注册考试的证书含金量最高的，因为注册制度是住房城乡建设部和人力资源社会保障部共同发文的执业资格准入制度，考试作为个人能力提升和再学习的途径，通过考试取得证书是岗位提升和职业发展的保证，是公司资质认定和发展等的需求，部分省市工程设计或审图签字盖章也有强制要求注册的趋势，更能直接或间接产生相关的经济利益，目前国家在精简企业资质要求的同时也在加强个人执业制度。

但是注册考试也是行业内难度最大的考试，需要付出大量的时间、精力和一定的财力，按照每年3%～30%的通过率，通过考试的平均耗时不低于3年。故大家一定要做好周全的考虑，非本专业、非本职工作的建议不要一时冲动，但真正需要这个证书的考生也建议能够把握住形势，明确目标，并且能够准备好资料、制定好计划、付出相应的努力，认真对待这场考试。

2. 资料准备　全面精准

本书第14.1节和第14.2节提到了复习计划和配套的资料，对于资料的准备，我们的要求是“全面精准”三个要求：“全面”是指资料准备要全面，主次分明且可以随时方便查询和扩展引申；“精”是指重点使用的资料要是精华资料，不在于多和重复，比如真题相关的资料，有正式出版的也有培训班的内部资料，需要比较后选择；“准”是指不同的复习阶段配合使用最适合、最准确的资料，比如四个阶段复习侧重点不同，配合使用的主要复习资料也不同，第一阶段以《复习教材》和规范为主，第二、第三阶段以习题资料为主，即使是习题资料，也是从章节性强化练习到真题套卷完整测试逐步提升，前后倒置会适得其反。

3. 复习计划　科学合理　教材规范　贯穿全程

《复习教材》与规范阶段→知识点提炼阶段→真题训练阶段→最后提升阶段，8个月四大复习阶段过程循序渐进，一环扣一环，基本可认为《复习教材》与规范贯穿全程，对《复习教材》的复习虽然安排4遍，但每一遍的时间长短不同，每一遍的复习方法不同，每一遍的侧重点也不同，所以，每一遍的效果也不同。这4遍过程同时也是一个将《复习教材》这本书从薄看厚，又从厚看薄的过程，更重要的是能够结合真题出题思路和知识点进行总结提升。除了对《复习教材》的复习贯穿始终以外，规范的翻阅查找以及设计和工程经验的积累也需要与备考紧密结合。

整个复习阶段不管从时间长度、阶段划分、复习的要求来说都是根据考试内容、考生情况及相应的复习策略紧密融合制定，相对来说更高效、更科学、更适合于大众考生。而具体阶段也需要考生根据自身的情况进行调整，将复习任务工作包做具体的分解，基础扎实的考生就缩短第一阶段时间，更多的练习做题；基础较差的考生就要更注重第一阶段打好基础，这才是最适合考生自己的复习计划。

4. 真题分类　应对策略

关于第14.9节“七种题型分类应对法”的内容，即题型分类的应对策略也是贯穿于整个复习和考试的全程。题型分类不是目的，而是手段，每种分类其实是对应于不同的应对方法和策略，需要熟练应用每一种分类对应的应对措施，建议考生在做题过程中能够按照先分类再解答的策略来训练，久而久之养成潜意识的习惯后能在看完题目的同时采取相应的解题策略，保证简单的题先得分，保证在有限的时间内自动筛选出得分价值最高的题，以最快的速度来保证合格成绩。最终的目的就是为了以最少的复习代价通过考试。

5. 坚持到底 力量无限

针对于不少于8个月的复习时间，我们最想强调的就是这两个同样需要贯穿于备考和考试全程的字：**坚持。**

有了努力的目标和动力并且在足够重视的前提下，更需要坚持的毅力。每天坚持一点点，每天复习一点点，每天进步一点点，以量变凝聚质变，最终达到胜利的彼岸。切忌三天打渔两天晒网、切忌忙了几周不看，空了赏几眼（这不是游击战而是持久战）、切忌临时抱佛脚。罗马非一日建成，其实复习最重要的不是你的复习时间长短，而是坚持的恒心，“路漫漫其修远兮，吾将上下而求索”，大家一定要“坚持”，完成每天的复习任务，每天都有进步。要坚信，坚持的效果虽然短时看不出来，但坚持到底、力量无限。那么到底要坚持什么呢？

（1）坚持每天复习不间断；

（2）坚持每天复习时间不少于 2h；

（3）坚持周末抽相对长的时间段加强复习；

（4）坚持把《复习教材》第一遍复习完；

（5）坚持做一定量的模拟题坚持，把真题做完；

（6）坚持复习到考试前一天；

（7）坚持工作、坚持家庭、坚持休息、坚持运动；

（8）坚持把两天的考试考完；

（9）坚持等待分数的煎熬。

6. 群体讨论　分享互进

群体讨论就要**加入至少一个很优秀的群体里**（不管是免费的还是收费的），包括网站、论坛、考试群、公司考友、培训班等，优秀的群体本身就是一个很好的平台，而群体内考友间的相互支持、相互监督也是强大的动力，同时也是很好的信息互通、资料共享渠道。曾经有考生上考场时未带任何资料，不是因为他自信，而是因为他不知道是开卷考试，如果他处在任何一个考试群体里，一定不会出现这种情况。

注意讨论，一个人的力量是有限的，可喜的是你不是一个人在战斗。复习累了，和考友讨论下；不想看书了，和考友讨论下；题目不懂了，和考友讨论下。讨论才能发现问题，才能启迪智慧，才能融会贯通，才能碰出火花。很多相关知识点和问题都是在讨论中发现并解决的，或许通过讨论，你才发现原先你存在着一些想当然的误区（包括知识点和考试经验等）。在复习计划正式进入到了第二阶段，逐渐迎来做题的黄金时期，讨论也会显得越来越重要。但同时提醒一下，不管是群体还是讨论，大家一定要做正向的、适合自己的、有效的利用，如果你的复习进度根本难以融入群内的讨论，那过多地关注他人的讨论不一定会得到积极的效果，反而会打乱你的计划。另外，群体讨论中也会有过多重复无用的信息，要注意甄别、取己所需，如果没有足够多的时间进行讨论的话，也可以利用聊天记录等相关的搜索功能。

7. 学会放弃　方能成功

成功需要懂得放弃，甚至于放弃也是一种成功或者是放弃是为了更大的成功。

正因为你的目标、你的动力、你的重视、你的坚持，为了取得这个战斗的胜利，考生需要放弃很多，在坚持复习、坚持做题的基础上，考生需要有策略地放弃些什么或者说哪些可以选择放弃呢？

（1）放弃大部分娱乐休息看碟看球赛 K 歌的时间；

（2）放弃一部分工作时间或者说少赚一些钱；

（3）放弃一部分和家人、同事聚会交流的时间；

(4) 放弃一部分复习资料（除了本书推荐的资料其实还存在许多其他复习资料，对于这些资料，要有所取舍，该放弃的直接放弃。不合适的资料如果不放弃的话只会对你时间有限复习起到反作用）；

(5) 放弃一部分规范复习（72本规范，8个月的复习时间，不允许考生把很多时间花在规范的复习上，规范复习的放弃法可以参考第14.8节“规范复习指导专篇”中的“规范重要性分级复习法”和“规范复习工具书查找法”）；

(6) 放弃一部分知识点复习（考生对于完全理解不了的题或者即使花了大精力也无法搞懂的题或者一看到就懵圈的知识点或者题目，把时间放在更能给你创造分数价值的知识点上，放弃“事倍功半”选择“事半功倍”，尤其是到了第四阶段最后提升复习时，前面阶段还未完成的复习内容也需放弃）；

(7) 放弃一部分考卷上的题（放弃考题并不等于放弃分数。根据第14.9节“七种题型分类应对法”，一类题是在有限的时间内排到后面做的题，考生要放弃这些题的顺序权；另一类题是完全“不来电”的题，这类题如果是单选题的话可以直接猜个答案，案例题实在还有时间的可以套个公式摆个解题框架即可）。

8. 总结提升　高屋建瓴

总结的作用非常重要，很多第一年未通过的考生发现自己的弱势在于总结方面的欠缺。在复习的第一、二、三阶段我们都安排了阶段小结时间、推荐了总结类的资料并且布置了阶段总结作业，懂得利用总结的考生相信会在这些阶段有不小的收获。在复习计划的最后阶段也安排了为期两周的总结提升阶段，这一阶段其实完全是建立在前面三个阶段的基础之上，来源于前面三个阶段并且高于前面三个阶段。如果前面三个阶段的复习都能稳扎稳打取得预期的效果，那么在最后阶段善于总结的话，就能在最短的时间内将前面三个阶段的复习效果提升5%。如果前面三个阶段的复习成果不能保证通过考试的话，那么这一阶段就是决定性的。

总结说白了就是将零散分布于各章节或各资料的，或不同资料对于类似知识点的相关表述，或者同一类型的题目或者未经提炼的一些知识点进行**梳理归纳、整合扩展。**要注意总结，善于对知识点进行归纳梳理和总结，才能提纲挈领，做到心中有数。本书其实就是一个各类总结的集合体，复习计划中的作业2《复习教材》与规范真题对应表、作业9错题集、作业10近几年考点总结、作业11考前考点预测等都是不错出总结思路。但是不管是真题资料还是培训班的总结，其实都只是一个助推剂，而真正的动力是大家自身的努力，只有在自己要懂得利用的前提下才能最大发挥效用，而要真正想了解到总结提升阶段的胸有成竹和高屋建瓴是怎么样一个感觉，考生应在利用前人资料的基础上做属于自己的总结。

9. 放下包袱　拉上行李　成竹在胸　轻装上阵

放下包袱、拉上行李、成竹在胸、轻装上阵，是在复习计划最后阶段或10月份对考生提的要求，目的是对大家提出的是否对考试做好最终准备的一个衡量标准。因为到最后阶段书没看完、题没做完等，都已经无关紧要了，不管你复习的怎么样，只有做好最后的总结和身心两方面的准备，放下复习过程中那些该放弃的包袱，将所有该准备的物品放进拉杆箱，相信自己有通过考试的实力，轻松地迎接考试，才是真正对考试有利的。并且对待四门考试要同样的态度，考完一科就认为攻克了一科，不对后续考试产生影响，后续考试同样要放下前一科的包袱，直到全部考试结束，然后就可以大放松了。

在历年的考试中，有很多知识点复习得很好、平时做题及训练能满意的考生，最后考试成绩不理想，究其原因就在于没有做好最后的心理准备（考场考得不仅仅是知识水平）：心态不好、临场应对能力缺失、心理素质差、过渡紧张、压力过大、不舍得放弃等，这些都是需要再付出至少一年的代价的。

14.5　助考语录

根据多年经验，笔者总结了几点考试心得（见表 14-10），供考生参考。

助考语录　　**表 14-10**

序号	助考语录
助考语录 1	磨刀不误砍柴工，在听培训班之前做好相应的准备
助考语录 2	《复习教材》是否做标签不是大问题，关键是在复习和考试中要统一
助考语录 3	8 个月＋不间断＋每天 3h
助考语录 4	《规范精要选编》和规范单行本的使用习惯务必在复习和考试中统一
助考语录 5	做模拟题时即使看了答案的出处，也要动手到《复习教材》和规范上去查找
助考语录 6	专业案例通过秘籍：题目挑着做，先保证简单的拿分
助考语录 7	考试每题时间安排：单选，100s；多选，200s；案例，7min
助考语录 8	专业案例考试务必要花 1min 的时间阅读“应考人员注意事项”
助考语录 9	上一年专业知识未过线而专业案例得高分的考生在今年的复习过程中千万别放松对专业案例的复习
助考语录 10	历年真题一定要亲力亲为，自己动手做一遍，尤其是案例题，并回归到《复习教材》与规范
助考语录 11	严格按照考试时间进行第Ⅲ阶段 8 套卷子的实战训练
助考语录 12	考前一个月开始按照实际考试时间调整作息（入睡和起床时间）
助考语录 13	考前两周勿大量做题及做研究，只做两件事：错过的题不要再错；对的题继续做对
助考语录 14	即使再没有把握，也不要放弃上考场这次获得经验的绝佳机会

助考语录 1：磨刀不误砍柴工，在听培训班之前做好相应的准备。

目前考生们对于注考培训班的需求已越来越高，但官方不会举办任何形式的培训班，培训班并不能保证 100％通过率，不参加培训班也是能通过考试的，即注考培训班的目的是指导、帮助和提升。如果考生的能力是 40％，培训班也许能帮你提升到 50％或者 60％；如果考生的能力是 60％，培训班也许能帮你提升到 70％。所以到底能提升到多少，考生本身的能力是基础。也就是说，报培训班并不代表高枕无忧，在大多数情况下，培训班会有一定量的课程以及相应的练习要求，且会督促考生按照一定的计划复习，故某些培训班相对较高的通过率也是考生努力的结果。

如果考生选择培训班，那么就需要正面认识培训班的作用是帮助并不是代替，且培训班课程时间也是有限的，课上内容不会面面俱到且相对于《复习教材》与规范更多的是精简的内容，故考生一方面需要紧跟培训班的节奏，另一方面也要做好学习相应培训班课程之前的准备工作，做好预复习，磨刀不误砍柴工，把《复习教材》的内容先浏览熟悉一遍，带着问题去听，这样听课的效果会更好，更能有效地利用时间，会更有效率。

助考语录 2：《复习教材》是否做标签不是大问题，关键是在复习和考试中要统一。

关于复习资料尤其是《复习教材》做标签的问题，没有硬性要求，只是习惯问题。做不做标签，各有利弊，做标签可以快速定位，但也不便于随意查找。总的原则是，选择其中一种，统一在复习过程和考试中。因为是开卷考试，所以平时如何翻查资料的训练其实就是考试时实际的情况，只要避免平时不用标签，考试前几天贴了标签或者平时都用标签考试时去掉这种情况就可以了。

但是如果平时考生复习做题讨论过程中，自己不动手查书，看到题目就要答案，然后又问他人每个选项的出处在哪，这是个很不好的习惯。平时做题训练的时候一定要自己动手翻教材查规范，千万不要平时不练考场上练，这个过程就是一个训练速度及熟悉《复习教材》与规范的过程，只有平时训练到一定的程度，才能对《复习教材》和规范有感觉，即使没有做标签也能够在最短的时间内定位到所在位置，在实际考试时翻资料的时候才能得心应手，这也是是否做标签本身不重要的原因，关键是“熟练”两个字。

助考语录 3：8 个月＋不间断＋每天 3h。

8 个月长期的复习，考生需要做到很多，既要“欲速则不达”，又要“坚持不间断”的复习。按照每天 3h 的复习时间，加上进入状态的过程以及中间的“开小差”等，集中精力的有效复习时间其实大概只有 2h，所以周末需要做一定的加强。根据 PDCA 循环复习和工作任务的有效分解原则，每天应保证一定的复习量，切记“三天打鱼两天晒网”，复习的状态一旦中断，则需要花更多的时间接上正轨。尤其是针对于工作繁忙、经常加班出差的考生，建议特殊情况也保证每天不少于半小时的复习时间，以保证复习的连续性。

助考语录 4：规范精编和单行本的使用习惯务必在复习和考试中统一。

根据第 14.8 节“规范复习指导专篇”中的 72 本规范清单，在复习资料推荐中有《规范精要选编》这本配套资料，但其并不完整，有未收录的规范，也有未收录的条文说明，所以即使使用《规范精要选编》，也需要配齐缺少的规范单行本。建议所有考生完整地配齐所有规范，不论是采用《规范精要选编》加单行本的形式，还是 72 本单行本的形式都可以，根据各自的使用习惯选择。比如，一线设计师更加熟悉单行本规范的翻查，就更推荐用全部单行本。故同《复习教材》是否做标签一样，无论哪种形式，注意复习和考试采用统一的形式即可。

助考语录 5：做模拟题时即使看了答案的出处，也要动手到《复习教材》和规范上去翻找。

在复习第一阶段为了配合《复习教材》和规范的精度，给考生建议了《全程实训手册》作为每小节知识点的题目练习。不论是模拟题还是真题，都会配有答案解析，解析中会注明答案的依据出处。但要强调的是，复习的要求是考试对于《复习教材》与规范的熟悉性，而这些熟悉性是通过四个复习阶段中不断地看书、翻书、标注、对照，一点一点积累而成的，做完模拟题核对答案翻找解析依据的过程本身就是一个熟悉《复习教材》与规范、训练翻书速度的过程，所以所有模拟题的解析出处也到自己动手在《复习教材》与规范相应位置找到，并且利用“四支笔标注法”做好必要的记录，便于后期强化回顾。

助考语录 6：专业案例通过秘籍：题目挑着做，先保证简单的拿分。

做专业案例试卷时，要利用第 14.11 节的“专业案例通过技巧”，所有的案例题不论哪一章节，不论题目长短、题目难度，不论花费了多少时间，做对得分都是每题 2 分。即越简单的题目，投入产出比越高，在有限的时间内，通过考试是王道，所以 60 分必须首先分配给简单的、熟悉的、耗时少的题。拿到考卷后，姓名等填涂完毕并且考试说明阅读之后，可以快速浏览一遍所有的题目，对题目有第一印象。只要是平时注意题型分类训练、注意考点公式总结的考生自然会具有一定的“题感”，快速判断出题目的难易程度，接下来就可以先答简单的题，当判断出是七种题型分类中的后三种题型时，先跳过不做，等第一遍把最简单的题目做完后再继续做剩下稍难的题。这样才能在第一时间保证最基本的合格得分。

考生在套卷训练的时候会发现，有几年的案例试卷供暖部分的第一、第二题就属于第六、第七种题型，如果按照按做完一题才做下一题的步骤，则可能在前两题上花费过多的时间，甚至花费了近半个小时，并且也并不能保证做对，这样一则会占用后续题目的时间，二则会对心态产生影响，反而后续简单的题目也有一种难题的错觉，即使平时复习得再好，过不了这一关也会对整场考试产生致命的影响。

助考语录 7：考试每题时间安排：单选，100s；多选，200s；案例，7min。

四科考试的时间都是 3h，专业知识各 70 题，专业案例各 25 题。为了在有限的时间内做得又快又好，考生们需要根据每题的时间分配来结合各种时间应对技巧。比如，专业知识题单选题的平均耗时为 100s，多选题的平均耗时为 200s，根据平均耗时，可以利用第 14.13 节的“专业知识半点时间把控法”和第 14.14 节的“题眼题号标注法”，首先保证做快，然后保证做好。专业案例的平均耗时为 7min，根据第 14.11 节的“专业案例通过技巧”，如果超过了 7min 建议先放着一边，超过 10min 解不出来直接放弃。

故专业知识和专业案例的考试都不能在某一题上耗时过多，某一题耗时过多，就占用了做其他题目的时间，对于专业知识来说，题量多，题目做不完是“致命”的；对于专业案例来说，虽然题目没做完，仅做对 15 题以上就能通过，但是在难题上耗费过多的时间也就占用了做其他简单的题目的时间，这就做不到“题目挑着做，先保证简单的拿分”了。故无论专业知识题还是专业案例题，都需要计算每道题的平均耗时，把控整场考试的时间分配。

助考语录 8：专业案例考试务必要花 1min 的时间阅读“应考人员注意事项”。

每年考生们查询成绩以后，会有一小部分考生的成绩显示“成绩无效”“－4”或者直接注明“未按要求答题”，这种情况即使复查也没有用，其实问题是出在考场上，试卷发下来的时候有考生迫不及待地想提前看具体的题目，而没有注意试卷第 2 页大黑体字的考试注意事项。试卷扉页上会列有“应考人员注意事项”，其中有一条是：

“考生在试卷上作答时，必须使用试卷作答用笔，不得使用铅笔等非作答用笔，否则视为无效试卷。考生在试卷上作答专业案例考试题时，必须在每道试题对应的答案（　）位置处填写上该试题所选答案（即在规定的答案（　）内填写上所选选项对应的字母），并必须在相应试题“解答过程”下面的空白处写明该题的案例分析或计算过程、计算结果及主要依据，同时还须将所选答案用 2B 铅笔填涂在答题卡上。考生在试卷上书写案例分析过程及公式时，字迹应工整、清晰，以免影响专家阅卷评分工作。对不按上述要求作答的，如：未在试卷上试题答案（　）内填写所选选项对应的字母，仅在答案选项 A、B、C、D 处画“√”等情况，视为违规，该试题不予复评计分。”把这段话翻译一下，也就是

表14-11所示表格，后果不言而喻，这些情况都是需要绝对避免的。

应考人员注意事项 **表14-11**

答题情形	得分
答题卡未用2B铅笔涂（无法读卡）	0分
试卷用铅笔、红笔等非试卷用笔作答（应使用黑色水笔）	0分
试卷上未写计算过程（人工阅卷就是批阅计算过程）	0分
写了计算过程却未写正确选项（比如仅在选项上打勾）	0分
正确选项未填写规定括号内（比如答案填到括号外等）	0分

助考语录9：上一年专业知识未过线而专业案例得高分的考生在今年的复习过程中千万别放松专业案例的复习。

四科考试分为第一天的专业知识和第二天的专业案例，虽然都需要涂卡机读，但阅卷主要的区别是专业案例需要人工阅卷，专业案例的机读卡成绩是用来进行人工阅卷的筛选。只有专业知识和专业案例的机读卡成绩全部通过的考生的试卷，才会被人工阅卷，经过一审、二审、三审后，确定最终成绩是否通过。而考生查询到的成绩，并不全是人工阅卷后的真实案例成绩，一般会存在表14-12所示情况。

专业案例实际成绩总结 **表14-12**

情况分类	专业知识成绩	专业案例成绩	考试结果	专业案例成绩实质
(1)	119	**70**	未通过	**机读卡70**
	150	**58**	未通过	**机读卡58**
	119	**58**	未通过	**机读卡58**
(2)	120	**70**	通过	**机读卡70，**一审64
(3)	120	**58**	未通过	机读卡70，一审56，**二审58**
(4)	120	**70**	通过	**机读卡70，**一审58，二审60，三审60
(5)	120	**58**	未通过	机读卡70，一审56，二审60，**三审58**

即成绩查询中的案例成绩并不一定代表你做对的题数，如果表14-12所列5种情况中有3种情况下案例分数只是读卡成绩（不论你最终成绩是否通过），例如，专业知识未过线的情况下，专业案例试卷并未进行人工复评，即使专业案例读卡成绩已经通过合格线。针对这部分考生，建议对专业案例进行一定的估分，不要被查询的机读卡成绩所迷惑而认为自己的专业案例肯定没问题而忽视了当年应有的复习，很有可能再经过一年，专业知识通过了，专业案例经过人工阅卷被扣分导致不通过，专业案例未通过才是更可惜的。这个考试，专业知识和专业案例需要“两手一起抓，两手都要硬”，任何的偏科都会导致整体的不通过，而不存在其中一科成绩保留的情形。

助考语录10：历年真题一定要亲力亲为，自己动手做一遍，尤其是案例题，并回归到《复习教材》与规范。

整个复习历程中，我们以多种形式安排了 11 套试卷测试，从复习开始前的摸底考到复习第三阶段的真题训练再到考前的预测冲刺卷，在题集资料中，针对真题的练习是最简单有效的，即使复习时间再紧张，可以舍弃模拟题，也至少要保证整个过程中不少于 5 套完整的真题训练。通过从前到后的多次训练，能够对真题的题型、知识点、出题角度、难易度、陷阱、基本思路和常规做法等达到 75%的掌握。也可以通过多次的真题训练，将七种题型分类应对法、多选题十大技巧、半点时间把控法、专业案例通过技巧、题号题眼标注法等熟练应用，做到又快又好。

另外，“看懂”和“做对”之间其实隔着一条鸿沟，那就是 11 套试卷训练。虽然在复习过程中都能看懂相关的真题解析资料，但如果没有实际动手做题，把正式考试当成训练的话，就会出现各种问题，尤其是案例题，看着相对简单，但真正自己动手做题的时候就会出现遗漏题目条件、未考虑附加系数、初始数据取值错误、单位未换算，甚至连计算器都按错的多种问题，而这些问题就是需要在开始的做题训练中暴露出来，并且在后续的做题训练中逐步解决，在复习第二、第三阶段中将解析回归到《复习教材》和规范，对应《复习教材》的强化和精简复习，同时对试卷进行一定的得分分析形成错题集，避免自己一错再错。而把正式考试当成练习，把应该暴露在平时并解决的问题暴露在考场上（比如最基本的时间把控问题），那这次考试就来不及解决这些问题了。

助考语录 11：严格按照考试时间进行第Ⅲ阶段 8 套试卷的实战训练。

整个复习计划中安排的 11 套试卷练习，其中在复习第三阶段安排了 8 套，每周一套，利用周末的时间按考试时间安排四个科目的考试，周一至周五对试卷一题一题进行分析并总结错题，这一阶段对应的是《复习教材》与规范的第三遍精简复习，在第一、第二遍《复习教材》复习的基础上，通过套卷练习模拟考试情况，一方面做到对真题的题型、知识点、出题角度、难易度、陷阱、基本思路和常规做法的掌握；另一方面严格按照考试的时间执行，熟练应用各种考试技巧，尤其是考场时间把控的“半点时间把控法”和“专业案例通过技巧”。根据 PDCA 循环复习法，在一套套的试卷练习中不断暴露问题，并在下一套测试中解决问题，力争不要把问题带到考场上。

在第三阶段的 8 套试卷安排中，前 6 套安排的是最近 6 年的真题试卷，因考虑到考生会或多或少通过培训班课程、复习讨论或者在第二阶段知识点提炼阶段熟悉过往年真题，故最后两套试卷建议使用一定质量且与真题相似度较高的模拟卷或预测卷（要求这两套卷子平时没有接触过其中的题目）。虽然正式考试题目往往难度、出题角度和知识点大多和往年真题相似，但对于考生来说，考试的试卷是全新的，故前 6 套曾经接触过的真题试卷往往不是体现考生的真实水平（因为见过题目及答案的原因，成绩会偏高），而最后两套预测卷对于考生来说是全新的，能比较真实地反映出考生对于未见过的题的应对能力，得分往往与实际考试成绩相差不多，而通过这两套试卷暴露出的问题还来得及在最后两周的总结提升复习中进行最后的查漏补缺。

助考语录 12：考前一个月开始按照实际考试时间调整作息（入睡和起床时间）。

正式考试时间为周末，四科时间分别是上午 8：00～11：00，下午 14：00～17：00。建议在整个复习阶段的 11 套试卷测试按照考试的时间来训练，尤其是复习第三阶段的 8 套测试，严格遵循考试的时间要求涂卡进行时间控制的训练。如不进行训练，则难以在两天高强度的考试中集中精力，尤其是下午的考试，极易陷入困乏状态。

对于工作相对较忙，第三阶段周末时间难以保证的考生，或许可以利用晚上的时间进行测试补充，但考前一个月务必要按照考试时间进行作息调整，包括模拟训练考前晚上和考试当天的入睡和起床时间。细节决定成败，考试往往需要多种因素加持，作息时间影响考场状态同样会影响做题正确率。

助考语录13：考前两周勿大量做题及做研究，只做两件事：错过的题不要再错；对的题继续做对。

在整个复习阶段中安排了近4个月的集中做题时间，包括做题强化知识点提炼和套卷训练，根据第14.2.6节“各阶段复习目标制定”，第三阶段按照70%的复习目标来要求，而到此时即考前两周，主要的看书及做题训练都已结束，最后两套预测卷的成绩也基本能提前反映出考生实际的成绩。如第14.4.9节价值箴言“放下包袱　拉上行李　成竹在胸　轻装上阵，”此时重要的不是还剩多少内容没有复习完要抓紧补完，而是要“保持”住已经掌握的内容，就是到了捕鱼收网阶段，不要想着去网更多的鱼，而是要在收网的过程中不要让网中之鱼跑掉。所以最后两周的总结提升阶段，要按照第14.15节“考前两周提升复习法”进行考前强化记忆汇总复习，并且让会做的题继续做对，错过的题不要再错，这才是最后阶段5%的提升内容，即这5%并不是新的提升，更多的是对前三个阶段复习成果的巩固。如在考前大量做题甚至无意义地对疑难题进行研究，则会失去该有的总结提升机会，大概率会使得原有70%的能力或复习效果下降到65%以下，得不偿失。

助考语录14：即使再没有把握，也不要放弃上考场这次获得经验的绝佳机会。

注册考试按照每年不超过30%的通过率，即平均三年以上才能通过考试，耗时耗力，难度相当大，“坚持”两个字说着容易做到难。虽然我们安排了长达252天的复习计划和复习内容，且安排了11套模拟卷的测试，相信能坚持完成的考生不会超过半数。每年考场上都会有考生人数越来越少的现象，即感觉自己没复习好放弃考试或者参加了其中的一两科不再进行后续科目的考试。对于新考生来说，我们建议不论复习得怎么样，都要坚持完整地参加一次四个科目的考试，平时的套卷练习无法完全复制考场情形，新考生在真实考场上暴露出来的各种问题都是需要认真对待的教训，而这些就可以作为经验来指导下一年的复习，避免在下一次的考场上再犯同样的问题。最常见且“悲惨”的案例莫过于专业案例未按规定答题而出现“成绩无效”或者“－4”的问题，需要重新再来一年。

14.6　教材复习指导专篇

14.6.1　知识点大纲各章节分布统计

就考试大纲（详见《复习教材》附录1）要求程度而言，了解<熟悉<掌握。要求“掌握”的是重点内容，也是重要考点，要求应考者能灵活应用，复习时对这部分内容要理解得详细、深入；要求“熟悉”的内容是重要内容，应考者除弄清楚各个知识点的原理、内容、依据、程序及方法外，还要注意与其他易混淆的知识点进行对比复习，加强记忆；要求“了解”的是相关内容，考试深度较浅，考题更直观，易得分。根据75%复习目标原则，对于考试大纲中要求按照“全了解16%”＋“全熟悉38%”＋“至少一半掌握23%”的复习目标进行《复习教材》与规范的复习和做题训练（见表14-13）。

《复习教材》各章节分布权重　　表 14-13

《复习教材》章节	每章知识点数量	每章知识点所占总体百分比	"了解"所占比例	"熟悉"所占比例	"掌握"所占比例
供暖	20	**23%**	2%	8%	13%
通风	15	**17%**	0%	8%	9%
空气调节与空气洁净技术	29	**32%**	4%	11%	16%
制冷与热泵技术	16	**18%**	7%	6%	6%
绿色建筑	3	**3%**	1%	1%	1%
民用建筑房屋卫生设备和燃气供应	5	**6%**	1%	3%	2%
总计	87	100%	**16%**	**38%**	**46%**

14.6.2 《复习教材》各章节内容分布

《复习教材》各章节内容分布见表 14-14。

《复习教材》各章节内容分布　　表 14-14

章节	供暖	通风	空气调节	制冷与热泵技术	绿色建筑	民用建筑房屋卫生设备和燃气供应
页数	160	182	227	179	42	18
平均占比	20%	22%	28%	22%	5%	2%

14.6.3 真题试卷各章节分值分布

专业知识（上）、专业知识（下）、专业案例（上）、专业案例（下）四个科目考试考卷的组成基本上是按照《复习教材》编排的顺序出题，但各章节单选题、多选题、案例题的题量和分值占比不同，2021 年试卷题型题量为例如表 14-15 所示，更多历年考卷各章节占比分布的内容详见本书第 15.1 节各年考卷分值比例分布：

2021 年试卷题型题量　　表 14-15

题型题量	第一天知识				第二天案例		题量	分值
	上午单选	下午单选	上午多选	下午多选	上午	下午		
供暖	9	8	7	6	6	6	42	67
通风	9	9	6	7	6	6	43	68
空气调节	9	10	9	8	7	8	**51**	**83**
制冷与热泵技术	9	9	6	7	5	4	40	62
绿色建筑	1	2	2	1	0	0	6	9
民用建筑房屋卫生设备和燃气供应	3	2	0	1	1	1	8	11
总计	40	40	30	30	25	25	190	300

14.6.4 《复习教材》各章节有针对性复习法

作为注册考试的四大章节：供暖、通风、空调、制冷，其实并没有针对某章特别的复习方法，不外乎看书和做题、总结，同时在实际工作中注意积累。但各章的难度和重要性还是有所区别，对于考试的要求，将考试大纲中的三个关键词"了解、熟悉和掌握"延伸了一下，分为 ABCD 四个层次：

A：了解或熟悉专业知识点；

B：了解或熟悉相关规范的要求；

C：熟悉相关的计算原理及过程；

D：懂得将前三者应用到实际的工程分析当中。

故根据前面知识点大纲分布、《复习教材》编排以及真题试卷分值分布所述，教材各章节的复习时间、复习要求和复习方法不应完全相同，应有针对性地进行区分，建议如表14-16所示。

各章节复习要求 **表 14-16**

章节	考试要求针对性	大纲对应要求
供暖	D：懂得将专业知识应用到实际工程分析	掌握
通风	C：熟悉知识点规范要求和计算原理及过程	熟悉
空气调节与空气洁净技术	D：懂得将专业知识应用到实际工程分析	掌握
制冷与热泵技术	C：熟悉相关的计算原理及过程	熟悉
绿色建筑	A+B：了解专业知识点和相关规范的要求	了解
民用建筑房屋卫生设备和燃气供应	A+B：了解专业知识点和相关规范及计算的要求	了解

每一位考生实际情况各不相同，比如基础不同、工作经历不同、地域不同等，都会影响对不同章节的针对性差别，比如南方考生对于供暖设计接触相对较少，就会相对认为供暖章节更难；制冷章节理论性较强，本科阶段学习基础好坏也会影响对制冷章节的掌握；尤其是老考生，应更加分析自身对于各章节的强弱势，加强优势、弥补弱势，制定更适合于自己的各章节针对性复习策略。

14.7 四支笔标注法

14.7.1 《复习教材》四支笔标注法

《复习教材》四支笔标注法如表14-17所示。

《复习教材》四支笔标注法 **表 14-17**

图示	四支笔	标注用途
	红色水笔	用于将官方勘误及讨论中已确认的错误直接在书中修正，也可以注明《复习教材》与考试大纲要求的规范不符之处
	活动铅笔	用于记下或标出看书过程中有疑问的地方，并查找相关资料或者在群里和论坛讨论解决；即使不能马上解决，也可暂时记着，也许以后再翻到的时候会豁然开朗。如果是有价值的疑问就可以注明答案，如果是没有价值的疑问就可以用橡皮擦掉了
	蓝色水笔	用于复习过程中标记和笔记备注。可以标记上重要的句子，圈出重要的数据等；也可以备注上规范技术措施《红宝书》或大学教材上相关的知识点或索引或总结。这就是典型的将《复习教材》看厚的方法。 可以在规范复习过程中标注历年已考查过的条文及题号（详见本书第15.2节“各规范曾考条文及考题频率统计”）
	浅色荧光笔	用于涂亮重要的知识点、小标题、术语、数据、公式、重要的句子、标记和备注等。这就是强化记忆、重点突出明了和便于总结回顾的方法

14.7.2　做题四支笔标注法

做题四支笔标注法见表 14-18。

做题四支笔标注法　　表 14-18

图示	四支笔	标注用途
	活动铅笔	画问号，用于记下或标出做题过程中有疑问的地方，并查找相关资料或群中讨论解决；即使不能马上解决，也可暂时记着，也许以后再翻到的时候会豁然开朗。如果是有价值的疑问就可以注明答案，如果是没有价值的疑问就可以用橡皮擦掉了
	蓝色水笔	用于做题过程中书写、标记和备注。要求答案不要打钩，而是写在题号前面（专业知识题）或括号内（专业案例题）
	红色水笔	（1）用于做题训练过程中的批改；（2）用于将讨论中已确认的错误直接在书中修正（不排除模拟题或真题解析中有错误）；（3）自己认为的典型题、重要题、易错题或者还需加强的题用不同符号标记
	浅色荧光笔	用于涂亮重要的知识点、小标题、术语、公式、重要的标记和备注等等。这就是强化记忆、重点突出明了和便于总结回顾的方法

14.8　规范复习指导专篇

14.8.1　考试规范清单及相应分析

执业资格考试适用的规范、规程及标准按时间划分原则：考试年度的试题中所采用的规范、规程及标准均以前一年十月一日前公布生效的规范、规程及标准为准。每年会在 8 月份左右安排考务工作时发布当年的考试规范清单，每年会有一定的调整，包括升版、新增和删除，目前约为 72 本（见图 14-2、表 14-19）。考生在复习中可以根据上一年的清单

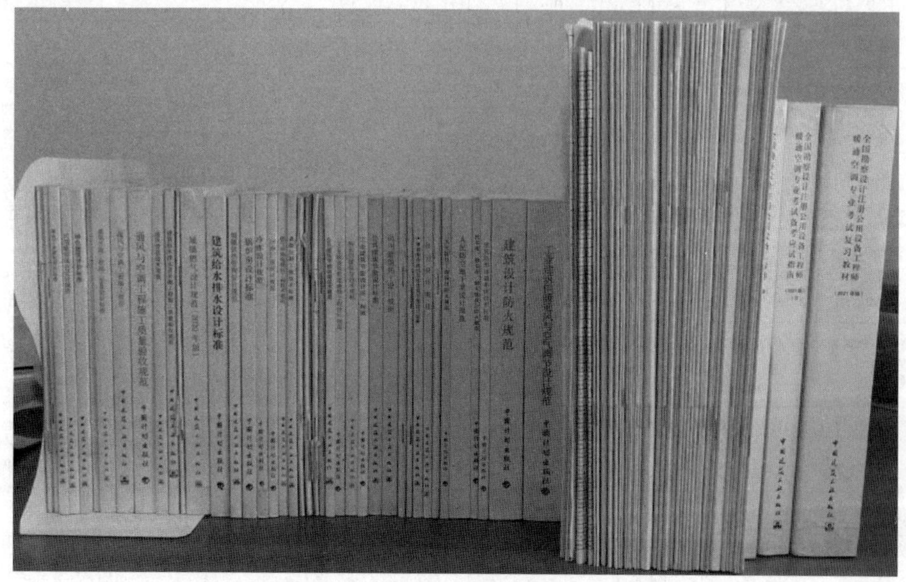

图 14-2　规范清单所包含的单行本

准备，并根据划分原则做一定的升版预测，待当年规范清单发布时再做微调。

考试规范及重要性分类 表14-19

清单序号	名 称	标准号	近十年考题比例	重要性分类	备 注
1	民用建筑供暖通风与空气调节设计规范	GB 50736—2012	13.87%	A类	2013年新增
2	工业建筑供暖通风与空气调节设计规范	GB 50019—2015	5.43%	A类	2017年更新
12	公共建筑节能设计标准	GB 50189—2015	5.10%	A类	2016年更新
27	洁净厂房设计规范	GB 50073—2013	1.93%	A类	2014年更新
38	建筑给水排水设计标准	GB 50015—2019	1.83%	A类	2021年更新
71	建筑防烟排烟系统技术标准	GB 51251—2017	1.83%	A类	2019年新增
40	通风与空调工程施工质量验收规范	GB 50243—2016	1.73%	A类	2018年更新
3	建筑设计防火规范	GB 50016—2014（2018年版）	1.57%	A类	2019年更新
36	城镇燃气设计规范	GB 50028—2006（2020年版）	1.53%	A类	2022年预测更新
14	辐射供暖供冷技术规程	JGJ 142—2012	1.50%	A类	2014年更新
35	城镇供热管网设计规范	CJJ 34—2010	1.17%	A类	
32	冷库设计规范	GB 50072—2010	1.00%	A类	
15	供热计量技术规程	JGJ 173—2009	0.97%	B类	2011年新增
28	地源热泵系统工程技术规范	GB 50366—2005（2009年版）	0.97%	B类	
43	绿色建筑评价标准	GB/T 50378—2019	0.97%	B类	2020年更新
33	锅炉房设计标准	GB 50041—2020	0.93%	B类	2021年更新
9	严寒和寒冷地区居住建筑节能设计标准	JGJ 26—2018	0.80%	B类	2020年更新
6	人民防空地下室设计规范	GB 50038—2005	0.60%	B类	
13	民用建筑热工设计规范	GB 50176—2016	0.60%	B类	2018年更新
47	冷水机组能效限定值及能效等级	GB 19577—2015	0.57%	B类	2018年更新
52	蒸气压缩循环冷水（热泵）机组 第1部分：工业或商业用及类似用途的冷水（热泵）机组	GB/T 18430.1—2007	0.47%	B类	2012年新增
31	多联机空调系统工程技术规程	JGJ 174—2010	0.40%	B类	2011年新增
39	建筑给水排水及采暖工程施工质量验收规范	GB 50242—2002	0.30%	B类	
58	商业或工业用及类似用途的热泵热水机	GB/T 21362—2008	0.27%	B类	2013年新增
68	建筑通风和排烟系统用防火阀门	GB 15930—2007	0.27%	B类	2013年新增
55	直燃型溴化锂吸收式冷（温）水机组	GB/T 18362—2008	0.23%	B类	
4	汽车库、修车库、停车场设计防火规范	GB 50067—2014	0.20%	C类	2016年更新
8	住宅建筑规范	GB 50368—2005	0.20%	C类	

续表

清单序号	名　　称	标 准 号	近十年考题比例	重要性分类	备　注
16	工业设备及管道绝热工程设计规范	GB 50264—2013	0.20%	C类	2016 年更新
30	蓄能空调工程技术标准	JGJ 158—2018	0.20%	C类	2020 年更新
46	空气调节系统经济运行	GB/T 17981—2007	0.20%	C类	2013 年新增
51	多联式空调（热泵）机组能效限定值及能源效率等级	GB 21454—2008	0.20%	C类	2012 年新增
56	蒸汽和热水型溴化锂吸收式冷水机组	GB/T 18431—2014	0.20%	C类	2016 年更新
64	离心式除尘器	JB/T 9054—2015	0.20%	C类	2020 年更新
65	回转反吹类袋式除尘器	JB/T 8533—2010	0.20%	C类	
24	工业企业设计卫生标准	GBZ 1—2010	0.17%	C类	
19	环境空气质量标准	GB 3095—2012	0.17%	C类	2013 年新增
57	水（地）源热泵机组	GB/T 19409—2013	0.17%	C类	2016 年更新
7	住宅设计规范	GB 50096—2011	0.13%	C类	2013 年新增
18	公共建筑节能改造技术规范	JGJ 176—2009	0.13%	C类	2013 年新增
23	大气污染物综合排放标准	GB 16297—1996	0.13%	C类	
25	工作场所有害因素职业接触限值　第 1 部分：化学有害因素	GBZ 2.1—2019	0.13%	C类	2020 年更新
26	工作场所有害因素职业接触限值　第 2 部分：物理因素	GBZ 2.2—2007	0.13%	C类	
41	制冷设备、空气分离设备安装工程施工及验收规范	GB 50274—2010	0.13%	C类	2012 年新增
45	民用建筑绿色设计规范	JGJ/T 229—2010	0.13%	C类	2013 年新增
29	燃气冷热电联供工程技术规范	GB 51131—2016	0.10%	C类	2018 年新增
37	城镇燃气技术规范	GB 50494—2009	0.10%	C类	2012 年新增
44	绿色工业建筑评价标准	GB/T 50878—2013	0.10%	C类	2016 年新增
50	房间空气调节器能效限定值及能效等级	GB 21455—2019	0.10%	C类	2021 年更新
10	夏热冬冷地区居住建筑节能设计标准	JGJ 134—2010	0.07%	C类	
11	夏热冬暖地区居住建筑节能设计标准	JGJ 75—2012	0.07%	C类	2014 年更新
42	建筑节能工程施工质量验收标准	GB 50411—2019	0.07%	C类	2020 年更新
53	蒸气压缩循环冷水（热泵）机组　第 2 部分：户用及类似用途的冷水（热泵）机组	GB/T 18430.2—2016	0.07%	C类	2018 年更新
66	脉冲喷吹类袋式除尘器	JB/T 8532—2008	0.07%	C类	
72	高效空气过滤器	GB/T 13554—2019	0.07%	C类	2022 年预测更新
17	既有居住建筑节能改造技术规程	JGJ/T 129—2012	0.03%	C类	2016 年更新
20	声环境质量标准	GB 3096—2008	0.03%	C类	
22	工业企业噪声控制设计规范	GB/T 50087—2013	0.03%	C类	2016 年更新

续表

清单序号	名　称	标准号	近十年考题比例	重要性分类	备　注
59	组合式空调机组	GB/T 14294—2008	0.03%	C类	
62	通风机能效限定值及能效等级	GB/T 19761—2020	0.03%	C类	2022年预测更新
67	内滤分室反吹类袋式除尘器	JB/T 8534—2010	0.03%	C类	
5	人民防空工程设计防火规范	GB 50098—2009	0.00%	D类	
21	工业企业厂界环境噪声排放标准	GB 12348—2008	0.00%	D类	
34	锅炉大气污染物排放标准	GB 13271—2014	0.00%	D类	2016年更新
48	单元式空气调节机能效限定值及能效等级	GB 19576—2019	0.00%	D类	2021年更新
49	风管送风式空调机组能效限定值及能效等级	GB 37479—2019	0.00%	D类	2020年新增
54	溴化锂吸收式冷（温）水机组安全要求	GB 18361—2001	0.00%	D类	
60	柜式风机盘管机组	JB/T 9066—1999	0.00%	D类	
61	风机盘管机组	GB/T 19232—2019	0.00%	D类	2022年预测更新
63	清水离心泵能效限定值及节能评价值	GB/T 19762—2007	0.00%	D类	
69	干式风机盘管	JB/T 11524—2013	0.00%	D类	2018年新增
70	高出水温度冷水机组	JB/T 12325—2015	0.00%	D类	2018年新增

14.8.2　建议单独补充的单行本

根据第14.5.4节，72本规范的准备可以全采用单行本的形式，也可以采用《规范精要选编》加补充单行本的形式，若考生采用后者，则建议结合规范的重要性分类来配备必须的单行本（见表14-20）。

配合《规范精要选编》的规范单行本　　表14-20

序号	名　称	标准号	备　注
1	民用建筑供暖通风与空气调节设计规范	GB 50736—2012	A类规范
2	工业建筑供暖通风与空气调节设计规范	GB 50019—2015	A类规范
3	公共建筑节能设计标准	GB 50189—2015	A类规范
4	辐射供暖供冷技术规程	JGJ 142—2012	A类规范
5	地源热泵系统工程技术规范	GB 50366—2005（2009年版）	A类规范
6	城镇供热管网设计规范	CJJ 34—2010	A类规范
7	通风与空调工程施工质量验收规范	GB 50243—2016	A类规范
8	城镇燃气设计规范	GB 50028—2006（2020年版）	A类规范/2022年预测更新
9	建筑设计防火规范	GB 50016—2014（2018年版）	A类规范/《规范精要选编》未收录条文说明

续表

序号	名　　称	标准号	备　注
10	洁净厂房设计规范	GB 50073—2013	A 类规范/《规范精要选编》未收录条文说明
11	建筑给水排水设计标准	GB 50015—2019	A 类规范/《规范精要选编》未收录条文说明
12	建筑防烟排烟系统技术标准	GB 51251—2017	A 类规范/《规范精要选编》未收录条文说明
13	人民防空地下室设计规范	GB 50038—2005	《规范精要选编》未收录
14	工作场所有害因素职业接触限值　第 1 部分：化学有害因素	GBZ 2.1—2019	《规范精要选编》未收录
15	建筑通风和排烟系统用防火阀门	GB 15930—2007	《规范精要选编》未收录
16	冷库设计规范	GB 50072—2010	《规范精要选编》未收录条文说明
17	锅炉房设计标准	GB 50041—2020	《规范精要选编》未收录条文说明
18	汽车库、修车库、停车场设计防火规范	GB 50067—2014	《规范精要选编》未收录条文说明
19	高效空气过滤器	GB/T 13554—2020	2022 年预测更新（2021 年新增）

14.8.3　近十年规范清单中新增规范

近十年规范清单中新增规范见表 14-21。

近十年规范清单中新增规范　　表 14-21

序号	名　　称	标准号	备注
1	公共建筑节能改造技术规范	JGJ 176—2009	2013 年新增
2	环境空气质量标准	GB 3095—2012	2013 年新增
3	通风与空调工程施工规范	GB 50738—2011	2013 年新增（2020 年删除）
4	绿色建筑评价标准	GB/T 50378—2006	2013 年新增
5	民用建筑绿色设计规范	JGJ/T 229—2010	2013 年新增
6	空气调节系统经济运行	GB/T 17981—2007	2013 年新增
7	商业或工业用及类似用途的热泵热水机	GB/T 21362—2008	2013 年新增
8	建筑通风和排烟系统用防火阀门	GB 15930—2007	2013 年新增
9	绿色工业建筑评价标准	GB/T 50878—2013	2016 年新增
10	燃气冷热电联供工程技术规范	GB 51131—2016	2018 年新增
11	干式风机盘管	JB/T 11524—2013	2018 年新增
12	高出水温度冷水机组	JB/T 12325—2015	2018 年新增
13	建筑防烟排烟系统技术标准	GB 51251—2017	2019 年新增
14	风管送风式空调机组能效限定值及能效等级	GB 37479—2019	2020 年新增
15	高效空气过滤器	GB/T 13554—2008	2021 年新增

14.8.4　规范重要性分类复习法

规范重要性分类及对应的复习方法见表 14-22。

规范重要性分类及对应的复习方法 表 14-22

规范分类	重要性	复习建议
A类（12本）	重要规范	以单行本形式专门安排时间复习，并在教材复习和做题过程中强化
B类（14本）	一般规范	以规范精编或单行本的形式在教材复习和做题过程中配合查找复习熟悉
C类（35本）	其他规范	可以以《规范精要选编》准备着，不用复习，熟悉目录即可，可在做题训练和正式考试中直接查找答案
D类（11本）	未考规范	可以以《规范精要选编》准备着，不用复习，熟悉目录即可，可在正式考试中直接查找答案

14.8.5 规范复习工具书查找法

（1）一开始翻不到没关系，翻的过程就是浏览规范内容和迅速定位条文位置的过程；

（2）一开始翻到不理解也没关系，翻条文说明、翻相关条文、翻相关规范来帮助理解；

（3）一开始翻到了记不住也没关系，多翻几次自然而然就记住了，就不需要再翻了；

（4）平时翻得多的条文就是重要条文、常考知识点，翻得多的规范就是重要规范、常考规范；

（5）可根据本书第 15.2 节“各规范曾考条文及考题频率统计”标注历年已考查过的条文；

（6）平时规范复习查找训练的成果要求是：

1）看到某个内容能马上确定在哪本规范的哪个部分，并能快速定位到这个条文；

2）专业知识考试时做到至少 60%的内容不需要查找规范。

14.9 七种题型分类应对法

专业知识题题型和专业案例题题型大致可以分为六种类型如表 14-23 所示。

专业知识题和专业案例题题型分类 表 14-23

序号	专业知识题题型	专业案例题题型
1	查找型	单套公式型
2	送分型	图表分析型
3	必考型	绘图求解型
4	陷阱型	连锁计算型
5	实例型	耗费时间型
6	纠结型	无从下手型

根据第 14.3.5 节“古言今理”中的“量腹面食 度身而衣”原则，无论是专业知识题还是专业案例题，考点不同、难度不同、耗时不同、题型不同，但分值是相同，聪明的考生都会优先选择价值最高的题（即难度较低、耗时较少、正确率较高的题）。因此，我们分别将 6 种专业知识题题型和专业案例题题型综合成表 14-24 中的七种题型分类，按得分

先后顺序排列，并统计出近十年在试卷中的题型分类统计的题量大约占比。对应大纲的要求，基本上前面五种类型得分占比约为 75%，按照这个比重进行复习，也吻合第 14.3.4 节古言今理中的“取乎其上 得乎其中”的 75%总体复习目标原则。在平时的做题练习中，建议考生按照先分类再解答的策略来有意识地进行训练，久而久之养成潜意识的习惯后能在看完题目的同时采取相应的解题策略，保证在有限的时间内自动筛选出得分价值最高的题，即按照七种题型分类中的前五种题型先得分，做到“又快又好”，以最快的速度来保证合格成绩。

七种题型分类　**表 14-24**

分类	题型特征	对应大纲要求	大约占比	得分累积
Ⅰ类	规范原文教材原话的题（**原文题**）	了解	20%	20%
Ⅱ类	变着法子的送分题（**送分题**）	熟悉	5%	25%
Ⅲ类	换汤不换药的典型题（**典型题**）	熟悉	25%	50%
Ⅳ类	带坑的陷阱题（**陷阱题**）	掌握	5%	55%
Ⅴ类	需要好好理解的题（**理解题**）	掌握	20%	75%
Ⅵ类	放到后面做的题（**后置题**）	掌握	15%	90%
Ⅶ类	直接放弃的题（**放弃题**）	掌握	10%	100%

14.10　多选题十大技巧

考试第一天的专业知识分别由 40 道单选题和 30 道多选题组成，多选题题量虽相对较少，但分值是单选题的两倍，即多选题每题 2 分，多选少选错选皆不得分，总分为 60 分。故可以说多选题的正确率直接影响专业知识考试是否通过，大多数考生做题阶段初期也是“谈多选色变”，多选题答案可能组合为：AB、AC、AD、BC、BD、CD；ABC、ABD、ACD、BCD；ABCD，即 11 种可能，单纯猜测答案的话正确率仅为 **9.1%**。为了提高考生做多选题的正确率，本书总结了多选题十大技巧（见表 14-25），通过多种方法排除错误选项，找出正确选项，即使对于知识点不懂，也能大幅度提高正确率，“猜答案也要有技巧地猜测”。如果利用多选题技巧甚至多个技巧的组合并结合对于知识的掌握，甚至能达到 100%的正确率。

多选题十大技巧　**表 14-25**

序号	多选题十大技巧	猜中正确率
技巧一	仅根据选项的相互矛盾性排除其中一个选项的可能	14%
技巧二	仅根据选项的相互矛盾性排除其中两个选项的可能	25%
技巧三	根据题意，排除其中一个选项	25%
技巧四	根据题意和选项包含性排除某些选项可能	33%
技巧五	仅根据选项的相互矛盾性排除其中两个选项的可能，并直接确定一个选项	33%
技巧六	根据题意，确定其中三个选项	50%
技巧七	利用选项矛盾反向选择改为单选，根据题意选择正确选项	100%

续表

序号	多选题十大技巧	猜中正确率
技巧八	根据题意，直接排除其中两个选项	100%
技巧九	反向选择，利用选项矛盾排除所有不符合题意的选项	100%
技巧十	仅根据选项的相互矛盾性直接排除其中两个选项	100%

1. 多选题技巧一：仅根据选项的相互矛盾性排除其中一个选项的可能

【2008-2-53】冬季建筑室内温度20℃（空气密度为1.2kg/m^3），室外温度−10℃，室内排风风量为10.0m^3/s，送风量中机械送风量占80%、送风温度40℃，其余为室外自然补风。要保证排风效果的做法，是下列哪几个选项？

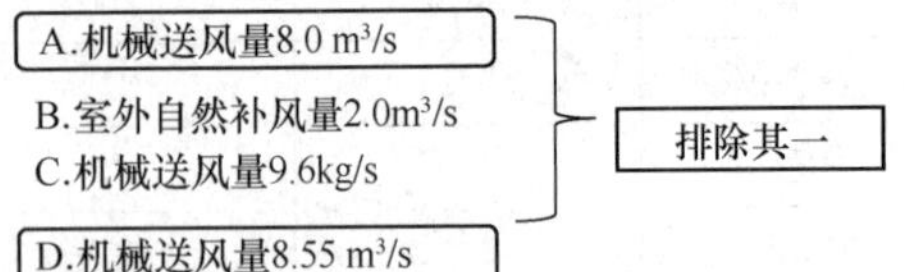

说明：根据题中所给的具体数据，同一个单位的机械补风量只能有一个数值。

本题可能答案：AB、AC、~~AD~~、BC、BD、CD；ABC、~~ABD、ACD~~、BCD；~~ABCD~~。

本类题猜中概率：1/7=14%。

2. 多选题技巧二：仅根据选项的相互矛盾性排除其中两个选项的可能

【2006-2-46】如下图所示一热水网路示意图，当关闭用户3阀门，则系统将发生的流量变化状况为下列哪几项？

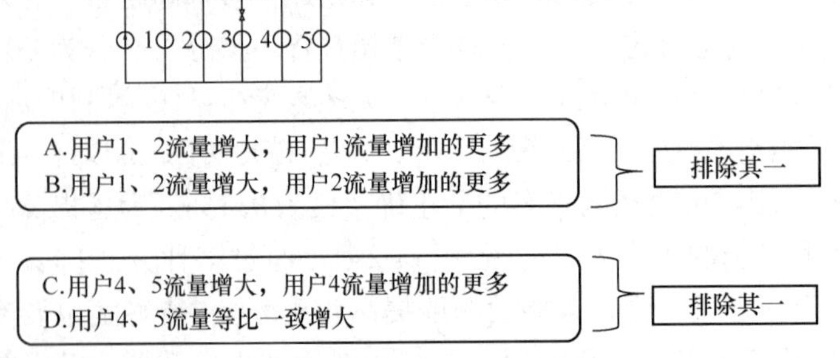

本题答案可能：~~AB~~、AC、AD、BC、**BD**、~~CD~~；~~ABC、ABD、ACD、BCD；ABCD~~。

本题猜中概率：1/4=25%。

3. 多选题技巧三：根据题意，排除其中一个选项

【2009-2-49】体育馆、展览馆等大空间建筑内的通风、空气调节系统，当其风管按照防火分区设置，且设置防火阀时，以下风管材料的选择哪些项是正确的？

~~A. 可燃材料~~

B. 不燃材料

C. 燃烧物产毒性较小、烟密度不大于30的难燃材料

D. 燃烧物产毒性较小、烟密度不大于25的难燃材料

说明：根据专业知识，风管应为不燃材料或难燃材料，不可能为可燃材料，选项A直接排除。

本题可能答案：~~AB、AC、AD~~、BC、**BD**、CD；~~ABC、ABD、ACD~~、BCD；~~ABCD~~。

本题猜中概率：1/4＝25％。

4. 多选题技巧四：根据题意和选项包含性排除某些选项可能

【2010-1-52】进行某燃气锅炉房的通风设计，下列哪几项符合要求？

A.通风换气次数$3h^{-1}$，事故通风换气次数$6h^{-1}$

B.通风换气次数$6h^{-1}$，事故通风换气次数$10h^{-1}$

C.通风换气次数$6h^{-1}$，事故通风换气次数$12h^{-1}$

D.通风换气次数$8h^{-1}$，事故通风换气次数$15h^{-1}$

说明：换气次数比规范规定的大，即符合要求，如选项 A 正确，则选项 BCD 必然正确，即 A 包含 BCD，只要选 A，必须带上 BCD；依此类推。

本题可能答案：~~AB、AC、AD、BC、BD~~、**CD**；~~ABC、ABD、ACD、~~BCD；ABCD。

本类题猜中概率：1/3＝33％。

5. 多选题技巧五：仅根据选项的相互矛盾性排除其中两个选项的可能，并直接确定一个选项

【2006-2-56】表面自然蒸发使空气状态发生变化，下列哪几项是正确的？

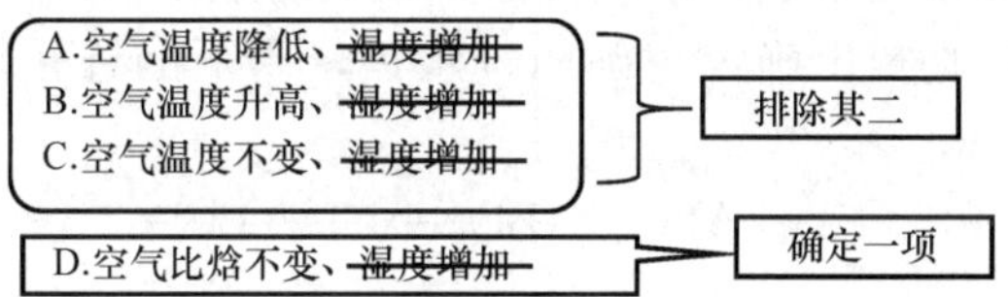

说明：每个选项都有“湿度增加”，可以不去判断；针对于表面自然蒸发过程，空气温度只有一种确定状态，选项 ABC 相互矛盾，排除其二，因为多选题至少有两个选项，则剩下的选项 D 必然正确。

本题可能答案：~~AB、AC~~、**AD**、~~BC~~、BD、CD；~~ABC~~、~~ABD、ACD、BCD；ABCD~~。

本题猜中概率：1/3＝33％。

【2011-2-64】关于空气源热泵热水机与空气源蒸汽压缩式制冷（热泵）机组的比较描述，下列哪几项是正确的？

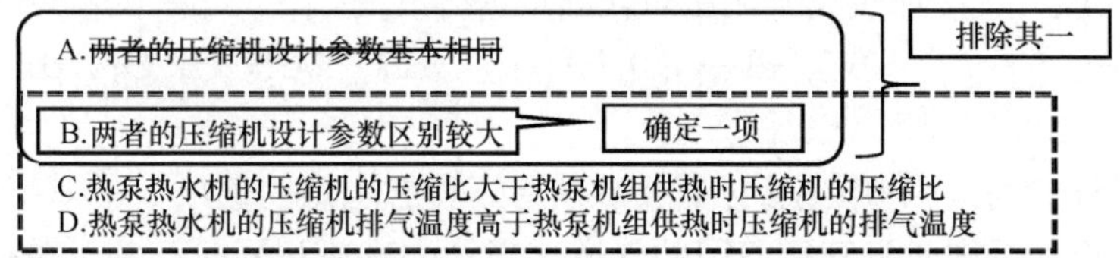

说明：选项 CD 的意思就是两者的压缩机设计参数区别较大，故选项 CD 包含选项 B；选项 BCD 与选项 A 矛盾，因为多选题至少有两个选项，则选项 A 必然不选，并且可同时确定选项 B 必然要选，且选项 CD 中至少要选一个选项。

本题可能答案：~~AB、AC、AD~~、BC、BD、~~CD；ABC、ABD、ACD~~、**BCD**；~~ABCD~~。

本题猜中概率：1/3＝33％。

6. 多选题技巧六：根据题意，确定其中三个选项

【2007-1-59】洁净室送、回风量的确定，下列表述中哪几项是错误的？

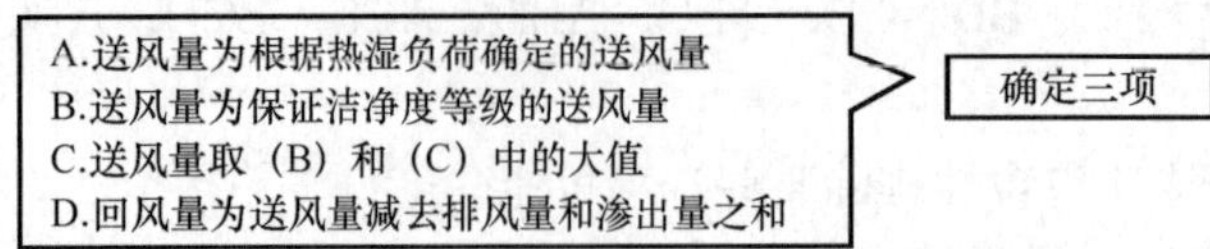

说明：根据洁净规范相关知识，洁净室送风量三者取大值确定，故选项中一者或二者取大的全部错误；故剩下的只需判断选项D的正误即可。

本题可能答案：~~AB、AC、AD、BC、BD、CD~~；ABC、~~ABD、ACD、BCD~~；ABCD。

本题猜中概率：1/2＝50％。

7. 多选题技巧七：利用选项矛盾反向选择改为单选，根据题意选择正确选项

【2006-1-23】冷水机组能源效率等级分为几级，以及达到何级为节能产品的表述中，下列哪几项是错误的？

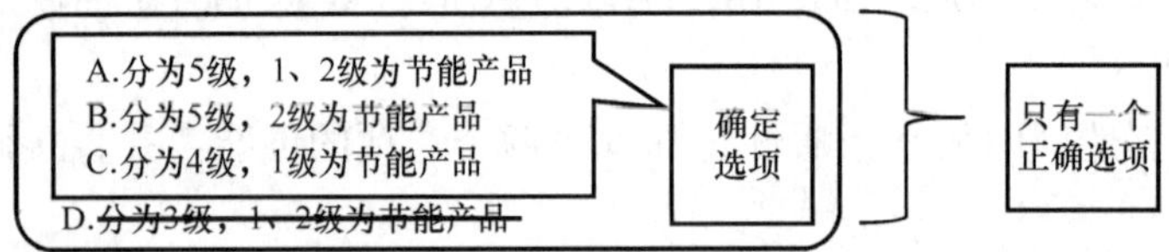

说明：关于冷水机组能效等级以及哪几级是节能产品，只有一个确定说法，故四个选项中只能有一个是正确的表述。故根据专业知识确定正确的选项后，剩下的皆是错误选项。

本题可能答案：~~AB、AC、AD、BC、BD、CD~~；ABC、~~ABD、ACD、BCD；ABCD~~。

本题猜中概率：1/1＝100％。

8. 多选题技巧八：根据题意，直接排除其中两个选项

【2009-2-54】可以实现空气处理后含湿量减少的空气处理设备，应是下列哪些项？

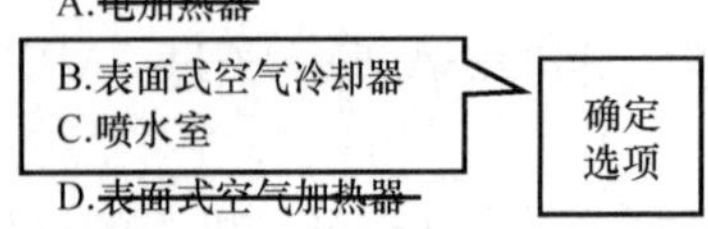

说明：经典的排除法，考试时如确定了其中两个选项，则为节省时间，可不再去确定剩下的选项。根据专业知识，直接加热设备无法对含湿量进行改变。

本题答案可能：~~AB、AC、AD~~、BC、~~BD、CD；ABC、ABD、ACD、BCD；ABCD~~。

本题猜中概率：1/1＝100％。

9. 多选题技巧九：反向选择，利用选项矛盾排除所有不符合题意的选项

【2011-1-60】某空调冷水系统两根管径不同的管道，当管内流速相同时，关于单位长度管道沿程阻力R的说法错误的应是下列哪几项？

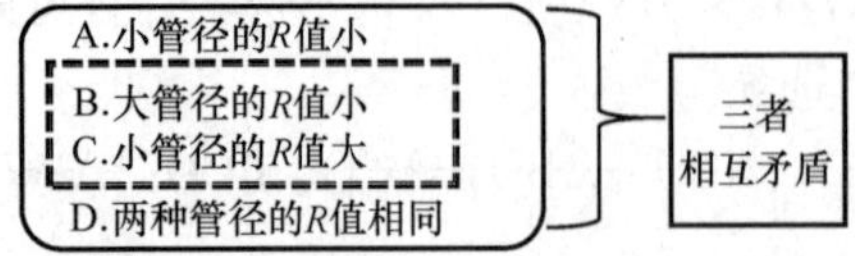

说明：选项BC为同一个意思，相互包含。选项BC和选项A和选项D相互矛盾，只可能有一个正确的，含任意两者即可排除。即选项AD不可能同时正确，只可能选项BC

是同时正确的。

题目改成正确的说法，答案可能：~~AB、AC~~、AD、~~BC、BD、CD；ABC、ABD、ACD、BCD；ABCD~~。

故本题的正确选项为：BC。

本题猜中概率：1/1＝100％。

10. 多选题技巧十：仅根据选项的相互矛盾性直接排除其中两个选项

【2006-2-59】下列哪几项是溶液除湿空调系统的主要特点？

A.空气可达到低含湿量，	系统复杂，初投资高	可实现运行节能
~~B.空气难达到低含湿量，~~	~~系统复杂，初投资高~~	~~运行能耗高~~
C. 空气可达到低含湿量，	可利用低品味热能，可实现热回收	可实现运行节能
~~D.空气可达到低含湿量，~~	~~可利用低品味热能，可实现热回收~~	~~无法实现运行节能~~

说明：为便于直观显示，对选项进行文字进行排版后即可通过矛盾性技巧和排除法选出正确答案，无需利用溶液除湿的相关知识。关于“空气是否可达到低含湿量”可排除选项 B；关于“是否可实现运行节能”可排除选项 D，则结合技巧八可确定正确选项。

本题答案可能：~~AB~~、AC、~~AD、BC、BD、CD；ABC、ABD、ACD、BCD；ABCD~~。

本题猜中概率：1/1＝100％。

14.11　专业案例通过技巧

专业案例（上）和专业案例（下）两个科目的试卷各为 25 题计算题，每题两分，上下午总共答对 30 题即为通过。专业案例题目难易不同，有一两步计算得出答案的**“易得分专业案例题”**，有三到五步得出答案的**“一般得分案例题”**，也有不少于六步以上才能得出答案的**“难得分专业案例题”**，但不管题目为第几题，也不论题目的难易程度花费时间如何，答对只能得 2 分。

1. 易得分专业案例题

【2008-3-08】某静电除尘器的处理风量为 $40m^3/s$，长度 10m，电场风速 0.8m/s，求静电除尘器的体积，应是下列哪项值？

A. $50m^3$　　B. $200m^3$　　C. $500m^3$　　D. $2000m^3$

参考答案：C

主要解题过程：

$$V = F \times l = \frac{L}{v} \times l = \frac{40}{0.8} \times 10 = 500\text{m}^3$$

2. 一般得分案例题

【2018-4-19】某办公楼空调设计采用集中供冷方案，总供冷负荷 Q_0＝2300kW，设计工况下冷水供水温度 t_g＝7℃、回水温度 t_h＝12℃，选用两台容量相等的冷水机组，设置 3 台型号相同的冷水泵（两用一备），水力计算已得知冷水循环管路系统（未含冷水机组）的压力损失为 P_1＝275kPa，产品样本查知冷水流经冷水机组的压力损失为 P_2＝75kPa。问：若水泵效率 η＝76％，则每台水泵的轴功率值（kW）最接近下列哪一项？

A. 19.2　　B. 19.9　　C. 25.3　　D. 38.5

参考答案： C

主要解题过程：

单台水泵水流量为：

$$G=\frac{Q\times 3600}{2c\rho\Delta t}=\frac{2300\times 3600}{2\times 4.18\times 1000\times (12-7)}=198.1\text{m}^3/\text{h}$$

水泵扬程为：

$$H=\frac{275+75}{9.8}=35.7\text{m}$$

单台水泵轴功率为：

$$N=\frac{GH}{367.3\eta}=\frac{198.1\times 35.7}{367.3\times 76\%}=25.3\text{kW}$$

3. 难得分专业案例题

【2010-4-04】某住宅小区热力管网有4个热用户，管网在正常工况时的水压图和各热用户的水流量见下图，如果关闭热用户2，管网总阻力数应是下列何项？（设循环水泵扬保持不变）

A. 2～5.5Pa/(m³·h)²

B. 6～9.5Pa/(m³·h)²

C. 10～13.5Pa/(m³·h)²

D. 14～17.5Pa/(m³·h)²

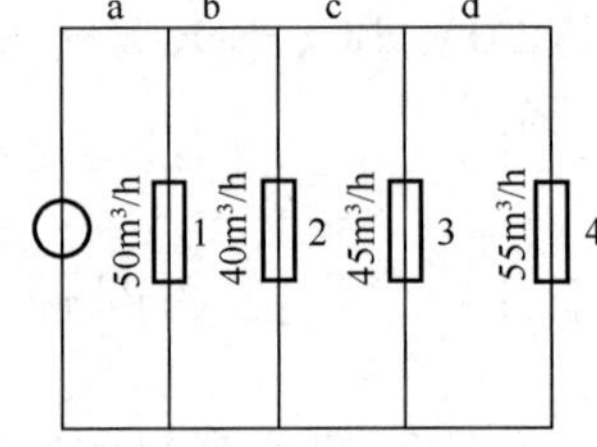

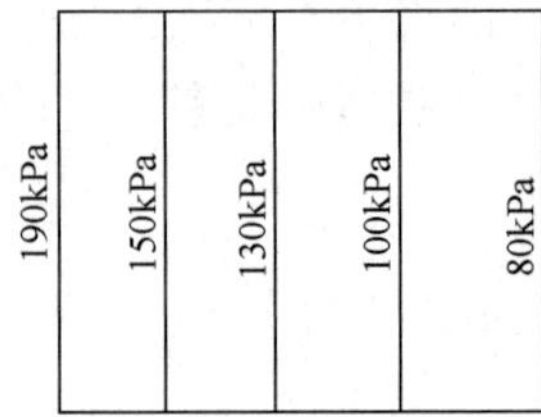

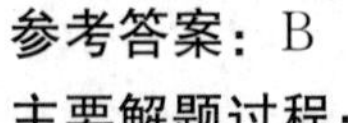

参考答案： B

主要解题过程：

由题意，关闭用户前后各管段阻抗不变，由 $P=SG^2$ 可知：

$$S_c=\frac{P_2-P_3}{(G_3+G_4)^2}=\frac{30000}{100^2}=3\text{Pa}/(\text{m}^3\cdot\text{h})^2$$

$$S_b=\frac{P_1-P_2}{(G_2+G_3+G_4)^2}=\frac{20000}{140^2}=1.02\text{Pa}/(\text{m}^3\cdot\text{h})^2$$

$$S_a=\frac{P-P_1}{(G_1+G_2+G_3+G_4)^2}=\frac{40000}{190^2}=1.11\text{Pa}/(\text{m}^3\cdot\text{h})^2$$

$$S_1=\frac{P_1}{G_1^2}=\frac{150000}{50^2}=60\text{Pa}/(\text{m}^3\cdot\text{h})^2$$

$$S_{34}=\frac{P_3}{(G_3+G_4)^2}=\frac{100000}{100^2}=10\text{Pa}/(\text{m}^3\cdot\text{h})^2$$

$$\frac{1}{\sqrt{S_{1\sim4}}}=\frac{1}{\sqrt{S_1}}+\frac{1}{\sqrt{S_{3\sim4}+S_b+S_c}}=\frac{1}{\sqrt{60}}+\frac{1}{\sqrt{10+1.02+3}}$$

$$S_{1\sim4}=\left(\frac{1}{0.4}\right)^2=6.34\text{Pa}/(\text{m}^3\cdot\text{h})^2$$

$$S=S_{1\sim4}+S_a=6.34+1.11=7.45\text{Pa}/(\text{m}^3\cdot\text{h})^2$$

正如助考语录6所述，专业案例除了多复习、多做题以外，通过秘籍只有："题目挑着做，先保证简单的拿分"，要后置或舍弃难得分专业案例题，把时间匀出来优先给予简单易得分和一般得分的案例题。即考试时可以按照如下技巧答题：

（1）可以先浏览一遍卷子，从第一感觉简单的题开始做。

（2）案例题每题平均耗时 7min，如果超过 7min 建议先放着一边，超过 10min 解不出来直接放弃。

（3）确保一张卷子中 15 题做对通过后，再锦上添花做其他题拿高分。

（4）过程一定要写，即使只有一句话的过程。除非你时间足够多，否则的话不是必须要把规范名字、规范编号、教材出处都写上的。写出得出答案的基本过程就行。有时候实在解不出来，列出公式、代入数据、得个结果的大致有个过程也是能得分的。

14.12　高级计算器的使用

14.12.1　考试中使用的科学计算器

注册考试中可以使用具有求解函数和解方程功能的科学计算器，**不得使用具有存储、编程功能的计算器。**

常见的可用于注册考试的科学计算器如表 14-26 所示。

（1）卡西欧（CASIO）：fx-82/95/350/991 CN X，fx-82ES PLUS，fx-220 PLUS。

（2）德州仪器：TI-36X Pro，TI-34 MultiView，TI-30XS，TI-36XII。

（3）夏普：EL-W82/991TL，EL-W82/991CN。

带有求解函数和解方程工程的高级计算器枚举　　**表 14-26**

型号	CASIO FX991	EL-W991TL	CASIO FX82	TI-36X Pro
图示				
计算模式	计算、统计、表格、方程、不等式、比例、附属、基数、矩阵、向量	计算、统计、表格、方程、不等式、比例、附属、基数、矩阵、向量	计算、统计、表格	计算、统计、表格、方程、不等式、比例、附属、基数、矩阵、向量
函数功能	三角函数、乘方/开放、指数/对数、随机数、分解素因数、求余	三角函数、乘方/开放、指数/对数、随机数、分解素因数、求余	三角函数、乘方/开放、指数/对数、随机数、分解素因数	三角函数、乘方/开放、指数/对数、随机数
尺寸(mm)	165.5×77×13.8	166×78×11	165.5×77×11.1	170×81×11

为了便于表达，本书以 CASIO FX991ES PLUS 计算器为例，对科学计算器在暖通空调注册考试中的应用进行说明。

14.12.2　科学计算器的常用功能

1. 一些使用技巧

（1）整数部分为0的小数可直接输入小数点。

（2）等式最后的括号可以不输入，计算自动补齐。

（3）对数、开方需要利用“SHIFT”键输入。

（4）按顺序计算，第一步结果后直接输入计算符号，计算器将自动补齐被计算的结果为Ans。

（5）可输入Ans引用上一步的计算结果。

2. 输入范例

【例1】空气密度计算：$\rho = 1.293 \times \frac{273}{273+45} = 1.11\text{kg/m}^3$

输入过程：1 · 2 9 3 × 2 7 3 ÷ (2 7 3 + 4 5 EXE。

结果显示如图14-3所示。

【例2】接收罩收缩断面流量计算：

$$L_Z = 0.04 \times 5.466^{1/3} \times 2.76^{3/2}$$
$$= 0.323\text{m}^3/\text{s}$$

输入过程：0 · 0 4 × 5 · 4 6 6 ^ 1 ÷ 3) × 2 7 6 ^ 3 ÷ 2) EXE。

结果显示如图14-4所示。

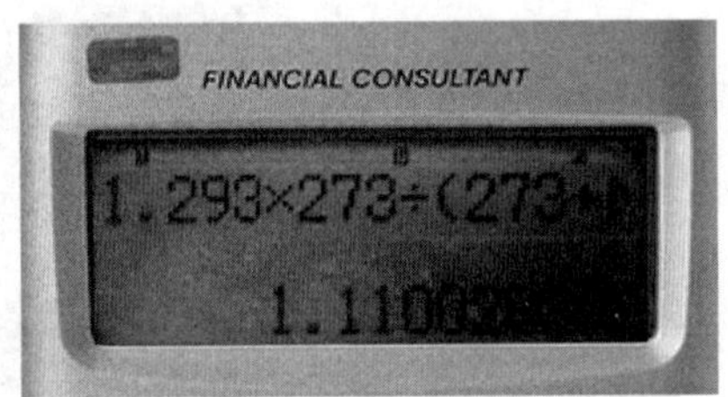

图14-3　空气密度计算结果显示

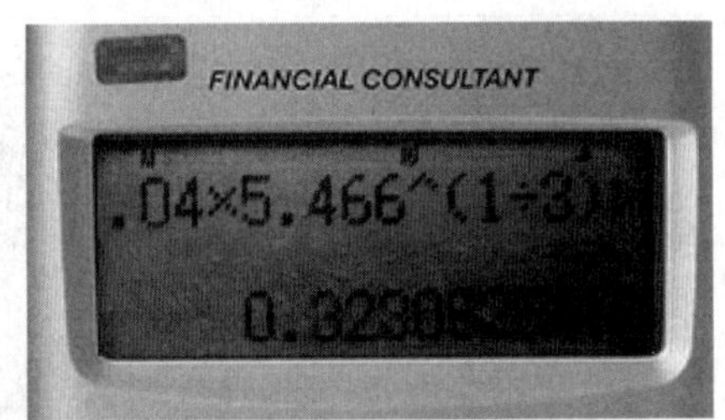

图14-4　接收罩收缩断面流量计算结果显示

14.12.3　超越方程的求解

超越方程是除多项式方程外，无法表达为解析解的方程，通常为多项式与指数/对数函数联立的方程。2020年注册考试中出现了超越方程的求解，此种计算有两种方式：一种是采用自然迭代法计算，另一种是采用计算器的解方程模式进行求解。

【例3】$40x = \ln\left(\frac{5+x}{x}\right)$

自然迭代法是计算器解方程的基本原理，相当于不采用计算器自动解方程而进行手动解方程。采用迭代法时需要不断地将计算结果带入迭代公式计算新值，判别新值与迭代值的差值，当差值足够小时将得到近似数值解。

需要自行将方程变换为 $x = f(x)$ 形式，$x = \frac{\ln\left(\frac{5+x}{x}\right)}{40}$。定义初始迭代值为 $x_0 = 1$，计算 $f(x_0)$ 得到 x_1。具体计算过程如表14-27所示。

自然迭代法计算超越方程　　**表 14-27**

迭代次数	x_0	$x_1=\dfrac{\ln\left(\dfrac{5+x_0}{x_0}\right)}{40}$	$\Delta=\dfrac{x_1-x_0}{x_0}$	备注
0	1	—	—	
1	1	0.044794	−95.5%	
2	0.044794	0.118101	163.7%	
3	0.118101	0.094225	−20.2%	
4	0.094225	0.099754	5.9%	
5	0.099754	0.098356	−1.4%	≈0.1 可作为结果
6	0.098356	0.098702	0.4%	
7	0.098702	0.098616	−0.1%	0.098～0.099 两位有效数字， 已经足够精确
8	0.098616	0.098637	0.0%	
9	0.098637	0.098632	0.0%	
10	0.098632	0.098633	0.0%	精确解

迭代法是计算器求解方程的基本原理，除自然迭代法外，还有很多效率更高的方法，此处不再列举。通过本例可以发现，自然迭代法操作容易但是迭代次数较多，仅范例求解需要代入 5～6 次才获得两位有效数字，在考场上难以直接应用。用计算器求解方程时：

（1）按正常模式输入方程式。其中未知数"X"以及方程中的"＝"需要利用计算器中的 ALPHA 键辅助输入。先输入 ALPHA 键，之后可点击输入计算器中的红色字符。4 0 ALPHA x ALPHA ＝ ln (5 ＋ ALPHA x) ÷ ALPHA x)（见图 14-5）

（2）进行求解，输入 SHIFT，再点击 SOLVE。屏幕出现"Solve for X"后（见图 14-6），输入初始迭代数值，此时任意数值，再输入 EXE，等待片刻计算器将给出计算结果。

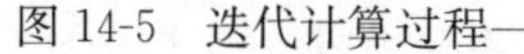
图 14-5　迭代计算过程一

图 14-6　迭代计算过程二

（3）在计算过程中，计算器屏幕将无任何数值显示，答案越接近正确答案，求解速度越快。若方程无解，则屏幕显示"Can't Solve"（见图 14-7）；若方程有解，则将显示方程的根。计算结果中"x=..."是方程的数值解，"L−R=..."是解的误差（见图 14-8）。

图 14-7　方程无解

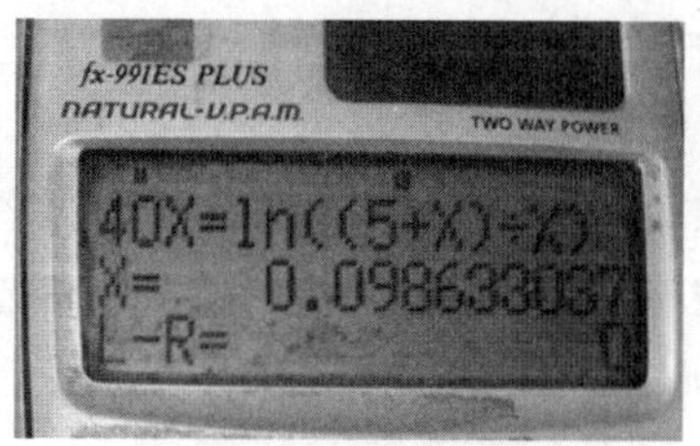

图 14-8　方程有解

（4）计算结果 $x=0.098633037$，误差0。

14.13 专业知识半点时间把控法

专业案例试卷通过的秘籍是题目挑着做，先保证简单的拿分，也就是在有限的时间内尽快地做完能拿到合格分以上的题，但是专业知识试卷和专业案例不同，专业案例只要保证做对15道题以上就可以，甚至可以允许5道题完全不会做，但专业知识以题量为先，“又快又好”中“快”是首位的，即在有限的时间内首先要做完题，而且只读卡，不看过程，所以即使不会做的题，也必须选出答案涂卡才行，第二位才是保证正确率做到“又好”。为了总体上把控时间，按照表14-28的半点时间把控法，在单选题第21题、多选题第41题、多选题第51题、多选题第61题序号前做好标记，然后再结合题号题眼标注法以及各种做题技巧做题，到相应标记时核对时间是否控制在半小时内，如超过了半小时则说明做题速度慢了，必须在下一个半点把时间赶回来，这样就能比较容易地把时间偏差控制在每个半点内，否则时间偏差一累积，到后面发现时间完全不够用还有不少高分值的多选题没有做就非常被动。半点时间把控法可以在复习第三阶段的8套真题模拟中进行训练。

半点时间把控法 **表14-28**

序号	时间间隔	截止时刻（专业知识上）	截止时刻（专业知识下）	试卷安排（题号）
1	30min	8：30	2：30	单选20题（1～20）
2	30min	9：00	3：00	单选20题（21～40）
3	30min	9：30	3：30	多选10题（41～50）
4	30min	10：00	4：00	多选10题（51～60）
5	30min	10：30	4：30	多选10题（61～70）
6	15min	10：45	4：45	未做和需要进一步翻书的标记题
7	15min	11：00	5：00	涂卡（剩余时间检查）

关于涂卡，有最后一次性涂、做一题涂一题、做若干题后分批涂三种涂法，考生可以选择其中适合自己的方法，虽然说做一题涂一题可以完全避免来不及涂卡的情况，但还是强烈建议结合半点时间把控法预留出涂卡时间采用最后一次性涂卡的方法，理由如下：

（1）试卷和答题卡是两样文件，边做题边涂卡的话就需要在两样文件之间来回切换，70道题就需要切换70次，每次对题号切换都会占用时间。

（2）做题和涂卡是两件不相同的事，做题要集中精神思考，涂卡更偏向于机械动作，边做题边涂卡同样需要在两件事情之间来回转换，对于持续性做题是一个阻扰，每次切换同样会浪费时间。

（3）如果是集中精力先做题，并且答案是写在题号前，一个是改答案的时候直接在题号前答案划去再写，就非常明了，如果在选项中勾或者圈的话改答案时容易搞错。另外，在所有题目确定答案最后集中涂卡时直接把答题卡放在题号右边对应着涂卡，既不会搞错也非常迅速，无任何切换的时间差。

（4）边做题边涂卡的方式，同样存在有题目暂时未选出答案需要在答题卡上空出来的时候，容易串行涂错。并且需要改答案时擦除再涂也会影响答题卡的整洁性。

14.14 题眼题号标注法

题眼标注法是指对题目中的重要字眼或数据画线圈，提醒自己留意对照。题目当中会问“以下选项中**正确**的是”或者“以下选项中**错误**的是”，两种问法答案相反，一不小心就选了相反的答案，需要题眼标注填选项时确认。另外，题目当中会有一些关键性的字眼，比如暗示规范出处的、确定不同系数取值的、特别重要的数据或者是陷阱性的条件等。尤其是比较长的题目，不标注提醒的话特别容易在做题的过程中忽视，这样就非常可惜。

【2020-1-53】以下有关有害气体净化系统排气筒做法的规定，哪些项是错误的？

A. 排气筒出风口风速宜为 15～20m/s

B. 排气筒出口不应设在动力阴影区，可设在正压区

C. 排气筒出口宜采用防雨风帽，不宜采用锥形风帽

D. 一定范围内的排气点宜合并设置集中排气筒

“错误”还是“正确”，最终答案相反

参考答案：BC

分析：根据《工规》第 7.5.2 条可知，选项 A 正确；根据《复习教材》第 2.7.5 节“2. 风管布置”有关“排风口布置”可知，选项 B 错误，排风口应位于建筑空气动力阴影区和正压区以上；根据《复习教材》第 2.7.5 节“（8）其他”4）可知，选项 C 错误，排风口宜采用锥形风帽或防雨风帽；根据《工规》第 7.5.5 条可知，选项 D 正确。

【2011-4-7】某工厂新建理化楼的化验室排放有害气体甲苯，排气筒的高度为 12m，试问符合国家二级排放标准的最高允许排放速率接近何项？

A. 3.49kg/h

B. 2.30kg/h

C. 1.98kg/h

D. 0.99kg/h

“新建”或“改建”对于规范中是不同表格，查询得出不同取值

参考答案：D

主要解题过程：

根据《大气污染物综合排放标准》GB 16297—1996 表 2-15 可知，新建污染源，甲苯二级排放限值为 3.1kg/h。烟囱高度低于 15m，根据第 7.4 条，需要比计算结果再严格 50%：

$$Q = Q_C \left(\frac{h}{h_C}\right)^2 \times 50\% = 3.1\left(\frac{12}{15}\right)^2 \times 50\% = 0.99\text{kg/h}$$

【2011-4-4】某空调系统供热负荷为 1500kW，系统热媒为 60℃/50℃的热水，外网热媒为 95℃/70℃的热水，拟采用板式换热器进行换热，其传热系数为 4000W/（m^2·℃），污垢系数为 0.7，计算换热器面积应是下列何项？

A. 18～19m^2

B. 19.5～20.5m^2

C. 21～22m^2

“热负荷”需要考虑总热量附加系数

D. 21.9～23.0m²

参考答案： D

主要解题过程：

根据《复习教材》式（1.8-27）和式（1.8-28），其中换热器选取总热量附加系数按《民规》第8.11.3条取值1.10～1.15：

$$\Delta t_{\mathrm{Pj}}=\frac{\Delta t_{\mathrm{a}}-\Delta t_{\mathrm{b}}}{\ln\frac{\Delta t_{\mathrm{a}}}{\Delta t_{\mathrm{b}}}}=\frac{35-20}{\ln\frac{35}{20}}=26.8℃$$

$$F=\frac{Q}{K\times B\times\Delta t_{\mathrm{Pj}}}=\frac{(1.10\sim1.15)\times1500}{4\times0.7\times26.8}=21.98\sim22.98\mathrm{m}^2$$

【2010-4-06】一容积式水—水换热器，一次水进/出水温度为110℃/70℃，二次水进/出水温度为60℃/50℃。所需换热量为0.15MW，传热系数为300W/(m²·℃)，水垢系数0.8，设计计算的换热面积应是下列何项？

“容积式”热水器按算术平均温差计算

“换热量”无需考虑总热量附加系数

A. 15.8～16.8m²

B. 17.8～18.8m²

C. 19.0～19.8m²

D. 21.2～22.0m²

参考答案： B

主要解题过程：

根据《建筑给水排水设计标准》GB 50015—2019第6.5.8条及《复习教材》第1.8.12节式（1.8-28），计算算术平均温差：$\Delta t_{\mathrm{j}}=(110+70)/2-(60+50)/2=90-55=35℃$。

$$F=\frac{Q}{K\times B\times\Delta t_{\mathrm{Pj}}}=\frac{0.15\times1000000}{300\times0.8\times35}=17.86\mathrm{m}^2$$

【2018-3-25】某宾馆建筑设置集中生活热水系统，已知宾馆客房400床位，最高日热水用水定额120L/（床位·d），使用时间24h，**小时变化系数K_{h}为3.33**，热水温度60℃，冷水温度10℃，热水密度1.0kg/L，问：该宾馆客房部分生活热水的最高日平均小时耗热量（kW）最接近下列何项？

是否有“平均”这两个字，涉及公式中是否要乘以小时变化系数，本题中的“小时变化系数K_{h}为3.33”是陷阱条件，可划去。

A. 116　　B. 232

C. 349　　D. 387

参考答案： A

主要解题过程：

根据《建筑给水排水设计标准》GB 50015—2019第6.4.1-2条或《复习教材》式（6.1-6）可知：

$$Q_{\mathrm{h}}=\frac{mq_{\mathrm{r}}c(t_{\mathrm{r}}-t_{1})\rho_{\mathrm{r}}}{T}=\frac{400\times120\times4.187\times(60-10)\times1}{24\times3600}=116.3\mathrm{kW}$$

【2017-4-25】设计某宾馆的全日供应热水系统，已知床位数为800床、小时变化系数为3.10，热水用水定额140L/(d·床)，冷水温度为7℃，热水密度为1kg/L，问：计算的设计耗热量（kW）最接近下列何项？

A. 2675　　B. 1784　　C. 1264　　D. 892

参考答案：D

主要解题过程：

根据《建筑给水排水设计标准》GB 50015—2019 第 6.4.1-2 条或《复习教材》式(6-1-6)，得：

$$Q_h = K_h \frac{mq_r C(t_r - t_l)\rho_r}{T} = 3.10 \times \frac{800 \times 140 \times 4.187 \times (60 - 7) \times 1.0}{24} = 892\text{kW}$$

题号标记法是指做题过程中如果遇到不会的题或要放到后面翻书的题不要逗留，做好标记。不会的题除了七种题型分类法中的第七种放弃题外也包括当时一时想不出来出处的题，先用圆圈标记题号，很有可能在做后面的题的过程中突然想到。要放到后面翻书的题除了七种题型分类法中的第六种后置题外，还包括做题当中凭第一感觉选出答案但并不完全确定的题，先用三角形标记题号，因为往往第一感觉是正确的，先不用浪费时间去教材、规范中确认答案，先利用半点时间把控法在前面 5 个时间段的半点第一遍做完所有题目，然后在第 6 个时间段的一刻钟解决题号标注题，先选出圆圈标记题答案（即使完全不会也要凭感觉即结合多选题十大技巧选出答案），后确认三角形标注的题（同样，后置题即使不会也要选出答案），待所有题号标注的题确认答案后在最后一刻钟开始集中涂卡。

14.15　考前两周总结提升法

考前两周总结提升复习内容如表 14-29 所示。

考前两周总结提升复习内容　　**表 14-29**

倒计时	复习内容
第 14 天～第 13 天	将整个复习阶段 11 套测试空白卷中四支笔标注法标注的重点题、易错题和强化题过一遍，并做作业 9 空白错题整理（可组合成四科考卷）
第 12 天～第 11 天	最新《复习教材》上用教材四支笔标注法画出来的重点过一遍（利用一目十行复习法）
第 10 天～第 9 天	所有规范的目录再熟悉一遍，《考点精讲》第 15.2 节中曾考条文和重点标注的条文翻一遍
第 8 天	《考点精讲》中第 1 篇所有的高频考点和公式过一遍
第 7 天～第 6 天	将作业 9 完成的空白错题集再分析一遍
第 5 天	作业 10：对近三年的专业知识和专业案例题各题考点进行列表总结回顾
第 4 天～第 3 天	将《备考应试指南》第 4 篇或《考点精讲》第 2 篇知识点总结以及自己做的各种总结再过一遍（同样可采用四支笔标注法）
第 2 天～第 1 天	作业 11：做好当年的考点预测（可以是某个考点、知识点、规范条文、公式、总结等）或《考点精讲》的第 15.6 节"最新考点预测 140 例"过一遍（可采用"走马观灯复习法"），根据考点预测在脑海中进行幻灯片式的回想，模糊之处回顾到《复习教材》与规范和真题相应位置强化

14.16　考前注意点及考场锦囊

14.16.1　考前准备

(1) 关于考前复习强度：千万不要用力过猛，保持稳定的复习状态，甚至可以稍微的调节放松。

(2) 关于时间和心态调整：考前十天开始注意调整自己的作息时间，并且在考试前一天晚上和当天晚上保证差不多的时间入睡，过早或者过晚都是不宜的。心态调整同样重要：放下包袱、拉上行李、成竹在胸、轻装上阵。

(3) 关于准考证打印：考前一周左右各省市开通准考证打印通道，注意准考证上的考试时间和考场（建议：准考证打印至少五份，其中一份放在另外的地方。特别注意身份证不要过期）。

(4) 关于计算器：检查计算器的电量情况，如显示不清楚需及时更换电池，有条件带两个，考场上没人愿意将正在用的计算器借给你。

(5) 关于考点：希望提前一天到考场踩点，熟悉路程，免得考试当天迟到（考点一般都比较偏），有条件的可提前预定考场周边酒店（准考试出来后立即预定）。

(6) 关于拉杆箱：务必买一个厚实的拉杆箱（拉杆、拉链及万向轮质量要好），避免考场上破损情况出现。

14.16.2 考场锦囊

(1) 携带物品：双证（准考证、身份证）、资料、正宗2B铅笔、橡皮、草稿纸、多张焓湿图、计算器、尺、手表、书架、特别要求的资料等。

(2) 答题卡横竖要注意（四场考试可能答题卡排版不同）。

(3) 准考证号不要忘了填和涂，并确定四科考试准考证号是否不同（划去考完科目的准考证号）。

(4) 保证至少剩余10min左右的涂卡时间。

(5) 专业案例试卷上要写上解题过程；试卷括号内要填上具体答案的选项。

(6) 能带上的规范和参考书尽量都带上。

(7) 注意每道题的时间安排：单选100s一题，多选200s一题，案例7min一题。

(8) 考试时熟练应用答题技巧：七种题型分类应对法、多选题十大技巧、专业案例通过技巧、半点时间把控法、题号题眼标注法。

(9) 最好能提前15min到考场，合理摆好规范和参考书。

(10) 万一提前发答题卡和试卷的话，可以仔细填涂答题卡，勿填错或者漏填。

14.16.3 关于考卷的强调

(1) 专业知识试卷上做题的时候可以做画线画圈这类的标记（尽量少画），但千万不要做特别的标记，这些会被认为是作弊标记。

(2) 专业案例试卷上除了主要解题步骤和答案括号范围内写字，其他地方除了题目上简单标注外建议不要做任何标记，整张试卷也建议用同一支考试要求用笔答题，尤其是不要换笔的颜色或一张试卷上多种颜色（严禁使用涂改液、修正带）。

(3) 拿到考卷时，不管是知识试卷还是专业案例试卷，先填上姓名、准考证号和单位，然后一定要花时间看考试说明，不管是涂卡还是答题，一定要按考试说明的要求，勿另辟蹊径。

(4) 答题卡上面的填涂如果有不明白的话一定要询问监考老师，勿自行揣测。另外，碰到其他问题也可以询问监考老师。

14.16.4　考场内外的特殊细节

（1）用地图软件查询到考场的时间时，建议提前几天在同一时间段查询，考虑堵车因素。

（2）尽量采用公共交通出行，一般考场不提供停车条件。

（3）关于助人为乐：呼吁男考生主动帮女考生和年老考生拉下行李箱，尤其是对于孕妇考生。

（4）打印的资料、笔记以及封面带有“真题”字样的出版物建议先放到抽屉里，看现场监考的松紧程度行事。

（5）切记不要主动问监考老师“这本书能不能带”，正版的书籍先带进考场再说。

（6）考试时间较长，除了水以外，对于胃不太好的考生，建议带上小饼干、巧克力等补充精力。

（7）下午考试容易犯困，可以带上风油精等物品。

（8）务必各种设闹铃，包括下午考试前的中场休息。中午可以利用快餐店等或者校园绿化处进行休息调整，避免奔波。

（9）考完单科后可不用马上对答案（坚持到全部考完），不管上午考得怎么样，一定要调整好状态，积极准备下午的考试（上午的知识点下午也会重复考，准备也指休息好），因为分数是按整天算的，只要一天总分通过即可。

第 15 章 统 计 与 预 测

15.1 近十年考卷分值比例分布

2011～2021 年真题试卷分值统计如表 15-1～表 15-11 所示。

近十年真题试卷分值平均统计分析 **表 15-1**

章节	供暖	通风	空气调节	制冷与热泵技术	绿色建筑	民用建筑房屋卫生设备和燃气供应
平均题量	40	42	54	42	3	9
平均分值	63	67	88	65	5	12
平均占比	21%	22%	30%	21%	2%	4%

2011 年真题试卷分值统计分析 **表 15-2**

题型题量	第一天知识题				第二天案例题		题量	分值
	上午单选	下午单选	上午多选	下午多选	上午	下午		
供暖	9	10	7	5	5	5	41	63
通风	11	8	6	8	6	5	44	69
空气调节	9	9	10	11	9	9	**57**	**96**
制冷与热泵技术	9	10	6	5	4	5	39	59
民用建筑房屋卫生设备和燃气供应	2	3	1	1	1	1	9	13
总计	40	40	30	30	25	25	190	300

2012 年真题试卷分值统计分析 **表 15-3**

题型题量	第一天知识题				第二天案例题		题量	分值
	上午单选	下午单选	上午多选	下午多选	上午	下午		
供暖	9	8	7	6	4	4	38	59
通风	10	10	7	7	6	6	46	72
空气调节	8	10	9	8	9	8	**52**	**86**
制冷与热泵技术	11	9	6	8	5	6	45	70
民用建筑房屋卫生设备和燃气供应	2	3	1	1	1	1	9	13
总计	40	40	30	30	25	25	190	300

2013 年真题试卷分值统计分析　　表 15-4

题型题量	第一天知识题				第二天案例题		题量	分值
	上午单选	下午单选	上午多选	下午多选	上午	下午		
供暖	10	8	7	5	5	6	41	64
通风	8	10	7	8	6	5	44	70
空气调节	8	9	6	10	7	9	**49**	**81**
制冷与热泵技术	10	10	8	5	6	4	43	66
绿色建筑	1	1	1	1	0	0	4	6
民用建筑房屋卫生设备和燃气供应	3	2	1	1	1	1	9	13
总计	40	40	30	30	25	25	190	300

2014 年真题试卷分值统计分析　　表 15-5

题型题量	第一天知识题				第二天案例题		题量	分值
	上午单选	下午单选	上午多选	下午多选	上午	下午		
供暖	9	8	7	6	5	6	41	65
通风	9	9	6	7	5	5	41	64
空气调节	11	12	9	9	9	9	**59**	**95**
制冷与热泵技术	7	8	6	6	5	4	36	57
绿色建筑	1	1	1	1	0	0	4	6
民用建筑房屋卫生设备和燃气供应	3	2	1	1	1	1	9	13
总计	40	40	30	30	25	25	190	300

2016 年真题试卷分值统计分析　　表 15-6

题型题量	第一天知识题				第二天案例题		题量	分值
	上午单选	下午单选	上午多选	下午多选	上午	下午		
供暖	8	9	7	5	4	5	38	59
通风	8	8	6	8	6	4	40	64
空气调节	11	10	7	9	8	10	**55**	**89**
制冷与热泵技术	9	10	8	6	6	5	44	69
绿色建筑	1	1	1	1	0	0	4	6
民用建筑房屋卫生设备和燃气供应	3	2	1	1	1	1	9	13
总计	40	40	30	30	25	25	190	300

2017 年真题试卷分值统计分析 表 15-7

题型题量	第一天知识题				第二天案例题		题量	分值
	上午单选	下午单选	上午多选	下午多选	上午	下午		
供暖	10	6	7	5	4	6	38	60
通风	9	9	6	6	6	5	41	64
空气调节	9	11	9	9	8	8	**54**	**88**
制冷与热泵技术	10	11	5	8	6	5	45	69
绿色建筑	0	1	2	1	0	0	4	7
民用建筑房屋卫生设备和燃气供应	2	2	1	1	1	1	8	12
总计	40	40	30	30	25	25	190	300

2018 年真题试卷分值统计分析 表 15-8

题型题量	第一天知识题				第二天案例题		题量	分值
	上午单选	下午单选	上午多选	下午多选	上午	下午		
供暖	10	8	7	5	5	6	41	64
通风	8	8	6	8	6	5	41	66
空气调节	10	11	8	9	7	6	**51**	**81**
制冷与热泵技术	8	10	8	6	6	7	45	72
绿色建筑	1	1	1	1	1	0	5	8
民用建筑房屋卫生设备和燃气供应	3	2	0	1	0	1	7	9
总计	40	40	30	30	25	25	190	300

2019 年真题试卷分值统计分析 表 15-9

题型题量	第一天知识题				第二天案例题		题量	分值
	上午单选	下午单选	上午多选	下午多选	上午	下午		
供暖	9	8	6	6	5	6	40	63
通风	9	9	7	7	6	5	43	68
空气调节	9	10	8	11	8	9	**55**	**91**
制冷与热泵技术	9	11	8	5	5	4	42	64
绿色建筑	1	0	0	0	0	0	1	1
民用建筑房屋卫生设备和燃气供应	3	2	1	1	1	1	9	13
总计	40	40	30	30	25	25	190	300

2020 年真题试卷分值统计分析　　表 15-10

题型题量	第一天知识题				第二天案例题		题量	分值
	上午单选	下午单选	上午多选	下午多选	上午	下午		
供暖	9	9	6	6	5	6	41	64
通风	9	6	7	7	6	5	40	65
空气调节	10	13	9	9	8	9	**58**	**93**
制冷与热泵技术	8	9	6	6	5	4	38	59
绿色建筑	1	1	1	1	0	0	4	6
民用建筑房屋卫生设备和燃气供应	3	2	1	1	1	1	9	13
总计	40	40	30	30	25	25	190	300

2021 年真题试卷分值统计分析　　表 15-11

题型题量	第一天知识题				第二天案例题		题量	分值
	上午单选	下午单选	上午多选	下午多选	上午	下午		
供暖	9	8	7	6	6	6	42	67
通风	9	9	6	7	6	6	43	68
空气调节	9	10	9	8	7	8	**51**	**83**
制冷与热泵技术	9	9	6	7	5	4	40	62
绿色建筑	1	2	2	1	0	0	6	9
民用建筑房屋卫生设备和燃气供应	3	2	0	1	1	1	8	11
总计	40	40	30	30	25	25	190	300

15.2　各规范曾考条文及考题频率统计❶

1.《民用建筑供暖通风与空气调节设计规范》GB 50736—2012（见表 15-12）

《民用建筑供暖通风与空气调节设计规范》GB 50736—2012
曾考条文及对应考题编号　　表 15-12

年份	考题及规范条文号	分值/比例
2011 年	1-25（8.4.3）、1-26（8.5.16、8.5.18）、1-44（5.2.10、5.10.6）、1-52（6.6.6）、1-35（9.2.5-2）、1-66（8.3.3）、2-10（8.3.1）、2-22（7.4.10-2）、2-24（7.4.5-1）、2-28（8.5.8）、2-34（8.1.1）、2-41（5.10.6）、2-54（6.6.6）、2-67（8.10.2）、3-18（8.11.13）、4-4（8.11.3）、4-6（8.3.2）、4-8（6.3.8）、4-17（7.5.4）	**30 分/10.0%**

❶ 本节统计表格中，括号外的内容表示当年的考题号，“1”代表“专业知识（上）”；“2”代表“专业知识（下）”；“3”代表“专业案例（上）”；“4”代表“专业案例（下）”，例如，“4-8”代表“专业案例（下）第 8 题”。括号中的内容代表对应规范的条文号。

续表

年份	考题及规范条文号	分值/比例
2012年	1-1（5.3.2）、1-3（5.2.6）、1-7（5.2.10、5.10.3）、1-24（8.3.1）、1-26（4.3.6）、1-34（8.6.3-2）、1-35（8.10.2）、1-44（5.6.3、7.4.2-3）、1-45（5.9.20、5.9.21）、1-60（7.3.21）、1-62（8.5.6-2、8.5.9-2）、2-5（5.10.1）、2-36（8.4.3）、2-41（5.10.1）、2-46（5.10.6）、2-47（8.3.1）、2-59（7.4.9）、2-60（8.2.2）、3-5（8.3.2）、3-22（8.34）	**31分/10.3%**
2013年	1-19（8.5.12）、1-25（8.5.8、8.5.9）、1-26（9.2.5）、1-41（3.1.6）、1-45（5.9.6、5.9.13、5.9.15、5.9.18）、1-47（8.11.8）、1-57（附录A）、1-59（7.4.2-3、7.4.5-1）、1-60（8.2.1）、2-23（8.3.1-2）、2-45（5.10.4-1）、2-54（9.1.5）、2-57（7.4.9-2）、2-58（7.3.4）、2-60（10.2.2）、2-63（11.1.2）、2-66（8.7.7）、3-12（7.4.10）	**32分/10.7%**
2014年	1-1（5.3.1.5.10.4-1、5.10.3-4）、1-15（6.3.7-2）、1-22（8.5.4-1）、1-24（7.2.5-4）、1-43（5.10.2）、1-44（5.2.10、5.9.3、5.10.3、5.10.4）、1-45（5.2.10、5.10.4-1、5.10.6）、1-52（6.2.3、6.2.5）、1-55（8.5.6-2）、1-60（9.5.3）、1-66（8.3.1-2）、2-1（5.2.1）、2-12（6.3.5-4）、2-14（6.3.4-4）、2-15（6.3.7-4）、2-19（8.5.9）、2-23（8.1.1-1）、2-27（7.3.2）、2-29（8.2.3）、2-54（9.2.2-1、9.2.3-1）、2-67（8.10.2）、3-13（7.3.9）、3-14（附录A、式4.1.11-1、式4.1.11-2、表4.1.11）、3-17（8.5.12）、4-12（表K.0.4-1）、4-18（8.5.9-2）	**40分/13.3%**
2016年	1-2（5.2.8）、1-7（5.10.13-2）、1-8（8.11.3）、1-9（8.3.1、8.3.2）、1-12（6.3.7）、1-15（6.3.7）、1-19（7.3.7、7.3.9）、1-26（8.5.9-2）1-34（8.2.4-1）、1-44（5.2.8、5.3.1、5.3.2、5.3.9、5.10.4）、1-50（6.6.3）、1-51（6.6.18）、1-53（6.3.8）、1-54（7.4.10）、1-59（附录A）、1-60（8.8.2）、1-61（8.6.7）、1-65（8.5.1-7）、1-69（9.4.3-4）、2-3（5.10.4）、2-7（5.2.10、5.10.6）、2-12（6.4.1、6.4.2、6.4.3-1、6.4.4）、2-20（8.3.1-2）、2-31（8.10.1-5）、2-33（8.7.3、8.8.2）、2-43（5.2.8）、2-51（6.6.18）、2-53（6.5.1）、2-54（7.2.2-7、7.2.4～5、7.2.9）、2-56（8.5.4-3）、2-57（3.0.2-1、3.0.4）、2-58（8.3.4）、2-59（8.6.3、8.6.9-3、8.6.11、附录A）、3-4（5.6.6）、3-5（附录A）、4-1（表5.1.8-3）	**58分/19.3%**
2017年	1-1（5.9.1、6.6.6）、1-6（5.9.5）、1-7（5.10.2）、1-19（8.6.11）、1-20（7.3.2-1）、1-24（7.2.2、7.2.3、7.2.11-3）、1-25（9.4.4-2）、1-30（7.3.11-1）、1-51（6.3.9-6）、1-52（6.2.3）、1-54（9.5.8-2）、1-56（8.5.9）、1-63（8.1.3）、2-3（5.3.1）、2-4（8.11.13）、2-5（5.7.6）、2-6（5.8.3、5.8.4）、2-9（8.3.2）、2-15（6.7.9-2）、2-19（7.2.7-1、7.2.8-1、附录H）、2-24（3.0.2）、2-41（8.3.1、8.3.2）、2-48（2.0.9、6.1.3）、2-55（9.2.5-2）、2-56（9.4.9）、2-57（8.3.4-4）、3-2（5.1.8）、3-5（8.11.13）、4-13（3.0.6、7.3.19）、4-17（8.5.8）	**44分/14.7%**
2018年	1-4（5.2.1、5.2.2、5.2.8）、1-5（5.9.5）、1-7（5.9.12-3）、1-8（8.11.3）、1-18（3.0.6-3）、1-21（7.3.8-5）、1-22（9.5.8-2、8.6.9、8.5.13、9.5.3）、1-24（7.5.4-3）、1-25（3.0.2、3.0.4、3.0.6）、1-41（5.6-2）、1-53（6.1.6-5）、1-58（8.5.6-1、9.4.3）、1-61（8.7.4、8.7.7-2）、1-65（8.1.5、8.2.1、8.2.2）、2-1（5.3.10）、2-4（5.2.5、5.2.6）、2-6（5.5.2）、2-19（8.5.9）、2-24（3.0.2）、2-41（5.9.11）、2-59（7.3.7、7.3.13-3）、3-2（8.11.13）、3-18（8.5.12）、3-20（附录A、8.3.1、8.3.2）、4-2（5.1.8）、4-15（8.5.8）、4-17（3.0.6-4）、4-18（8.3.2）	**42分/14.0%**

续表

年份	考题及规范条文号	分值/比例
2019 年	1-4（5.1.2）、1-5（5.4.5）、1-6（5.3.4）、1-10（3.0.6、6.1.6-5）、1-13（6.4.2）、1-14（6.6.3、10.1.5）、1-16（6.2.3、6.3.1、6.3.9-6）、1-25（7.2.4、7.2.5-1）、1-32（8.3.8-3）、1-33（8.2.3、8.4.3-2）、1-45（8.11.9）、1-53（6.6.6）、1-62（9.2.5）、2-1（5.3.10）、2-4（8.1.3-2）、2-5（5.4.11）、2-6（5.3.6）、2-7（5.4.5）、2-9（8.3.2）、2-12（6.3.9-2）、2-18（8.5.6、8.5.8、8.5.13）、2-20（7.2.7-6）、2-24（7.2.2）、2-32（8.2.4）、2-38（8.3.4）、2-40（附录 A）、2-42（8.11.3）、2-44（5.10.4）、2-51（6.6.8、6.6.11）、2-54（10.2.4、10.2.5、10.3.2、10.3.8）、2-55（7.4.8-1、7.4.10）、2-69（7.3.24）、4-2（5.2.7）、4-19（8.5.9-2）	**45 分/15.0%**
2020 年	1-1（5.10.4）、1-7（8.3.2）、1-14（6.4.3-2、6.2.5、6.2.7）、1-19（7.4.7）、1-20（7.3.7）、1-21（7.3.15-2、7.4.2）、1-22（8.5.6、9.4.4-2）、1-23（9.2.2-3）、1-24（8.6.6-4、8.6.8）、1-25（7.4.10）、1-33（8.7.1）、1-35（8.3.1-3）、1-46（8.11.8-5）、1-52（6.2.1-1、6.2.3、6.2.4、6.2.6）、1-54（9.2.5）、1-56（7.1.5、7.2.11-3、7.4.10-3）、1-57（7.3.2、7.3.8、7.3.9、7.3.17）、1-60（3.0.1、3.0.2、3.0.6）、1-68（8.1.2）、2-1（5.3.1、5.4.1）、2-3（5.10.1、5.10.2、5.10.4、5.10.5、5.10.6）、2-18（10.1.5）、2-20（8.5.16）、2-21（8.5.9-2）、2-26（9.4.1-4）、2-41（5.2）、2-54（7.4.10、7.4.13）、2-66（8.2.1）、3-1（8.11.3）、3-3（8.11.8）、3-19（8.5.9）、4-6（8.3.2）、4-13（附录 A）	**52 分/17.3%**
2021 年	1-2（5.10.4）、1-8（8.11.9、8.11.8-5）、1-9（8.3.1-3）、1-36（8.3.4-6）、1-43（5.2.6）、1-44（5.2.1、5.2.8-1、5.3.1、5.9.11）、1-46（5.10.4）、1-47（5.4.1-1、5.4.4、5.4.5）、1-54（7.1.7、7.1.8、7.1.9）、1-55（7.3.15）、1-57（7.4.7）、1-58（7.3.15）、1-61（9.5.1、9.1.5-4）、1-66（8.7.7）、2-26（10.2.2）、2-31（8.1.3、8.2.2、8.8.4）、2-43（5.9.2、5.9.6）、2-45（5.2.10、5.10.2、5.10.3）、2-47（2.0.9、6.4.2、6.4.3）、2-49（6.3.4）、2-58（9.4.1、9.4.4-5）、2-59（10.3.3-1、10.3.2、10.3.5）、2-60（8.5.3）、3-12（表 K.0.4-1）	**42 分/14.0%**

2.《工业建筑供暖通风与空气调节设计规范》GB 50019—2015（见表 15-13）

《工业建筑供暖通风与空气调节设计规范》GB 50019—2015
曾考条文及对应考题编号　　**表 15-13**

年份	考题及规范条文号	分值/比例
2011 年	1-2（5.6.5-3）、1-4（5.5.7）、1-5（5.9.13）、1-26（9.9.12、9.9.13、9.9.15）、2-13（6.2.8、6.2.9）、2-43（6.3.1）、4-9（6.1.4）、4-11（7.3.5）	**11 分/3.7%**
2012 年	1-3（5.2.6）、2-53（6.9.5）、3-11（7.3.5）、4-4（5.9.15）、4-8（6.1.4）	**9 分/3.0%**
2013 年	1-52（8.5.2、8.5.3）、2-4（6.3.1、6.3.4）、2-13（6.3.2、6.9.2）、2-49（6.3.2）、4-8（6.1.4）	**8 分/2.7%**
2014 年	1-4（6.3.1、6.3.4）、1-8（5.1.7）、1-13（6.9.2）、1-14（6.7.4、6.7.5、6.8.2-3、7.1.5）	**4 分/1.3%**
2016 年	1-54（表 8.4.9）、2-6（5.3.1-6）、3-9（6.9.5）、4-11（7.3.5）	**8 分/2.7%**

续表

年份	考题及规范条文号	分值/比例
2017年	1-3（表5.1.6-1、5.2.7、F.0.6）、1-5（表5.6.7、5.6.8）、1-11（4.1.4）、1-12（6.9.2-2）、1-13（6.6.10）、1-14（7.2.3）、1-16（6.8.2-3、6.8.3-2）、1-18（6.9.21）、1-44（5.1.6）、1-50（6.2.10）、1-51（6.4.5-4）、1-53（7.3.5）、2-2（6.3.4-1）、2-6（5.6.8）、2-11（7.2.3）、2-12（6.1.8）、2-13（6.9.1）、2-20（8.2.16-2）、2-46（5.5.6、5.5.7、5.5.5-1、5.5.12）、2-49（6.1.14、6.3.2）、2-50（6.1.1、6.1.2、6.1.11）、3-9（A.1）、4-9（6.1.14）、4-10（A.1）	**34分/11.3%**
2018年	1-14（6.1.14）、1-15（6.2.8、6.2.9）、1-17（6.5.4）、1-48（6.9.2）、1-49（6.9.19、6.9.21）、2-13（7.2.2）、2-16（6.7.4、6.8.2-4）、2-17（6.8.2）、2-22（12.1.6、12.2.3）、2-49（6.9.13）、307（6.7.4）、3-10（6.1.4）、4-11（6.3.8、6.4.3）	**19分/6.3%**
2019年	1-14（6.6.3）、1-15（6.9.21、6.9.27）、1-26（8.1.7、8.1.8）、1-50（6.7.4）、1-53（6.7.5）、2-13（6.1.4）、2-48（7.3.5）、3-6（6.1.4）、3-8（6.4.3）、3-11（（6.9.5）、4-7（7.1.5）	**18分/6.0%**
2020年	1-12（7.7.2-5）、1-17（6.3.4-1）、1-18（6.4.2-3、6.4.5、6.9.15）、1-42（5.6.3、5.6.6-1、5.6.4）、1-48（6.3.2-3）、1-50（6.1.4）、1-53（7.5.2、7.5.5）、2-10（6.4.5）、2-45（5.8.4、5.8.12）、2-49（6.4.6、6.4.7、6.9.17-2、6.9.21）、2-54（8.4.2-8、8.4.13）、2-59（8.3.13、8.5.4-5、8.5.13-3）、3-6（6.3.2）、3-16（8.3.21）、4-8（6.4.3）	**26分/8.7%**
2021年	1-12（6.4.2）、1-14（7.2.3、7.2.4、7.4.2）、1-15（6.2.8、6.2.9）、1-16（6.1.4、6.1.10、6.3.2、6.3.4）、1-18（6.2.3、6.2.4、6.2.5、6.2.6、6.2.8）、1-24（8.5.4-1、8.5.4-3、8.5.5、8.5.9）、1-50（6.8.2）、1-56（8.1.7、8.1.9）、2-11（6.1.8、6.3.2、6.4.2-3、K.0.1）、2-13（6.9.8、6.9.16-2、6.9.17）、2-14（6.1.8）、2-15（6.9.2-3、6.9.15-2、6.9.21、6.9.24）、2-46（5.1.7）、2-56（9.9.2-2）、3-7（附录A）、4-8（4.1.4、附录A）、4-12（12.3.3、12.3.4）、4-15（8.1.18）	**26分/8.7%**

3.《建筑设计防火规范》GB 50016—2014（2018年版）（见表15-14）

《建筑设计防火规范》GB 50016—2014（2018年版）
曾考条文及对应考题编号 **表15-14**

年份	考题及规范条文号	分值/比例
2011年	1-7（表3.1.1）、1-10（9.3.2）、1-48（6.4.2、8.5.1）、1-54（9.1.3、9.3.5、9.3.8）、2-47（5.4.12）	**8分/2.7%**
2012年	1-10（8.5.2、表1）、1-50（表3、8.5.2-3、8.5.4）、2-11（10.1.3）、2-39（6.2.9-1）、2-48（6.2.9-1）	**8分/2.7%**
2013年	1-10（3.1.3表1、8.5.2）、2-12（12.1.2、12.3.1、12.3.2、12.3.4）、2-13（表1）	**3分/1.0%**
2014年	1-13（3.1.1表1）、2-16（9.3.10）、2-49（3.1.3表3、8.5.2、8.5.4）	**4分/1.3%**
2016年	1-16（9.3.11）、2-15（8.5.1-1、5.3.6-7、8.5.2、表1）、2-44（9.2.1）	**4分/1.3%**
2017年	1-10（9.3.11）、1-18（3.1.1-表1）、1-49（9.3.11）、2-44（9.2.3）	**6分/2.0%**

续表

年份	考题及规范条文号	分值/比例
2018 年	1-10（8.5.4）、1-53（9.3.10）、2-10（8.1.9）、2-48（2.1.17、8.5.1）	**6 分/2.0%**
2019 年	1-11（8.5.3、8.5.4）、1-15（9.3.2、9.3.9）、2-53（8.5.2-2、8.5.2-3、表 3）	**4 分/1.3%**
2020 年	2-51（5.3.6）	**1 分/0.3%**
2021 年	1-53（8.5.4）、2-18（8.5.3-3）	**3 分/1.0%**

4.《汽车库、修车库、停车场设计防火规范》GB 50067—2014（见表 15-15）

《汽车库、修车库、停车场设计防火规范》GB 50067—2014 曾考条文及对应考题编号　　表 15-15

年份	考题及规范条文号	分值/比例
2013 年	4-11（表 5.2.5、8.2.2、8.2.10	**2 分/0.6%**
2017 年	1-10（8.2.6）	**1 分/0.3%**
2018 年	2-10（8.2.2、8.2.5、8.2.6）	**1 分/0.3%**
2019 年	4-11（8.2.5、8.2.10）	**2 分/0.6%**

5.《人民防空工程设计防火规范》GB 50098—2009

本规范近十年考试没有相关考题。

6.《人民防空地下室设计规范》GB 50038—2005（见表 15-16）

《人民防空地下室设计规范》GB 50038—2005 曾考条文及对应考题编号　　表 15-16

年份	考题及规范条文号	分值/比例
2011 年	1-12（5.3.3）、1-51（表 5.2.9）、3-7（式 5.2.7-2）	**5 分/1.7%**
2012 年	1-14（5.2.1-1）、2-14（5.2.1）、2-52（5.2.5）	**4 分/1.3%**
2013 年	1-14（2.1.37、2.1.53、5.2.10、5.2.11）、1-48（图 5.2.9）、2-11（表 5.2.5）、2-14（5.3.3）、3-9（5.2.7）	**7 分/2.3%**
2017 年	2-51（5.1-1、5.2.1-1）、2-50（图 5.2.8、5.2.11、5.2.17、5.2.18、5.5.4）	**2 分/0.6%**

7.《住宅设计规范》GB 50096—2011（见表 15-17）

《住宅设计规范》GB 50096—2011 曾考条文及对应考题编号　　表 15-17

年份	考题及规范条文号	分值/比例
2012 年	1-25（8.6.4）	**1 分/0.3%**
2013 年	1-44（8.3.3）、2-1（8.3.6）	**4 分/1.3%**

8.《住宅建筑规范》GB 50368—2005（见表 15-18）

《住宅建筑规范》GB 50368—2005 曾考条文及对应考题编号　　表 15-18

年份	考题及规范条文号	分值/比例
2011 年	2-48（9.1.6）	**2 分/0.6%**
2012 年	1-11（7.4.1）、2-49（7.4）	**3 分/1.0%**
2013 年	1-38（8.4.5）	**1 分/0.3%**

9.《严寒和寒冷地区居住建筑节能设计标准》JGJ 26—2018（见表 15-19）

《严寒和寒冷地区居住建筑节能设计标准》JGJ 26—2018 曾考条文及对应考题编号 **表 15-19**

年份	考题及规范条文号	分值/比例
2011 年	1-43（4.2.3、4.3.4、4.3.6）、2-21（4.2.1）、2-41（5.2.9-1）	**5 分/1.7%**
2012 年	1-42（5.2.2-4）	**2 分/0.6%**
2013 年	1-43（4.1.3、表 4.1.4、表 4.2.1-5、4.2.2-2）、2-3（4.2.3-4）	**4 分/1.3%**
2017 年	1-41（5.1.5）	**2 分/0.6%**
2019 年	1-1（4.3.6、5.1.7、5.3.3）、1-69（4.2.4）	**3 分/0.9%**
2020 年	2-42（5.2.11）、2-64（5.2.5）、4-2（附录 A、4.1.4、4.2.1、4.3.6）	**6 分/2.0%**
2021 年	2-41（4.2.1）	**2 分/0.6%**

10.《夏热冬冷地区居住建筑节能设计标准》JGJ 134—2010（见表 15-20）

《夏热冬冷地区居住建筑节能设计标准》JGJ 134—2010 曾考条文及对应考题编号 **表 15-20**

年份	考题及规范条文号	分值/比例
2017 年	1-41（6.0.4-3）	**2 分/0.6%**

11.《夏热冬暖地区居住建筑节能设计标准》JGJ 75—2012（见表 15-21）

《夏热冬暖地区居住建筑节能设计标准》JGJ 75—2012 曾考条文及对应考题编号 **表 15-21**

年份	考题及规范条文号	分值/比例
2017 年	1-41（6.0.6）	**2 分/0.6%**

12.《公共建筑节能设计标准》GB 50189—2015（见表 15-22）

《公共建筑节能设计标准》GB 50189—2015 曾考条文及对应考题编号 **表 15-22**

年份	考题及规范条文号	分值/比例
2011 年	1-21（3.2.1、3.2.7、3.4.1）、1-68（2.0.8、4.2.13）、2-3（2.0.4）、2-10（4.2.11）、2-21（3.2.5）、2-34（4.2.11）、2-60（5.3.22）、2-61（4.3.13）、3-12、4-1（3.3.1）、4-18（4.3.22）、4-19（4.3.12）	**19 分/6.3%**
2012 年	1-27（4.3.25、4.3.26）、1-33（4.2.17）、1-34（4.5.7-5）、1-55（4.5.3）、2-24（3.2.7、3.3.1）、2-44（3.4.2）、3-1（3.3.1）、3-19（式 4.3-22）、4-12（4.3.12）	**14 分/4.7%**
2013 年	1-5（3.3.3）、1-22（3.3.1、3.4.1）、1-43（2.0.4）、1-56（3.3.1、3.4.2、3.4.3、附录 B.0.5-1）、2-34（4.2.13）、3-16（5.3.7）、3-18（4.2.13）、4-1（3.3.1-1）、4-14（4.3.22）	**15 分/5.0%**
2014 年	1-11（4.5.11）、1-22（4.3.5-3）、2-32（4.3.2）、2-42（4.2.5、4.3.9）、2-65（4.2.11）	**7 分/2.3%**
2016 年	1-11（4.3.22）、3-25（4.2.10）、4-13（4.3.9）	**5 分/1.7%**

续表

年份	考题及规范条文号	分值/比例
2017 年	1-2（表 3.1.2、3.4.1）、1-26（4.2.10）、1-37（3.3.1-3、3.4.1）、1-38（5.3.3）、2-10（4.3.22）、2-32（4.2.17）、2-47（4.3.22）、3-16（4.3.9）、4-18（2.0.11）	**13 分/4.3%**
2018 年	1-12（3.2.9）、1-67（表 4.2.19）、2-21（4.1.1、4.2.10、4.2.11）、2-43（3.1.1、表 3.4.1-2）、2-54（3.2.2）、3-2（4.3.3）、3-18（4.3.9）、3-24（4.2.19）、4-1（表 3.2.1、3.3.1、3.2.7）、4-2（3.3.1）、4-16（4.3.22）	**20 分/6.0%**
2019 年	1-19（3.1.2、4.2.10-2）、1-33（3.1.2、4.2.104.2.15-2）、1-43（表 3.3.1）、1-55（4.1.1、4.2.3、4.2.10、4.3.9）、1-57（4.2.17）、1-68（4.2.11）、2-31（4.2.10、4.2.11）、2-32（3.1.2、4.2.8、4.2.10、4.2.11）、2-43（2.0.4、3.3.3）、2-46（4.2.4）、2-66（3.1.2、4.2.1-11）、2-69（3.1.2）、3-19（4.3.12）、4-1（3.3.1、A.0.2）、4-13（D.0.4）、4-23（4.2.13）	**28 分/9.3%**
2020 年	1-26（4.2.10）、1-69（4.2.11、4.2.12）、2-9（3.2.7、表 3.3.1-1、表 3.4.1-1）、2-58（3.1.1、3.2.1、3.3.1-4、3.4.1-2、3.4.3）、2-66（4.2.7、4.2.8）、2-69（4.2.10、4.3.22）、3-14（4.3.22）、3-17（4.2.11）、3-23（3.1.2、4.2.10、4.2.11）、4-12（4.2.11）、4-19（4.2.10）	**20 分/6.0%**
2021 年	1-65（4.2.10）、3-5（表 3.3.1-1、A.0.2、A.0.3）、3-12（表 D.0.4）、3-13（4.3.22）、3-14（A.0.2、A.0.3）、4-1（表 3.4.1-1）	**12 分/4.0%**

13.《民用建筑热工设计规范》GB 50176—2016（见表 15-23）

《民用建筑热工设计规范》GB 50176—2016 曾考条文及对应考题编号　　表 15-23

年份	考题及规范条文号	分值/比例
2017 年	3-2（B.2）	**2 分/0.6%**
2018 年	1-2（7.2.3）、1-54（4.4.3）、2-9（4.1.2）、4-2（3.4.9）	**7 分/2.3%**
2020 年	1-4（4.1.2、6.2.3）、3-4（3.2.2、3.3.1、5.1.5、5.1.3）	**3 分/0.9%**
2021 年	1-1（4.1.2）、2-1（7.2.1、7.2.1、7.2.3）、3-12（3.4.1）、3-14（B.2）、4-4（3.1.6-1）	**6 分/2.0%**

14.《辐射供暖供冷技术规程》JGJ 142—2012（见表 15-24）

《辐射供暖供冷技术规程》JGJ 142—2012 曾考条文及对应考题编号　　表 15-24

年份	考题及规范条文号	分值/比例
2012 年	2-5（3.5.14）、4-2（附录 B 表 B.1.2-1、表 B.1.2-3）	**3 分/0.9%**
2013 年	1-4（5.4.11）、1-47（3.1.1）	**3 分/0.9%**
2014 年	1-43（3.8.2）、2-6（5.4.1、5.4.3-3、5.4.7、5.4.9）、2-41（5.2.3、5.2.7、5.2.8）、2-44（3.5.13）、3-2（3.3.7、D.0.1）	**10 分 3.3%**
2016 年	1-5（3.5.14）、1-45（附录 C）、2-44（3.3.7、3.5.11）	**5 分/1.7%**
2017 年	4-3（表 3.1.3、式 3.4.6）	**2 分/0.6%**

续表

年份	考题及规范条文号	分值/比例
2018年	1-1（3.2.2）、1-23（3.4.7）、2-2（3.3.2）、2-3（5.8.3）、2-44（3.3.7）	**8分/2.7%**
2019年	1-5（3.1.9、3.5.11、3.5.13、3.6.7）、2-4（3.1.1、表3.1.3、3.5.13）、2-7（3.1.1、3.1.3、3.3.2）、4-5（3.3.2、3.3.3）、4-16（3.1.4、3.4.7-1）	**9分/3.0%**
2020年	4-1（表3.1.3、3.4.6）	**2分/0.6%**
2021年	2-4（5.5.3）、2-44（3.3.2、3.4.5、3.4.6）	**3分/1.0%**

15.《供热计量技术规程》JGJ 173—2009（见表15-25）

《供热计量技术规程》JGJ 173—2009曾考条文及对应考题编号　　表15-25

年份	考题及规范条文号	分值/比例
2011年	1-42（1.0.1）、1-44（3.0.6、6.3.3）、2-7（3.0.5）、2-41（5.2.2、5.2.3）	**8分/2.7%**
2012年	1-6（3.0.6、5.2.2、6.3.3）、2-41（1.0.1）、2-42（5.2.4）	**5分/1.7%**
2014年	1-1（6.3.3）、1-43（5.1.2、5.2.2）、2-44（6.3.3）	**5分/1.7%**
2016年	1-7（3.0.3、3.0.6、4.1.2、5.2.3）	**1分/0.3%**
2017年	2-7（5.2.3、5.10.6）、2-59（5.2.2、5.2.3）	**3分/1.0%**
2018年	1-45（3.0.6）	**2分/0.6%**
2020年	1-3（6.3.4）、2-5（3.0.6、4.1.2、5.2.3、5.2.5）	**3分/1.0%**
2021年	1-46（5.1.1）	**2分/0.6%**

16.《工业设备及管道绝热工程设计规范》GB 50264—2013（见表15-26）

《工业设备及管道绝热工程设计规范》GB 50264—2013曾考条文及对应考题编号　　表15-26

年份	考题及规范条文号	分值/比例
2014年	1-3（3.1.3、3.1.8）、2-1（3.1.8）、2-22（5.2.11）	**3分/1.0%**
2018年	1-20（5.8.1-1、5.8.2-5、5.9.1）	**1分/0.3%**
2019年	3-1（5.3.3-2、5.8.2-3、5.8.4-2）	**2分/0.6%**

17.《既有居住建筑节能改造技术规程》JGJ/T 129—2012（见表15-27）

《既有居住建筑节能改造技术规程》JGJ/T 129—2012曾考条文及对应考题编号　　表15-27

年份	考题及规范条文号	分值/比例
2019年	1-6（6.4.3、6.4.4）	**1分/0.3%**

18.《公共建筑节能改造技术规范》JGJ 176—2009（见表15-28）

《公共建筑节能改造技术规范》JGJ 176—2009曾考条文及对应考题编号　　表15-28

年份	考题及规范条文号	分值/比例
2016年	1-41（4.3.8、4.7.1、4.7.2）、2-41（3.3.1、4.3.9～4.3.11）	**4分/1.3%**

19.《环境空气质量标准》GB 3095—2012（见表 15-29）

《环境空气质量标准》GB 3095—2012 曾考条文及对应考题编号　表 15-29

年份	考题及规范条文号	分值/比例
2012 年	4-7（4.1）	**2 分/0.6%**
2014 年	2-10（3.3、4.3 表 1）	**1 分/0.3%**
2019 年	1-69（4.1、4.2）	**2 分/0.6%**

20.《声环境质量标准》GB 3096—2008（见表 15-30）

《声环境质量标准》GB 3096—2008 曾考条文及对应考题编号　表 15-30

年份	考题及规范条文号	分值/比例
2019 年	2-26（5.1）	**1 分/0.3%**

21.《工业企业厂界环境噪声排放标准》GB 12348—2008

本规范近十年考试没有相关考题。

22.《工业企业噪声控制设计规范》GB/T 50087—2013（见表 15-31）

《工业企业噪声控制设计规范》GB/T 50087—2013 曾考条文及对应考题编号　表 15-31

年份	考题及规范条文号	分值/比例
2018 年	2-22（3.0.1）	**1 分/0.3%**

23.《大气污染物综合排放标准》GB 16297—1996（见表 15-32）

《大气污染物综合排放标准》GB 16297—1996 曾考条文及对应考题编号　表 15-32

年份	考题及规范条文号	分值/比例
2011 年	4-7（表 2-15、7.4）	**2 分/0.6%**
2012 年	4-7（表 2、7.1）	**2 分/0.6%**

24.《工业企业设计卫生标准》GBZ 1—2010（见表 15-33）

《工业企业设计卫生标准》GBZ 1—2010 曾考条文及对应考题编号　表 15-33

年份	考题及规范条文号	分值/比例
2011 年	1-62（6.3.1-7）	**2 分/0.6%**
2018 年	2-22（6.3.1-7）	**1 分/0.3%**
2019 年	4-8（6.1.5.1-g）	**2 分/0.6%**

25.《工作场所有害因素职业接触限值　第 1 部分：化学有害因素》GBZ 2.1—2019（见表 15-34）

《工作场所有害因素职业接触限值　第 1 部分：化学有害因素》GBZ 2.1—2019 曾考条文及对应考题编号　表 15-34

年份	考题及规范条文号	分值/比例
2017 年	4-8（表 1）	**2 分/0.6%**
2020 年	3-6（表 2）	**2 分/0.6%**

26.《工作场所有害因素职业接触限值 第2部分：物理因素》GBZ 2.2—2007（见表15-35）

《工作场所有害因素职业接触限值 第2部分：物理因素》GBZ 2.2—2007 曾考条文及对应考题编号 **表15-35**

年份	考题及规范条文号	分值/比例
2011年	3-6（表2）	**2分/0.6%**
2013年	2-10（10.2.2、表B.1）	**1分/0.3%**
2014年	1-10（10.1.3、10.2.2、表8、表B.1）	**1分/0.3%**

27.《洁净厂房设计规范》GB 50073—2013（见表15-36）

《洁净厂房设计规范》GB 50073—2013 曾考条文及对应考题编号 **表15-36**

年份	考题及规范条文号	分值/比例
2011年	1-28（5.2.4）、1-63（6.3.1、6.3.2、6.3.4、2-29（3.0.1）、2-62（6.4.1）、2-63（6.4.1）	**7分/2.3%**
2012年	1-28（5.2.1）、1-63（3.0.1、3.0.2）、2-29（6.3.3）、2-63（6.2.1）	**6分/2.0%**
2013年	1-28（6.2.2）、1-62（A.3.5-2）、2-28（6.2.2）、2-61（6.1.1、6.1.3、6.4.1）、2-62（6.3.3）	**8分/2.7%**
2014年	1-28（6.3.4-1）、1-62（6.2.1）、2-28（A.2.1、A.3.1-2、A.3.2-2）、2-62（6.4.1）、4-20（6.1.5、6.3.2）	**8分/2.7%**
2016年	1-28（6.4.1-2）、1-62（6.3.3）、2-28（A.3.1）、2-62（4.2.1）、4-20（6.1.5、6.2.3）	**8分/2.7%**
2017年	2-26（6.3.3）、2-27（6.2.1、6.2.2）、2-62（6.4.1）	**4分/1.3%**
2018年	1-28（6.2.4）、2-28（6.3.1-1、6.3.3）、2-61（4.3.3）、2-62（6.2.1、6.2.2）	**6分/2.0%**
2019年	2-28（6.4.1）	**1分/0.3%**
2020年	1-62（6.6.6）、2-28（A.2.1、A.2.2、A.3.2-1、A.3.5-4）、2-61（6.3.3、6.3.4-1）、2-62（6.4.1）	**7分/2.3%**
2021年	1-28（6.3.1）、2-62（A.2.1）	**3分/1.0%**

28.《地源热泵系统工程技术规范》GB 50366—2005（2009年版）（见表15-37）

《地源热泵系统工程技术规范》GB 50366—2005（2009年版）曾考条文及对应考题编号 **表15-37**

年份	考题及规范条文号	分值/比例
2011年	1-20（2.0.1）、1-25（3.2.2A、4.3.2、4.3.3）、1-34（3.2.2A）、1-64（3.2.2、4.3.6）、3-22（4.3.3）、4-14（附录式B.0.1-3）	**9分/2.7%**
2012年	1-24（2.0.25）、3-22（4.3.3）	**3分/1.0%**
2013年	1-65（5.2.3、5.2.5）、2-31（4.3.2、4.3.5A-1、4.3.8）、2-68（4.3.14）	**5分/1.7%**
2016年	1-65（4.3.5A-2、4.3.9、4.5.2）、4-6（4.3.3）、2-31（4.3.2）	**2分/0.6%**
2017年	2-34（C.1.3、C.2.3、C.3.4）、2-43（3.2.2A、4.3.2、C.1.1、C.3）、3-20（4.3.3）、4-21（4.3.3）	**4分/1.3%**

续表

年份	考题及规范条文号	分值/比例
2018 年	3-23（4.3.3）	**1 分/0.3%**
2019 年	4-21（4.3.3）	**2 分/0.6%**
2020 年	2-33（C.1.1、C.3.2、C.3.3、C.3.6）	**1 分/0.3%**
2021 年	2-69（7.1.5）	**2 分/0.6%**

29.《燃气冷热电联供工程技术规范》GB 51131—2016（见表 15-38）

《燃气冷热电联供工程技术规范》GB 51131—2016 曾考条文及对应考题编号　　表 15-38

年份	考题及规范条文号	分值/比例
2013 年	2-35（3.0.1、4.1.3）	**1 分/0.3%**
2018 年	2-37（1.0.3、1.0.4、4.3.1）	**1 分/0.3%**
2021 年	2-34（4.3.5、4.3.9、4.3.10）	**1 分/0.3%**

30.《蓄能空调工程技术标准》JGJ 158—2018（见表 15-39）

《蓄能空调工程技术标准》JGJ 158—2018 曾考条文及对应考题编号　　表 15-39

年份	考题及规范条文号	分值/比例
2014 年	2-35（3.3.12、3.3.20）、2-68（3.3.16、3.3.12、3.3.28）	**3 分/1.0%**
2019 年	1-34（2.0.6）	**1 分/0.3%**
2020 年	2-63（3.3.9）	**2 分/0.6%**

31.《多联机空调系统工程技术规程》JGJ 174—2010（见表 15-40）

《多联机空调系统工程技术规程》JGJ 174—2010 曾考条文及对应考题编号　　表 15-40

年份	考题及规范条文号	分值/比例
2012 年	1-32（3.1.3）、1-33（3.1.3 表 2 表 3）、1-65（表 5.4.10）	**4 分/1.3%**
2013 年	1-64（5.4.5、5.4.10-1）	**2 分/0.6%**
2016 年	1-32（4.2-3、5.4.10）	**1 分/0.3%**
2019 年	1-57（3.1.2、3.4.3、3.4.4-3）	**2 分/0.6%**
2020 年	2-25（3.4.2）	**1 分/0.3%**
2021 年	2-69（3.4.1）	**2 分/0.6%**

32.《冷库设计规范》GB 50072—2010（见表 15-41）

《冷库设计规范》GB 50072—2010 曾考条文及对应考题编号　　表 15-41

年份	考题及规范条文号	分值/比例
2011 年	1-38（4.3.3、4.3.13、4.4.1）、2-69（式 4.3.2）、4-24（A.0.2）	**5 分/1.7%**
2012 年	1-37（4.4.1、4.4.4）、1-38（6.4.3、6.4.8、6.4.15）、1-68（6.5.7）、1-69（6.2.6-2）、2-37（6.2.11、6.5.6）、2-69（6.5.2）、3-24（3.0.5）	**11 分/3.7%**
2013 年	2-65（6.6.4）	**2 分/0.6%**
2017 年	1-29（3.0.7-1）	**1 分/0.3%**

续表

年份	考题及规范条文号	分值/比例
2018年	2-67（3.0.1、3.0.2、3.0.6）	**2分/0.6%**
2020年	2-34（3.0.7、3.0.8）、2-67（4.3.1-6、4.3.4、4.4.4）、1-67（6.1.1～6.1.6、6.3.2、6.3.7）	**6分/2.0%**
2021年	1-32（5.2.16-1、6.2.4、6.2.10-11、6.2.11）、2-37（4.4.3）	**3分/1.0%**

33.《锅炉房设计标准》GB 50041—2020（见表15-42）

《锅炉房设计标准》GB 50041—2020曾考条文及对应考题编号　　表15-42

年份	考题及规范条文号	分值/比例
2011年	1-7（15.1.1-1）、1-8（13.3.1、13.3.4、13.3.10）、1-9（4.4.5、4.4.6、18.1.8）、1-15（15.3.7-1）、3-5、4-5（15.3.7）	**8分/2.7%**
2012年	1-45（4.1.1）、1-48（15.3.7）、2-7（15.1.1）	**6分/2.0%**
2013年	1-9（15.1.2）	**1分/0.3%**
2014年	1-13（15.1.1）	**1分/0.3%**
2016年	2-9（10.1.1）	**1分/0.3%**
2017年	1-9（13.3.13）、1-47（15.3.7）	**3分/1.0%**
2018年	1-46（4.1.1-6、7.0.6、8.0.4、15.1.5）、2-45（4.1.3、4.3.7、15.1.3）	**4分/1.3%**
2019年	2-41（4.1.3）	**2分/0.6%**
2020年	2-46（6.1.7、6.1.9）	**2分/0.6%**

34.《锅炉大气污染物排放标准》GB 13271—2014

本规范近十年考试没有相关考题。

35.《城镇供热管网设计规范》CJJ 34—2010（见表15-43）

《城镇供热管网设计规范》CJJ 34—2010曾考条文及对应考题编号　　表15-43

年份	考题及规范条文号	分值/比例
2011年	1-47（8.3.3、8.3.4）、2-45（4.2.2-1）	**4分/1.3%**
2012年	2-8（8.2.4、8.2.5）、2-9（10.3.8）	**2分/0.6%**
2013年	1-2（13.2.4、13.2.5）、1-6（4.5.6）、1-8（3.1.6）、2-8（4.3.4）	**4分/1.3%**
2014年	1-8（4.2.2-3）、1-46（7.3.8）、2-8（8.5.7）、2-45（4.1.2、4.2.2）	**6分/2.0%**
2016年	1-46（4.2.2）、1-47（5.0.7、7.5.4、10.4.2、10.4.8）、2-8（7.3.8）、2-46（7.1.8、7.3.7）	**7分/2.3%**
2018年	4-5（表3.1.2-1、表3.1.2-2）、4-6（3.2.1）	**4分/1.3%**
2019年	1-42（7.5.1-2）	**2分/0.6%**
2020年	1-44（4.2.2）、2-8（8.0.8、8.4.4、8.4.5）	**3分/1.0%**
2021年	2-7（4.2.2-1）、2-70（10.2.24、10.2.26、10.2.35）	**3分/1.0%**

36.《城镇燃气设计规范》GB 50028—2006（2020 年版）（见表 15-44）

《城镇燃气设计规范》GB 50028—2006（2020 年版）曾考条文及对应考题编号　　表 15-44

年份	考题及规范条文号	分值/比例
2011 年	1-70（10.2.4、10.2.5～8、10.2.23-3）、2-39（10.2.14、10.2.16）、2-40（9.4.2）、3-25（10.2-9）	**4 分/1.3%**
2012 年	2-39（10.2.14、10.2.27）4-25（10.2.29-3）	**3 分/1.0%**
2013 年	1-40（10.2.1）、1-70（10.3.2）、2-40（10.2.3、10.2.5）	**4 分/1.3%**
2014 年	1-47（6.6.2-2、6.6.3、6.6.9、6.6.10）、1-70（10.6.6）、2-39（10.6.2）、3-25（10.2.9）	**7 分/2.3%**
2017 年	1-39（表 10.2.2、10.2.3、10.2.4、10.2.14、10.2.18）、1-70（表 10.2.1、10.2.31）、2-40（6.2.2、6.6.2-6、6.6.9）、2-39（10.2.23、10.8.1）	**5 分/1.7%**
2018 年	1-39（10.2.14、10.2.16、10.2.18-3）、1-70（10.7.7）、2-40（6.1.6）、4-25（10.2.9）	**6 分/2.0%**
2019 年	1-3（10.2.4）、1-39（10.2.4、10.2.23、10.5.3）、1-40（6.2.2）、1-70（6.6.4）、2-39（10.2.16、10.2.17、10.2.21）、3-25（10.2.9）	**8 分/2.7%**
2020 年	1-39（10.6.6）、2-39（10.2.1、10.2.14-1、10.2.23-3、10.2.24、10.5.3）、2-40（10.2.29）、2-70（6.6.2-2、6.6.4）	**5 分/1.7%**
2021 年	1-40（10.2.32）、2-39（6.6.13-4）、3-25（10.7.8-3）	**4 分/1.3%**

37.《城镇燃气技术规范》GB 50494—2009（见表 15-45）

《城镇燃气技术规范》GB 50494—2009 曾考条文及对应考题编号　　表 15-45

年份	考题及规范条文号	分值/比例
2011 年	1-40（6.4.2）	**1 分/0.3%**
2016 年	2-70（2.0.11）	**2 分/0.6%**

38.《建筑给水排水设计标准》GB 50015—2019（见表 15-46）

《建筑给水排水设计标准》GB 50015—2019 曾考条文及对应考题编号　　表 15-46

年份	考题及规范条文号	分值/比例
2011 年	1-39（4.6.2、4.6.3）、2-38（3.2.2）、4-25（3.6.6）	**4 分/1.3%**
2012 年	1-39（4.3.11）、2-70（4.6.3）	**3 分/1.0%**
2013 年	1-40（3.7.1）、2-39（6.2.1）、2-69（6.2.1）、3-25（6.2.1-1 注 1）	**6 分/2.0%**
2014 年	1-39（3.7.7、3.7.8）、1-40（6.4.1、6.4.3）、2-40（2.1.41、2.1.43、2.1.65、4.7.1）、2-70（4.4.3、4.10.2-1、4.10.4-1、4.4.14）、4-25（6.5.7、6.5.8）	**7 分/2.3%**
2016 年	1-38（3.7.5-3）、1-39（3.3.4、3.3.16、3.3.18）、1-40（6.4.1）、1-70（2.1.12～13、3.3、3.3.11）、3-23（3.7.6）	**5 分/1.7%**
2017 年	1-40（3.6.16）、2-39（3.2.10、3.7.1）、2-70（4.5.2、4.5.3、4.10.5）、3-25（表 3.2.2、4.5.3）、4-25（6.4.1-2）	**8 分/2.7%**
2018 年	1-38（4.3.11）、1-40（2.1.12、3.1.3、3.3.6～3.3.10）、2-39（6.6.2）、3-25（6.4.1-2）	**5 分/1.7%**

续表

年份	考题及规范条文号	分值/比例
2019年	1-38（3.3.6、3.3.16、3.3.19、3.3.21）、4-25（6.4.1-4）	**3分/1.0%**
2020年	1-38（3.7.1-2、3.7.14、4.5.1、6.4.3）、1-70（6.2.1-1、6.2.1-2、5.5.5）、3-25（3.7.8、3.7.9）、4-25（4.5.4）	**7分/2.3%**
2021年	1-38（6.6.2）、1-39（3.3.21）、1-70（6.3.1）、2-40（表4.4-11）、4-25（6.5.8-2、6.5.9-1）	**7分/2.3%**

39.《建筑给水排水及采暖工程施工质量验收规范》GB 50242—2002（见表15-47）

《建筑给水排水及采暖工程施工质量验收规范》GB 50242—2002
曾考条文及对应考题编号　　表15-47

年份	考题及规范条文号	分值/比例
2012年	2-42（8.2.10、8.2.11、8.2.15）	**2分/0.6%**
2013年	2-55（8.6.1）	**2分/0.6%**
2014年	1-5（8.6.1）、2-6（8.3.1）	**2分/0.6%**
2019年	1-3（8.1.2、11.1.2）、4-3（8.6.1-1）	**3分/1.0%**

40.《通风与空调工程施工质量验收规范》GB 50243—2016（见表15-48）

《通风与空调工程施工质量验收规范》GB 50243—2016
曾考条文及对应考题编号　　表15-48

年份	考题及规范条文号	分值/比例
2011年	1-11（4.2.1）、1-49（7.3.12-4）、2-11（5.2.3-5）、2-36（8.3.4-4）、2-63（7.2.7）	**7分/2.3%**
2012年	1-13（7.2.6）、1-18（7.2.6-2）、1-51（4.2.5）	**4分/1.3%**
2013年	1-62（B.4.2、D.4.3-2.、B.4.4-4、B.4.5-1）、2-48（6.2.9、附录C）、4-6（表4.1.4、4.2.1）	**6分/2.0%**
2014年	1-17（4.2.3）、1-50（11.2.1）、1-53（6.2.7-5）、2-17（6.2.2）、2-21（9.2.4）、2-50（4.2.1-5、4.2.3-1）、2-51（表4.2.3-1、表4.3.1-1）、2-66（表8.2.7）	**13分/4.3%**
2016年	2-10（4.1.4）、2-28（D.1.3）	**2分/0.6%**
2017年	1-17（4.3.4）、2-53（C.2.3）	**3分/1.0%**
2018年	1-11（4.2.1-5）、1-53（6.2.3）、2-58（C.1.2）、3-6（表4.1.4、表4.2.1）	**7分/2.3%**
2019年	1-3（9.1.1）、1-20（9.2.3-1）、2-52（7.2.1-2）	**4分/1.3%**
2020年	1-13（表4.1.3-1）、1-49（E.1.1、E.2.1）	**3分/1.0%**
2021年	1-22（7.3.1-3）、2-16（C.1.3、C.2.2、C.2.5、C.3.1）、4-14（9.2.3-1）	**4分/1.3%**

41.《制冷设备、空气分离设备安装工程施工及验收规范》GB 50274—2010（见表 15-49）

《制冷设备、空气分离设备安装工程施工及验收规范》GB 50274—2010 曾考条文及对应考题编号　表 15-49

年份	考题及规范条文号	分值/比例
2014 年	2-66（表 2.1.5）	**2 分/0.6%**
2017 年	2-37（2.1.5）	**2 分/0.6%**

42.《建筑节能工程施工质量验收标准》GB 50411—2019（见表 15-50）

《建筑节能工程施工质量验收标准》GB 50411—2019 曾考条文及对应考题编号　表 15-50

年份	考题及规范条文号	分值/比例
2014 年	1-20（10.2.11）	**1 分/0.3%**
2018 年	1-3（3.1.2）	**1 分/0.3%**

43.《绿色建筑评价标准》GB/T 50378—2019（见表 15-51）

《绿色建筑评价标准》GB/T 50378—2019 曾考条文及对应考题编号　表 15-51

年份	考题及规范条文号	分值/比例
2013 年	1-69（1.0.3）、2-38（3.2.6、5.2.10、8.1.6）、2-69（3.1.1、5.2.14、7.2.1、7.2.9）	**5 分/1.7%**
2014 年	1-37、1-69（3.2.4）、2-69（1.0.2）	**5 分/1.7%**
2016 年	2-69（3.1.1、3.2）	**2 分/0.6%**
2018 年	2-38、2-69（5.2.10）	**3 分/1.0%**
2019 年	1-37	**1 分/0.3%**
2020 年	1-37（3.2.8）、1-69（3.2.7、3.2.8、5.1.9、7.1.2、7.1.5）、2-69（7.2.5、7.2.6）	**5 分/1.7%**
2021 年	1-37（3.2.6）、1-69（4.2.7）、1-70（7.2.9）、2-38（表 3.2-8）	**6 分/2.0%**

44.《绿色工业建筑评价标准》GB/T 50878—2013（见表 15-52）

《绿色工业建筑评价标准》GB/T 50878—2013 曾考条文及对应考题编号　表 15-52

年份	考题及规范条文号	分值/比例
2014 年	1-37	**1 分/0.3%**
2016 年	1-37（3.2.7、5.1.2）	**1 分/0.3%**
2019 年	1-37（1.0.2、3.2.2、5.1.1）	**1 分/0.3%**

45.《民用建筑绿色设计规范》JGJ/T 229—2010（见表 15-53）

《民用建筑绿色设计规范》JGJ/T 229—2010 曾考条文及对应考题编号　表 15-53

年份	考题及规范条文号	分值/比例
2014 年	1-69（3.0.2）	**2 分/0.6%**
2021 年	1-69（9.3.3）	**2 分/0.6%**

46.《空气调节系统经济运行》GB/T 17981—2007（见表 15-54）

《空气调节系统经济运行》GB/T 17981—2007 曾考条文及对应考题编号 表 15-54

年份	考题及规范条文号	分值/比例
2014 年	3-21（5.4.2）	**2 分/0.6%**
2019 年	1-56（4.4.3、4.4.4、5.6.2、5.7.2）	**2 分/0.6%**
2020 年	4-16（5.4.1）	**2 分/0.6%**

47.《冷水机组能效限定值及能效等级》GB 19577—2015（见表 15-55）

《冷水机组能效限定值及能效等级》GB 19577—2015 曾考条文及对应考题编号 表 15-55

年份	考题及规范条文号	分值/比例
2012 年	2-33、4-17（表 2）、4-22（表 2）	**5 分/1.7%**
2013 年	1-24（表 1 表 2、4.4）、3-20（表 2）	**3 分/1.0%**
2014 年	2-34（4.4、表 2）	**1 分/0.3%**
2018 年	1-29（3.1）、2-21（表 2）、2-23（3.1、4.2、表 1、4.3）	**3 分/1.0%**
2019 年	1-68（表 1、表 2）、2-31（4.3、4.4）	**2 分/0.6%**
2020 年	1-29（4.2）、2-35（表 2）、3-17（表 1）	**1 分/0.3%**
2021 年	1-65（表 1、表 2）、2-55（表 1、表 2）	**2 分/0.6%**

48.《单元式空气调节机能效限定值及能源效率等级》GB 19576—2019

本规范近十年考试没有相关考题。

49.《风管送风式空调机组能效限定值及能效等级》GB 37479—2019

本规范近十年考试没有相关考题。

50.《房间空气调节器能效限定值及能效等级》GB 21455—2019（见表 15-56）

《房间空气调节器能效限定值及能效等级》GB 21455—2019 曾考条文及对应考题编号 表 15-56

年份	考题及规范条文号	分值/比例
2013 年	1-24（表 2）	**1 分/0.3%**
2014 年	2-34（表 2）	**1 分/0.3%**
2021 年	2-35（5.1.1、5.1.2、5.3.1、5.3.2）	**1 分/0.3%**

51.《多联式空调(热泵)机组能效限定值及能源效率等级》GB 21454—2008(见表 15-57)

《多联式空调（热泵）机组能效限定值及能源效率等级》GB 21454—2008 曾考条文及对应考题编号 表 15-57

年份	考题及规范条文号	分值/比例
2011 年	1-37（表 2）	**1 分/0.3%**
2012 年	1-33（3.3、表 1、表 2）	**1 分/0.3%**
2013 年	1-24（6）、1-36（3.2）	**2 分/0.6%**
2014 年	2-34（3.2）	**1 分/0.3%**
2019 年	2-36（5.1）	**1 分/0.3%**

52.《蒸气压缩循环冷水（热泵）机组　第1部分：工业或商业用及类似用途的冷水（热泵）机组》GB/T 18430.1—2007（见表15-58）

《蒸气压缩循环冷水（热泵）机组　第1部分：工业或商业用及类似用途的冷水（热泵）机组》GB/T 18430.1—2007曾考条文及对应考题编号　表15-58

年份	考题及规范条文号	分值/比例
2011年	2-64（表2）	**2分/0.6%**
2012年	2-34（5.6.3）	**1分/0.3%**
2013年	2-33（表2）	**1分/0.3%**
2014年	1-33（4.3.2.2-a）	**1分/0.3%**
2016年	1-29（6.3.3-b）	**1分/0.3%**
2017年	2-31（4.3.2-1）	**1分/0.3%**
2018年	1-31（表5）、2-30（5.4）、2-33（4.3.2-2）、4-21（表2）	**5分/1.7%**
2020年	4-19（表2）、1-68（表5）	**2分/0.6%**

53.《蒸气压缩循环冷水（热泵）机组　第2部分：户用及类似用途的冷水（热泵）机组》GB/T 18430.2—2016（见表15-59）

《蒸气压缩循环冷水（热泵）机组　第2部分：户用及类似用途的冷水（热泵）机组》GB/T 18430.2—2016曾考条文及对应考题编号　表15-59

年份	考题及规范条文号	分值/比例
2012年	2-34	**1分/0.3%**
2018年	3-22（附录A）、4-21（表1）	**1分/0.3%**

54.《溴化锂吸收式冷（温）水机组安全要求》GB 18361—2001

本规范近十年考试没有相关考题。

55.《直燃型溴化锂吸收式冷（温）水机组》GB/T 18362—2008（见表15-60）

《直燃型溴化锂吸收式冷（温）水机组》GB/T 18362—2008曾考条文及对应考题编号　表15-60

年份	考题及规范条文号	分值/比例
2016年	2-65（5.3.1、5.3.3、5.3.5、5.3.6）	**2分/0.6%**
2017年	1-66（5.3.1、5.3.4、5.3.5、5.3.6）	**2分/0.6%**
2018年	3-24（5.3.1）	**2分/0.6%**
2020年	2-37（表1）	**1分/0.3%**

56.《蒸气和热水型溴化锂吸收式冷水机组》GB/T 18431—2014（见表15-61）

《蒸气和热水型溴化锂吸收式冷水机组》GB/T 18431—2014曾考条文及对应考题编号　表15-61

年份	考题及规范条文号	分值/比例
2012年	1-30（附录G）	**1分/0.3%**

57.《水（地）源热泵机组》GB/T 19409—2013（见表15-62）

《水（地）源热泵机组》GB/T 19409—2013 曾考条文及对应考题编号　　表15-62

年份	考题及规范条文号	分值/比例
2018年	2-46（5.3.5、6.2.1）	**2分/0.6%**
2020年	1-31（表4、表5、6.2.1、6.3.2-1）	**1分/0.3%**
2021年	1-36（3.2）、2-9（3.2）	**2分/0.6%**

58.《商业或工业用及类似用途的热泵热水机》GB/T 21362—2008（见表15-63）

《商业或工业用及类似用途的热泵热水机》GB/T 21362—2008 曾考条文及对应考题编号　　表15-63

年份	考题及规范条文号	分值/比例
2011年	2-64（表1）	**2分/0.6%**
2014年	1-38（4.1.6）	**1分/0.3%**
2019年	2-40（4.1.2、3.4、3.5）、2-64（表1、5.4）、2-70（4.3.1）	**5分/1.6%**

59.《组合式空调机组》GB/T 14294—2008（见表15-64）

《组合式空调机组》GB/T 14294—2008 曾考条文及对应考题编号　　表15-64

年份	考题及规范条文号	分值/比例
2019年	2-23（6.3.4）	**1分/0.3%**

60.《柜式风机盘管机组》JB/T 9066—1999

本规范近十年考试没有相关考题。

61.《风机盘管机组》GB/T 19232—2019

本规范近十年考试没有相关考题。

62.《通风机能效限定值及能效等级》GB/T 19761—2020（见表15-65）

《通风机能效限定值及能效等级》GB/T 19761—2020 曾考条文及对应考题编号　　表15-65

年份	考题及规范条文号	分值/比例
2019年	2-17（4.3.1、4.3.2-1、4.3.2-3）	**1分/0.3%**

63.《清水离心泵能效限定值及节能评价值》GB/T 19762—2007

本规范近十年考试没有相关考题。

64.《离心式除尘器》JB/T 9054—2015（见表15-66）

《离心式除尘器》JB/T 9054—2015 曾考条文及对应考题编号　　表15-66

年份	考题及规范条文号	分值/比例
2012年	1-54（5.2.2）、2-17（5.2.1）	**3分/1.0%**
2016年	2-17（6.3.1）	**1分/0.3%**
2018年	2-50（5.2.2）	**2分/0.6%**

65.《回转反吹类袋式除尘器》JB/T 8533—2010（见表 15-67）

《回转反吹类袋式除尘器》JB/T 8533—2010 曾考条文及对应考题编号　　表 15-67

年份	考题及规范条文号	分值/比例
2016 年	2-11（4.2.1）	**1 分/0.3%**
2017 年	2-18（4.2.1、4.4.8-5）	**1 分/0.3%**
2018 年	2-50（表 1）、4-9（表 1）	**4 分/1.3%**

66.《脉冲喷吹类袋式除尘器》JB/T 8532—2008（见表 15-68）

《脉冲喷吹类袋式除尘器》JB/T 8532—2008 曾考条文及对应考题编号　　表 15-68

年份	考题及规范条文号	分值/比例
2014 年	3-11（5.2）	**2 分/0.6%**

67.《内滤分室反吹类袋式除尘器》JB/T 8534—2010（见表 15-69）

《内滤分室反吹类袋式除尘器》JB/T 8534—2010 曾考条文及对应考题编号　　表 15-69

年份	考题及规范条文号	分值/比例
2016 年	1-18（3.1）	**1 分/0.3%**

68.《建筑通风和排烟系统用防火阀门》GB 15930—2007（见表 15-70）

《建筑通风和排烟系统用防火阀门》GB 15930—2007 曾考条文及对应考题编号　　表 15-70

年份	考题及规范条文号	分值/比例
2012 年	2-50（3.2、3.3）	**2 分/0.6%**
2014 年	1-16（3.1）	**1 分/0.3%**
2017 年	2-52（3.2）	**2 分/0.6%**
2018 年	1-50（4.4.4、4.4.2、表 1、表 2）	**2 分/0.6%**
2019 年	1-12（3.3）	**1 分/0.3%**

69.《干式风机盘管》JB/T 11524—2013

本规范近十年考试没有相关考题。

70.《高出水温度冷水机组》JB/T 12325—2015

本规范近十年考试没有相关考题。

71.《建筑防烟排烟系统技术标准》GB 51251—2017（见表 15-71）

《建筑防烟排烟系统技术标准》GB 51251—2017 曾考条文及对应考题编号　　表 15-71

年份	考题及规范条文号	分值/比例
2011 年	1-16（4.6.5-1）、1-17（4.6.3-3、4.6.3-4）、1-53、2-18（4.6.4、4.6.1）	**5 分/1.7%**
2012 年	1-16（4.4.12）、1-17（3.4.3）、1-52（3.4.3）、2-15（4.4.12）、2-16（3.1.2）	**3 分/2.0%**
2013 年	2-52（3.4.3）	**2 分/0.6%**
2016 年	1-16（5.1.2-4、5.2.2-5、5.2.3）	**1 分/0.3%**
2017 年	1-10（4.4.12、5.2.2-4、5.2.3）、2-52（4.4.6）	**3 分/1.0%**

续表

年份	考题及规范条文号	分值/比例
2018年	1-11（3.1.3-1、3.3.6、4.4.1、4.4.10-2、4.6.4）、2-48（3.1.9）	**3分/1.0%**
2019年	1-11（3.1.2）、1-51（4.2.4、4.4.3、4.6.4）、2-19（4.4.6、4.4.10）、2-49（4.2.4、4.6.1、4.6.3-1）、2-52（6.5.3）、2-53（4.1.3）、3-7（3.4.5、3.4.7）、4-10（4.6.11-1、4.6.12、4.6.13-1）	**14分/4.7%**
2020年	1-11（4.5.2、4.5.3、4.5.4、4.5.5）、2-11（4.6.10、4.6.11、4.6.12、4.6.13）、2-12（5.2.2、5.2.3、4.4.6、4.6.4-1）、2-13（4.3.6）、2-50（5.1.3、5.2.3）、2-51（4.2.3、4.2.4）、4-10（4.6.1、表4.6.3、表4.6.7、4.6.11～3）	**10分/3.3%**
2021年	1-22（6.5.3）、1-50（4.6.1）、1-52（4.1.3-3、4.6.1、4.6.3、5.2.2）、1-53（3.1.2、3.1.6、3.1.9、3.3.12）、2-17（4.3.6）、2-18（3.3.3、4.6.2、5.1.3-1）、2-48（4.4.10）、2-53（4.6.3-2、4.6.9、4.6.13）、3-9（3.4.1、3.4.2、3.4.6、3.4.7）	**14分/4.7%**

72.《高效空气过滤器》GB/T 13554—2019（见表15-72）

《高效空气过滤器》GB/T 13554—2019曾考条文及对应考题编号　　表15-72

年份	考题及规范条文号	分值/比例
2018年	1-62（表5）	**2分/0.6%**

15.3　《复习教材》各章节考题频率统计

《复习教材》各章节出现考题的统计见表15-73。

《复习教材》章节考题频率统计　　表15-73

章节标题	近十年考题比例	近三年考题比例	近一年考题比例	近十年考题分值	近三年考题分值	近一年考题分值
第1章　供暖						
1.1　建筑热工与节能	2.43%	3.00%	4.33%	73	27	13
1.2　建筑供暖热负荷计算	1.17%	2.00%	3.00%	35	18	9
1.3　热水、蒸汽供暖系统分类及计算	2.00%	1.67%	2.33%	60	15	7
1.4　辐射供暖（供冷）	2.13%	2.44%	1.67%	64	22	5
1.5　热风供暖	0.83%	0.05%	0.00%	25	5	0
1.6　供暖系统的水力计算	2.83%	2.22%	4.00%	85	20	12
1.7　供暖系统设计	1.27%	1.67%	2.33%	38	15	7
1.8　供暖设备与附件	4.57%	4.55%	3.33%	137	41	10
1.9　供暖系统热计量	2.10%	2.67%	3.67%	63	24	11
1.10　区域供热	4.33%	3.44%	5.00%	130	31	15
1.11　区域锅炉房	1.87%	2.55%	2.67%	56	23	8
1.12　分散供暖	0.00%	0.00%	0.00%	0	0	0

续表

章节标题	近十年考题比例	近三年考题比例	近一年考题比例	近十年考题分值	近三年考题分值	近一年考题分值
第 2 章　通风						
2.1　环境标准、卫生标准与排放标准	0.47%	0.22%	0.00%	14	2	0
2.2　全面通风	4.40%	4.56%	3.67%	132	41	11
2.3　自然通风	2.63%	3.11%	4.00%	79	28	12
2.4　局部排风	1.73%	2.00%	2.67%	52	18	8
2.5　过滤与除尘	2.57%	3.44%	4.00%	77	22	12
2.6　有害气体净化	1.30%	1.22%	1.67%	39	11	5
2.7　通风管道系统	2.80%	1.67%	1.00%	84	15	3
2.8　通风机	3.30%	4.11%	5.33%	99	37	16
2.9　通风管道风压、风速、风量测定	0.40%	0.22%	0.00%	12	2	0
2.10　建筑防排烟	4.20%	5.56%	5.33%	126	50	16
2.11　人民防空地下室通风	0.63%	0.00%	0.00%	19	0	0
2.12　汽车库、电气和设备用房通风	0.37%	0.00%	0.00%	11	0	0
2.13　完善重大疫情防控机制中的建筑通风与空调系统	0.13%	0.00%	0.00%	4	0	0
2.14　暖通空调系统、燃气系统的抗震设计	0.00%	0.00%	0.00%	0	0	0
第 3 章　空气调节						
3.1　空气调节的基础知识	1.53%	1.44%	3.00%	46	13	9
3.2　空调冷热负荷和湿负荷计算	3.47%	3.67%	2.67%	104	33	8
3.3　空调方式与分类	0.57%	0.67%	1.00%	17	6	3
3.4　空气处理与空调风系统	8.17%	8.44%	8.00%	245	76	24
3.5　空调房间的气流组织	1.53%	5.11%	2.67%	46	19	8
3.6　空气洁净技术	3.33%	2.11%	3.00%	100	32	9
3.7　空调冷热源与集中空调水系统	6.57%	3.00%	0.33%	197	27	1
3.8　空调系统的监测与控制	2.23%	2.56%	2.00%	67	23	6
3.9　空调、通风系统的消声与隔振	1.80%	2.56%	2.67%	54	23	8
3.10　绝热设计	0.87%	1.33%	0.67%	26	12	2
3.11　空调系统的节能、调试与运行	3.60%	2.67%	2.00%	108	24	6

续表

章节标题	近十年考题比例	近三年考题比例	近一年考题比例	近十年考题分值	近三年考题分值	近一年考题分值
第4章 制冷与热泵技术						
4.1 蒸汽压缩式制冷循环	1.93%	1.56%	1.00%	58	14	3
4.2 制冷剂及载冷剂	1.23%	1.11%	1.00%	37	10	3
4.3 蒸气压缩式制冷（热泵）机组及其选择计算方法	9.13%	10.33%	10.00%	274	93	30
4.4 蒸气压缩式制冷系统及制冷机房设计	1.37%	1.00%	1.00%	41	9	3
4.5 溴化锂吸收式制冷机	1.90%	1.78%	1.67%	57	16	5
4.6 燃气冷热电联供	1.00%	1.78%	1.00%	30	16	3
4.7 蓄冷技术及其应用	2.13%	3.00%	4.00%	64	27	12
4.8 冷库设计的基础知识	1.10%	0.67%	0.67%	33	6	2
4.9 冷库制冷系统设计及设备的选择计算	1.20%	1.78%	3.00%	36	16	9
第5章 绿色建筑						
5.1 绿色建筑及其基本要求	0.17%	0.11%	0.33%	5	1	1
5.2 绿色民用建筑评价与可应用的暖通空调技术	0.70%	1.44%	2.33%	21	13	7
5.3 绿色工业建筑运用的暖通空调技术	0.23%	0.22%	0.00%	7	2	0
5.4 绿色建筑的评价	0.43%	0.11%	0.33%	13	1	1
第6章 民用建筑房屋卫生设备和燃气供应						
6.1 室内给水	1.90%	2.67%	2.00%	57	24	6
6.2 室内排水	0.57%	0.78%	0.33%	17	7	1
6.3 燃气供应	1.67%	1.78%	1.33%	50	16	4

15.4 焓湿图应用专篇

15.4.1 历年焓湿图相关考题量

与焓湿图相关的考题统计见表15-74。

历年焓湿图相关考题量 **表15-74**

题量 年份	专业知识（上）		专业知识（下）		专业案例（上）	专业案例（下）	分值
	单选题	多选题	单选题	多选题			
2006年			1		3	2	**11**
2007年			2	1	5	3	**20**

续表

年份 \ 题量	专业知识（上）		专业知识（下）		专业案例（上）	专业案例（下）	分值
	单选题	多选题	单选题	多选题			
2008 年	1			1	1	1	**7**
2009 年			1		3	2	**11**
2010 年					4	3	**14**
2011 年					4	3	**14**
2012 年					2	4	**12**
2013 年					2	3	**10**
2014 年					1		**2**
2016 年		1			2	2	**10**
2017 年	1			1	1	3	**11**
2018 年		1			1		**4**
2019 年		2	1		2	2	**13**
2020 年		1			2	1	**8**
2021 年					1	1	**4**
合计	2	5	5	3	34	30	**151**

15.4.2　焓湿图题出题角度

角度一：焓湿图基本知识。

【2007-2-22】一次回风集中空调系统，在夏季由于新风的进入所引起的新风冷负荷在新风质量流量与下列哪项的乘积？

A. 室内状态点与送风状态点的焓差　　B. 室内状态点与混合状态点的焓差

C. 新风状态点与送风状态点的焓差　　D. 室外状态点与室内状态点的焓差

参考答案：D

角度二：湿空气处理过程在焓湿图上的简单表示。

【2009-2-24】下图中：W-室外状态点；N-室内状态点；S-送风状态点；C-混合状态点。以下含有直接循环喷水冷却空气处理过程的，应是下列何项：

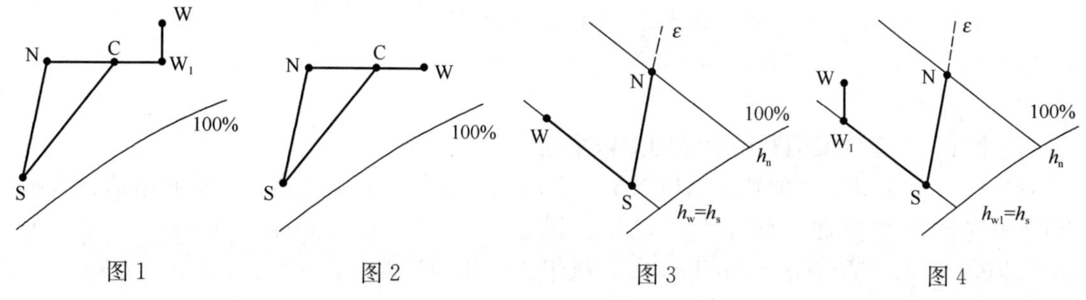

图 1　　图 2　　图 3　　图 4

A. 图 1，图 2，图 3，图 4　　B. 图 1，图 2，图 3

C. 图 2，图 3，图 4　　D. 图 3，图 4

参考答案：D

分析：《复习教材》图 3.1-4：喷循环水等焓加湿。焓湿图上表示为沿着等焓线的状态线。

角度三：利用焓湿图查的某空气状态点参数值用于计算。

【2009-3-19】办公室有 40 人，风机盘管加新风系统，设排风新风热回收装置，室内全热负荷为 22kW，新风机组 1200m³/h，以排风侧为标准的热回收装置全热回收效率为 60%，排风量为新风量 80%，新风：t_w=36℃，t_{ws}=27℃，t_n=26℃，φ_n=50%，经热回收后，空调设备冷负荷为下列哪一项？

A. 28.3～29kW　　B. 27.6～28.2kW

C. 26.9～27.5kW　　D. 26.2～26.8kW

参考答案：A

主要解题过程：

由新风状态点 t_w=36℃，t_{ws}=27℃，查焓湿图得室外点焓 h_w=84.65kJ/kg，由室内状态点 t_n=26℃，φ_n=50%，查焓湿图得可室内点焓 h_n=53.00kJ/kg，新风负荷 Q_x=1.2×1200×（84.65－53.00）/3600=12.66kW。

回收全热量 Q_h=60%×80%×Q_x=6.08kW。

则空调设备冷负荷 Q=Q_n+Q_x－Q_h=22+12.66－6.08=28.59kW。

角度四：将湿空气处理过程在焓湿图上表示并确定状态点。

【2011-4-17】某餐厅（高 6m）空调夏季室内设计参数为：t=25℃，φ=50%。计算室内冷负荷为$\sum Q$=24250W，总余湿量为$\sum W$=5g/s。该房间采用冷却降温除湿、机器露点最大送风温差送风的方式（注：无再热热源，不计风机和送风管温升）。空调机组的表冷器进水温度为 7.5℃。当地为标准大气压。问：空调时段，房间的实际相对湿度接近以下何项（取“机器露点”的相对湿度为 95%）？绘制焓湿图，图上应绘制过程线。

A. 50%　　B. 60%

C. 70%　　D. 80%

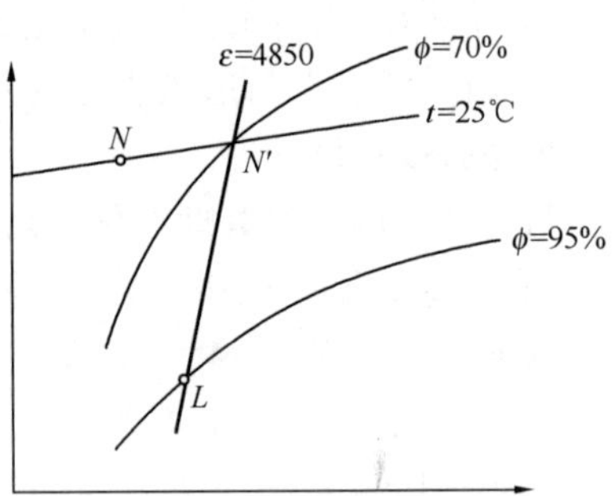

参考答案：C

主要解题过程：

《民规》第 7.5.4 条：室内点为 N，机器露点温度 T_L=7.5℃+3.5℃=11℃，相对湿度 φ_L=95%。

热湿比 ε=24250/5=4850kJ/kg。过机器露点 L 作热湿比 ε=4850 的过程线，与 t=25℃线交点的相对湿度为 $\varphi_{N'}$=70%。

角度五：不查焓湿图利用焓湿图知识解题。

【2008-3-14】某空调的独立新风系统，新风机组在冬季依次用热水盘管和清洁自来水湿膜加湿器来加热和加湿空气。已知：风量 6000m³/h；室外空气参数：大气压力 101.3kPa、t_1=－5℃、d_1=2g/kg$_{干空气}$，机组出口送风参数：t_2=20℃、d_2=8g/kg$_{干空气}$。不查焓湿图，试计算热水盘管后的空气温度约为下列何值？

A. 25～28℃　　B. 29～32℃

C. 33～36℃　　D. 37～40℃

参考答案：C

主要解题过程：

令热水盘管后的送风状态点为 3，则 1—3 为等湿加热，3—2 为等焓加湿。

$$h_2 = 1.01t_2 + d_2(2500 + 1.84t_2)$$

$$= 1.01 \times 20 + 0.008(2500 + 1.84 \times 20) = 40.49\text{kJ/kg}$$

$$h_3 = 1.01t_3 + d_3(2500 + 1.84t_3)$$

$$= 1.01t_3 + d_1(2500 + 1.84t_3)$$

$$= 1.01t_3 + 0.002(2500 + 1.84 \times t_3)$$

由 $h_3 = h_2$，即 $1.01t_3 + 0.002(2500 + 1.84 \times t_3) = 40.49\text{kJ/K}$，解得 $t_3 = 35.1℃$。

角度六：利用焓湿图进行空气处理过程相关计算。

【2017-4-19】某演艺厅的空调室内显热冷负荷为 54kW，潜热冷负荷为 16.4kW，湿负荷为 24kg/h；室内设计参数为 $t = 25℃$，$\varphi = 60\%$（$h = 55.5\text{kJ/kg}$，$d = 11.89\text{g/kg}$），室外设计参数为干球温度 31.5℃、湿球温度 26℃（$h = 80.4\text{kJ/kg}$，$d = 18.98\text{g/kg}$）；若采用温湿度独立控制空调系统，湿度控制系统为全新风系统，设计送风量为 6000m^3/h，新风处理采用冷却除湿方式，露点送风（机器露点相对湿度为 95%）；温度控制系统采用干式显热处理末端。问：湿度控制系统的设计冷量[Q_H(kW)]和温度控制系统的设计冷量[Q_T(kW)]最接近下列何项？（标准大气压，空气密度取 1.2kg/m^3）

A. $Q_H = 49.8$，$Q_T = 54$　　B. $Q_H = 49.8$，$Q_T = 29$

C. $Q_H = 92$，$Q_T = 29$　　D. $Q_H = 92$，$Q_T = 11$

参考答案： C

主要解题过程：

新风系统送风含湿量为：

$$d_L = d_n - \frac{W \times 1000}{\rho \times L} = 11.89 - \frac{24 \times 1000}{1.2 \times 6000} = 8.6\text{g/kg}$$

查 h-d 图，d_L 与 $\varphi = 95\%$ 相对湿度线的交点为机器露点 L，$t_L = 12.5℃$，$h_L = 34.5\text{kJ/kg}$。

湿度控制系统的设计冷量为：

$$Q_H = \frac{\rho L(h_w - h_L)}{3600} = \frac{1.2 \times 6000 \times (80.4 - 34.5)}{3600} = 91.8\text{kW}$$

由于新风送风温度低于室内温度，因此负担了一部分显热负荷，湿度控制系统承担的室内显热负荷为：

$$Q_{H,t} = \frac{c_p \rho L(t_n - t_L)}{3600} = \frac{1.01 \times 1.2 \times 6000 \times (25 - 12.5)}{3600} = 25.25\text{kW}$$

温度控制系统的设计冷量为：

$$Q_T = Q_t - Q_{H,t} = 54 - 25.25 = 28.75\text{kW}$$

15.4.3 热湿比线精确绘制

热湿比线的绘制主要有两种情况：已知焓差和含湿差；已知热湿度比，如图 15-1 和图 15-2 所示。

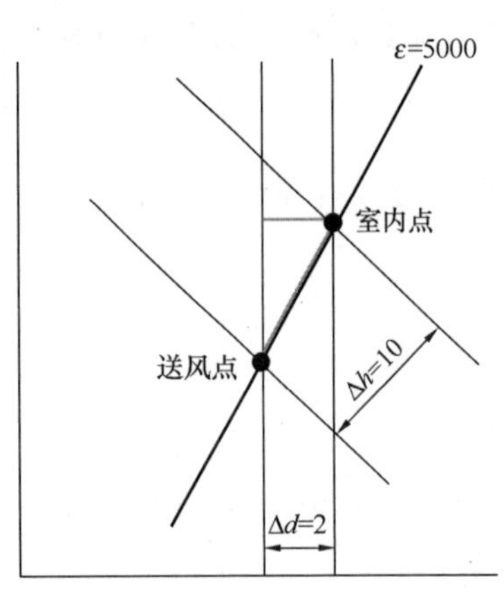

图 15-1　已知焓差和含湿差绘制热湿比线

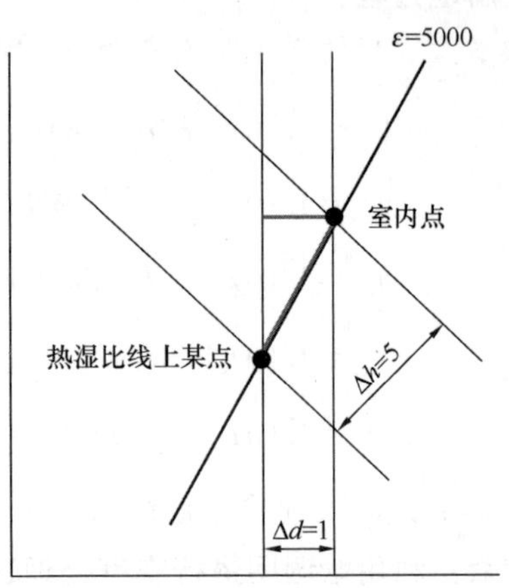

图 15-2　已知热湿度比绘制热湿比线

$$\text{已知}\begin{cases}\Delta h = 10\text{kJ/kg} \\ \Delta d = 2\text{g/kg}_{\text{干空气}}\end{cases}$$

$$\varepsilon = \frac{\Delta h}{\Delta d} = \frac{10000\text{J/kg}}{2\text{g/kg}_{\text{干空气}}} = 5000$$

已知 $\varepsilon = 5000$

$$\text{假设}\begin{cases}\Delta h = 5\text{kJ/kg} \\ \Delta d = 1\text{g/kg}_{\text{干空气}}\end{cases}$$

$$\text{即 } \varepsilon = \frac{5000\text{J/kg}}{1\text{g/kg}_{\text{干空气}}} = 5000$$

15.5　最新出题趋势

分析2016年以后的历年真题试卷，可以总结出试题具有以下特点：

(1) 知识点覆盖较为全面，**基础**在于对知识点熟悉和查找定位，**通过**在于对知识点的理解和灵活运用。

(2) 历年常考题和相似题仍旧是**主要题型**。

(3) 新题型具有较强的**综合性**和**迷惑性**。

(4) 难题重在对基本原理的应用：**设计案例与分析**。

(5) 需特别重视的难点：**空调控制、燃气冷热电三联供、吸收式制冷、风冷热泵机组、设备能效、温湿度独立控制**等。

根据以上特点，可总结出新一年考试出题趋势及真题举例如下：

趋势一：偏向于表格注解或规范条文解释的考查。

【2014-2-49】有关排烟设施的设置，下列哪几项是错误的？

A. 地上 800m² 的**植物油库**可不考虑排烟设施

B. 地下 800m² 的**植物油库**应考虑设置排烟设施

C. 地上 1200m² 的单层**机油库**不考虑设置排烟设施

D. 地上 1200m² 的单层**白坯棉**不应考虑设置排烟设施

参考答案： CD

分析： 由《建规2014》第3.1.3条条文说明表3可知，植物油、机油属于丙类仓库，白坯棉属于“棉、毛、丝、麻及其织物”，即丙类。根据第 8.5.2 条，占地面积大于 $1000m^2$ 的丙类仓库应设排烟设施，根据第 8.5.4 条，地下大于 $50m^2$ 的房间且可燃物较多，应设排烟设施，故选项 AB 正确，选项 CD 错误。

趋势二：结合专业知识和设计经验对《复习教材》与规范的理解。

【2019-2-15】原地处天津市区的某工厂，整体迁址至青海省西宁市。搬迁过程中，工艺条件不变，且所有的通风系统（包括风机型号规格和风道尺寸等）均采用原有配置。问：搬迁后使用时，其车间排风机性能变化，以下哪一项说法是正确的?

A. 风机的容积风量将降低　　B. 风机的全压将提高

C. 风机的轴功率降低　　D. 风机的全压保持不变

参考答案：C

分析：本题为分析型问题。题目强调“工艺条件不变”“原有配置”表明风系统不变。工作地点从天津迁至青海，其中青海属于青藏高原区域，海拔高、气压低，此时风机运行性能将发生改变，根据《复习教材》第 2.8.1 节表 2.8-5 可知，风机风量不变（体积风量），风压按工况空气密度修正。青海大气压低、空气密度低，因此运行风压将降低，风量不变时运行功率下降，因此选项 C 正确。

趋势三：新规范、新系统、新技术、新设备、新材料。

【2014-1-38】关于热泵热水机的表述，以下何项是正确的?

A. 空气源热泵热水机一般分成低温型、普通型和高温型三种

B. 当热水供应量和进、出水温度条件相同，位于广州地区和三亚地区的同一型号、规格的空气源热泵热水机，二者全年用电量相同

C. 当热水供应量和进、出水温度条件相同，位于广州地区和三亚地区的同一型号、规格的空气源热泵热水机的全年用电量，前者高于后者

D. 普通型空气源热泵热水机的试验工况规定的空气侧的干球温度为 20℃

参考答案：C

分析：根据《商业或工业用及类似用途的热泵热水机》GB/T 21362—2008【注：2013 年新加入规范清单】第 4.1.6 条，空气源热泵热水机一般分为普通型和低温型，选项 A 错误。根据第 4.3.1 条，名义工况干球温度为 20℃，但试验工况有很多种，温度不同，选项 D 错误。全年耗电量与全年室外平均温度有关，广州全年室外平均温度低于三亚，所以广州耗电量高于三亚地区，选项 B 错误，选项 C 正确。

趋势四：倡导绿色、低碳、节能、自控与环保。

【2021-2-29】对我国“碳达峰”和“碳中和”目标的理解，下列哪一项是错误的?

A. “碳达峰”是指力争在 2030 年前二氧化碳排放达到峰值，之后逐步回落

B. “碳中和”是指力争在 2060 年前实现二氧化碳“零排放”

C. “碳达峰”和“碳中和”与制冷剂等非二氧化碳温室气体的排放无关

D. 在实现“碳中和”后，也还将会使用一定量的化石燃料

参考答案：C

分析：“碳达峰”指：2030 年前，二氧化碳的排放不再增长，达到峰值之后逐步降低，选项 A 正确。“碳中和”指：2060 年前，实现企业、团体或个人测算在一定时间内直接或间接产生的温室气体排放总量，然后通过植树造林、节能减排等形式，抵消自身产生

的二氧化碳排放，实现二氧化碳的"零排放"，选项B正确。选项C："碳达峰"和"碳中和"的背景是全球温室效应，其目的是臭氧层破坏及防治全球变暖，其中制冷剂的指标中有ODP（消耗臭氧层潜能值）和GWP（全球变暖潜能值）两种，CO_2（第3代制冷剂，ODP＝0，GWP＝1）虽然消耗臭氧层的能力为0，但是其具有全球变暖的潜能；其他第3代制冷剂也存在类似的情况，例如R32（第3代制冷剂，ODP＝0，GWP＝675），因此对于"碳达峰"和"碳中和"的理解不能进在于"二氧化碳"类的温室气体上，要关注本质，选项C错误。在实现"碳中和"以后，并不意味着化石燃料等非绿色能源不可以使用，而是只要在总体上达到"碳中和"既可以使用，选项D正确。

趋势五：实际工程案例的分析应用及问题解决。

【2017-1-42】某既有住宅小区室内为上供下回垂直单管顺序式系统，楼栋热力入口无调节装置。现拟进行节能改造。改造施工时不影响住户的措施是下列哪几项？

A. 室内改成垂直双管上供下回系统，各个立管连接的散热器支管上设置高阻恒温控制阀

B. 室内改成上供下回垂直单管跨越管系统，连接的散热器支管上设置低阻恒温控制阀

C. 楼栋热力入口设置自力式压差控制阀

D. 楼栋热力入口设置热计量装置

参考答案：CD

分析：本题考察对供暖系统的认识，非对教材和规范原文的考察。从题意来看包含了两个信息，达到节能改造的目的且改造施工时不影响住户。选项ABCD均能实现节能改造的目的，但是选项AB改造时均要在室内进行改造施工，均会对住户造成影响，而选项CD的改造施工均在楼栋热力入口不会对住户造成影响。

趋势六：综合专业知识能力应用考查。

【2013-4-25】某地一宾馆的卫生热水供应方案：方案一采用热回收热水热泵机组2台；方案二采用燃气锅炉1台。已知，热回收热水热泵机组供冷期（运行185d）既满足空调制冷又同时满足卫生热水的需求，其他有关数据见表：

卫生热水用量（t/d）	自来水温度（℃）	卫生热水温度（℃）	热回收机组产热量（kW/台）/耗电量（kW）	燃气锅炉效率（%）
160	10	50	455/118	90

1. 电费1元/kWh，燃气费4元/Nm^3，燃气低位热值为39840kJ/Nm^3；
2. 热回收机组产热量、耗电量为过渡季节和冬季制备卫生热水的数值。

关于两个方案年运行能源费用的论证结果，正确的是下列哪项？

A. 方案一比方案二年节约运行能源费用350000～380000元

B. 方案一比方案二年节约运行能源费用720000～750000元

C. 方案二比方案一年节约运行能源费用350000～380000元

D. 方案一比方案二年节约能源费用基本一致

参考答案： B

主要解题过程：

分析得知：方案一需要在过渡季节和冬季供热水时耗电(365－185＝180d)；方案二全年供热水(365d)；

每天需热量：$q = Gc\Delta t = 40 \times 160 \times 10^3 \times (50 - 10) = 2675.2 \times 10^4 \text{kJ}$；

方案二费用：$F_2 = \dfrac{2675.2 \times 10^4 \times 365 \times 4}{0.9 \times 39840} = 108.9 \times 10^4$ 元；

方案一费用：$F_1 = \dfrac{2675.2 \times 10^4 \times 180 \times 1}{3600 \times \dfrac{455 \times 2}{118}} = 34.7 \times 10^4$ 元；

方案一比方案二节省费用：$\Delta F = F_2 - F_1 = 108.9 \times 10^4 - 34.7 \times 10^4 = 74.2 \times 10^4$ 元。

15.6　最新考点预测 140 例

笔者对考点的预测见表 15-75。

最新考点预测[1]　　**表 15-75**

序号	考点预测	专业知识	专业案例
	1. 供暖		
1-1	热工分区和围护结构热工性能(含民用建筑及工业建筑、关注平均传热系数)	●	●
1-2	室外计算温度使用选取(详见本书第 8.6 节)	●	●
1-3	供暖热负荷计算方法(详见本书第 8.7 节)	●	●
1-4	围护结构的基本耗热量公式、传热系数公式(详见本书第 8.3、8.7 节)		●
1-5	建筑围护结构节能设计计算要求(体形系数、窗墙比、太阳得热系数、权衡计算、权衡判断准入条件、节能标准各表格)(详见本书第 8.2、8.4、12.2 节)	●	●
1-6	系统热源形式、热媒(工业建筑、民用建筑)及温度压力选取	●	
1-7	供暖的不同系统形式特点(详见本书第 8.9 节)	●	
1-8	水力失调分析及对系统运行的影响(详见本书第 8.10 节)	●	
1-9	供暖系统水力计算与水力平衡计算	●	●
1-10	蒸汽供暖系统凝结水系统设计	●	●
1-11	散热器选用安装要求	●	
1-12	散热器热量、传热系数或片数相关计算(详见本书第 8.11 节)		●
1-13	供热调节过程中散热器、暖风机的供热量变化	●	●
1-14	热风供暖设计及计算(详见本书第 8.15 节)	●	
1-15	燃气辐射供暖设计及计算(详见本书第 8.14 节)	●	

[1] 表中“●”表示预测有考点，空白表示预测无考点。

续表

序号	考点预测	专业知识	专业案例
1-16	辐射供暖供冷设计与施工（详见本书第 8.13 节）	●	●
1-17	全面辐射供暖与局部辐射供暖比较（局部辐射供暖附加系数）（详见本书第 8.12 节）	●	●
1-18	《辐辐射供暖供冷技术规程》第 3.3.5、3.4.8 条	●	
1-19	《辐辐射供暖供冷技术规程》第 3.3.7 条（详见本书第 8.13 节）	●	●
1-20	《辐辐射供暖供冷技术规程》第 3.4.6、3.4.7 条（详见本书第 8.13 节）		●
1-21	供暖系统热网与用户连接方式（喷射泵、混水装置、间接连接）	●	●
1-22	供热系统热计量要求（详见本书第 8.19 节）	●	
1-23	热量表安装要求（详见本书第 8.19 节）	●	
1-24	供暖及空调水系统附件选型要点与安装要求（减压阀、安全阀、平衡阀、疏水阀、膨胀水箱或气压罐、补偿器、过滤器、水处理装置、分汽缸、分集水器、电动阀、自动排气阀、调节阀等）（详第 8.17、8.18、10.15、10.17 节）（关注《供热工程项目规范》GB 55010—2021 中对安全阀的设置和整定压力的规定、供热管网补给水水质）	●	●
1-25	锅炉房选用、设置（含相关设备烟囱）与换热设备选用（详见本书第 8.21 节）	●	
1-26	供暖系统节能改造、节能运行与计算	●	●
1-27	换热器面积计算（平均温差、换热器附加系数）（详见本书第 8.16 节）		●
1-28	年耗热量计算与供暖热指标概算		●
1-29	管网水力稳定性与水力计算（阻力数计算、流量压损关系式、水压图）	●	●
1-30	水泵流量及耗功率计算（详见本书第 9.12 节）	●	●
1-31	循环水泵耗电输热比计算（《公建节能》第 4.3.3、4.3.9 条；《民规》第 8.5.12 条、《严寒和寒冷地区居住建筑节能设计标准》第 5.2.11 条、《蓄能空调工程技术标准》第 3.3.5 条）（详见本书第 10.11 节）	●	●
1-32	供暖空调形式与冷热源选择定案	●	
	2. 通风		
2-1	环保卫生环境及排放标准（注意室内环境污染物浓度限值表格的变化）（详见本书第 9.1、12.4 节）	●	●
2-2	自然通风要求及设备选择（详见本书第 9.5 节）	●	●
2-3	自然通风计算（中和面、热压、余压、风压、压差、窗孔面积、风量）（详见本书第 9.5 节）	●	●
2-4	复合通风系统	●	●
2-5	排风温度计算（温差法、温度梯度法、有效热量系数法）（详见本书第 9.5 节）		●
2-6	排除余热余湿及稀释有害物质全面通风（《工规》第 6.1.14 条）（详见本书第 9.2 节）	●	●
2-7	全面通风的设计原则和气流组织	●	
2-8	全面通风量和热风平衡计算（质量平衡关系式、能量平衡关系式、新风量与补风量）（详见本书第 9.3 节）	●	●

续表

序号	考点预测	专业知识	专业案例
2-9	各种标准状态（详见本书第 9.7 节）	●	●
2-10	空气密度及修正公式（详见本书第 7.3 节）		●
2-11	局部排风罩密闭罩通风柜等（注意排风罩设计原则和技术要求的变化）（详见本书第 9.6 节）	●	●
2-12	通风系统防爆要求（详见本书第 9.4 节）	●	●
2-13	火灾危险性判断（《建规 2014》第 3.1 节）	●	
2-14	防烟部位判断（《建规 2014》）（详见本书第 9.15 节）	●	
2-15	排烟部位判断（《建规 2014》）（详见本书第 9.15 节）	●	
2-16	建筑排烟基本概念（储烟仓、防烟分区、清晰高度等）（《建规 2014》）（详见本书第 9.15 节、《防排烟规》）	●	
2-17	防烟系统计算（计算防烟量、门洞风速、计算漏风量的平均压力差）（详见本书第 9.15 节、《防排烟规》）		●
2-18	排烟系统的计算（排烟量计算、质量流量与体积流量换算、排烟口最大排烟量计算）（《备考应试指南》扩展总结 16-15、《防排烟规》）	●	●
2-19	地下车库通风要求及计算（稀释浓度法、换气次数法）	●	●
2-20	地下车库排烟量计算（按防烟分区面积查表插值）（详见本书第 9.15 节）	●	●
2-21	防排烟阀及风口设置要求（防火阀、排烟防火阀、排烟口、送风口动作及状态）（详见本书第 9.15 节）	●	
2-22	防排烟系统的运行与控制（详见本书第 9.15 节、《防排烟规》）	●	
2-23	进排风口位置、距离等相关要求（详见本书第 9.14 节）	●	
2-24	设备用房（厨房、变配电室、泵房、柴发机房等）通风要求及计算	●	●
2-25	通风系统设计原则（含事故通风设计（《民规》第 6.3.9 条和《工规》第 6.4 节））及相关风管内风速要求	●	
2-26	通风换气次数要求（详见本书第 9.18 节）	●	●
2-27	通风空调设备风量及压力附加及选型要求（注意《建规 2014》第 8.1.9 条和《工规》第 6.7.4 条）（详见本书第 9.11 节）	●	●
2-28	《通风与空调工程施工质量验收规范》（注：第Ⅰ抽样方案）（详见本书第 12.5 节）	●	●
2-29	通风机参数性能及选用和风管系统	●	●
2-30	风机耗功率及单位风量耗功率计算（含风机转速、流量、压损、功率关系式）（详见本书第 9.11、10.12 节）		●
2-31	吸收吸附与净化要求（含浓度换算公式、活性炭吸附公式）（详见本书第 9.10 节）	●	●
2-32	除尘系统相关设计要求及风量相关计算	●	●
2-33	袋式除尘器特点及要求（详见本书第 9.9 节）	●	
2-34	各种除尘器性能及比较（详见本书第 9.9 节）	●	
2-35	除尘器（过滤器）效率相关计算（详见本书第 9.8 节）	●	●

续表

序号	考点预测	专业知识	专业案例
2-36	抗震设计要求（详见本书第9.22节）	●	
2-37	与新冠肺炎疫情相关的设计原则考点（系统设置、通风、新风量、气流流向、压差控制、消毒、杀菌、实际运行等）	●	
	3. 空调洁净		
3-1	供暖及空调室内设计参数选择（温度、湿度、新风量、风速、换气次数）及空调区、空调系新风量的计算（详见本书第10.5节）	●	●
3-2	负荷与得热原理及人体热舒适	●	
3-3	空调负荷相关计算	●	●
3-4	风机温升、水泵温升及管道温升等附加冷负荷计算（详见本书第10.4节）		●
3-5	焓值焓差计算公式（详见本书第10.1节）		●
3-6	温差换热公式、焓差换热公式（详见本书第10.2节）	●	●
3-7	风机盘管＋新风系统不同处理方式承担的相应负荷（详见本书第10.6节）	●	●
3-8	空气处理过程相关知识（详见本书第10.3节）	●	
3-9	热交换效率公式（表冷器析湿系数、热交换系数、接触系数、加湿器饱和效率、显热交换效率、全热交换效率）（详见本书第10.3节）	●	●
3-10	等焓加湿与等温加湿	●	●
3-11	焓湿图相关知识及应用（包括热湿比计算、绘制焓湿图、查图取值、风量冷量换算等）（详见本书第10.1节）	●	●
3-12	气流组织及阿基米德相关计算（详见本书第10.8节）	●	●
3-13	各种当量直径（面积、流速、流量）		●
3-14	一次回风和二次回风系统（工作原理、新风量、冬夏季处理过程）	●	●
3-15	变风量空调系统（冬夏季处理过程、系统特点、末端装置、设计要求、运行控制）	●	
3-16	温湿度独立控制系统（详见本书第10.7节）	●	
3-17	一次泵与二次泵系统（详见本书第10.9、10.14节）	●	
3-18	定流量与变流量系统（详见本书第10.9、10.14节）	●	●
3-19	空调水系统定压与补水	●	
3-20	阀门特性与选择分析（详见本书第10.15节）	●	
3-21	公共建筑新风量节能计算（详见本书第10.5节）	●	●
3-22	空调及制冷系统相关实际案例分析	●	
3-23	空调系统自动控制（控制阀门、空调机组控制、设备联动）（详见本书第10.9、10.16、12.2节）	●	
3-24	冷却塔及冷却水系统设计相关要求（包括水质要求）	●	●
3-25	水泵（含管网）实际运行分析	●	
3-26	冷水机组配置及大小搭配选取	●	●
3-27	保温与保冷	●	●

续表

序号	考点预测	专业知识	专业案例
3-28	各种噪声及减振设计要求（注意《复习教材》中增加的消声弯头和消声器的表）	●	●
3-29	空气洁净等级及进退位判断（详见本书第 10.13 节）	●	●
3-30	空气过滤器（含高效空气过滤器规范）	●	
3-31	洁净室气流组织形式和压差控制	●	
3-32	《洁净厂房设计规范》GB 50073—2013	●	●
	4. 制冷与热泵技术		
4-1	制冷循环（详见本书第 11.1、11.2 节）	●	●
4-2	制冷机组及各部件要求及设计使用条件	●	
4-3	吸收式制冷循环的四大性能指标（热力系数、热力完善度、放气范围和溶液循环倍率）及吸收式冷热水机组相关概念（详见本书第 11.3 节）	●	●
4-4	制冷及制热系数公式（详见本书第 11.1 节）	●	●
4-5	压缩机耗功率计算及制冷性能调节、特性对比（详见本书第 11.5、11.9 节）	●	●
4-6	制冷剂相关概念及性能（关注北京冬奥会场馆中应用的 CO_2 跨临界制冷、制冷剂安全分类）	●	
4-7	供暖通风空调制冷设备选用、名义工况及能效等级（注意新增的风管送风机能效等级、《复习教材》中新增的冷却塔、单冷型热泵型房间空调器、低环境空气源热泵热水机、除尘器能效等级及调整的锅炉热效率、通风机能效等级）（详见《暖通鉴》002）	●	
4-8	*COP*、*IPLV*、*SCOP/SEER*、*ACOP*、*APF* 及相关节能要求（详见本书第 11.8 节、《暖通鉴》002）	●	●
4-9	冰、水蓄冷系统相关特点及运行控制（详见本书第 11.15 节）	●	
4-10	《蓄能空调工程技术标准》JGJ 158—2018 及《复习教材》中蓄能部分的修改	●	●
4-11	地埋管地源热泵系统及水源热泵系统	●	●
4-12	地源热泵系统最大释热量、吸热量（《地源热泵系统工程技术规范》GB 50366—2005（2009 年版）第 4.3.3 条、《民规》第 8.3.4-5 条）（详见本书第 11.6 节）	●	●
4-13	多联机空调热泵系统（空调、制冷）（详见本书第 11.7 节）	●	
4-14	制冷设备故障原因分析（详见本书第 11.12 节）	●	
4-15	制冷管道坡度坡向及布置要求（详见本书第 11.11 节）	●	
4-16	空气源热泵机组和热泵热水机	●	●
4-17	燃气冷热电三联供（详见本书第 11.14 节）	●	●
4-18	制冷压焓图相关计算		●
4-19	冷冻与冷藏的一般工艺	●	●
4-20	冷库设置及要求（详见本书第 11.16 节）	●	
4-21	冷库相关计算（详见本书第 11.16 节）		●
	5. 绿色建筑		
5-1	绿色建筑基本概念（关注“双碳”目标相关的概念和技术）	●	

续表

号	考点预测	专业知识	专业案例
5-2	《绿色建筑评价标准》GB 50378—2019（含改版变化及特点）	●	
5-3	暖通空调绿色建筑设计措施	●	
5-4	绿色工业建筑评价标准	●	
5-5	中国绿标与美国 LEED 比较	●	
	6. 民用建筑房屋卫生设备和燃气供应		
6-1	室内给水设施、设计秒流量等给水相关计算	●	●
6-2	建筑给水防污染做法	●	
6-3	热水系统热水温度	●	
6-4	排水管道设置要求	●	
6-5	排水设计秒流量及相关计算	●	●
6-6	耗热量与热水量计算		●
6-7	加热器计算		●
6-8	户式燃气炉、户式空气源热泵及热泵热水机设置及设计计算	●	●
6-9	太阳能热水系统	●	
6-10	燃气输送管道及用气设备设计安装要求	●	
6-11	燃气管道输送压力、材质、环境温度、使用年限等	●	
6-12	燃气附加压力		●
6-13	室内燃气管道计算流量等燃气用量计算		●

参 考 文 献

[1] 全国勘察设计注册公用设备专业管理委员会秘书处组织编写．全国勘察设计注册公用设备工程师暖通空调专业考试复习教材(2022年版)[M]. 北京：中国建筑工业出版社，2022.

[2] 全国勘察设计注册公用设备专业管理委员会秘书处组织编写．全国勘察设计注册公用设备工程师暖通空调专业必备规范精要选编(2022年版)[M]. 北京：中国建筑工业出版社，2022.

[3] 林星春，房天宇主编．全国勘察设计注册公用设备工程师暖通空调专业考试备考应试指南(2021版)[M]. 北京：中国建筑工业出版社，2021.

[4] 房天宇主编．全国勘察设计注册公用设备工程师暖通空调专业考试全程实训手册(2021版)[M]. 北京：中国建筑工业出版社，2021.

[5] 公安部四川消防研究所．建筑防烟排烟系统技术标准．GB 51251—2017[S]. 北京：中国计划出版社，2017.

[6] 公安部天津消防研究所．建筑设计防火规范．GB 50016—2014(2018年版)[S]. 北京：中国计划出版社，2018.

[7] 中国有色金属工业协会主编．工业建筑供暖通风与空气调节设计规范．GB 50019—2015[S]. 北京：中国计划出版社，2015.

[8] 中国建筑科学研究院等主编．民用建筑供暖通风与空气调节设计规范．GB 50736—2012[S]. 北京：中国建筑工业出版社，2012.

[9] 中国建筑设计研究院等主编．公共建筑节能设计标准．GB 50189—2015[S]. 北京：中国建筑工业出版社，2015.

[10] 陆耀庆主编．实用供热空调设计手册(第二版)[M]. 北京：中国建筑工业出版社，2008.

[11] 住房和城乡建设部工程质量安全监管司，中国建筑标准设计院编．全国民用建筑工程设计技术措施　暖通调·动力 2009[M]. 北京：中国计划出版社，2009.

[12] 全国民用建筑工程设计技术措施节能专篇　暖通空调·动力 2007[M]. 北京：中国计划出版社，2007.

[13] 孙一坚主编．简明通风设计手册[M]. 北京：中国建筑工业出版社，1997.

[14] 电子工业部第十设计研究院主编．空气调节设计手册[M]. 北京：中国建筑工业出版社，2005.

[15] 陆亚俊等编著．暖通空调(第二版)[M]. 北京：中国建筑工业出版社，2007.

[16] 赵荣义等编著．空气调节(第四版)[M]. 北京：中国建筑工业出版社，2009.

[17] 孙一坚主编．工业通风(第四版)[M]. 北京：中国建筑工业出版社，2010.

[18] 贺平主编．供热工程(第四版)[M]. 北京：中国建筑工业出版社，2009.

[19] 奚世光主编．锅炉及锅炉房设备(第四版)[M]. 北京：中国建筑工业出版社，2006.

[20] 彦启森主编．空气调节用制冷技术(第四版)[M]. 北京：中国建筑工业出版社，2010.

[21] 许仲麟．空气洁净技术原理[M]. 上海：同济大学出版社，1998.

[22] 《民用建筑供暖通风与空气调节设计规范》编制组编．民用建筑供暖通风与空气调节设计规范宣贯辅导教材[M]. 北京：中国建筑工业出版社，2012.

[23] 徐伟主编. 民用建筑供暖通风与空气调节设计规范技术指南[M]. 北京：中国建筑工业出版社，2012.

[24] 中国建筑科学研究院主编．严寒和寒冷地区居住建筑节能设计标准．JGJ 26—2018[S]. 北京：中国建筑工业出版社，2018.

[25] 国家质量监督检验检疫总局．建筑通风和排烟系统用防火阀门．GB 15930—2007[S]. 北京：中国标准出版社，2007.

[26] 中国建筑科学研究院主编．夏热冬冷地区居住建筑节能设计准．JGJ 134—2010[S]. 北京：中国建筑工业出版社，2010.

[27] 中国建筑科学研究院主编．夏热暖地区住建筑节能设计标准．JGJ 75—2012[S]. 北京：中国建筑工业出版社，2012.

[28] 中国建筑科学研究院主编．既有居住建筑节能改造技术规程．JGJ/T 129—2012[S]. 北京：中国建筑工业出版社，2013.

[29] 上海市公安消防总队，公安部天津消防研究所主编．汽车库、修车库、停车场设计防火规范．GB 50067—2014[S]. 北京：中国计划出版社，2015.

[30] 中国建筑设计研究院主编．人民防空地下室设计规范．GB 50038—2005[S]. 北京：中国标准出版社，2006.

[31] 总参工程兵第四设计研究院等主编．人民防空工程设计防火规范．GB 50098—2009[S]. 北京：中国计划出版社，2012.

[32] 中国建筑科学研究院主编．住宅设计规范．GB 50096—2011[S]. 北京：中国计划出版社，2012.

[33] 中国建筑科学研究院主编．住宅建筑规范．GB 50368—2005[S]. 北京：中国建筑工业出版社，2006.

[34] 中国联合工程公司等主编．锅炉房设计标准．GB 50041—2020[S]. 北京：中国计划出版社，2020.

[35] 中国建筑科学研究院主编．民用建筑热工设计规范．GB 50176—2016[S]. 北京：中国建筑工业出版社，2017.

[36] 北京市煤气热力工程设计院有限公司等主编．城镇供热管网设计规范．CJJ 34—2010[S]. 北京：中国建筑工业出版社，2010.

[37] 中国市政工程华北设计研究院主编．城镇燃气设计规范．GB 50028—2006(2020 年版)[S]. 北京：中国建筑工业出版社，2006.

[38] 北京市煤气热力工程设计院有限公司主编. 城镇燃气工程基本术语标准. GB/T 50680—2012[S]. 北京：中国建筑工业出版社，2012.

[39] 中国建筑科学研究院主编．辐射供暖供冷技术规程．JGJ 142—2012[S]. 北京：中国建筑工业出版社，2012.

[40] 中国建筑科学研究院主编．地源热泵系统工程技术规范(2009 年版). GB 50366—2005[S]. 北京：中国建筑工业出版社，2020.

[41] 中国电子工程设计院主编．洁净厂房设计规范．GB 50073—2013[S]. 北京：中国计划出版社，2013.

[42] 国内贸易工程设计究主编．冷库设计规范．GB 50072—2010[S]. 北京：中国计划出版社，2010.

[43] 华东建筑集团股份有限公司主编．建筑给水排水设计标准．GB 50015—2019[S]. 北京：中国计划出版社，2019.

[44] 沈阳市城乡建设委员会等主编．建筑给水排水及采暖工程施工验收规范．GB 50242—2002[S]. 北京：中国标准出版社，2004.

[45] 上海市安装工程有限公司主编．通风与空调工程施工质量验收规范．GB 50243—2016[S]. 北京：中国计划出版社，2016.

[46] 中国建筑科学研究院主编．建筑节能工程施工质量验收标准．GB 50411—2019[S]. 北京：中国建

筑工业出版社，2019.
[47] 中国建筑科学研究院主编．太阳能供热采暖工程技术标准．GB 50495—2009[S]. 北京：中国建筑工业出版社，2009.
[48] 中国建筑科研究院主编．绿色建筑评价标准．GB/T 50378—2019[S]. 北京：中国建筑工业出版社，2019.
[49] 中国建筑科学研究院，机械工业第六设计研究院有限公司．绿色工业建筑评价标准．GB/T 50878—2013[S]. 北京：中国建筑工业出版社，2014.
[50] 中国建筑科学研究院主编．民用建筑绿色设计规范．JG/T 29—2010[S]. 北京：中国建筑工业出版社，2011.
[51] 中国标准化研究院，上海市经委主编．空气调节系统经济运行．GB/T 17981—2007[S]. 北京：中国标准出版社，2008.
[52] 中国石油和化工勘察设计协会，中国成达化学工程公司等主编．工业设备及管道绝热工程设计规范．GB 50264—2013[S]. 北京：中国计划出版社，2013.
[53] 中国疾病预防控制中心职业卫生与中毒控制所等主编．工业企业设计卫生标准. GBZ 1—2010[S]. 北京：人民卫生出版社，2010.
[54] 中国疾病预防控制中心职业卫生与中毒控制所等主编．工业场所有害因素职业接触限值　第 2 部分：物理有害因素．GBZ 2. 2—2007[S]. 北京：人民卫生出版社，2007.
[55] 中国疾病预防控制中心职业卫生与中毒控制所等主编．工业场所有害因素职业接触限值　第 1 部分：化学有害因素．GBZ 2. 1—2019[S]. 北京：人民卫生出版社，2019.
[56] 国家环保局．大气污染物综合排放标准．GB 16297—1996[S]. 北京：中国标准出版社，1997.
[57] 中国建筑科学研究院等主编．组合式空调机组．GB/T 14294—2008[S]. 北京：中国标准出版社，2009.
[58] 深圳麦克维尔空调有限公司，合肥通用机械研究所主编．水(地)源热泵机组．GB/T 19409—2003[S]. 北京：中国标准出版社，2004.
[59] 中国建筑科学研究院等主编．高效空气过滤器．GB/T 13554—2008[S]. 北京：中国标准出版社，2009.
[60] 中华人民共和国环境保护部等主编．环境空气质量标准．GB 3095—2012[S]. 北京：中国环境科学出版社，2012.
[61] 中国建筑科学研究院主编．风机盘管机组．GB/T 19232—2019. 北京：中国标准出版社，2019.
[62] 中国标准化研究院等主编．冷水机组能效限定值及能效等级．GB 19577—2015[S]. 北京：中国标准出版社，2015.
[63] 中国标准化研究院等主编．多联式空调(热泵)机组能效限定值及能源效率等级．GB 21454—2008[S]. 北京：中国标准出版社，2008.
[64] 中国标准化研究院等主编．房间空气调节器能效限定值及能效等级．GB 21455—2019[S]. 北京：中国标准出版社，2019.
[65] 中国标准化研究院等主编．单元式空气调节机能效限定值及能效等级．GB 19576—2019[S]. 北京：中国标准出版社，2019.
[66] 合肥通用机械研究院等主编. 风管送风式空调(热泵)机组. GB/T 18836—2017[S]. 北京：中国标准出版社[S]，2017.
[67] 中国标准化研究院等主编．除尘器能效限定值及能效等级．GB 37484—2019[S]. 北京：中国标准出版社，2019.
[68] 中国标准化研究院等主编．通风机能效限定值及能效等级．GB 19761—2020[S]. 北京：中国标准出版社，2020.

[69] 约克(无锡)空调冷冻科技有限公司等主编．蒸汽压缩式循环冷水(热泵)机组 第1部分：工业或商用及类似用途的冷水(热泵)机组．GB/T 18430.1—2007[S]. 北京：中国标准出版社，2008.

[70] 浙江盾安人工环境设备股份有限公司，合肥通用机械研究院等主编．蒸汽压缩循环冷水(热泵)机组 第2部分：户用及类似用途的冷水(热泵)机组．GB/T 18430.2—2016[S]. 北京：中国标准出版社，2016.

[71] 远大空调有限公司，合肥通用机械研究院主编．直燃型溴化锂吸收式冷(温)水机组．GB/T 18362—2008[S]. 北京：中国标准出版社，2009.

[72] 江苏双良空调设备有限公司主编．蒸汽和热水型溴化锂吸收式冷水机组．GB/T 18431—2001[S]. 北京：中国标准出版社，2004.

[73] 广州从化中宇冷气科技发展有限公司主编．商用或工业用及类似用途的热泵热水机．GB/T 21362—2008[S]. 北京：中国标准出版社，2008.

[74] 中国建筑科学研究院等主编．蓄能空调工程技术规程．JGJ 158—2018[S]. 北京：中国建筑工业出版社，2018.

[75] 中国建筑标准设计研究院编制. 暖通空调系统的检测与监控(通风空调系统分册). 17K803[S]. 北京：中国计划出版社，2017.

[76] 中国城市建设研究院有限公司，北京市煤气热力工程设计院有限公司主编．燃气冷热电联供工程技术规范．GB 51131—2016[S]. 北京：中国建筑工业出版社，2017.

[77] 环保机械标准化技术委员会主编．离心式除尘器．JB/T 9054—2015[S]. 北京：机械工业出版社，2015.

[78] 浙江洁华环保科技股份有限公司，福建龙净环保股份有限公司主编．回转反吹类袋式除尘器 JB/T 8533—1997[S]. 北京：机械工业出版社，2010.

增值服务说明

本书正版购买者可免费获取网上增值服务，增值服务为中国工程建设标准知识服务网（简称“建标知网”）6个月的标准会员。标准会员可享标准在线阅读、智能检索、历史版本对比、部分附件下载等服务。

“建标知网”依托中国建筑出版传媒有限公司（中国建筑工业出版社）近70年来的建筑出版资源，以数字化形式收录了工程建设领域近万余种标准规范（涵盖国标、行标、地标、团标、产标、技术导则、标准英文版等）、两千余种建筑图书；邀请了数百名标准主要起草人、工程建设领域精英律师团队录制了六千余集标准音频、视频课程；提供超万份标准配套资料、标准附件下载等功能。

增值服务兑换与使用方法如下：

1. PC端用户

2. 移动端用户

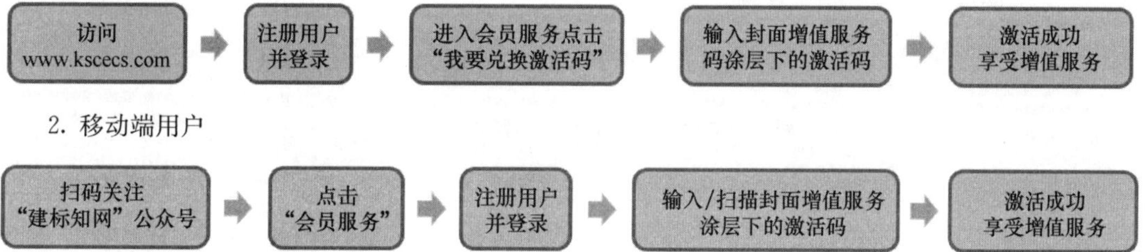

注：增值服务自激活成功之日起生效，使用时间为6个月，提供形式为在线阅读标准。如果输入激活码或扫码后无法使用，请及时与我社联系。

客服电话：4008-188-688/010-68864819（周一至周五 9：00-17：00）

Email：biaozhun@cabp. com. cn

防盗版举报电话：010-58337026

扫码关注兑换
增值服务